校企合作·深度融合

全国职业院校技能大赛“嵌入式技术应用开发”赛项转换成果

嵌入式技术应用开发实战

主　编　梁长垠　张明伯

副主编　杨 黎　孙 光　郭志勇　沈毓骏

百科荣创教研团队

主 审　盛鸿宇

西安电子科技大学出版社

内 容 简 介

本书为教育部职业院校技能大赛“嵌入式技术应用开发”赛项转换成果，由国内高职院校职业技能大赛与大学生电子设计大赛优秀指导教师和企业技术骨干共同编写。

全书分为上、下两篇，以嵌入式智能小车与移动机器人为教学载体，通过若干开发案例，将嵌入式智能硬件平台控制、检测与通信所需要的知识与技能融入教材内容。上篇以 STM32F4 为主线介绍嵌入式技术应用开发的相关知识，下篇介绍国赛“嵌入式技术应用开发”赛项所涉及的相关技术与技能。本书所涉及的智能小车平台的软硬件资源可通过百度网盘(链接：https://pan.baidu.com/s/1l_49HVd3SZz96ye-xF4ChQ；提取码：gch0)查看。

本书可作为高职院校、应用型本科电子信息大类相关专业的教学用书，也可作为教育部职业院校技能大赛“嵌入式技术应用开发”赛项的培训用书。

图书在版编目(CIP)数据

嵌入式技术应用开发实战 / 梁长垠，张明伯主编. —西安：西安电子科技大学出版社，2020.8(2022.4 重印)
ISBN 978-7-5606- 5778 – 3

Ⅰ. ①嵌…　Ⅱ. ①梁…　②张…　Ⅲ. ①微处理器—系统设计　Ⅳ. ①TP332.3

中国版本图书馆 CIP 数据核字(2020)第 124760 号

策划编辑　高　樱
责任编辑　高　樱　王芳子
出版发行　西安电子科技大学出版社(西安市太白南路 2 号)
电　　话　(029)88202421　88201467　　邮　　编　710071
网　　址　www.xduph.com　　电子邮箱　xdupfxb001@163.com
经　　销　新华书店
印刷单位　咸阳华盛印务有限责任公司
版　　次　2020 年 8 月第 1 版　　2022 年 4 月第 3 次印刷
开　　本　787 毫米×1092 毫米　1/16　　印　张　25.5
字　　数　608 千字
印　　数　4001～7000 册
定　　价　59.00 元
ISBN 978-7-5606-5778-3 / TP
XDUP 6080001-3

❖❖❖ 前　　言 ❖❖❖

本书为高等职业教育电子信息类在线开放课程新形态一体化规划教材，是教育部职业院校技能大赛“嵌入式技术应用开发”赛项转化成果，既可作为电子信息类专业“嵌入式技术应用”课程的教学用书，也可作为学生参加技能大赛的培训指导书，还可作为从事智能硬件产品开发设计的工程技术人员的参考用书。

本书分为上、下两篇，以嵌入式智能车与移动机器人为教学载体，通过若干任务，将嵌入式智能硬件平台运动控制、检测与通信等所需要的知识与技能融入教材内容。上篇以基于 ARM Cortex-M4 内核的 STM32 微控制器高性能系列中的 STM32F4 芯片为主线，介绍嵌入式技术应用开发方面的基础知识，内容涵盖 ARM 嵌入式系统基础知识，STM32 的固件库函数开发、外部中断、串口通信与 DMA、定时器与 PWM、ADC 与 DAC、总线技术、SDIO 与 FSMC 接口以及基于 STM32F4 的 μC/OS-III 嵌入式操作系统应用开发等。下篇是教育部职业院校技能大赛“嵌入式技术应用开发”赛项实战，内容涵盖赛项介绍、硬件焊接与调试、嵌入式硬件编程、传感器应用与红外通信技术、RFID 技术应用、ZigBee 无线通信与控制、语音识别及控制、特殊地形行进、Android 程序设计、Android 应用开发、算法编码与应用等。

本书有以下几个突出的特色与亮点：

(1) 充分体现教育部深入推进“产学合作、协同育人”的指导思想。

本书编写团队由国内高职“双高”校、骨干校一线专业教师与企业一线工程师组成。梁长垠教授是教育部职业院校技能大赛电子信息类赛项技术专家，具有多年的“嵌入式技术应用开发”赛项执裁经验，主编出版高职教材 20 部；参编人员均具有丰富的教学经验与大赛指导经验，指导学生参加教育部职业技能大赛“嵌入式技术应用开发”赛项及大学生电子设计大赛，多次获得国赛一、二等奖。将教育部职业院校技能大赛“嵌入式技术应用开发”赛项的技术标准与竞赛内容等成果转化为教学资源，指导和引导电子信息类专业嵌入式应用开发相关的课程建设与教学改革，共同培养嵌入式技术应用开发方面的高端技术技能型人才。

(2) 融入企业技术标准，突出科学性、先进性与实用性。

本书内容设计体现以学生为主体，理论知识以够用为度，重点强调嵌入式技术在智能硬件产品设计开发中的典型应用。书中所有训练项目全部由企业一线工程师提供，典型案例来自企业真实产品及技能大赛工作任务，充分体现行业发展的最新动态与技术应用，突出内容的科学性、先进性与实用性。

(3) 以新形态一体化教材为载体，软硬件资源开放共享，实现资源与教学整合。

丰富的数字化资源助力线上线下混合式教学，推进教育教学改革，更加适应现代化教学需要。贯穿全书始终的教学载体——智能小车的软硬件资源全部开放，学生和读者可以通过扫描书中的二维码或登录资源平台的方式获得教学辅助资料。

本书由深圳职业技术学院梁长垠教授、百科荣创(北京)科技发展有限公司张明伯总经理任主编，编写人员有：杨黎(第1、2章，第8章的8.1节)、孙光(第3、7章，第8章的8.2节)、郭志勇(第4、5章部分内容及第6章)、沈毓骏(第20章)、刘子坚(第4、5章部分内容)，第9～19章由梁长垠与百科荣创(北京)科技发展有限公司技术总监石浪、高级工程师黄文昌以及公司技术团队成员共同完成。梁长垠教授负责全书的统稿工作。

全书由北京联合大学盛鸿宇教授主审，编写过程中得到西安电子科技大学出版社高樱编辑的大力支持，在此一并表示衷心的感谢，同时也感谢家人的理解与支持。

由于时间仓促，编者水平有限，书中可能还存在欠妥和考虑不周之处，热忱欢迎读者提出批评与建议。

编 者

2020年3月

❖❖❖ 目　　录 ❖❖❖

上篇　嵌入式技术应用开发基础

下篇 “嵌入式技术应用开发”赛项实战

上　篇

嵌入式技术应用开发基础

第1章 ARM嵌入式系统概述

本章主要介绍嵌入式系统定义、特征、发展及应用，了解ARM处理器分类及Cortex-M系列处理器规格的不同性能对比。通过学习，读者可以熟悉智能小车硬件平台及其配套软件资源，掌握STM32微控制器选型以及开发工具的使用方法。

1.1 嵌入式系统简介

1-1 嵌入式系统与ARM处理器

随着嵌入式系统的诞生，现代计算机领域中出现了通用计算机与嵌入式计算机两大分支。通用计算机是朝着高速、海量的技术发展；而嵌入式计算机系统朝着智能化控制、物联网等技术要求发展。经过几十年的发展，嵌入式系统已经在很大程度上改变了人们的生活、工作和娱乐方式，而且这些改变还在加速。

1.1.1 嵌入式系统定义及特征

嵌入式系统是以应用为中心、以计算机技术为基础，软、硬件可裁剪，适应于应用系统对功能、可靠性、成本、体积、功耗等方面有特殊要求的专用计算机系统。其特征主要包括以下几个方面：

(1) 专用性强。嵌入式系统面向特定应用，能够把通用CPU中许多由板卡完成的任务集成在芯片内部，从而有利于嵌入式系统的小型化。

(2) 技术融合。嵌入式系统将先进的计算机技术、通信技术、半导体技术和电子技术与各个行业的具体应用相结合，是一个技术密集、资金密集、高度分散、不断创新的知识集成系统。

(3) 软硬一体，软件为主。软件是嵌入式系统的主体，有IP核。嵌入式系统的硬件和软件都可以高效率地设计，量体裁衣，去除冗余，可以在同样的硅片面积上实现更高的性能。

(4) 比通用计算机资源少。由于嵌入式系统通常设计成只完成少数几个任务，设计时考虑到经济性，不能使用通用CPU，这就意味着管理的资源少，其成本低，结构更简单。

(5) 具有固化在非易失性存储器中的代码。为了提高执行速度和系统可靠性，嵌入式系统中的软件一般都固化在存储器芯片或单片机的Flash之中，而不是存储于磁盘中。

(6) 需专门的开发工具和环境。嵌入式系统本身不具备自主开发能力，即使设计完成以后，用户通常也不能对其中的程序功能进行修改，必须有一套开发工具和环境才能进行开发。

(7) 应用领域广泛。由于嵌入式系统具有体积小、价格低、工艺先进、性能价格比高、系统配置要求低、实时性强等特点，因此被广泛应用于航天、交通、医疗等各行各业。

1.1.2 嵌入式系统发展

嵌入式系统的发展大致经历了 4 个阶段。

第一阶段：单片微型计算机(SCM)阶段，即单片机时代。这一阶段的嵌入式系统硬件是单片机，软件停留在无操作系统阶段，采用汇编语言实现系统的功能。此阶段的主要特点是系统结构和功能相对单一、处理效率低、存储容量也十分有限，几乎没有用户接口。

第二阶段：微控制器(MCU)阶段。此阶段主要的技术发展方向是不断扩展对象系统要求的各种外围电路和接口电路，突显其智能化控制能力。这一阶段主要以嵌入式微处理器为基础、以简单操作系统为核心，主要特点是硬件使用嵌入式微处理器。微处理器的种类繁多、通用性比较弱，系统开销小，效率高。

第三阶段：片上系统(SOC)。此阶段的主要特点是嵌入式系统能够运行于各种不同类型的微处理器上，系统移植性好。

第四阶段：此阶段是以 Internet 应用为标志的嵌入式系统。嵌入式网络化主要表现在两个方面，一方面是嵌入式处理器集成了 WiFi、蓝牙等网络接口，另一方面是嵌入式操作系统增加了 IoT(Internet of Things，物联网)协议。

1.1.3 嵌入式系统应用

嵌入式系统以应用为中心，整合了计算机软件硬件技术、通信技术和微电子技术，主要由嵌入式微处理器、外围硬件设备、嵌入式操作系统以及应用程序等四个部分组成。嵌入式操作系统是嵌入式系统应用的核心，可以大大地提高嵌入式系统硬件工作效率，并为应用软件开发提供极大的便利。

嵌入式系统技术具有非常广泛的应用，其应用领域主要包括：

(1) 工业控制。基于嵌入式芯片的工业自动化设备在未来将获得长足的发展，目前已经有大量的 8、16、32 位嵌入式微控制器在应用中。网络化是提高生产效率和产品质量、减少人力资源的主要途径，如工业过程控制、数控机床、电力系统、电网安全、电网设备监测、石油化工系统等。

(2) 交通管理。在车辆导航、流量控制、信息监测与汽车服务方面，嵌入式系统技术已经获得了广泛的应用，通过内嵌 GPS 模块的移动定位终端已经在各种运输行业获得了成功的使用。

(3) 家庭智能管理系统。用于水、电、煤气表的远程自动抄表、安全防火防盗系统，其中嵌有的专用控制芯片将代替传统的人工检查，并实现更高、更准确和更安全的性能。

(4) POS 网络及电子商务。用于公共交通的无接触智能卡发行系统、公共电话卡发行系统、自动售货机等各种智能 ATM 终端将全面进入人们的生活。

(5) 环境工程与自然。用于水文资料实时监测，防洪体系及水土质量监测、堤坝安全，地震监测网，实时气象信息网，水源和空气污染监测，在很多环境恶劣、地况复杂的地区，嵌入式系统将实现无人监测。

(6) 机器人。嵌入式芯片的发展将使机器人在微型化、高智能方面优势更加明显，同时会大幅度降低机器人的价格，使其在工业领域和服务领域获得更广泛的应用。

嵌入式控制器具有体积小、可靠性高、功能强、灵活方便等许多优点，其应用已深入到工业、农业、教育、国防、科研以及日常生活等各个领域，在各行各业的技术改造、产品更新换代、加速自动化进程、提高生产率等方面起到了极其重要的推动作用。总之，嵌入式系统技术正在国计民生中发挥着重要作用，有着非常广阔的发展前景。

1.2 ARM 处理器

ARM 处理器是英国 ARM 有限公司设计的低功耗成本的第一款 RISC 微处理器，全称为 Advanced RISC Machine。ARM 公司是全球领先的半导体知识产权(IP)提供商，全世界超过 95%的智能手机和平板电脑都采用 ARM 架构。各大厂商在授权付费使用 ARM 内核的基础上研发生产各自的芯片，形成了嵌入式和移动端 ARM CPU 的大家庭，提供这些内核芯片的厂商主要有 Atmel、TI、飞思卡尔、NXP、ST、三星等。

1.2.1 ARM 处理器分类

ARM 处理器大致可以分为 Classic 系列(经典系列)、Cortex-M 系列、Cortex-R 系列和 Cortex-A 系列四大类。除了具有 ARM 体系结构的共同特点以外，每一个系列的 ARM 微处理器都有各自的特点和应用领域。

(1) Classic 系列。该系列处理器由三个子系列组成，其中的 ARM7 系列基于 ARMv3 或 ARMv4 架构，ARM9 系列基于 ARMv5 架构，ARM11 系列基于 ARMv6 架构。

(2) Cortex-M 系列。该系列处理器包括 Cortex-M0、Cortex-M0+、Cortex-M1、Cortex-M3、Cortex-M4、Cortex-M7 等子系列，主要针对成本和功耗敏感的应用，如智能测量、人机接口设备、汽车和工业控制系统、家用电器、消费性产品和医疗器械等。

(3) Cortex-R 系列。该系列处理器包括 Cortex-R4、Cortex-R5、Cortex-R7 等子系列，主要面向如汽车制动系统、动力传动解决方案、大容量存储控制器等深层嵌入式实时应用。

(4) Cortex-A 系列。该系列处理器基于 ARMv7 和 ARMv8 架构，其中 ARMv7 架构的处理器包括 Cortex-A5、Cortex-A7、Cortex-A8、Cortex-A9、Cortex-A12、Cortex-A15 等子系列；ARMv8 架构的处理器允许在 32 位和 64 位之间进行完全的交互操作，主要包括 Cortex-A53、Cortex-A57、Cortex-A72、Cortex-A73 等子系列。该系列处理器主要用于具有高计算要求、运行丰富操作系统及提供交互媒体和图形体验的应用领域，如智能手机、平板电脑、汽车娱乐系统、数字电视等。

1.2.2 ARM Cortex-M 系列处理器

Cortex-M 系列处理器各子系列规格对比如表 1-1 所示。

表 1-1　Cortex-M 系列规格对比

类别	M0	M3	M4	M7
体系结构	ARMv6M (冯・诺依曼)	ARMv6M(哈佛)	ARMv6M(哈佛)	ARMv7M(哈佛)
ISA 支持	Thumb, Thumb-2	Thumb, Thumb-2	Thumb, Thumb-2	Thumb, Thumb-2
DSP 扩展			单周期 16/32 位 MAC 单周期双 16 位 MAC 8/16 位 SIMD 运算 硬件除法(2～12 周期)	单周期 16/32 位 MAC 单周期双 16 位 MAC 8/16 位 SIMD 运算 硬件除法(2～12 周期)
浮点单元			单精度浮点单元 符合 IEEE 754	单和双精度浮点单元 与 IEEE 754 兼容
流水线	3 级	3 级	3 级+分支预测	6 级超标量+分支预测
DMISP/MHz	0.9～0.99	1.25～1.50	1.25～1.52	2.14/2.55/3.23
中断	NMI+1～32 物理中断	NMI+1～240 物理中断	NMI+1～240 物理中断	NMI+1～240 物理中断
中断 优先级		8～256	8～256	8～256
唤醒中断控 制器		最多 240 个	最多 240 个	最多 240 个
内存保护		带有子区域和后台区域的可选 8 区域 MPU	带有子区域和后台区域的可选 8 区域 MPU	可选的 8/16 区域 MPU，带有子区域和背景区域

1.3　STM32 系列微控制器

STM32 系列微控制器是由意法半导体(ST)公司以 ARM Cortex M 处理器为内核设计的 32 位微处理器，ST 公司是由意大利的 SGS 微电子公司和法国 Thomson 半导体公司合并而成的，是世界上最大的半导体公司之一，总部设在瑞士。STM32 MCU 融高性能、实时性、数字信号处理、低功耗、低电压于一身，同时保持高集成度和开发简易的特点。STM32 系列微控制器主要包括 Cortex-M0、Cortex-M0+、Cortex-M3、Cortex-M4、Cortex-M7 等系列。

1.3.1　STM32 微控制器选型

在实际工程应用中，对 STM32 微控制器的选型可以分系列和芯片型号两步进行选择。

首先是选择系列。STM32 微控制器主要包括无线系列、超低功耗系列、主流系列、高性能系列、MPU 系列等，各系列主要特性如图 1-1 所示。

(1) 无线系列 MCU：基于 Cortex-M0 + 无线协处理器，主要有 STM32WB 系列。

(2) 超低功耗系列 MCU：主要有 STM32L0、STM32L1、STM32L4、STM32L4+、STM32L5 系列，性能依次增强。

(3) 主流系列 MCU：主要有 STM32F0、STM3G0、STM32F1、STM32F3、STM32G4 系列，性能依次增强。

(4) 高性能系列 MCU： STM32F2、STM32F4、STM32F7、STM32H7 系列，性能依次增强。

(5) MPU：STM32MP1 系列。

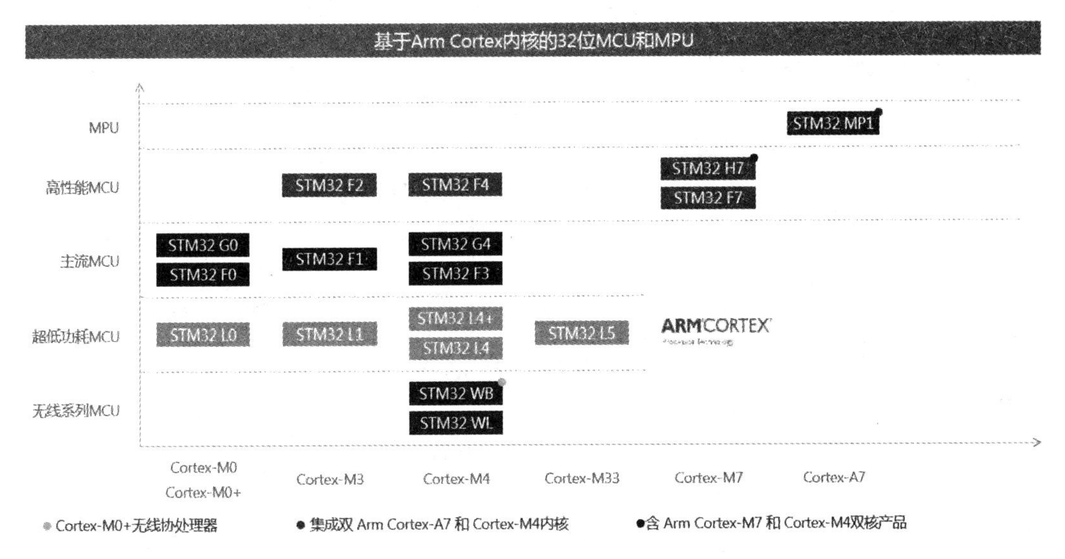

图 1-1　STM32 32 位 ARM Cortex MCU

其次是选择芯片型号。芯片型号主要根据片内 Flash、RAM 的容量，以及片上外设资源种类和数量、引脚数量等因素进行选择。例如：STM32F4 系列包括 STM32F401、STM32F405、STM32F407 等十几种子系列，每个子系列又包括十几种具体芯片，如图 1-2 所示。

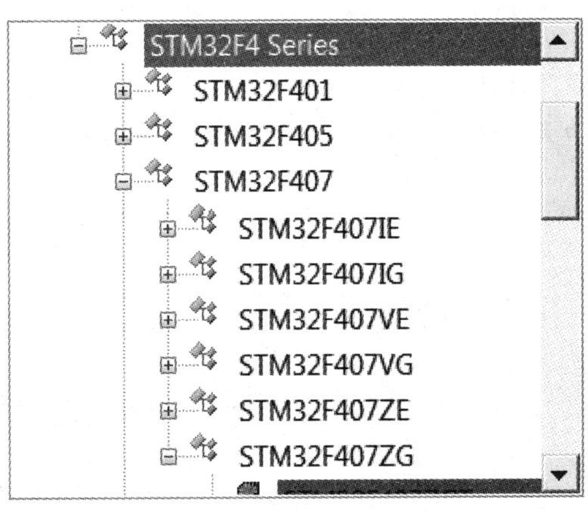

图 1-2　STM32F4 系列芯片

1.3.2　STM32 处理器开发工具

STM32 处理器开发工具主要包括软件和硬件开发工具，其中软件工具包括集成开发环境(Integrated Development Environment，IDE)和固件库。

1. 集成开发环境

可用于 STM32 开发的 IDE 有很多种，如图 1-3 所示。但目前主流的 STM32 开发环境是 MDK-ARM 和 IAR，它们属于商业版的软件。STM32CubeIDE 属于 ST 新推出的 IDE 开发环境，是基于 Eclipse 开发的，内部集成了所有 STM32CubeMX 功能，可提供一体化工具体验并节省安装和开发时间。本书采用 MDK-ARM 作为 IDE。

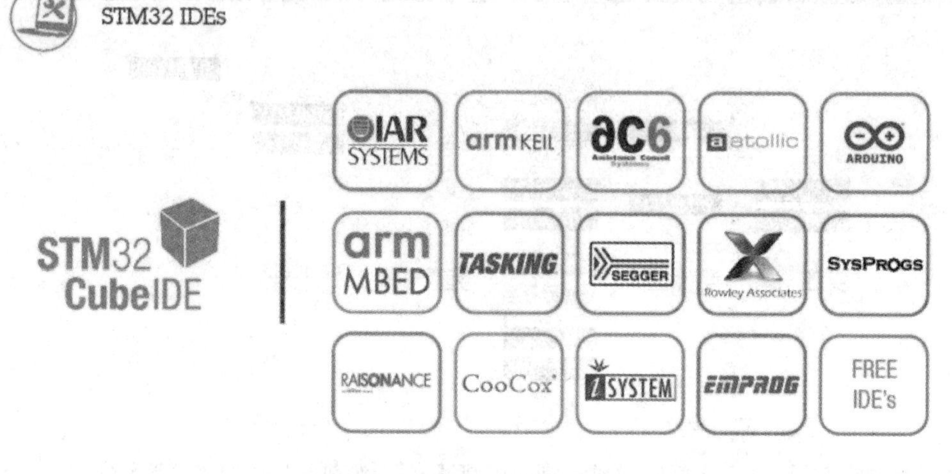

图 1-3　STM32 开发的 IDE

2. 固件库

为了方便开发者更好地使用 ST 公司的芯片，ST 公司相继推出 STM32Snippets、标准外设库(Standard Peripherals Library)、HAL(Hardware Abstraction Layer)和 LL 库(Low Layer)，以及 STM32CubeMX 图形化配置工具，如图 1-4 所示。

Offer	Available for STM32									
	STM32 F0	STM32 F1	STM32 F3	STM32 F2	STM32 F4	STM32 F7	STM32 H7	STM32 L0	STM32 L1	STM32 L4
STM32Snippets	Now	N.A.	N.A.	N.A.	N.A.	N.A.	N.A.	Now	N.A.	N.A.
Standard Peripheral Library	Now	Now	Now	Now	Now	N.A.	N.A.	N.A.	Now	N.A.
STM32Cube HAL	Now	Now	Now	Now	Now	Now	Now	Now	Now	Now
STM32Cube LL	Now	Now	Now	Now	Now	Now	2018	Now	Now	Now

图 1-4　各类库支持的芯片

(1) STM32Snippets。它提供高度优化且立即可用的寄存器级代码段，寄存器级编程虽然可降低内存占用率，节省宝贵的处理器时钟周期，但通常需要设计人员花费很多时间精力研究产品数据手册，当前仅支持 STM32F0 和 STM32L0 系列。

(2) 标准外设库。它完整封装了 STM32 芯片的外设接口，为开发者访问底层硬件提供了一个中间 API(Application Programming Interface，应用程序编程接口)，通过使用固件函数库，无需深入掌握底层硬件细节，开发者就可以轻松应用每一个外设。相对于 HAL 库，标准外设库仍然接近于寄存器操作，主要就是将一些基本的寄存器操作封装成了 C 函数。开发者需要关注所使用的外设是在哪个总线之上、具体寄存器的配置等底层信息。虽然 ST 停止了标准库的更新，已不支持 STM32F7、STM32H7 等高性能系列 MCU，但是当前标准外设库还是有很多工程师在使用。

(3) STM32CubeMX + HAL 和 LL 库。ST 公司最新推出的 STM32CubeMX 工具允许用户使用图形化向导生成 C 初始化代码，可以大大减轻开发工作。STM32CubeMX 几乎覆盖了 STM32 全系列芯片。STM32CubeMX 还可以结合使用 HAL 和 LL 库，如图 1-5 所示。

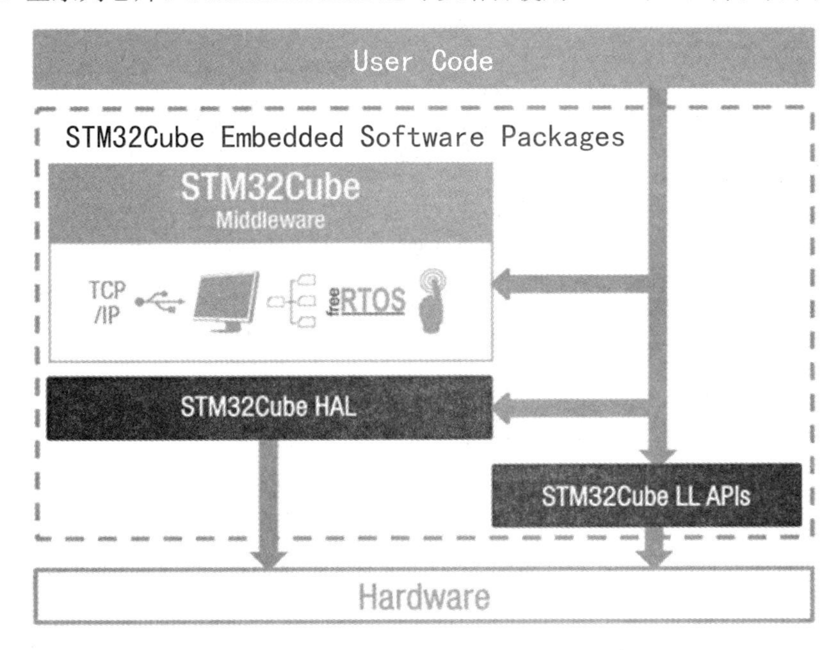

图 1-5　STM32Cube 支持 HAL 和 LL 库

HAL 库是 ST 公司为 STM32 的 MCU 最新推出的抽象层嵌入式软件，可方便地实现跨 STM32 产品的最大可移植性，同时加入了很多第三方的中间件，例如 RTOS、USB、TCP/IP 和图形等。与标准外设库相比，STM32 的 HAL 库更加抽象，可以实现在 STM32 系列 MCU 之间无缝移植，甚至在其他 MCU 上也能实现快速移植。

LL 库是 ST 最近新增的库，既可以与 HAL 混合使用，也可以独立使用；LL 是底层驱动库，完全反映硬件功能。

3. 硬件工具

STM32 硬件工具主要包括实训设备(智能小车、开发板等)、调试器(仿真器)等，其中调试器可采用 ULINK、J-LINK、ST-LINK 等，分别如图 1-6、图 1-7 和图 1-8 所示。

图 1-6　ULINK 调试器(仿真器)

图 1-7　J-LINK 调试器(仿真器)

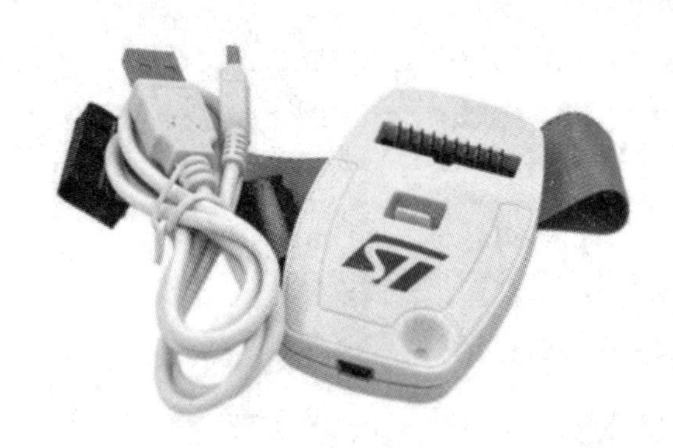

图 1-8　ST-LINK V2 调试仿真下载器

1.4　嵌入式系统典型应用案例

智能小车硬件平台包括嵌入式智能车与移动机器人两部分。

1.4.1　嵌入式智能车

1-2　嵌入式智能车硬件结构与功能

1. 嵌入式智能车硬件结构

嵌入式智能车平台的硬件资源主要包括核心控制单元、功能电路单元、电机驱动单元、循迹功能单元、通信显示单元、云台图像采集单元以及 A72 智能控制终端等，其实物图如图 1-9 所示。

嵌入式智能车模仿现代自动智能汽车设计，本身具有主动的环境感知能力，采用 3.5 寸 TFT 真彩屏提供了优良的人机交互界面，整车信息一览无余。整个嵌入式智能车平台采用 CAN 总线通信，多个处理器同时工作，数据处理更加流畅稳定。该平台采用多通道无线组网通信技术，相关通信参数在 OLED 屏上显示，完全满足嵌入式技术综合创新应用开发、基于 Android 系统移动控制应用开发，并支持图像采集与识别、二维码识别等高级应用开发。嵌入式智能车的软硬件资源全部开放，可用于电子、通信、嵌入式、物联网、车联网等相关专业开展实践教学、创新创意开发以及相关科研、学生技能竞赛赛前训练等。

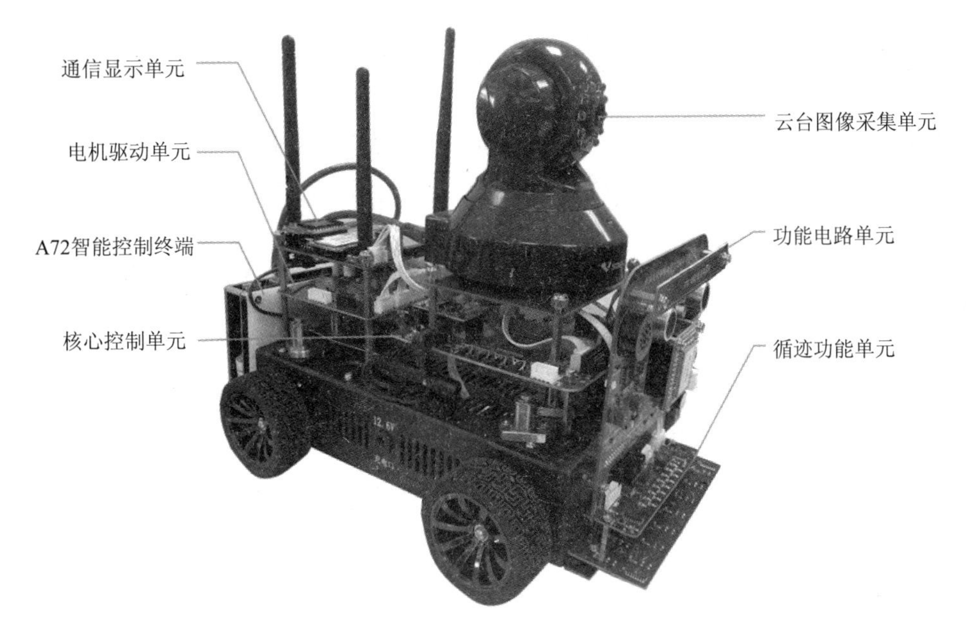

图 1-9　嵌入式智能车实物图

2. 嵌入式智能车系统架构

嵌入式智能车系统架构如图 1-10 所示，各单元间通过 CAN 总线进行数据交互，通信速率可高达 1 Mb/s。

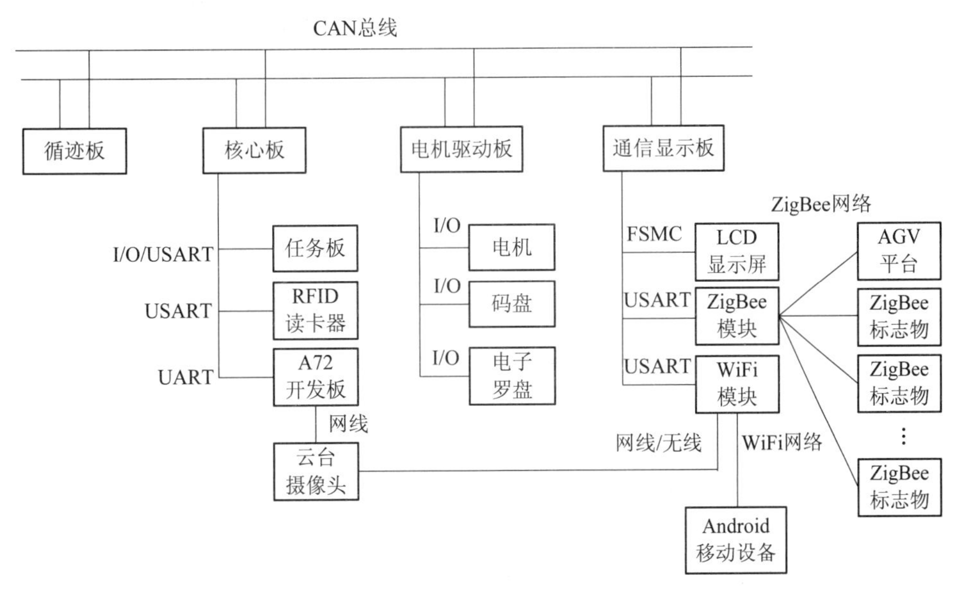

图 1-10　嵌入式智能车系统架构图

循迹功能单元核心处理器型号为 STM32F103C8T6，红外对管分两排交叉式排列，前 7 组后 8 组共 15 组红外对管。

核心控制单元核心处理器型号为 STM32F407IGT6，同时挂载功能电路单元、RFID 读卡器、A72 智能控制终端。对于核心控制单元，循迹数据、WiFi 数据、ZigBee 数据、码盘、电机控制均通过CAN总线实现。

电机驱动单元核心处理器型号为STM32F103RCT6。该平台四个电机单独通过电机驱动单元进行控制，同时可以采集四个电机码盘数据。

通信显示单元核心处理器型号为STM32F103VCT6。通信显示单元板载3.5寸LCD显示屏，可显示循迹数据、码盘数据(仅显示左前轮与右前轮)、电子罗盘指针、WiFi通信数据、ZigBee通信数据、用户自定义调试信息。同时板载WiFi通信单元及ZigBee通信单元，支持与移动终端进行无线通信、摄像头图像采集与控制、移动机器人、ZigBee功能标志物等进行无线通信。

3. 模块资源介绍

1) 循迹功能单元

(1) 循迹功能单元硬件结构。

循迹功能单元硬件包括核心处理器、SWD程序下载接口、RESET程序复位按键、扩展I/O接口、CAN总线通信接口、UART通信接口等，实物图如图1-11所示。

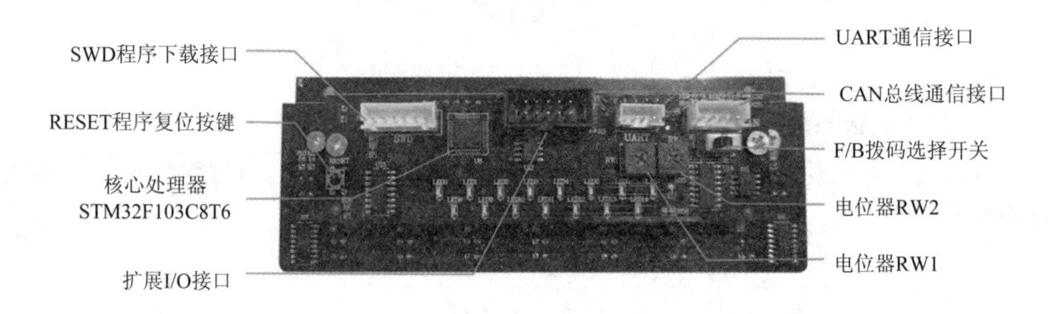

图1-11　循迹功能单元实物图

具体接口特性如下：

- SWD程序下载接口：核心处理器程序下载接口。
- RESET程序复位按键：核心处理器硬件复位按键。
- 核心处理器：采用STM32F103C8T6作为循迹功能单元核心处理器。
- 扩展I/O接口：可用于功能扩展。
- UART通信接口：核心处理器硬件串口(暂未使用)。
- CAN总线通信接口：通过CAN总线传输循迹数据。
- F/B拨码选择开关：用于选择设置循迹功能单元为前置循迹功能单元或后置循迹功能单元。(F为前置，B为后置。)
- 电位器RW2：暂未使用。
- 电位器RW1：用于调节红外发射管发射功率。

(2) 循迹功能单元功能介绍。

循迹功能单元通过红外传感器获取当前运行轨迹状态，并将数据传回至主控制器进行数据处理，从而调整运行轨迹，使嵌入式智能车能够安全平稳地运行。

循迹功能单元底部的15组红外对管采用前7后8交叉排列，提高循迹精准度。前7路循迹灯可实现对前进方向的道路预判，使嵌入式智能车循迹的稳定性得到增强。循迹功能单元采用 STM32F103C8T6 作为控制器，实现循迹数据实时采集，实时处理，实时传输。

2) 功能任务单元

功能任务单元硬件包括光强度传感器、超声波发射探头和接收探头、智能语音交互单元、红外发射管、光敏电阻、蜂鸣器等多种传感器模块与控制单元，主要功能是感知和影响当前环境。功能任务单元实物图如图 1-12 所示。

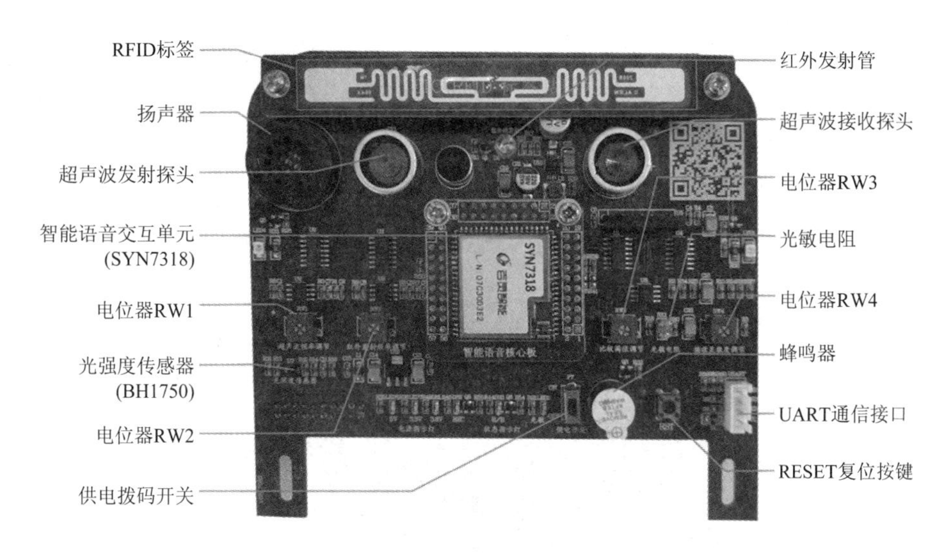

图 1-12　功能电路单元实物图

控制单元由许多逻辑芯片组成，包括 74HC14、74HC08、CD4069、74HC00、74HC595、LM393、CX20106A 等。

各模块功能如下：

- RFID 标签：ETC 标志物检测标签。
- 扬声器：用于语音交互模块语音输出。
- 超声波发射探头：超声波信号发射端。
- 智能语音交互单元：支持语音识别、文本语音合成。
- 电位器 RW1：超声波发射载波频率调节(40 kHz 方波)。
- 光强度传感器：BH1750 可对周围环境中的光照强度进行检测，测量范围为 0～65 535 lx。
- 电位器 RW2：红外发射载波频率调节(38 kHz 方波)。
- 供电拨码开关(P7)：任务板供电开关。
- RESET 复位按键：智能语音交互单元硬件复位按键。
- UART 通信接口：智能语音交互单元硬件串口接口，用于智能语音交互单元调试、词条烧录。
- 蜂鸣器：用于警示功能(开启、关闭)。
- 电位器 RW3：光敏电阻参考电压调节。
- 电位器 RW4：用于超声波接收调节。
- 光敏电阻：通过与设定的阈值相比较，输出周围环境光强度的数字量化结果(0 或 1)。

• 超声波接收探头：超声波信号接收端。
• 红外发射管：发射红外光，通过编程控制，可实现红外通信。

3) 核心控制单元

核心控制单元的核心板采用 ARM Cortex-M4 内核的 STM32F407IGT6 为主控芯片，最高时钟频率可达 168 MHz，完全满足于应用开发的需要。在核心板预留多个扩展接口，方便用户第二次开发使用。

核心控制单元的接口包括：蓝牙拓展接口、USB 方形接口、Micro USB 接口、CAN 总线通信接口、核心处理器网络接口、DAC 接口、SWD 程序下载接口、I/O 扩展接口、SD 卡槽等，实物图如图 1-13 所示。

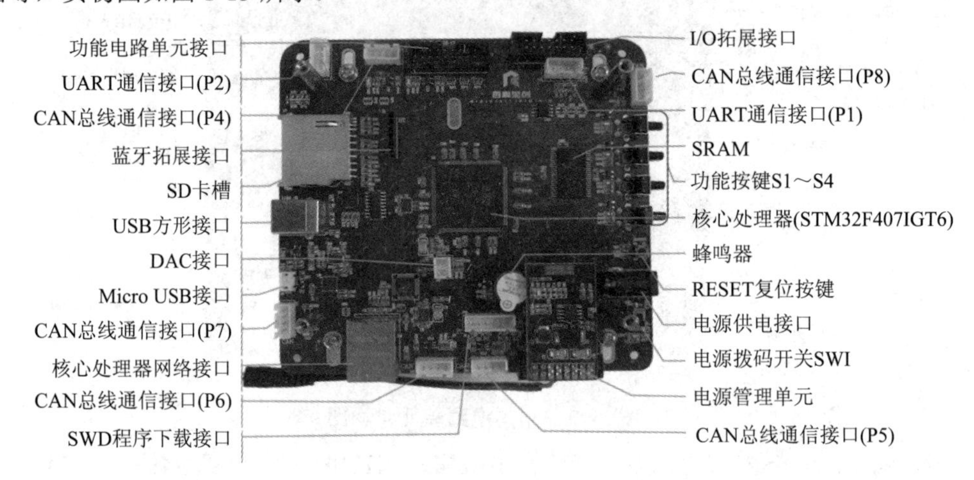

图 1-13　核心控制单元实物图

各接口功能如下：

• 功能电路单元接口：核心处理器 I/O 口，用于连接功能电路单元。
• UART 通信接口(P2)：核心处理器硬件串口，用于连接 A72 智能控制终端的串口。
• CAN 总线通信接口(P4)：用于连接循迹功能单元，接收循迹功能单元循迹数据。
• 蓝牙拓展接口：处理器硬件串口，用于连接拓展蓝牙模块。
• SD 卡槽：核心处理器 SDI/O 接口，用于 SD 卡读写。
• USB 方形接口：核心处理器串口转 USB 接口。
• DAC 接口：核心处理器 DAC 接口，预留(扩展学习使用)。
• Micro USB 接口：高速 USB 接口。预留(扩展学习使用)。
• CAN 总线通信接口(P7)：预留(扩展 CAN 通信使用)。
• 核心处理器网络接口：预留(扩展学习使用)。
• CAN 总线通信接口(P6)：用于连接电机驱动单元，发送控制命令。
• SWD 程序下载接口：核心处理器下载程序接口。
• CAN 总线通信接口(P5)：用于连接通信显示单元，发送或接收控制命令。
• 电源管理单元：核心控制单元供电保护、电压转换功能。
• 电源拨码开关 SW1：核心控制单元供电开关。
• 电源供电接口：用于连接供电电池。

- RESET 复位按键：核心处理器硬件复位按键。
- 蜂鸣器：用于警示功能(开启、关闭)。
- 核心处理器：核心处理器型号为 STM32F407IGT6。
- SRAM：外部 SRAM，扩展 SRAM 存储。
- 功能按键：包含 S1～S4 4 个按键，是作为核心板处理器功能按键。
- CAN 总线通信接口(P8)：预留(扩展 CAN 通信使用)。
- UART 通信接口(P1)：核心处理器串口，用于连接 RFID 读卡器。
- I/O 扩展口：预留(扩展学习使用)。

4) 电机驱动单元

电机驱动单元硬件包括电机接口、电源拨码开关 SW1、电源供电接口、电源管理单元接口、CAN 总线通信接口、码盘接口、蓝牙拓展接口、核心处理器等，实物图如图 1-14 所示。

图 1-14 电机驱动单元实物图

电机驱动单元与核心控制单元通过 CAN 总线进行数据交互，接收来自核心控制单元的电机驱动指令，并解析该指令，调整电机驱动参数，实现嵌入式智能车的运动控制；同时，通过 CAN 总线上传所采集的电机码盘数据，供核心控制单元计算嵌入式智能车已行进的距离。

各接口功能如下：

- 电机接口(J5、J6、J9、J10)：用于连接电机，J5 用于连接左前轮，J6 用于连接左后轮，J9 用于连接右前轮，J10 用于连接右后轮。
- 电源拨码开关 SW1：电机驱动板供电开关。
- 电源供电接口(J2)：电机驱动单元供电接口，用于连接电池。
- RESET 复位按键：电机驱动单元核心处理器硬件复位按键。
- 电源管理单元接口：电机驱动单元供电保护、电源转换功能(预留接口，暂未使用)。
- CAN 总线通信接口(P1)：连接核心控制电源。
- 码盘接口(J3、J4、J7、J8)：连接电机码盘接口，J3 用于连接左前轮，J4 用于连接左后轮，J7 用于连接右前轮，J8 用于连接右后轮。
- 蓝牙拓展接口(J1)：电机驱动单元核心处理器串口，用于连接蓝牙。

- SWD 程序下载接口：电机驱动单元核心处理器下载程序接口。
- 电子罗盘：预留扩展学习使用。
- 功能按键：电机驱动单元核心处理器功能按键，处理器内置电机测试程序。
- 核心处理器：采用 STM32F103RCT6 作为电机驱动单元核心处理器。

5) 通信显示单元

通信显示单元硬件主要包括 3.5 寸 LCD 显示屏、BOOTO 模式选择端口、SWD 程序下载端口、UART 通信端口(P3)、电源拨码开关(SW2)、RESET 复位按键、ZigBee 通信单元、WiFi 通信单元、CAN 总线通信端口、网络端口等，其实物正面图如图 1-15 所示，背面图如图 1-16 所示。

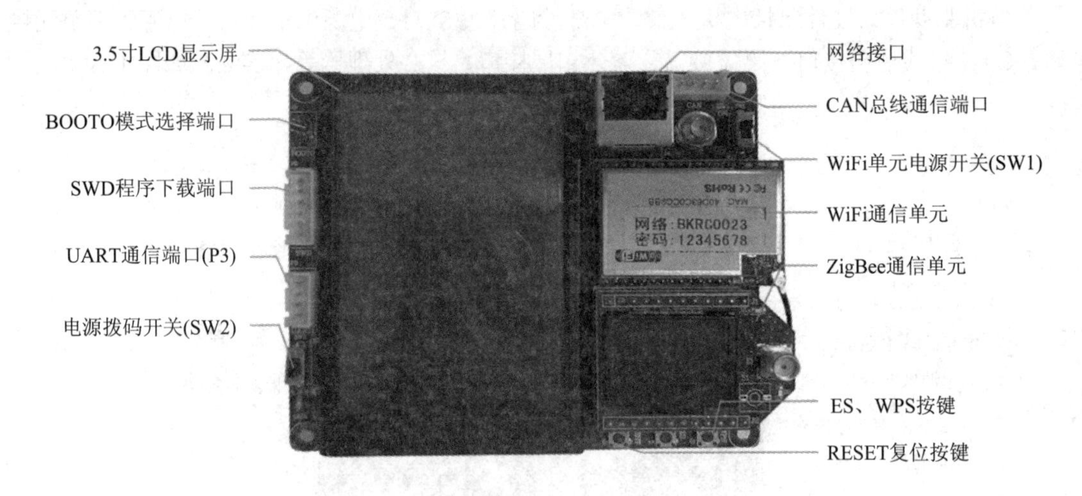

图 1-15 通信显示单元实物图(正面)

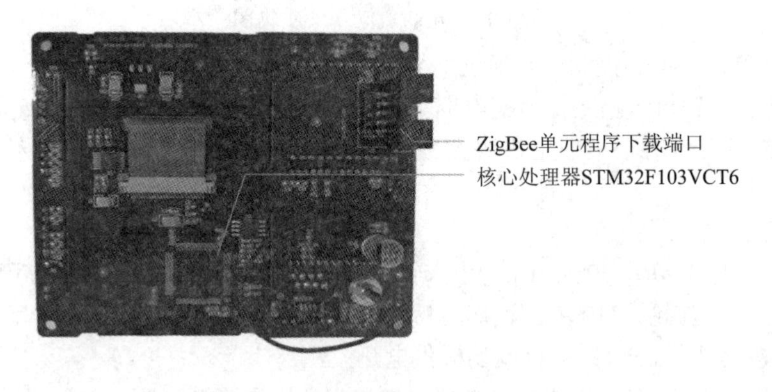

图 1-16 通信显示单元实物图(背面)

通信显示单元各接口的功能如下：

- 3.5 寸 LCD 显示屏：用于显示平台信息(循迹状态、电池电量、转动方向、码盘)。
- BOOTO 模式选择端口：选择处理器启动方式(此处默认断开)。
- SWD 程序下载端口：处理器下载程序接口。
- UART 通信端口(P3)：处理器串口，预留(暂未使用)。
- 电源拨码开关(SW2)：通信显示单元供电开关。

- RESET 按键：通信显示单元核心处理器硬件复位按键。
- ES、WPS 按键：WiFi 通信单元硬件复位按键。
- ZigBee 通信单元：用于 ZigBee 无线组网通信，车载平台上的 ZigBee 通信单元通常作为协调器(创建网络)。
- WiFi 通信单元：用于与移动设备无线通信，同时支持与云台摄像头的有线或无线访问及控制。
- WiFi 单元电源开关(SW1)：WiFi 通信单元供电开关。
- CAN 总线通信端口：连接核心板。
- 网络端口：WiFi 模块网口，用于连接摄像头或进行 WiFi 通信单元的配置。

通信显示单元核心处理器型号为 STM32F103VCT6。通信显示单元板载 LCD 显示屏，可显示循迹数据、码盘数据(仅显示左前轮与右前轮)、电子罗盘方向、WiFi 通信数据、ZigBee 通信数据及用户自定义调试信息。

通信显示单元板载 WiFi 通信单元及 Zig Bee 通信单元，支持与移动终端进行无线通信、摄像头图像采集与控制、移动机器人、ZigBee 功能标志物等进行无线通信。

通信显示单元的正常工作示意图如图 1-17 所示。

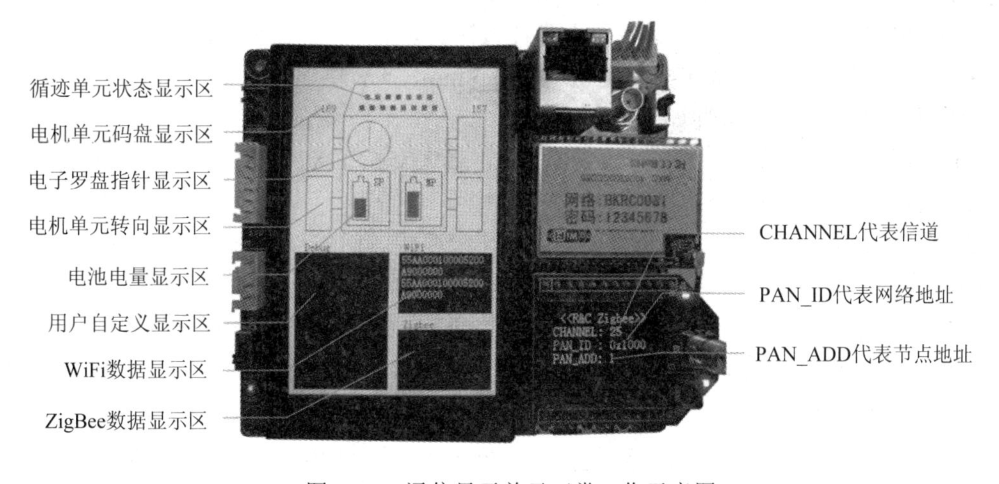

图 1-17　通信显示单元正常工作示意图

6) 图像采集单元

图像采集单元硬件主要包括镜头、光照度传感器、天线、红外灯、网络通信接口、供电接口等，其实物图如图 1-18 所示。

图像采集单元各模块功能如下：

- 光强度传感器：图像采集单元检测光线强度传感器(光敏电阻)，用于确定光线强度，从而确定是否打开红外灯。
- 镜头：图像采集单元镜头，可调整焦距。
- 红外灯：图像采集单元红外灯，用于夜视模式。
- 状态指示灯：图像采集单元供电指示灯。
- 天线：图像采集单元天线，用于图像采集单元无线通信。
- SD 卡槽：图像采集单元 SD 卡接口。

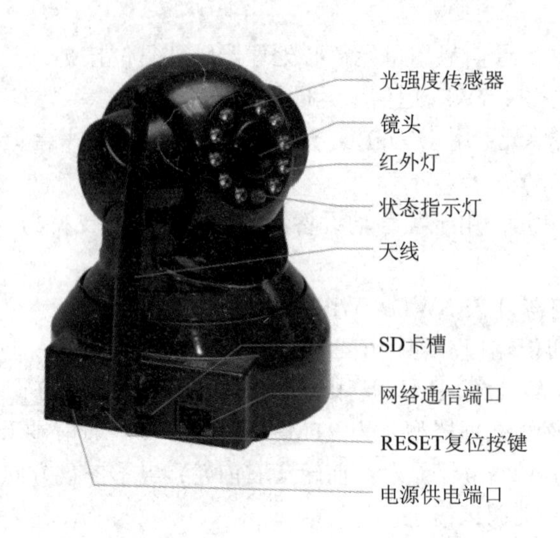

图 1-18　图像采集单元实物图

- 网络通信接口：图像采集单元网线接口，用于与 WiFi 通信单元或 A72 智能控制终端连接，以及图像采集单元配置。
- RESET 复位按键：图像采集单元复位按键。
- 电源供电端口：图像采集单元供电口(3.5 mm，5 V 供电)。

图像采集单元的主要特性如下：

(1) 图像采集单元像素：100 万像素(720P)，最大支持 1280 × 720 分辨率。

(2) 云台控制：水平 355°，垂直 120°。

(3) 图像采集单元连接：支持无线 WiFi、网线连接。网线连接可直接与 A72 智能控制终端连接。

注意：图像采集单元开机一分钟内会有自检过程，自检过程中图像采集单元自动水平旋转一周，垂直旋转 120°，请在自检完成后再进行操作。

7) A72 智能控制终端

A72 智能控制终端硬件资源主要包括智能控制终端与智能控制终端主板两部分。

图 1-19 为智能控制终端的实物图。

图 1-19　A72 智能控制终端实物图

A72 智能控制终端可实现图像的本地化处理，支持可通过有线或无线的连接方式与嵌入式智能车核心控制单元进行连接，适配不同的使用场合。

图 1-20 是智能控制终端主板的实物图。

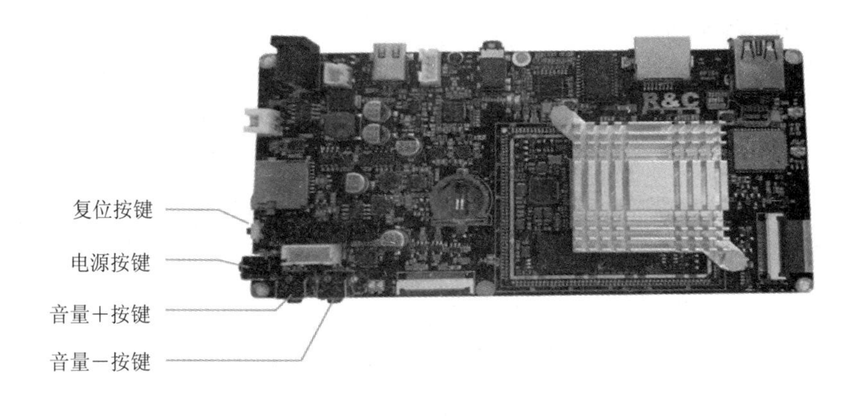

图 1-20　A72 智能控制终端主板实物图

1.4.2　移动机器人

1-3　移动机器人硬件结构与功能

1. 移动机器人硬件资源

移动机器人整机主要包含有开源硬件电子平台、悬挂系统、机器视觉摄像头模组、ZigBee 通信系统、WiFi 通信系统等，其实物图如图 1-21 所示。

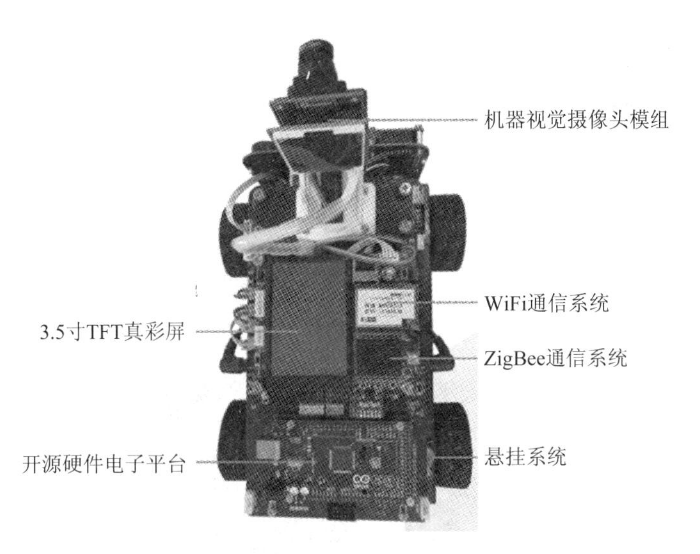

图 1-21　移动机器人实物图

移动机器人模仿现代自动智能汽车设计，本身具有主动的环境感知能力，配备的 3.5 寸 TFT 真彩屏提供了优良的人机交互界面，使得整车信息一览无余。整个平台采用 CAN 总线通信，多个处理器同时工作，数据处理更加流畅稳定。该平台可支持多通道无线组网通信技术，相关通信参数在 OLED 屏上显示，完全满足 Arduino 和 STM32 的嵌入式技术的智能车应用开发，同时支持图像采集与处理、二维码识别等高级应用开发，可用于电子、通信、嵌入式、物联网、车联网等相关专业开展实践教学、创新创意开发以及相关科研、学生技能赛赛前训练等用途。

移动机器人是以车型机器人为框架，配合四轴电机控制，使之能完成前进、后退、左转、右转、循迹等基本动作；同时，配备一款 30 万像素的机器视觉摄像头模组，支持简单 Python 编程可以实现图像采集与处理，如二维码识别、颜色识别、形状识别等。

2. 移动机器人系统架构

移动机器人系统架构如图 1-22 所示，各单元间通过 CAN 总线进行数据交互。

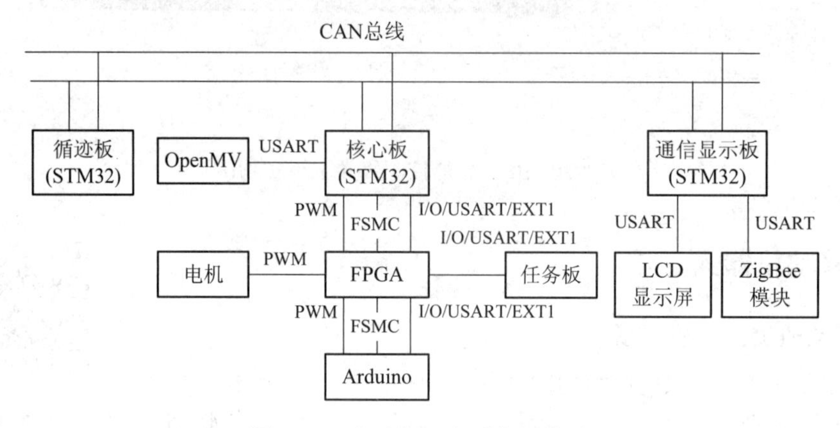

图 1-22　移动机器人系统架构图

3. 移动机器人模块资源

1) 机器视觉摄像头模组

机器视觉摄像头模组由 30 万像素的摄像头、真彩色的液晶屏和可折叠支架组成，各个模块之间是相互独立的，可采用单独锂电池供电，即插即用，方便用户二次开发。机器视觉摄像头模组实物图如图 1-23 所示。

图 1-23　机器视觉摄像头模组实物图

机器视觉摄像头模组搭载 MicroPython 解释器，嵌入式设备可以通过 Python 编程调用机器视觉算法，使得实现机器视觉算法编程更加简单。

2) 移动机器人功能电路单元

移动机器人功能电路单元搭载了多种传感器，用来感知环境，以及搭载多种执行机构或警示系统，用来反馈感知周围环境后做出相应的动作。移动机器人功能电路单元实物图如图 1-24 所示。

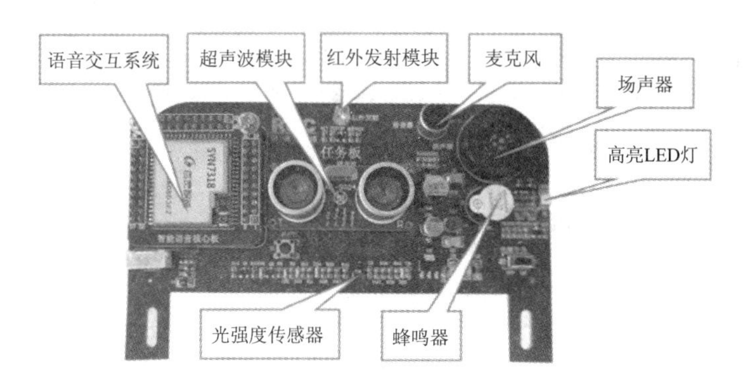

图 1-24　移动机器人功能电路单元实物图

移动机器人功能电路单元搭载一路高精度超声波测距模块，可用于距离测量与自动避障；搭载一路智能语音交互单元，可用于语音合成和语音识别；搭载一路红外发射单元，用于红外通信；搭载高精度光照强度传感器 BH1750，可检测移动机器人周围的光照强度；左右两侧配有高亮双闪灯，用于状态指示；搭载一路蜂鸣器，用于警示提醒。

3) 移动机器人核心控制单元

移动机器人核心控制单元搭载多种控制单元，实现多核任务处理，提高执行效率。核心控制单元主要由处理器主控单元、电机驱动单元、CAN 总线通信单元、LED 显示单元、按键输入单元、蜂鸣器警示单元以及各种扩展接口组成。移动机器人核心控制单元实物图如图 1-25 所示。

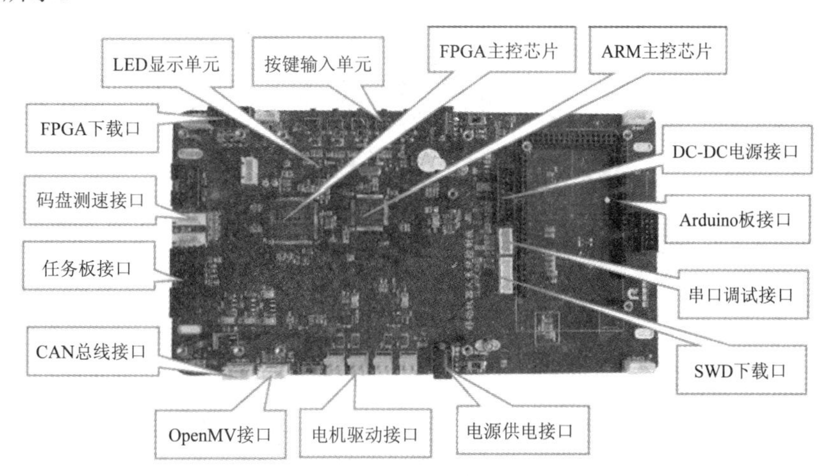

图 1-25　移动机器人核心控制单元实物图

4) 移动机器人通信显示单元

通信显示单元由主处理器单元、WiFi 通信单元、ZigBee 通信单元、3.5 寸 TFT 液晶显示单元、各种接口单元等组成。通信显示单元实物图如图 1-26 所示。

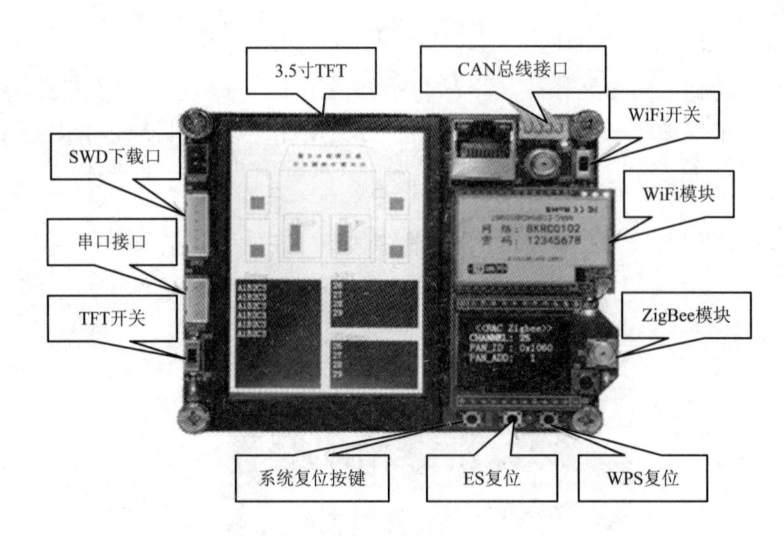

图 1-26　移动机器人通信显示单元实物图

通信显示单元板载 3.5 寸 TFT 真彩屏，可显示循迹数据、码盘数据(仅显示左前轮与右前轮)、WiFi 通信数据、ZigBee 通信数据及用户自定义调试信息。

通信显示单元板载 WiFi 通信单元及 ZigBee 无线通信单元，支持移动终端应用开发及 ZigBee 无线组网通信应用开发。

5) 移动机器人开源硬件电子平台(Arduino)

移动机器人是基于 Arduino 开发板、STM32 和 FPGA 三个核心处理器构成的综合应用开发平台，其开源的硬件电子平台实物图如图 1-27 所示。

图 1-27　移动机器人开源硬件电子平台实物图

移动机器人的核心处理器可由用户根据需求通过移动机器人核心控制单元板载的 A/M 主控模式选择拨码开关自由切换(A 代表 Arduino 主控，M 代表 STM32 主控)，默认的主控单元是 Arduino。Arduino 通过移动机器人搭载的传感器以及其他装置的反馈来控制移动机器人产生相应的动作。比如移动机器人循迹前进动作，移动机器人的循迹功能单元将数据通过 CAN 总线上传到 STM32 上，STM32 会将循迹功能单元上传的循迹数据存储到 FPGA

里面，最后 Arduino 通过读取 FPGA 里面的循迹数据来做出全速前进、调整车身和停车等动作。

1.4.3 智能小车软件资源

1. 嵌入式智能车软件资源

嵌入式智能车提供配套的 STM32F4 开发资源包、离线式语音识别开发资源包、RFID 开发资源包、Android 应用开发资源包、图像识别与处理资源包等相关资源，可支持平台运动控制与自动纠正转速、传感器数据采集、图像采集与处理、二维码识别、车牌识别、颜色识别、红外控制、WiFi 传输、ZigBee 通信、LoRa 通信、RFID 射频识别、APP 应用开发等功能。

本装置可以提供2017—2019年连续3年全国职业院校技能大赛嵌入式技术应用开发赛项标准的 Android 应用开发软件资源包、实训教程和 STM32F4 开发资源包等，具体内容包括基础实训项目与综合实训项目两大类。

基础实训项目名称如下：

(1) I/O 口控制实训；
(2) 定时器应用实训；
(3) 中断应用实训；
(4) 串口通信实训；
(5) PWM 电机控制实训；
(6) 小车循迹实训；
(7) 超声波测距实训；
(8) 光照度测量实训；
(9) 码盘测速实训；
(10) CAN 总线通信实训；
(11) 红外通信实训；
(12) ZigBee 通信实训；
(13) WiFi 通信实训；
(14) 智能语音交互实训；
(15) RFID 控制实训。

综合实训项目名称如下：

(1) 智能车运动控制综合实训；
(2) 二维码识别实训；
(3) 云台摄像头图像采集实训；
(4) 道闸自动控制实训；
(5) 无线报警控制系统实训；
(6) 颜色、形状识别实训；
(7) 多功能 TFT 显示系统实训；
(8) 智能路灯控制实训；

(9) 智能交通灯控制实训；

(10) 立体车库综合应用实训；

(11) 立体显示控制实训；

(12) 车牌识别实训；

(13) 智能语音交互综合应用实训；

(14) 沙盘综合应用实训。

2. 移动机器人软件资源

移动机器人提供配套开源硬件开发资源包、机器视觉识别开发资源包、Python 开发资源包等相关资源，可完成智能移动机器人运动控制、传感器数据采集、机器视觉识别(颜色、图形识别)、红外通信、WiFi 传输、ZigBee 通信等功能。

本装置提供 2018—2019 年连续两年全国职业院校技能大赛嵌入式技术应用开发赛项标准的开源硬件(Arduino)开发资源包、实训教程等，具体内容包括开源硬件(Arduino)编程开发实训案例与机器视觉识别开发案例两大类。

开源硬件(Arduino)编程开发实训案例项目名称如下：

(1) 基于开源硬件的 LED 灯测试实训；

(2) 基于开源硬件的按键输入实训；

(3) 基于开源硬件的 PWM 输出实训；

(4) 基于开源硬件的定时器实训；

(5) 基于开源硬件的外部中断实训；

(6) 基于开源硬件的串口通信实训；

(7) 基于开源硬件的电机驱动实训；

(8) 基于开源硬件的码盘测速实训；

(9) 基于开源硬件的循迹测试实训；

(10) 基于开源硬件的红外通信实训；

(11) 基于开源硬件的光照强度传感器实训；

(12) 基于开源硬件的超声波传感器实训。

机器视觉识别开发案例项目名称如下：

(1) 彩色图像采集实训；

(2) 灰度图像处理实训；

(3) 图像滤波实训；

(4) 图像翻转实训；

(5) ROI 设置实训；

(6) 画图画线实训；

(7) 色块检测实训；

(8) 阈值分割实训；

(9) 标记跟踪实训；

(10) 模板匹配实训；

(11) 扫码识别实训；

(12) 特征检测实训；

(13) 人脸检测与识别实训。

任务1 智能小车演示

1. 主从车全自动运行演示视频
2. 车联网组网通信测试演示视频

1-4 主从车全自动运行演示

1-5 车联网组网通信测试演示

思考与练习

1.1 什么是嵌入式系统？有何特点？应用领域有哪些？

1.2 ARM 英文原意是什么？它是一个怎样的公司？ARM 处理器有什么特点？

1.3 如何进行 STM32 微控制器选型？

1.4 STM32 处理器开发工具主要有哪些？

1.5 ST 公司固件库有哪些？作用是什么？

1.6 嵌入式智能车由哪些部分组成，各部分的作用是什么？

1.7 操作演示嵌入式智能车。

STM32 固件库函数开发入门

本章主要介绍 STM32F4 的固件库函数开发基本方法、STM32F4 总线和存储器架构、STM32F4 的时钟系统以及 GPIO 等相关知识。通过学习，读者不仅可以了解 CMSIS 标准与固件库以及固件库文件间的关系，掌握 MDK5 软件安装与使用方法。同时，读者还可以了解 STM32F4 总线和存储器架构，掌握 STM32F4 的时钟系统，掌握 STM32F4 的 GPIO 工作模式，并能使用 GPIO 的库函数编写简易端口控制程序。

2.1 STM32 固件库简介

2-1　STM32 固件库

ST 公司为了方便用户开发程序，相继推出 STM32Snippets、标准外设库(Standard Peripherals Library)、HAL(Hardware Abstraction Layer)、LL 库(Low Layer)等固件库，以及 STM32CubeMX 图形化配置工具。鉴于当前使用标准外设库(简称标准库)的群体仍然比较多，所以本书主要介绍标准库的使用。STM32CubeMX 图形化配置工具+HAL 库的使用方法，请读者扫描 2-2 所示二维码。

2-2　STM32 CubeMX 安装与使用教程

固件库是把芯片的底层寄存器操作都封装起来，提供一整套接口(API)供开发者调用。因此，在大多数场合下不需要知道操作的是哪个寄存器，只需要知道调用哪些函数即可。

2.1.1 CMSIS 标准与固件库关系

当前，ARM 公司的 Cortex 系列内核标准被 ST、TI 等芯片商家广泛采用，例如：ST 公司采用这个标准设计的 Cortex-M4 芯片有 STM32F407、STM32F429 等，TI 公司采用这个标准设计了 Tiva 系列的 Cortex-M4 芯片。虽然芯厂商家都采用 ARM 公司的标准，但是芯片的引脚数量、外设功能都有所不同。ARM 公司为了能让不同的芯片公司生产的 Cortex-M3/M4 芯片在软件上基本兼容，就与芯片生产商共同提出了一套 CMSIS 标准(Cortex

Microcontroller Software Interface Standard)，即“ARM Cortex 微控制器软件接口标准”。ST 公司的 STM32 固件库就是根据这套标准设计的。

基于 CMSIS 标准的软件架构主要分为用户应用层、操作系统层、CMSIS 层和硬件寄存器层四个层次，结构如图 2-1 所示。其中，CMSIS 层在软件架构中起着承上启下的作用，一方面该层对硬件寄存器层进行了统一的实现， 统一了不同厂商对 Cortex-M 系列微处理器核内的外设寄存器名称，另一方面又向上层的操作系统和应用层提供接口，简化了应用程序开发的难度，使开发人员能够在完全透明的情况下进行一些应用程序的开发。CMSIS 层的实现比较复杂，下面对 CMSIS 层次结构进行介绍。

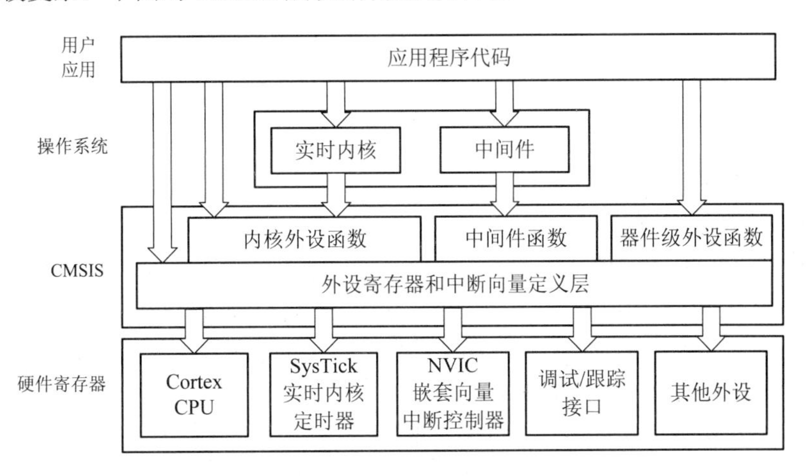

图 2-1　基于 CMSIS 标准的软件架构

CMSIS 层主要分为以下 3 个部分：

(1) 核内外设访问层(Core Peripheral Access Layer，CPAL)：该层由 ARM 负责实现。包括对寄存器名称、地址的定义，对核寄存器、NVIC(Nested Vectored Interrupt Controller，嵌套向量中断控制器)、调试子系统的访问接口定义以及对特殊用途寄存器的访问接口(如 CONTROL、xPSR)定义。由于对特殊寄存器的访问以内联方式定义，所以针对不同的编译器 ARM 统一用_INLINE 来屏蔽差异。该层定义的接口函数均是可重入的。

(2) 片上外设访问层(Device Peripheral Access Layer，DPAL)：该层由芯片厂商负责实现。该层的实现与 CPAL 类似，负责对硬件寄存器地址以及外设访问接口进行定义。该层可调用 CPAL 层提供的接口函数，同时根据设备特性对异常向量表进行扩展，以处理相应外设的中断请求。

(3) 外设访问函数(Access Functions for Peripherals，AFP)：该层也由芯片厂商负责实现，主要是提供访问片上外设的访问函数，这一部分是可选的。

对一个 Cortex-M 微控制系统而言，CMSIS 通过以上三个部分实现了如下功能：

(1) 定义了访问外设寄存器和异常向量的通用方法；

(2) 定义了核内外设的寄存器名称和核异常向量的名称；

(3) 为 RTOS 核定义了与设备独立的接口，包括 Debug 通道。

因此，芯片厂商就能专注于对其产品的外设特性进行差异化，并且消除他们对微控制器进行编程时需要维持的不同的、互相不兼容的标准需求，以达到低成本开发的目的。

2.1.2 STM32 固件库文件间的关系

现以 STM32F4xx 官方标准外设固件库 STM32F4xx_DSP_StdPeriph_Lib_V1.8.0 为例进行介绍，该库可以从 ST 官网下载，库文件及文件夹目录如图 2-2 所示。

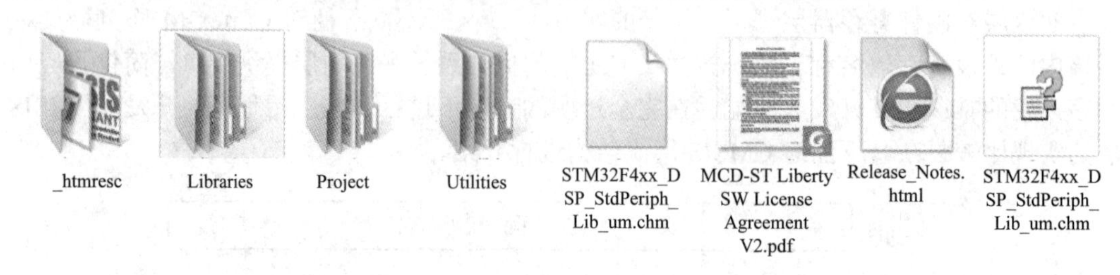

图 2-2　官方库包目录

1．库文件及文件夹

库文件及文件夹简单介绍如下：

(1) _htmresc：图片文件，给 Release_Notes.html 文件显示用的。

(2) Libraries：库函数的源文件，有 CMSIS 和 STM32F4xx_StdPeriph_Driver 两个目录，其中，CMSIS 文件夹主要包含于内核相关的文件；STM32F4xx_StdPeriph_Driver 文件夹为 STM32F4xx 处理器外设相关的底层驱动。

(3) Project：标准外设库驱动的完整示例程序。

(4) Utilities：用于 STM32 评估板的专用驱动。

(5) STM32F4xx_DSP_StdPeriph_Lib_um.chm：库函数使用的帮助文档。

2．CMSIS 和 STM32F4xx_StdPeriph_Driver 中的关键文件

CMSIS 文件夹中的关键文件如下：

(1) Core_cm4.h：内核功能的定义，比如 NVIC 相关寄存器的结构体和 Systick 配置。该文件在 CMSIS/Include 中。

(2) Core_cmFunc.h：内核核心功能接口头文件。该文件在 CMSIS/Include 中。

(3) Core_cmInstr.h：包含一些内核核心专用指令。该文件在 CMSIS/Include 中。

(4) Core_cmSimd.h：包含与编译器相关的处理。该文件在 CMSIS/Include 中。

(5) STM32F4xx.h：包含 STM32F4 的寄存器结构体的定义、寄存器封装，类似于 C51 中的 reg52.h。该文件在 CMSIS\Device\ST\STM32F4xx\Include 中。

(6) System_STM32F4xx.h：外设接入层系统头文件，用于设置系统及总线时钟相关的函数。该文件在 CMSIS\Device\ST\STM32F4xx\Include 中。

(7) System_STM32F4xx.c：STM32F4 的系统时钟配置，比如 SystemInit()函数在系统启动的时候就会被调用，用来设置系统的整个系统和总线时钟，该文件在 CMSIS\Device\ST\STM32F4xx \Source\Templates 中。

(8) Startup_STM32F40_41xxx.s：系统启动文件，设定 SP 的初始值，设置 PC 的初始值，设置中断向量表的地址，配置时钟，设置堆栈，调用 main()。在调用 main()之前，启动文件先调用 System_STM32F4xx.c 里面的 Systeminit()。该文件在 CMSIS\Device\ST\

STM32F4xx\Source\Templates\arm 中。

(9) DSP_Lib：主要为 DSP 函数库的实例和源码。该文件在\CMSIS\DSP_Lib 中。

(10) Lib：是编译好的库，对于不同内核的 STM32 所使用的 Lib 文件。该文件在 CMSIS\Lib 中。

STM32F4xx_StdPeriph_Driver 文件夹中的关键文件如下：

(1) STM32F4xx_ppp.h：外设头文件。这里的 ppp 只是一个代码，在实际上是具体的外设名字，比如 PWM、ADC、DMA 等外设。在实际使用时根据所需的外设选择性移植。该文件在 STM32F4xx_StdPeriph_Driver\inc 中。

(2) STM32F4xx_ppp.c：外设源文件。这里的 ppp 只是一个代码，在实际上是具体外设名字，如 ADC，DMA 等。在实际使用时根据所需的外设选择性移植。该文件在 STM32F4xx_StdPeriph_Driver\src 中。

(3) STM32F4xx_conf.h：外设驱动配置文件，通过修改该文件中所包含的外设头文件，用户启动或禁用外设驱动。该文件在 Project\STM32F4xx_StdPeriph_Templates 中。

(4) STM32F4xx_it.h：所有中断处理程序原型。该文件在 Project\STM32F4xx_StdPeriph_Templates 中。

(5) STM32F4xx_it.c：中断源程序模板，中断函数的名称要与启动文件中中断向量表的名称一致。该文件在 Project\STM32F4xx_StdPeriph_Templates 中。

2.2 MDK5 软件安装与使用

2-3 MDK5 软件安装与使用方法

MDK 源自德国的 KEIL 公司，是 RealView MDK 的简称。目前其最新版本为 MDK5.14，该版本使用 μVision5 IDE 集成开发环境，是目前针对 ARM 处理器，尤其是 Cortex-M 内核处理器的最佳开发工具。

MDK5 向前兼容，即 MDK4、MDK3 等项目同样可以在 MDK5 上进行开发(但是头文件方面得全部自己添加)。与以往 MDK 的不同在于：以往的 MDK 把所有组件包含到了一个安装包里面，由于单片机的种类很多，MDK4.7 就有 500 MB 以上，显得十分“笨重”。而 MDK5 的器件(Software Packs)与编译器(MDK core)分离，软件大小不到 300 MB，如图 2-3 所示。也就是说，安装完成编译器(MDK_5xx.exe)之后，编译器里面没有任何器件，还需要选择安装所需要的器件包。例如：如果要对 STM32 进行开发，只需要下载 STM32 的器件安装包(Packs)即可。另外，MDK5 的 SWD 下载速度提升到了 50 Mb/s(MDK4 最大速度为 10 Mb/s，速度提升 5 倍，有效提升开发进度)。

从图 2-3 可以看出，MDK Core 又分成四个部分：μVision IDE with Editor(编辑器)、ARM C/C++ Compiler(编译器)、Pack Installer(包安装器)以及 μVision Debugger with Trace(调试跟踪器)。μVision IDE 从 MDK4.7 版本开始就加入了代码提示功能和语法动态检测等实用功能，相对于对以往的 IDE 改进很大。

Software Packs(包安装器)又分为 Device(芯片支持)、CMSIS(ARM Cortex 微控制器软件接口标准)和 Middleware(中间库)三个部分，通过包安装器，可以安装最新的组件，从而支持新的器件、提供新的设备驱动库以及最新例程等，加速产品开发进度。

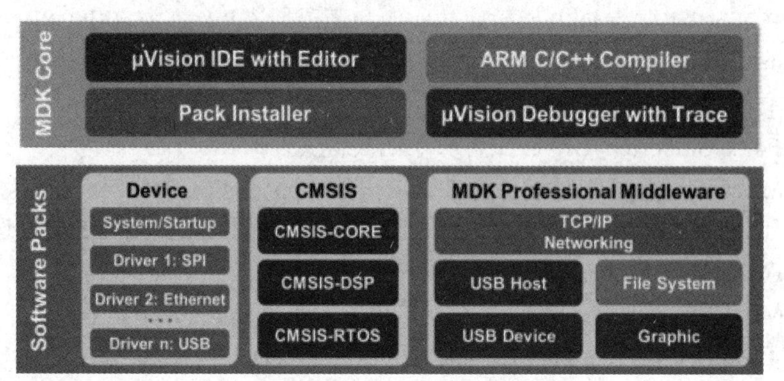

图 2-3　MDK5 的编译器和器件结构

2.2.1　MDK5 安装步骤

安装 MDK5 分为两个阶段，第一个阶段安装 MDK 编译器，第二个阶段安装器件库包。

1. 安装 MDK 编译器

(1) 双击如图 2-4 所示的图标进行安装。

MDK-523.exe

图 2-4　MDK 安装文件

(2) 进入安装界面，点击【Next】，如图 2-5、图 2-6 所示。

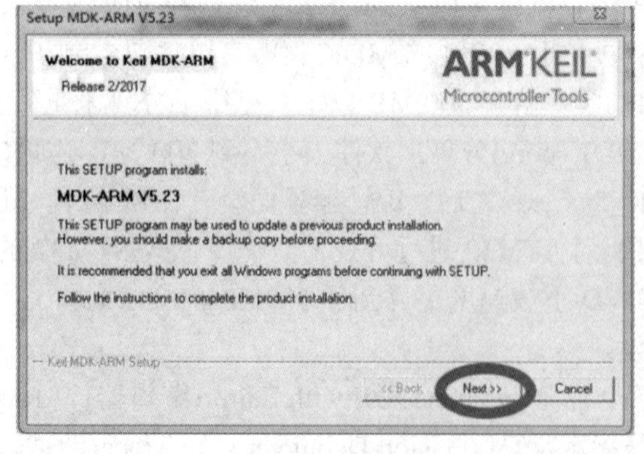

图 2-5　安装界面

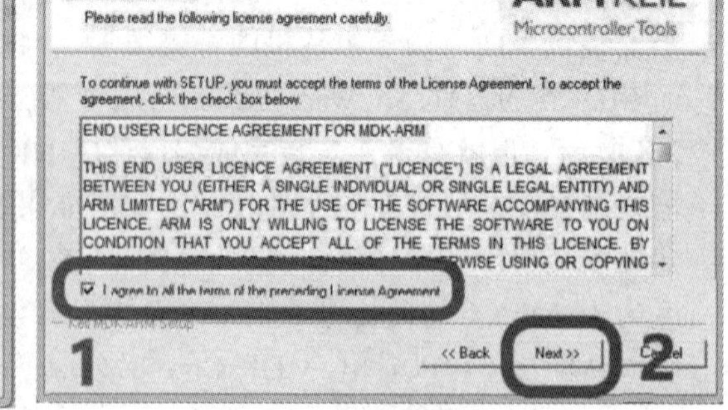

图 2-6　同意使用条约

(3) 选择安装路径(以 D 盘 Keil_5 为例)，点击【Next】(注意：安装路径不能带中文)，如图 2-7 所示。

(4) 填写用户名(First Name)与邮箱(E-mail)，点击【Next】，如图 2-8 所示。

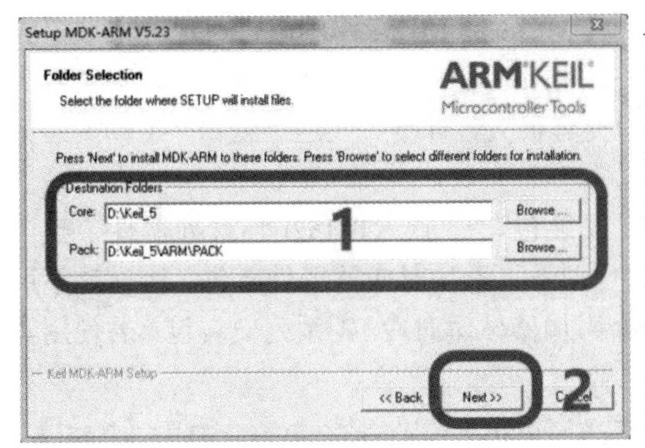

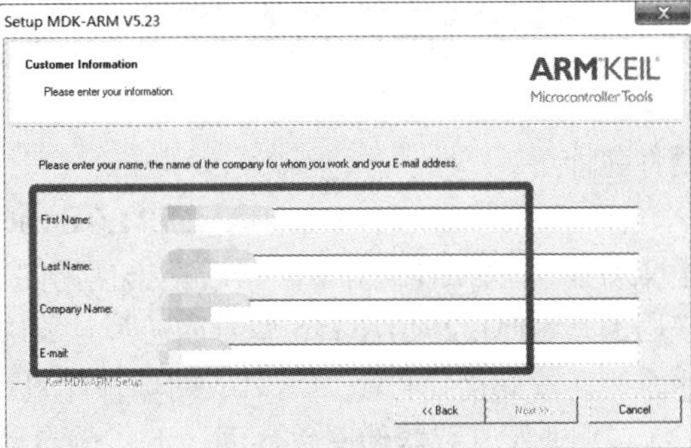

图 2-7　选择安装路径　　　　图 2-8　填写用户名信息

(5) 等待安装进度条完成，如图 2-9 所示。出现安装完成界面时，去掉对钩，点击【Finish】完成安装，如图 2-10 所示。

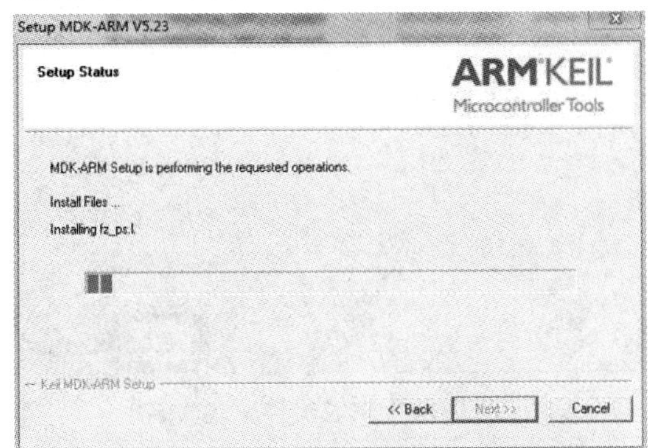

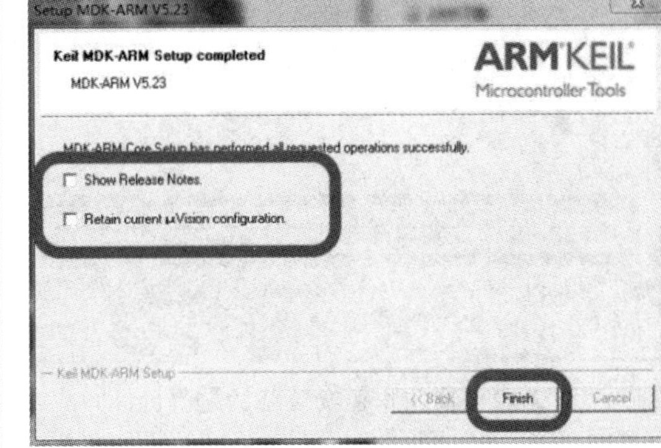

图 2-9　安装进程中　　　　图 2-10　完成软件安装

2. 安装器件库包

安装完 MDK 编译器之后，会弹出一个安装器件库包(Pack Installer)的界面，如图 2-11 所示。该界面提示用户选择安装器件，即要用它来开发哪些芯片。

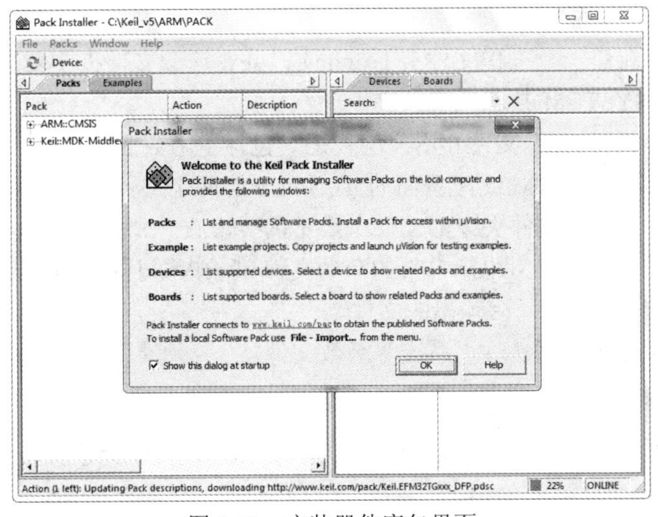

图 2-11　安装器件库包界面

在图 2-11 左边可以看到：MDK 安装之后，CMSIS 和 MDK 中间软件包已经安装了。图 2-11 中的小对话框是介绍窗口，点击【OK】关闭即可。此时在图 2-11 中右下角看到 MDK 自动从官网下载支持，不过这个下载过程要等很久，直接关闭这个窗口，手动安装元器件包即可。

(1) 双击 Keil.STM32F4xx_DFP.1.0.8.pack 安装包。添加 STM32F4 系列器件，点击【Next】，如图 2-12 所示。一般根据使用的芯片型号，添加对应的器件库包，因在这里所使用的是 STM32F407IGT6 型号的芯片，故选择添加器件库对应 F4 系列安装包，若使用其他系列芯片则需要再添加其对应的器件库包。

(2) 进入安装器件库包界面，此步骤自动搜寻 MDK5 软件安装路径。点击【Next】，直至成功，点击【Finish】，如图 2-13 所示。

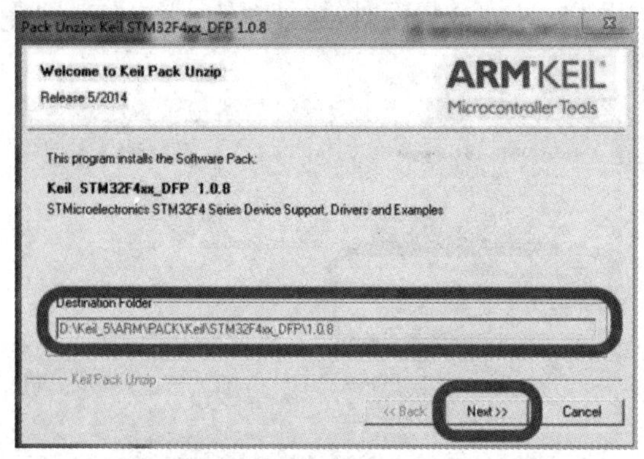

图 2-12　器件库包安装路径选择(自动)

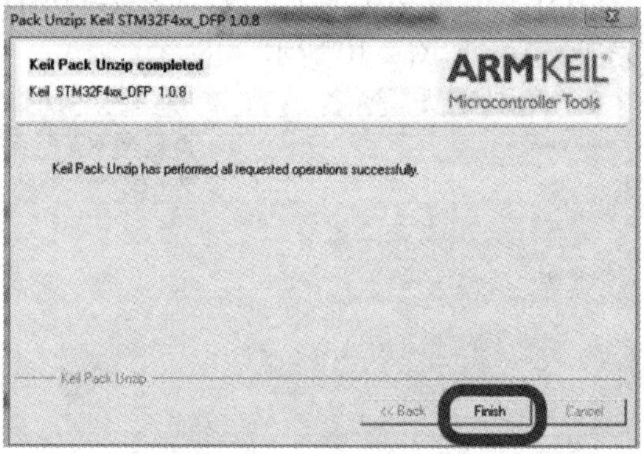

图 2-13　完成器件库包安装

2.2.2 新建 MDK5 工程及配置

在“2.1.2 STM32 固件库文件间的关系”中，介绍了 STM32F4xx_DSP_StdPeriph_Lib_V1.8.0 库的文件作用，新建工程就需要用到这些文件。

1. 新建 5 个文件夹

在任意盘符下新建一个工程文件夹 Example，并在这个文件夹中新建 USER、FWlib、CMSIS、Output、SYSTEM 共 5 个文件夹。

(1) USER 用来存放工程文件和用户层代码，包括主函数 main。

(2) FWlib 用来存放 STM32 库里面的 inc 和 src 这两个文件夹，这两个文件夹包含了芯片上的所有驱动，这两个文件夹中的文件一般不需要修改。

(3) CMSIS 用来存放库为用户自带的启动文件和一些位于 CMSIS 层的文件。

(4) Output 用来保存编译后输出的文件。

(5) SYSTEM 用来保存延时、系统等函数文件。

2. 复制库文件

(1) 为 CMSIS 文件夹增加文件。打开官方固件库包，复制如下文件到该文件夹中，如图 2-14 所示。

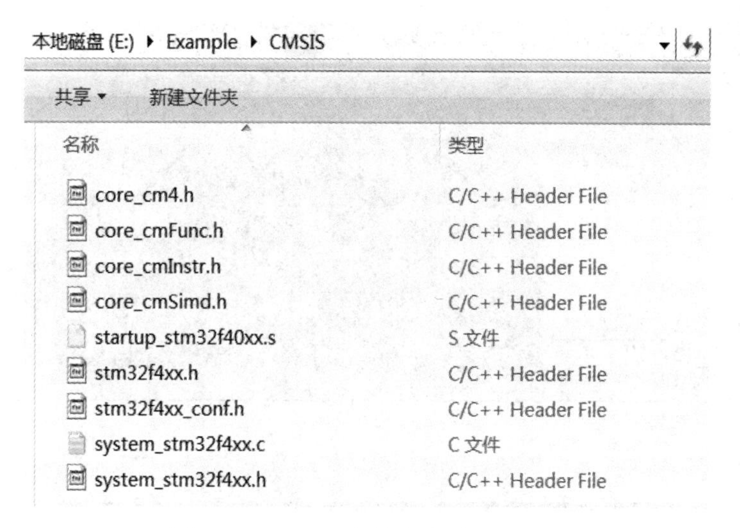

图 2-14　CMSIS 文件夹中增加的文件

① startup_stm32f40xx.s：该文件在…\Libraries\CMSIS\Device\ST\STM32F4xx\Source\Templates\arm 目录中。

② core_cm4.h、core_cmsimd.h、core_cmFunc.h 和 core_cmInstr.h：该文件在…\Libraries\CMSIS\ Include 目录中。

③ stm32f4xx.h 和 system_stm32f4xx.h：该文件在…\Libraries\CMSIS\Device\ST\STM32F4xx\Include 目录中。

④ system_stm32f4xx.c、stm32f4xx_conf.h：该文件在…\Project\STM32F4xx_StdPeriph_Templates 目录中。

(2) 为 FWlib 文件夹增加文件。打开官方固件库包，复制 inc 和 src 这两个文件夹到该文件夹中。文件夹路径：…\Libraries\STM32F4xx_StdPeriph_Driver。

(3) 为 SYSTEM 文件夹增加文件。复制任意示例程序中 SYSTEM 文件夹中的 delay 和 sys 两个文件夹。

3．打开 MDK5 软件

在桌面双击“Keil μVision5”图标，如图 2-15 所示。软件启动界面如图 2-16 所示，启动完成之后，会出现软件主界面，如图 2-17 所示。

图 2-15　MDK5 桌面图标

图 2-16　软件启动界面

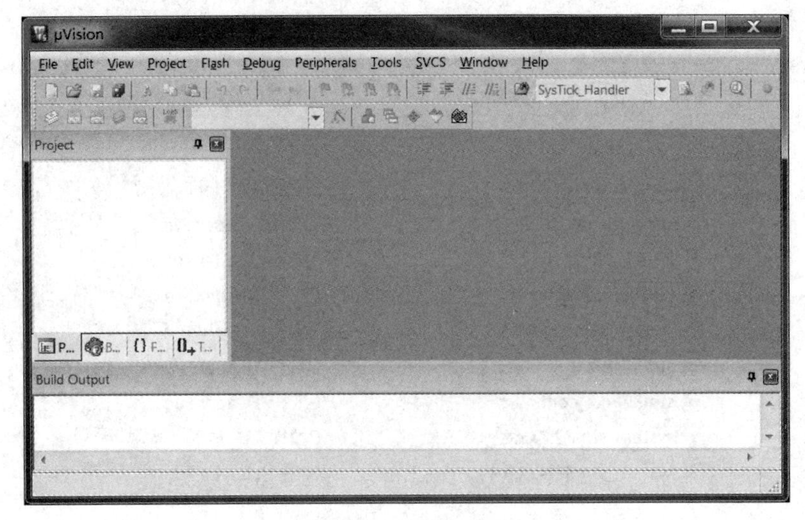

图 2-17　软件主界面

4．新建工程

(1) 点击 Project→New µVision Project，如图 2-18 所示。在弹出“Creat New Project”对话框(新建工程)时，输入工程名 Test，保存到 USER 文件夹里面，如图 2-19 所示。

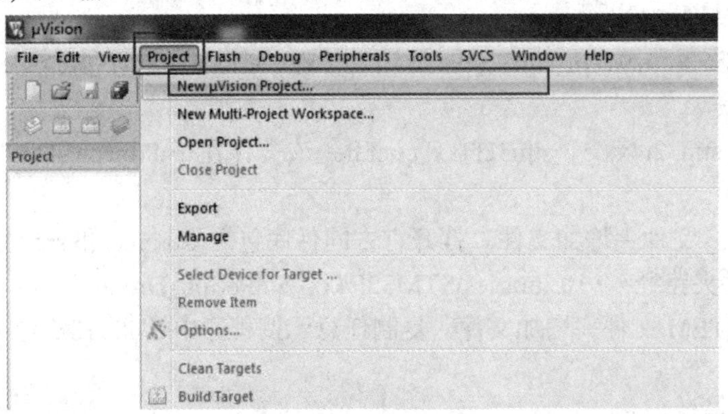

图 2-18　新建工程

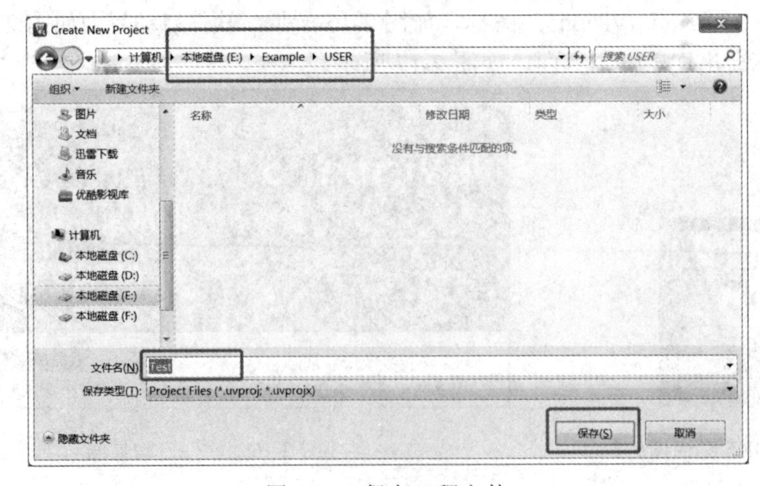

图 2-19　保存工程文件

(2) 弹出选择器件对话框，如图 2-20 所示。选择 STMicroelectronics→STM32F4Series→STM32F407→STM32F407IG(注意：一定要安装对应的器件 Pack 才会显示这些内容)，点击【OK】，则弹出 Manage Run-Time Environment 对话框，如图 2-21 所示。这样可以添加自己需要的组件，从而方便构建开发环境，这里不详细介绍。直接点击【Cancel】即可。

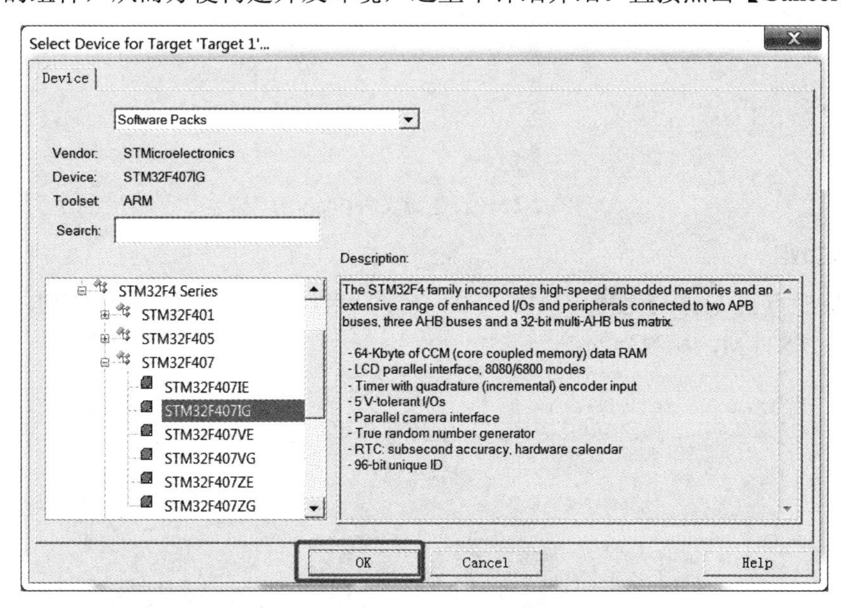

图 2-20　选择器件对话框

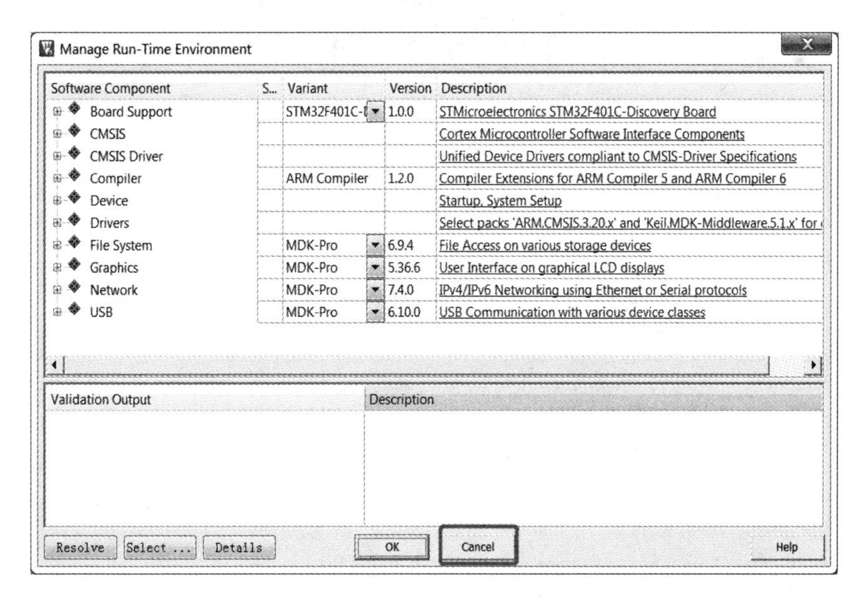

图 2-21　Manage Run-Time Environment 对话框

5．新建源文件(main.c)

在菜单栏点击【 】新建文件图标，并点击【 】保存文件图标，将其保存到 USER 文件夹中，以 main.c 命名，如图 2-22 所示。(注意：文件名可任意，但一定要以 .c 为后缀。)

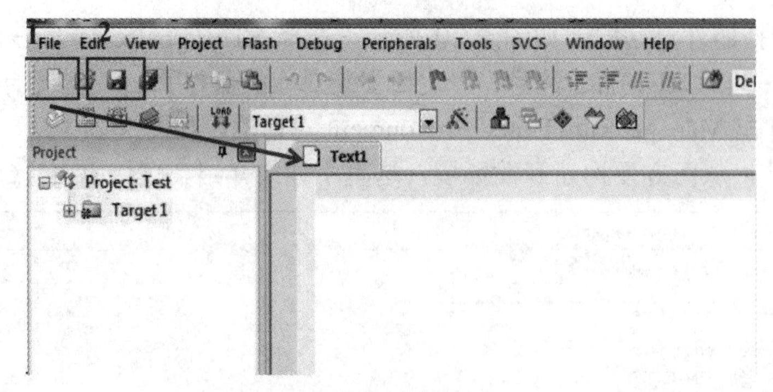

图 2-22　新建源文件(main.c)

6. 增加组

在菜单栏点击【 】图标，如图 2-23 所示。增加工作组，分别是 USER、CMSIS、FWLIB 和 SYSTEM，如图 2-24 所示。

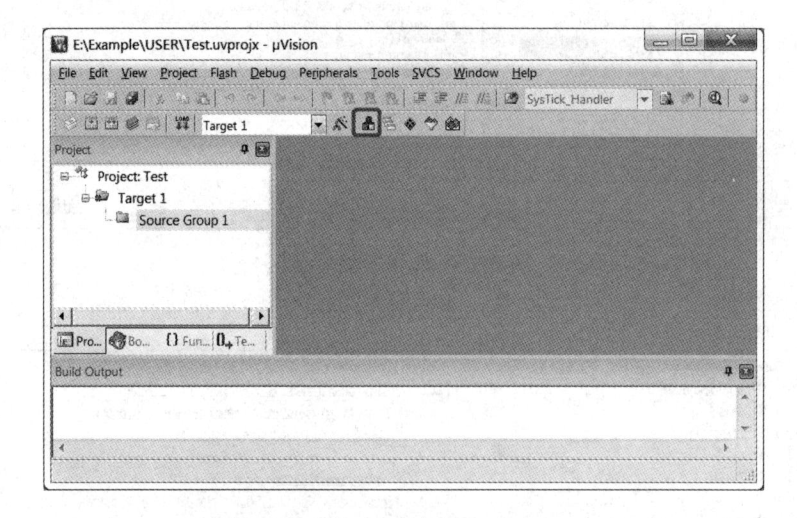

图 2-23　增加工作组

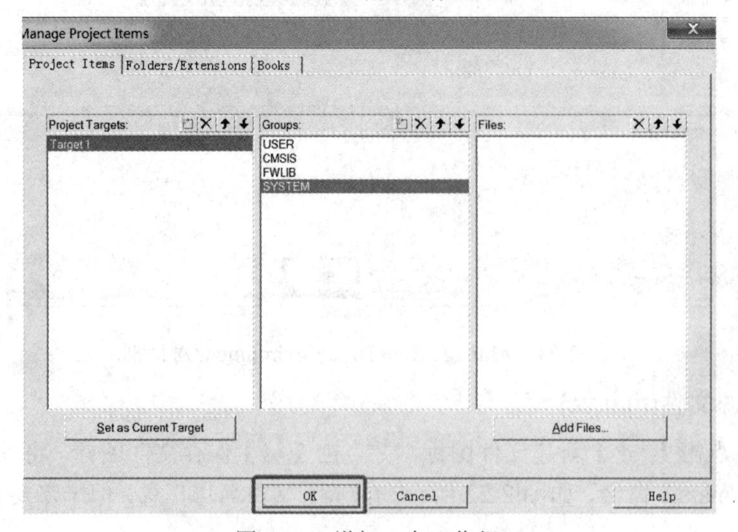

图 2-24　增加 4 个工作组

7．为各组添加文件

(1) USER 组中添加 main.c 文件，如图 2-25 所示。

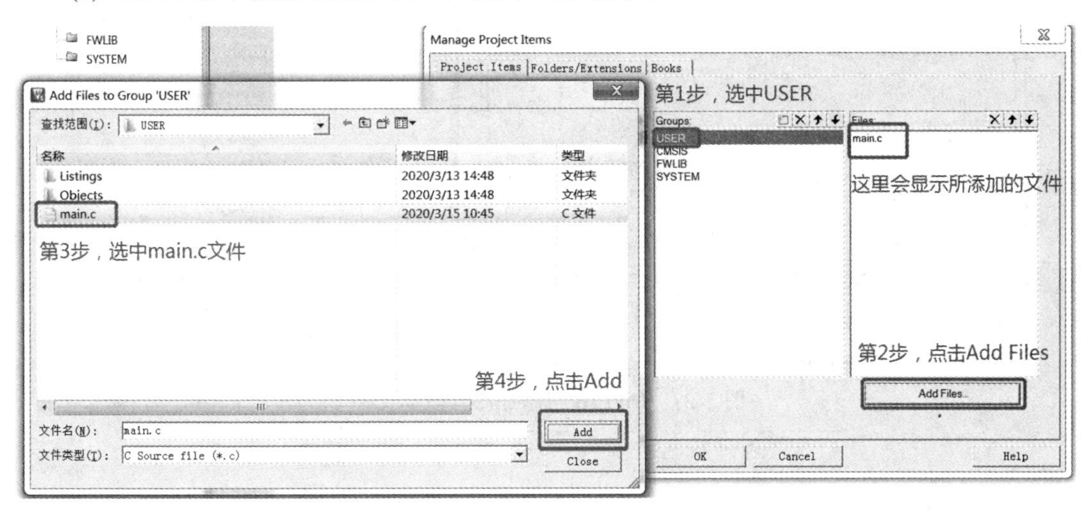

图 2-25　USER 组中添加 main.c

(2) CMSIS 组中添加两个文件，按照 USER 组的添加步骤，把 CMSIS 文件夹目录下的 startup_stm32f40xx.s 和 system_stm32f4xx.c 文件添加到 CMSIS 组中(注意，添加 startup_stm32f40xx.s 文件时，文件类型需要选择为 All files 才能看得到这个文件)，如图 2-26 所示。

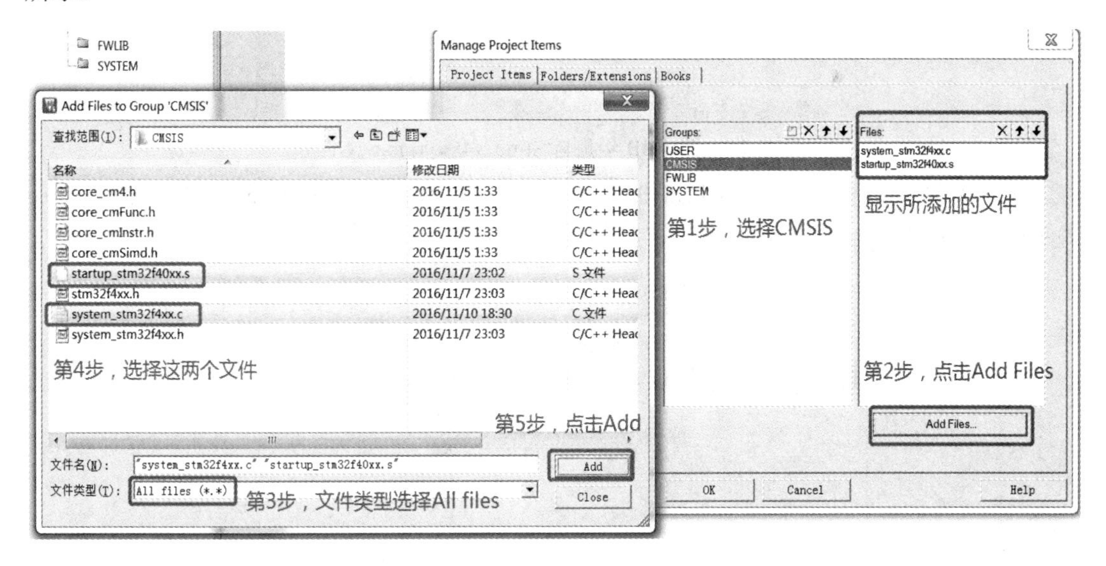

图 2-26　CMSIS 组添加文件

(3) FWLIB 组中添加芯片驱动文件，按照 USER 组的添加步骤，添加 FWLIB\src 目录下的所有文件，如图 2-27 所示。但是要删除 stm32f4xx_fmc.c 这个文件，因为它是 STM32F42 和 STM32F43 系列才用到的，如图 2-28 所示。

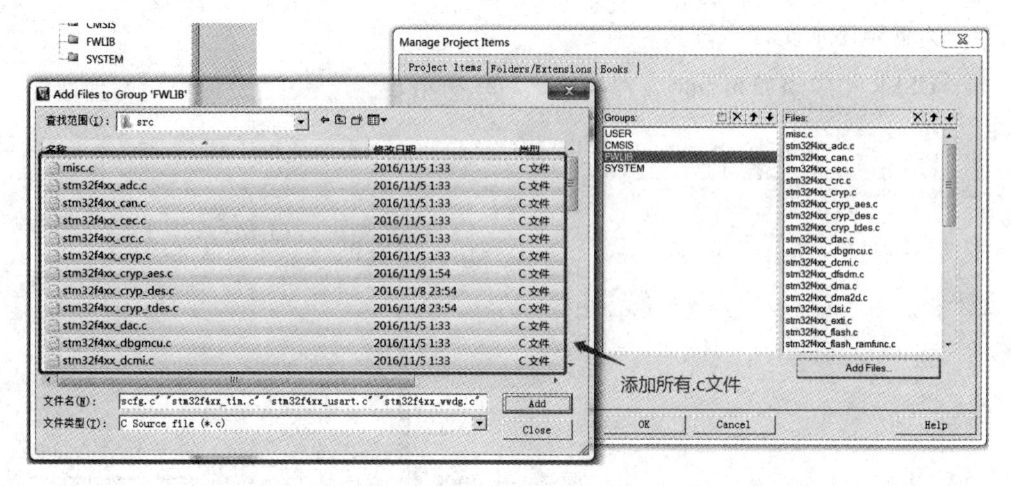

图 2-27　FWLIB 组添加芯片驱动文件

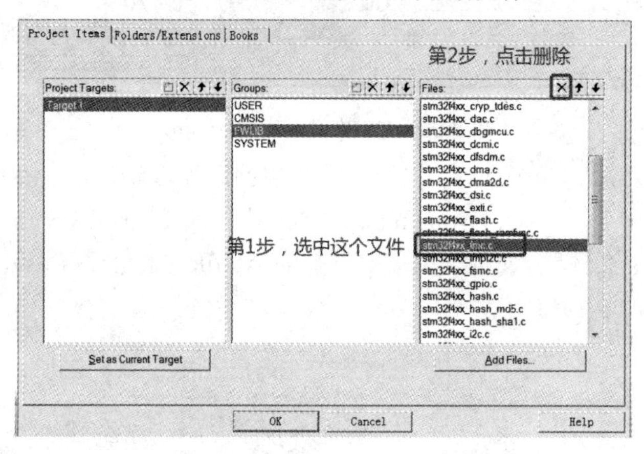

图 2-28　FWLIB 组删除 stm32f4xx_fmc.c 文件

(4) SYSTEM组中文件，按照USER组的添加步骤，添加SYSTEM\delay中的delay_drv.c文件和SYSTEM\sys中的sys.c文件，如图2-29所示。

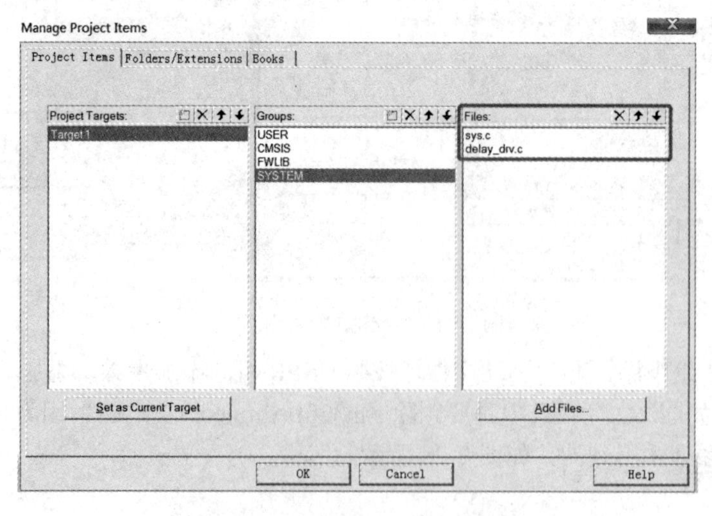

图 2-29　SYSTEM 组中添加文件

8．添加头文件

按照图 2-30 所示的步骤，需要增加的头文件(*.h 文件)的路径包括..\CMSIS、..\USER、..\FWLIB\inc、..\SYSTEM\delay 和..\SYSTEM\sys。增加完成之后如图 2-31 所示。

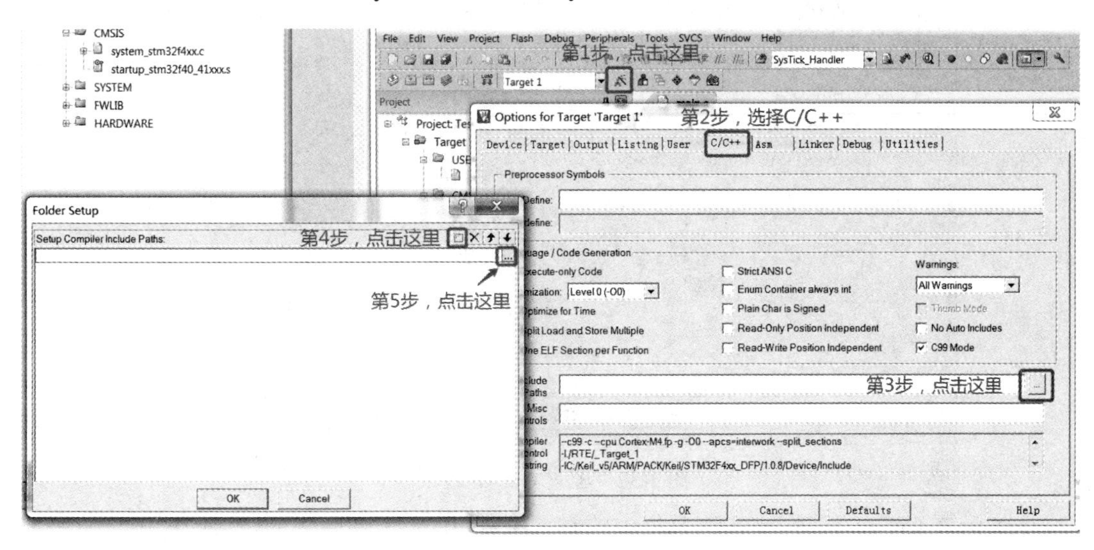

图 2-30　添加头文件

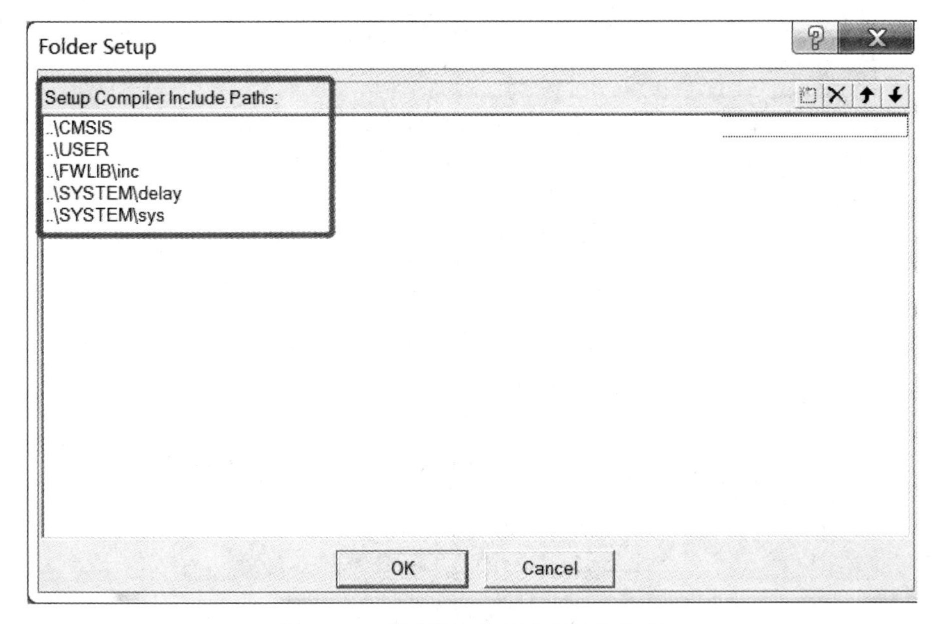

图 2-31　需要增加的所有头文件路径

9．配置工程

(1) 配置 Output 选项。点击工具栏中的魔术棒按钮【 】，在弹出来的窗口中选中“Output”选项卡，在“Create HEX File”选项框内打钩，如图 2-32 所示。

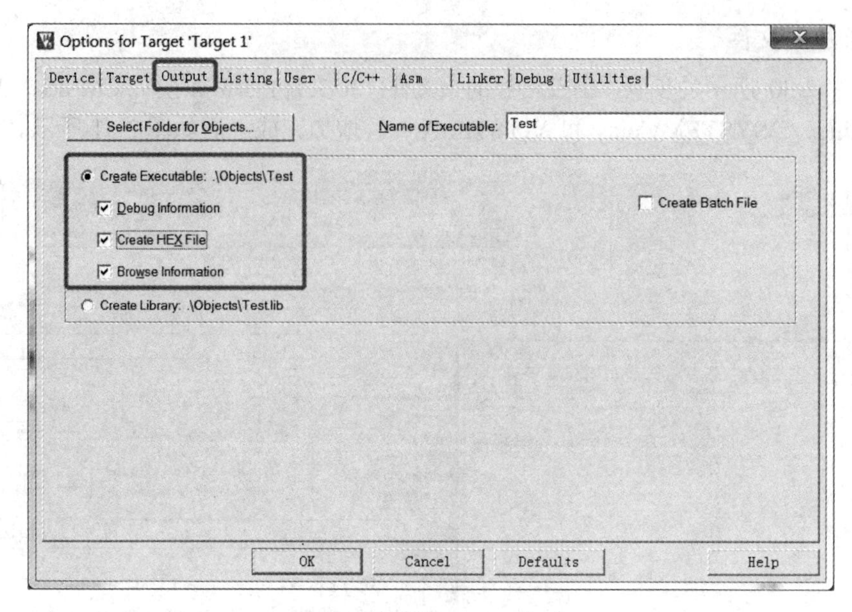

图 2-32　配置 Output 选项

(2) 配置 C/C++ 选项。点击工具栏中的魔术棒按钮【 】，在弹出的窗口中选中“ C/C++ ”选项卡。在 Define 文本框内输入两个宏定义：STM32F40_41xxx，USE_STDPERIPH_ DRIVER。注意这里的两个标识符之间是用逗号隔开的，如图 2-33 所示。

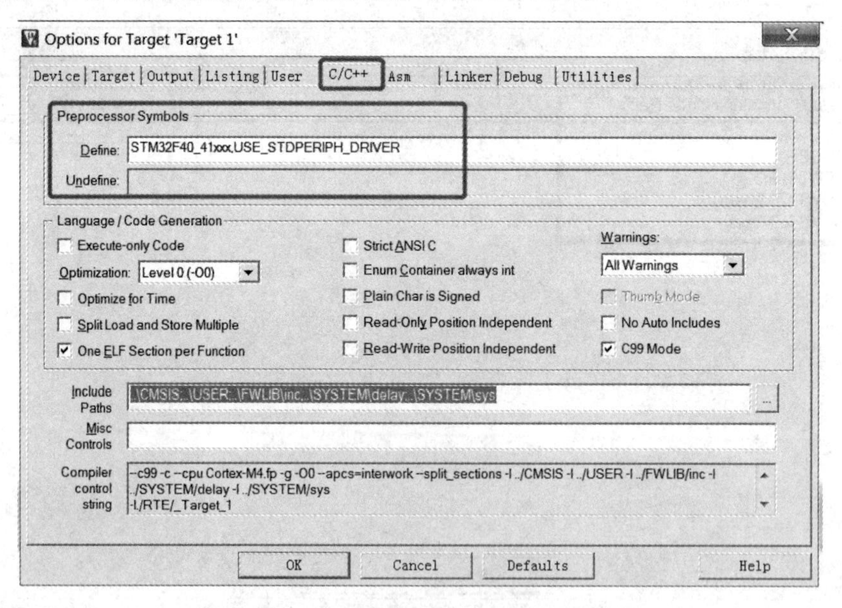

图 2-33　Define 文本框内输入两个宏定义

2.2.3　编译及下载程序

1. 编译程序

在 main.c 文件中编写如图 2-34 所示的代码，然后点击工具栏中的【 】或【 】图标，进行编译，结果无错误为止，如图 2-35 所示。

```c
#include "stm32f4xx.h"
#include "delay_drv.h"

RCC_ClocksTypeDef RCC_Clocks;

/**********************************************************
函数功能：滴答定时器中断服务函数
参    数：无
返 回 值：无
**********************************************************/
void SysTick_Handler(void)
{
    global_times++;
    if(delay_ms_const)
        delay_ms_const--;
}

int main(void)
{
    RCC_GetClocksFreq(&RCC_Clocks);                    //获取芯片时钟线时钟
    SysTick_Config(RCC_Clocks.HCLK_Frequency / 1000);  //滴答定时器初始化
    Delay_us_Init(24);                                 //微秒级延时初始化
}
```

图 2-34　在 main.c 文件中编写代码

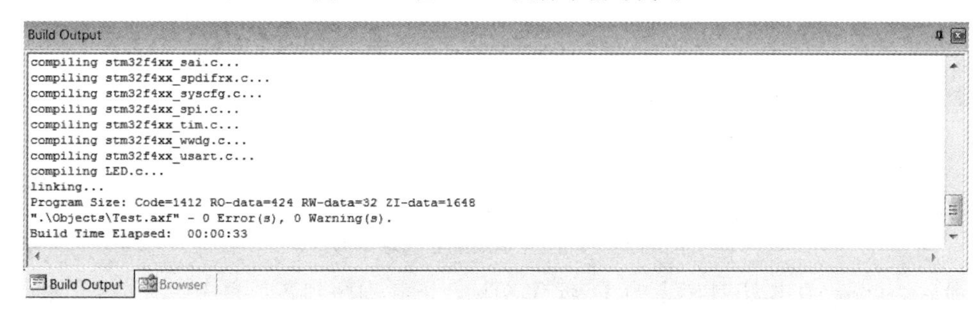

图 2-35　编译结果

2. 下载程序

可以采用串口、JTAG、SWD 模式下载程序。串口下载速度很慢；JTAG 下载需要占用 5 个 I/O 口；SWD 下载只需要 2 个 I/O 口，大大节约了 I/O 数量，同样具有 JTAG 下载的速度和仿真调试功能。因此，强烈建议下载程序模式选择 SWD 模式，如图 2-36 所示。

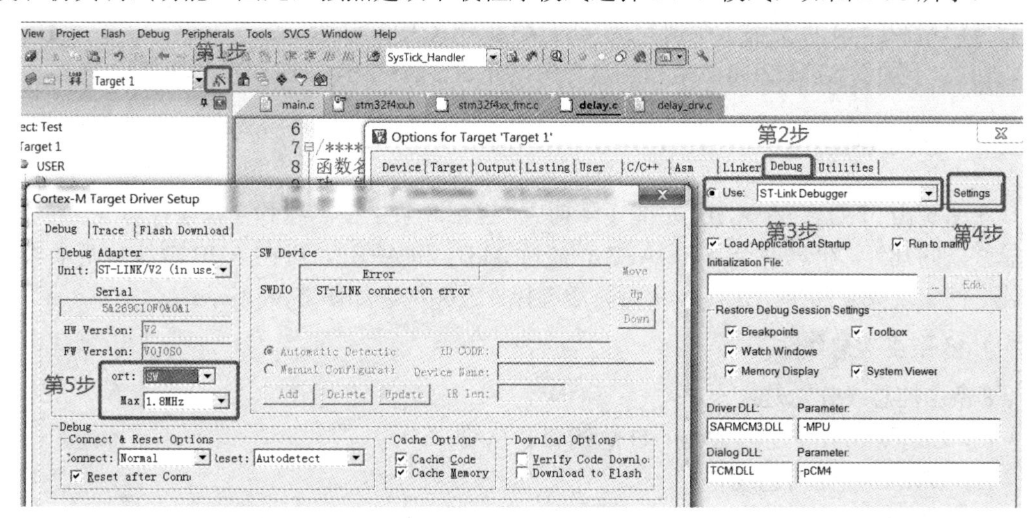

图 2-36　ST-LINK 下载设置

下面以 ST-LINK 下载器为例，介绍如何设置和下载程序。

首先，点击【 】，打开 Options for Target 选项卡，在 Debug 栏选择仿真工具为 ST-link Debugger，如图 2-36 所示。勾选 Run to main()，该选项选中后，只要点击仿真就会直接运行到 main 函数，如果没有勾选，则会先执行 startup_stm32f40_41xxx.s 文件的 Reset_Handler，再跳到 main 函数。

其次，点击【Settings】，使用 STLINK 的 SW 模式调试，设置 SWD 的调试速度为 1.8 MHz，最高可以设置为 4 MHz，下载速度太高，可能会出问题。

再次，点击【Flash Download】，按照图 2-37 中的步骤设置。

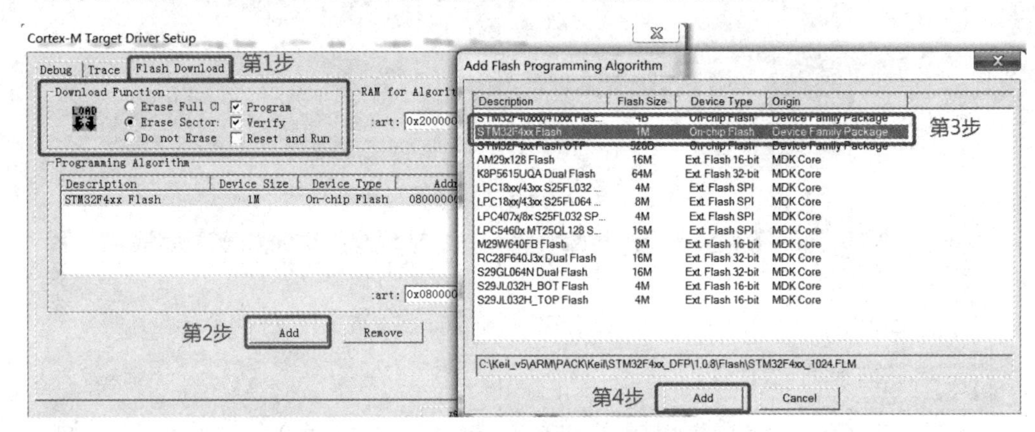

图 2-37 Flash Download 选项卡设置

最后，点击 MDK 工具栏上的【 】图标，下载程序到芯片之中。

2.3 STM32F4 总线和存储器架构

2-4 STM32F4 的总线与存储器架构

STM32F4 总线和存储器架构非常复杂，在此仅对一些关键的知识点进行介绍，若需要详细了解这部分的内容，建议查看《STM32F4xx 英文参考手册》或《STM32F4XX 中文参考手册》。下面以 STM32F407 系列芯片为例，介绍 STM32F4 总线和存储器架构。

2.3.1 总线架构

主系统由 32 位多层 AHB 总线矩阵构成，包括 8 条主控总线和 7 条被控总线，并可实现总线之间互连。借助两个 AHB/APB 总线桥 APB1 和 APB2，可在 AHB 总线与两个 APB 总线之间实现完全同步的连接，从而灵活选择外设频率，如图 2-38 所示。

1. 8 条主控总线

8 条主控总线分别是：

(1) Cortex-M4F 内核 I 总线、D 总线和 S 总线。

(2) DMA1 存储器总线。

(3) DMA2 存储器总线。

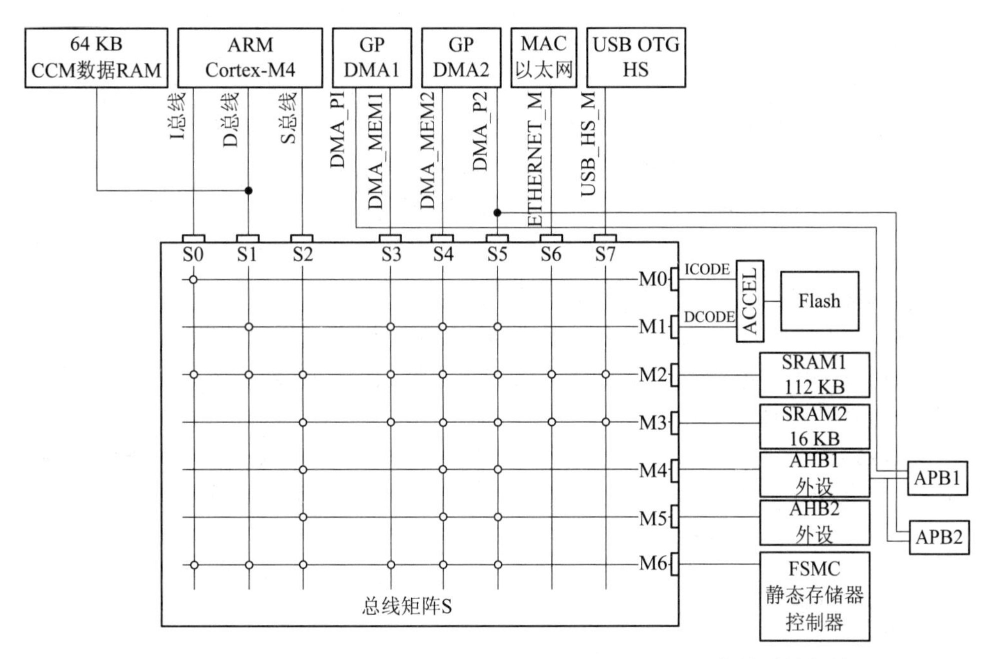

图 2-38　STM32F405xx/07xx 和 STM32F415xx/17xx 器件的系统架构

(4) DMA2 外设总线。

(5) 以太网 DMA 总线。

(6) USB OTG HS DMA 总线。

2. 7 条被控总线

7 条被控总线分别是：

(1) 内部 Flash ICode 总线。

(2) 内部 Flash DCode 总线。

(3) 主要内部 SRAM1 (112 KB)。

(4) 辅助内部 SRAM2 (16 KB)。

(5) 辅助内部 SRAM3 (64 KB)(仅适用于 STM32F42xxx 和 STM32F43xxx 器件)。

(6) AHB1 外设(包括 AHB-APB 总线桥和 APB 外设)。

(7) AHB2 外设—FSMC。

3. 关键总线分析

(1) S0(I 总线)：用于将 Cortex-M4F 内核的指令总线连接到总线矩阵，内核通过此总线获取指令。此总线访问的对象是包含代码的存储器(内部 Flash/SRAM 或通过 FSMC 的外部存储器)。

(2) S1(D 总线)：用于将 Cortex-M4F 数据总线和 64 KB CCM 数据 RAM 连接到总线矩阵。内核通过此总线进行立即数加载和调试访问。此总线访问的对象是包含代码或数据的存储器(内部 Flash 或通过 FSMC 的外部存储器)。

(3) S2(S 总线)：用于将 Cortex-M4F 内核的系统总线连接到总线矩阵。此总线用于访问位于外设或 SRAM 中的数据。也可通过此总线获取指令(效率低于 ICode)。此总线访问的对象是 112 KB、64 KB 和 16 KB 的内部 SRAM，包括 APB 外设在内的 AHB1 外设、

AHB2 外设以及通过 FSMC 的外部存储器。

(4) S3、S4(DMA 存储器总线)：用于将 DMA 存储器总线主接口连接到总线矩阵。DMA 通过此总线来执行存储器数据的传入和传出。此总线访问的对象是数据存储器：内部 SRAM(112 KB、64 KB、16 KB)以及通过 FSMC 的外部存储器。

(5) S5(DMA 外设总线)：用于将 DMA 外设主总线接口连接到总线矩阵。DMA 通过此总线访问 AHB 外设或执行存储器间的数据传输。此总线访问的对象是 AHB 和 APB 外设以及数据存储器：内部 SRAM 以及通过 FSMC 的外部存储器。

(6) S6(以太网 DMA 总线)：用于将以太网 DMA 主接口连接到总线矩阵。以太网 DMA 通过此总线向存储器存取数据。此总线访问的对象是数据存储器：内部 SRAM(112 KB、64 KB 和 16 KB)以及通过 FSMC 的外部存储器。

(7) S7(USB OTG HS DMA 总线)：用于将 USB OTG HS DMA 主接口连接到总线矩阵。USB OTG DMA 通过此总线向存储器加载/存储数据。此总线访问的对象是数据存储器：内部 SRAM(112 KB、64 KB 和 16 KB)以及通过 FSMC 的外部存储器。

2.3.2 存储器架构

存储器总容量为 4 GB，ARM 已经大概地平均分成了 8 块，每块 512 MB(0.5 GB)，每个块也都规定了用途。

1. 存储器区域功能划分

每个块的大小都有 512 MB，显然这是非常大的，芯片厂商在每个块的范围内设计各具特色的外设，但是只用了其中的一部分而已，未分配给片上存储器和外设的存储区域均视为“保留区”。地址是由厂家规定好的，用户只能用而不能改，如表 2-1 所示。

表 2-1 存储器功能分类

序号	用 途	地 址 范 围
Block0	Code	0x0000 0000～0x1FFF FFFF(512MB)
Block1	SRAM	0x2000 0000～0x3FFF FFFF(512MB)
Block2	片上外设	0x4000 0000～0x5FFF FFFF(512MB)
Block3	FSMC 的 bank1～bank2	0x6000 0000～0x7FFF FFFF(512MB)
Block4	FSMC 的 bank3～bank4	0x8000 0000～0x9FFF FFFF(512MB)
Block5	FSMC 寄存器	0xA000 0000～0xBFFF FFFF(512MB)
Block6	没有使用	0xC000 0000～0xDFFF FFFF(512MB)
Block7	Cortex-M4 内部外设	0xE000 0000～0xFFFF FFFF(512MB)

在 8 块 Block 中，有 3 块是非常重要的：Block0 用来设计成内部 Flash，Block1 用来设计成内部 RAM，Block2 用来设计芯片上的外设。

(1) Block0：主要用于设计片内的 FLASH，F407 系列片内部 FLASH 最大是 1 MB，我们使用的 STM32F407IGT6 的 Flash 就是 1 MB。其他存储器空间用于配置读写保护、BOR 级别、软件/硬件看门狗以及器件处于待机、停止模式下的复位等功能，具体查看数据手册。

(2) Block1：用于设计片内的 SRAM。F407 内部 SRAM 的大小为 128 KB，其中 SRAM1 为 112 KB，SRAM2 为 16 KB。其他存储器空间未使用。

(3) Block2：用于设计片内的外设，根据外设的总线速度不同，Block 被分成了 APB 和 AHB 两部分，其中 APB 又被分为 APB1 和 APB2，AHB 分为 AHB1 和 AHB2。还有一个 AHB3 包含了 Block3/4/5，AHB3 包含的 3 个 Block 用于扩展外部存储器，如 SRAM、NORFlash 和 NANDFlash 等。

2. 外设总线存储器区域

对于编写程序的用户来说，主要关注外设在哪些总线上，对应的存储器区域有哪些，STM32F4xx 寄存器边界地址如表 2-2 所示。从表中可知，地址并不是连续编址的，例如：CAN2 外设的地址范围为 0x4000 6800～0x4000 6BFF，外设 PWR 的地址范围为 0x4000 7000～0x4000 73FF，两个外设的边界地址并不是连续的。

表 2-2　STM32F4xx 寄存器边界地址

边界地址	外　设	总线	边界地址	外　设	总线
0xA000 0000～0xA000 0FFF	FSMC 控制寄存器	AHB3	0x4002 4000～0x4002 4FFF	BKPSRAM	AHB1
0x5006 0800～0x5006 0BFF	RNG	AHB2	0x4002 3C00～0x4002 3FFF	Flash 接口寄存器	
0x5006 0400～0x5006 07FF	HASH		0x4002 3800～0x4002 3BFF	RCC	
0x5006 0000～0x5006 03FF	CRYP		0x4002 3000～0x4002 33FF	CRC	
0x5005 0000～0x5005 03FF	DCMI		0x4002 2000～0x4002 23FF	GPIOI	
0x5000 0000～0x5003 FFFF	USB OTG FS		0x4002 1C00～0x4002 1FFF	GPIOH	
0x4004 0000～0x4007 FFFF	USB OTG HS	AHB1	0x4002 1800～0x4002 1BFF	GPIOG	
0x4002 9000～0x4002 93FF	以太网 MAC		0x4002 1400～0x4002 17FF	GPIOF	
0x4002 8C00～0x4002 8FFF			0x4002 1000～0x4002 13FF	GPIOE	
0x4002 8800～0x4002 8BFF			0x4002 0C00～0x4002 0FFF	GPIOD	
0x4002 8400～0x4002 87FF			0x4002 0800～0x4002 0BFF	GPIOC	
0x4002 6400～0x4002 67FF	DMA2		0x4002 0400～0x4002 07FF	GPIOB	
0x4002 6000～0x4002 63FF	DMA1		0x4002 0000～0x4002 03FF	GPIOA	

续表一

边界地址	外　设	总线	边界地址	外　设	总线
0x4001 6800～0x4001 6BFF	LCD-TFT	APB2	0x4000 7400～0x4000 77FF	DAC	APB1
0x4001 5800～0x4001 5BFF	SAI1		0x4000 7000～0x4000 73FF	PWR	
0x4001 5400～0x4001 57FF	SPI6		0x4000 6800～0x4000 6BFF	CAN2	
0x4001 5000～0x4001 53FF	SPI5		0x4000 6400～0x4000 67FF	CAN1	
0x4001 4800～0x4001 4BFF	TIM11		0x4000 5C00～0x4000 5FFF	I2C3	
0x4001 4400～0x4001 47FF	TIM10		0x4000 5800～0x4000 5BFF	I2C2	
0x4001 4000～0x4001 43FF	TIM9		0x4000 5400～0x4000 57FF	I2C1	
0x4001 3C00～0x4001 3FFF	EXTI		0x4000 5000～0x4000 53FF	USART5	
0x4001 3800～0x4001 3BFF	SYSCFG		0x4000 4C00～0x4000 4FFF	USART4	
0x4001 3400～0x4001 37FF	SPI4		0x4000 4800～0x4000 4BFF	USART3	
0x4001 3000～0x4001 33FF	SPI1		0x4000 4400～0x4000 47FF	USART2	
0x4001 2C00～0x4001 2FFF	SDIO		0x4000 4000～0x4000 43FF	I2S3ext	
0x4001 2000～0x4001 23FF	ADC1-ADC2-ADC3		0x4000 3C00～0x4000 3FFF	SPI3 / I2S3	
0x4001 1400～0x4001 17FF	USART6		0x4000 3800～0x4000 3BFF	SPI2 / I2S2	
0x4001 1000～0x4001 13FF	USART1		0x4000 3400～0x4000 37FF	I2S2ext	
0x4001 0400～0x4001 07FF	TIM8		0x4000 3000～0x4000 33FF	IWDG	
0x4001 0000～0x4001 03FF	TIM1		0x4000 2C00～0x4000 2FFF	WWDG	
0x4000 7C00～0x4000 7FFF	USART8	APB1	0x4000 2800～0x4000 2BFF	RTC&BKP Registers	
0x4000 7800～0x4000 7BFF	USART7		0x4000 2000～0x4000 23FF	TIM14	

续表二

边界地址	外　设	总线	边界地址	外　设	总线
0x4000 1C00～0x4000 1FFF	TIM13	APB1	0x4000 0C00～0x4000 0FFF	TIM5	APB1
0x4000 1800～0x4000 1BFF	TIM12		0x4000 0800～0x4000 0BFF	TIM4	
0x4000 1400～0x4000 17FF	TIM7		0x4000 0400～0x4000 07FF	TIM3	
0x4000 1000～0x4000 13FF	TIM6		0x4000 0000～0x4000 03FF	TIM2	

STM32F407 系列芯片的外设主要分布在 AHB1、APB1 和 APB2 总线上。

(1) 挂在 AHB1 总线上的外设有：GPIOA、GPIOB、GPIOC、GPIOD、GPIOE、GPIOH、CRC、RCC、Flash 接口寄存器、DMA1、DMA2 等。

(2) 挂在 APB1 总线上的外设有：TIM2、TIM3、TIM4、TIM5、RTC 和 BKP 寄存器、WWDG、IWDG、I2S2ext、SPI2 / I2S2、SPI3 / I2S3、I2S3ext、USART2、I2C1、I2C2、I2C3、PWR 等。

(3) 挂在 APB2 总线上的外设有：USART1、USART6、ADC1、SDIO、SPI1/I2S1、SPI4/I2S4、SYSCFG、EXTI、TIM9、TIM10、TIM11、SPI5/I2S5。

3. 存储器启动

STM32 有三种启动模式，对应的存储介质均是芯片内置的。

(1) Flash 存储器启动：从 STM32 内置的 Flash 启动(0x08000000～0x080FFFFF 依芯片型号而定)，一般使用 JTAG 或者 SWD 模式下载程序时就是下载到这里，重启后也直接从这里启动程序。这里要求：BOOT1=x，BOOT0=0。

(2) 系统存储器启动：从系统存储器启动(0x1FFF0000～0x1FFF77FF 依芯片型号而定)，这种模式启动的程序功能是由厂家设置的。一般来说，选用这种启动模式时，是为了从串口下载程序，因为在厂家提供的 ISP 程序中，提供了串口下载程序的固件，可以通过这个 ISP 程序将用户程序下载到系统的 Flash 中。这里要求：BOOT1=0，BOOT0=1。

(3) 片上 SRAM 启动：从内置 SRAM 启动(0x2000 0000～0x2001BFFF 依芯片型号而定)，既然是 SRAM，自然也就没有程序存储的能力了，这个模式一般用于程序调试。这里要求：BOOT1=1，BOOT0=1。

2.4　STM32F4 时钟系统

2-5　STM32 的时钟系统

2.4.1　STM32F4 时钟树与时钟源

STM32F4 的时钟树如图 2-39 所示，有高速内部时钟 HSI、高速外部时钟 HSE、低速内部时钟 LSI、低速外部时钟 LSE、锁相环倍频时钟 PLL 等 5 个时钟源。

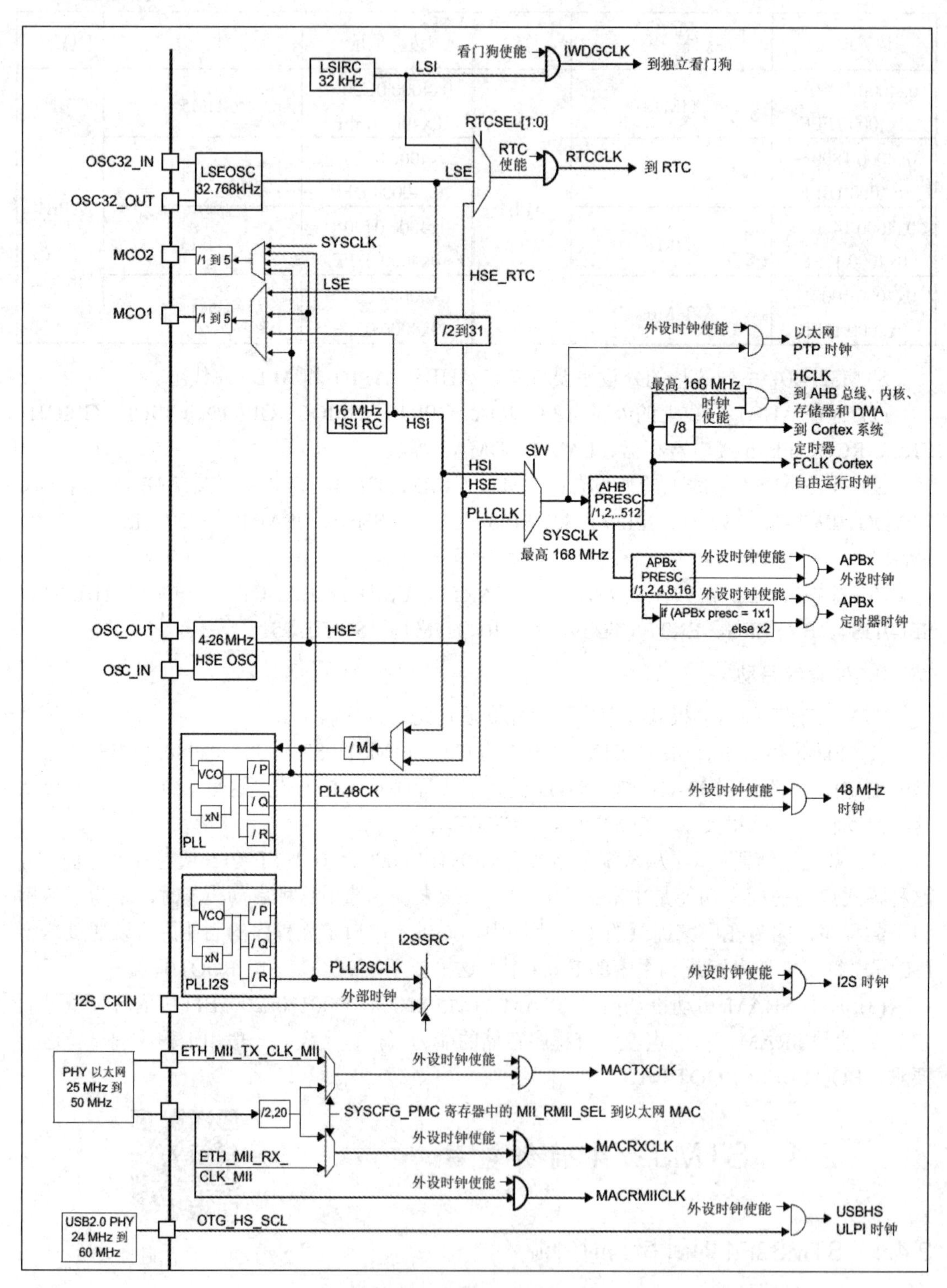

图 2-39　STM32F4 时钟树

1. 按照内外时钟分类

STM32F4 的时钟源按照内外时钟分类可以分为内部时钟源和外部时钟源。其中内部时钟源有 HSI、LSI、PLL，外部时钟源有 HSE、LSE。

2. 按照速度分类

STM32F4 的时钟源按照速度分类可以分为高速和低速时钟源。

1) 高速时钟源

(1) HSI：是高速内部时钟、RC 振荡器、频率为 16 MHz，可以直接作为系统时钟或者用做 PLL 输入。

(2) HSE：是高速外部时钟，可接石英/陶瓷谐振器，或者接外部时钟源，频率范围为 4 MHz～26 MHz；也可以直接作为系统时钟或者 PLL 输入。

(3) PLL：是高速内部时钟，可分为主 PLL 和专用 PLL 两种。

① 主 PLL：第一个输出 PLLP(PLLCLK)用于生成高速的系统时钟(最高 168 MHz)；第二个输出 PLLQ(PLL48CK)用于生成 USB OTG FS 的时钟(48 MHz)、随机数发生器的时钟和 SDIO。

② 专用 PLL：专用 PLL(PLLI2S)用于生成精确时钟，从而在 I2S 接口实现高品质音频性能。

主 PLL 分频和倍频工作过程：HSE 或 HSI 先经过一个分频系数为 M(2～63)的分频器，成为 VCO 的时钟输入；然后经过倍频系数为 N(50～432)的倍频，再经过一个分频系数为 P(2/4/6/8)(第一个输出 PLLP)和 Q(第二个输出 PLLQ)的分频器分频之后，最终才得到两路主 PLL 时钟输出。

【例 2-1】 假设采用外部晶振作为系统时钟源，晶振频率为 25 MHz，需要得到 PLLCLK 为 168 MHz，如何配置主 PLL 的分频器和倍频器？

解 (1) HSE 选择外部 25 MHz 晶振为 PLL 时钟输入，设置 $M = 25$，则 VCO 输入时钟为 1 MHz。

(2) VCO 倍频因子 N 倍频之后，成为 VCO 时钟输出，VCO 时钟必须在 50～432 之间，所以配置 $N = 336$，则 VCO 的输出时钟等于 336 MHz。

(3) VCO 输出时钟之后通过 P 分频因子，配置 $P = 2$。所以 $\text{PLLCLK} = \text{VCO}/P = 336M/2 = 168\ \text{MHz}$。

计算公式：

$$\text{PLLCLK} = \frac{25\ \text{MHz} \times N}{M \times P} = \frac{25\ \text{MHz} \times 336}{25 \times 2} = 168\ \text{MHz}$$

2) 低速时钟源

(1) LSI：是低速内部时钟、RC 振荡器，频率为 32 kHz 左右，供独立看门狗和自动唤醒单元使用。

(2) LSE：是低速外部时钟，接频率为 32.768 kHz 的石英晶体，这个主要是 RTC 的时钟源。

3. 系统时钟 SYSCLK

系统时钟来源可以是 HSI、PLLCLK、HSE，具体的由时钟配置寄存器 RCC_CFGR 的

SW 位配置。一般设置系统时钟：SYSCLK = PLLCLK = 168 MHz。

4. AHB 总线时钟 HCLK

系统时钟 SYSCLK 经过 AHB 预分频器分频之后得到的时钟叫 AHB 总线时钟，即 HCLK，分频因子可以是 1/2/4/8/16/64/128/256/512，具体的由时钟配置寄存器 RCC_CFGR 的 HPRE 位设置，一般设置为 1 分频，即 HCLK = SYSCLK = 168 MHz。

5. APB2 总线时钟 HCLK2

APB2 总线时钟 PCLK2 由 HCLK 经过高速 APB2 预分频器得到，分频因子可以是 1/2/4/8/16，具体由时钟配置寄存器 RCC_CFGR 的 PPRE2 位设置，一般设置为 2 分频，即 PCLK2 = HCLK /2 = 84 MHz。HCLK2 属于高速总线时钟，片上高速外设就挂载到这条总线上，比如全部的 GPIO、USART1、SPI1 等。

6. APB1 总线时钟 HCLK1

APB1 总线时钟 PCLK1 由 HCLK 经过低速 APB 预分频器得到，分频因子可以是 1/2/4/8/16，具体由时钟配置寄存器 RCC_CFGR 的 PPRE1 位设置，一般设置为 4 分频，即 PCLK1 = HCLK/4 = 42 MHz。HCLK1 属于低速的总线时钟，片上低速外设就挂载到这条总线上，比如 SPI2/3、USART2/3/4/5、I2C1/2 等。

2.4.2　STM32F4 系统时钟初始化

STM32F4 系统时钟初始化是在 system_stm32f4xx.c 中的 SystemInit()函数中完成的，对于系统时钟关键寄存器设置主要是在 SystemInit()函数中调用 SetSysClock()函数来设置的。在 system_stm32f4xx.c 可以查看到默认配置说明以及 STM32F4 的 PLL 分频和倍频参数设置，如图 2-40 和图 2-41 所示。

```
main.c   misc.c   misc.h   system_stm32f4xx.c
43   *                Supported STM32F40xxx/41xxx devices
44   *-----------------------------------------------------------------------------
45   *        System Clock source                  | PLL (HSE)
46   *-----------------------------------------------------------------------------
47   *        SYSCLK(Hz)                           | 168000000
48   *-----------------------------------------------------------------------------
49   *        HCLK(Hz)                             | 168000000
50   *-----------------------------------------------------------------------------
51   *        AHB Prescaler                        | 1
52   *-----------------------------------------------------------------------------
53   *        APB1 Prescaler                       | 4
54   *-----------------------------------------------------------------------------
55   *        APB2 Prescaler                       | 2
56   *-----------------------------------------------------------------------------
57   *        HSE Frequency(Hz)                    | 25000000
58   *-----------------------------------------------------------------------------
59   *        PLL_M                                | 25
60   *-----------------------------------------------------------------------------
61   *        PLL_N                                | 336
62   *-----------------------------------------------------------------------------
63   *        PLL_P                                | 2
64   *-----------------------------------------------------------------------------
65   *        PLL_Q                                | 7
66   *-----------------------------------------------------------------------------
```

图 2-40　STM32F4 系统时钟默认配置说明

```
 main.c   misc.c   misc.h   system_stm32f4xx.c   startup_stm32f40_41xxx.s
314 #if defined (STM32F40_41xxx) || defined (STM32F427_437xx) || defined (STM32F429_439
315 /* PLL_VCO = (HSE_VALUE or HSI_VALUE / PLL_M) * PLL_N */
316 #define PLL_M      25
317 #else /* STM32F411xE */
318 #if defined (USE_HSE_BYPASS)
319 #define PLL_M      8
320 #else /* STM32F411xE */
321 #define PLL_M      16
322 #endif /* USE_HSE_BYPASS */
323 #endif /* STM32F40_41xxx || STM32F427_437xx || STM32F429_439xx || STM32F401xx */
324
325 /* USB OTG FS, SDIO and RNG Clock =  PLL_VCO / PLLQ */
326 #define PLL_Q      7
327
328 #if defined (STM32F40_41xxx)
329 #define PLL_N      336
330 /* SYSCLK = PLL_VCO / PLL_P */
331 #define PLL_P      2
332 #endif /* STM32F40_41xxx */
333
```

图 2-41　STM32F4 的 PLL 分频和倍频参数设置

程序是如何初始化时钟的呢？

首先，在程序运行 main 函数之前，先要运行一些启动代码(在 startup_stm32f40_41xxx.s 文件之中)，其中 system_stm32f4xx.c 中的 SystemInit()函数就在 startup_stm32f40_41xxx.s 启动文件中被调用，如图 2-42 所示。

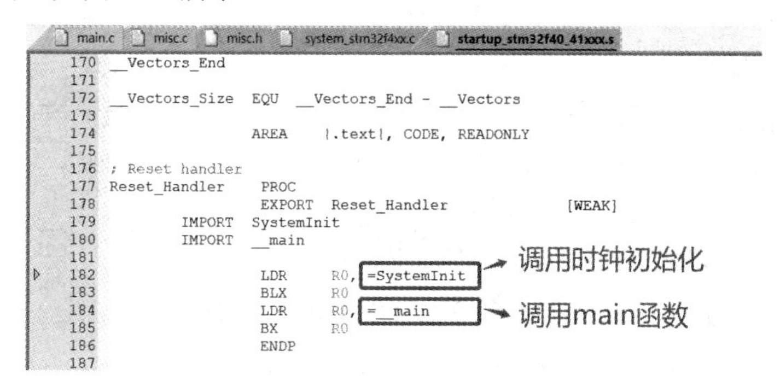

```
 main.c   misc.c   misc.h   system_stm32f4xx.c   startup_stm32f40_41xxx.s
170 __Vectors_End
171
172 __Vectors_Size  EQU  __Vectors_End - __Vectors
173
174                 AREA    |.text|, CODE, READONLY
175
176 ; Reset handler
177 Reset_Handler    PROC
178                  EXPORT  Reset_Handler             [WEAK]
179         IMPORT  SystemInit
180         IMPORT  __main
181
182                  LDR     R0, =SystemInit
183                  BLX     R0
184                  LDR     R0, =__main
185                  BX      R0
186                  ENDP
187
```


图 2-42　启动文件调用时钟初始化函数和 main 函数

其次，SystemInit()函数调用 SetSysClock()函数，这两个函数都在 system_stm32f4xx.c 之中，如图 2-43 所示。SetSysClock()函数中的代码是根据图 2-39 STM32F4 的 PLL 分频和倍频参数设置宏，实现 PLL、AHB、APB1、APB2 等时钟。

```
 main.c   misc.c   misc.h   system_stm32f4xx.c   startup_stm32f40_41xxx.s
417 void SystemInit(void)
418 {
419   /* FPU settings ------------------------------------------------------------
420   #if (__FPU_PRESENT == 1) && (__FPU_USED == 1)
421     SCB->CPACR |= ((3UL << 10*2)|(3UL << 11*2));  /* set CP10 and CP11 F
422   #endif
423   /* Reset the RCC clock configuration to the default reset state ------
424   /* Set HSION bit */
425   RCC->CR |= (uint32_t)0x00000001;
426   /* Reset CFGR register */
427   RCC->CFGR = 0x00000000;
428   /* Reset HSEON, CSSON and PLLON bits */
429   RCC->CR &= (uint32_t)0xFEF6FFFF;
430   /* Reset PLLCFGR register */
431   RCC->PLLCFGR = 0x24003010;
432   /* Reset HSEBYP bit */
433   RCC->CR &= (uint32_t)0xFFFBFFFF;
434   /* Disable all interrupts */
435   RCC->CIR = 0x00000000;
436 #if defined (DATA_IN_ExtSRAM) || defined (DATA_IN_ExtSDRAM)
437   SystemInit_ExtMemCtl();
438 #endif /* DATA_IN_ExtSRAM || DATA_IN_ExtSDRAM */
439
440   /* Configure the System clock source, PLL Multiplier and Divider factc
441      AHB/APBx prescalers and Flash settings ----------------------------
442   SetSysClock();      调用设置时钟函数
443
444   /* Configure the Vector Table location add offset address -----------
445 #ifdef VECT_TAB_SRAM
```

图 2-43　在 SystemInit()函数中调用 SetSysClock()函数

最后，要知道如何设置外部晶振频率。在 stm32f4xx.h 文件中，HSE_VALUE 宏定义晶振频率，一定要与电路中的实际晶振频率一样，若使用了 8 MHz 的晶振，则需要把 25000000 修改为 8000000，如图 2-44 所示。

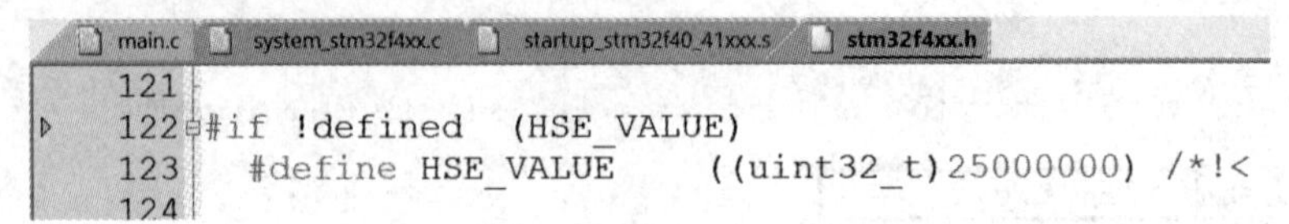

图 2-44　外部晶振频率设置为 25 MHz

系统时钟配置起来感觉很复杂，但也有简单的办法。采用 STM32CubeMx 软件图形化配置时钟，自动生成代码(适用于 HAL 库)，如图 2-45 所示。

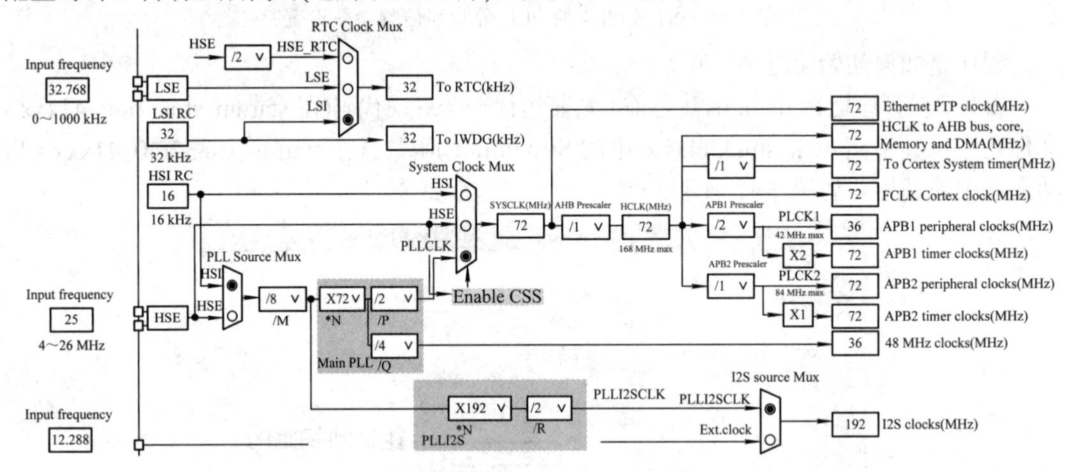

图 2-45　采用 STM32F4 时钟系统结构

2.5　STM32F4 的 GPIO

2-6　STM32F4 的 GPIO

芯片封装不同，GPIO 的数量也有所不同，一般 STM32F4xx 的 GPIO 可以分为 GPIOA、GPIOB、GPIOC……GPIOK 组端口，每组端口有 16 个 GPIO 口(有的端口少于 16 个 GPIO 口)，GPIO 编号为 Px0……Px15，其中 x 表示 A～K。例如：STM32F407IGT6 芯片的封装为 LQFP176，从 GPIOA 到 GPIOI，共有 9 组端口，累计 140 个 GPIO 口，其中 GPIOA 到 GPIOH 8 组端口都有 16 个 GPIO 口，GPIOI 仅有 12 个 GPIO 口。可以采用 STM32CubeMX 软件查看芯片 GPIO 分布，如图 2-46 所示。

图 2-46　STM32F407IGT6 芯片 GPIO 分布(部分)

2.5.1 GPIO 的工作模式

每个GPIO(通用I/O)端口包括4个32位配置寄存器(GPIOx_MODER、GPIOx_OTYPER、GPIOx_OSPEEDR 和 GPIOx_PUPDR)、2 个 32 位数据寄存器(GPIOx_IDR 和 GPIOx_ODR)、1 个 32 位置位/复位寄存器(GPIOx_BSRR)、1 个 32 位锁定寄存器(GPIOx_LCKR)和 2 个 32 位复用功能选择寄存器(GPIOx_AFRH 和 GPIOx_AFRL)。具体寄存器功能请查看芯片手册。

每个 GPIO 拥有多种复用功能，可以配置的工作模式有 4 种输入模式和 4 种输出模式，如表 2-3 所示。

表 2-3 GPIO 工作模式

GPIO 工作模式		最大输出速度
输入模式	浮空输入	无
	上拉输入	无
	下拉输入	无
	模拟功能输入	无
输出模式	具有上拉或下拉功能的开漏输出	2 MHz
	具有上拉或下拉功能的推挽输出	25 MHz
	具有上拉或下拉功能的复用功能推挽输出	50 MHz
	具有上拉或下拉功能的复用功能开漏输出	100 MHz

2.5.2 GPIO 的库函数分析

打开 STM32 库函数文档“stm32f4xx_dsp_stdperiph_lib_um.chm”，查看 GPIO 模块，如图 2-47 所示。

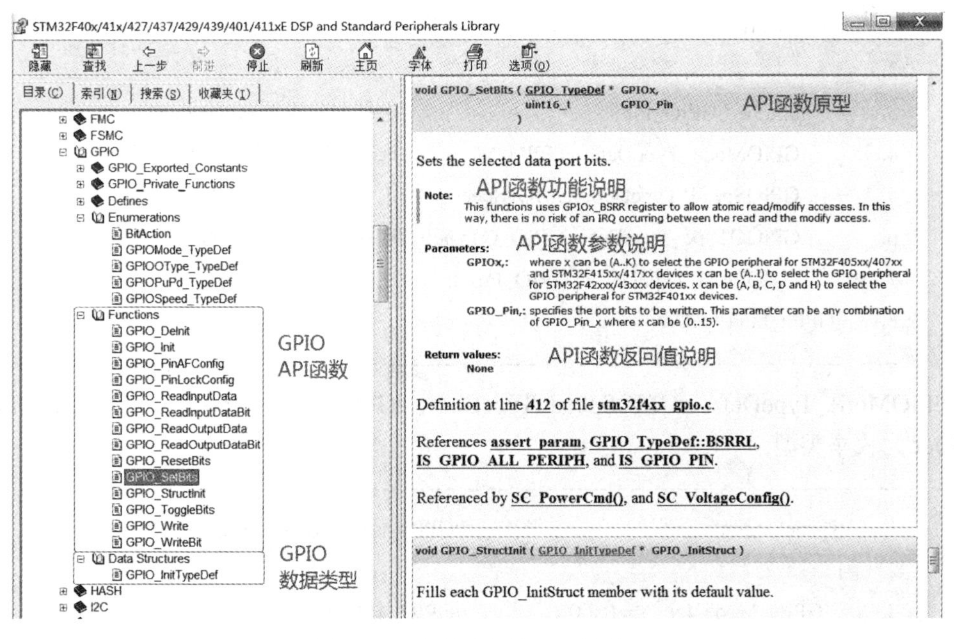

图 2-47 库帮助文档的函数说明

1. GPIO API 函数

GPIO API 函数根据功能分类，可分为初始化与配置、读写和复用 3 种。GPIO API 函数总共有 14 个，其中初始化与配置函数 4 个、读写操作函数 9 个、复用函数 1 个。

1) 初始化与配置函数

(1) GPIO_DeInit()：表示将取消初始化，恢复为其默认复位值。

(2) GPIO_Init()：根据初始化结构体来自定义初始化引脚。

(3) GPIO_StructInit()：根据默认模式初始化引脚。

(4) GPIO_PinLockConfig()：锁定寄存器 GPIOx_MODER，GPIOx_OTYPER，GPIOx_OSPEEDR，GPIOx_PUPDR，GPIOx_AFRL and GPIOx_AFRH，可使用复位操作来解除锁定。

2) 读写操作函数

(1) GPIO_ReadInputDataBit()/GPIO_ReadInputData()：获得在输入模式下配置的引脚电平。

(2) GPIO_ReadOnputDataBit()/GPIO_ReadOnputData()：获得在输出模式下配置的引脚电平。

(3) GPIO_SetBits()/GPIO_ResetBits()：设置/复位在输出模式下使用的引脚电平。

(4) GPIO_Write()/GPIO_WriteBit()：将数据写入指定的 GPIO 数据端口。

(5) GPIO_ToggleBits()：切换指定的 GPIO 引脚使用的引脚电平，即是 1 变 0，0 变 1。

3) 复用函数

GPIO_PinAFConfig()：为单个引脚提供复用的函数。

2. 定义初始化结构体 GPIO_InitTypeDef

在 GPIO 初始化时，所涉及的初始化参数是以结构体的形式封装起来的，声明一个名为 GPIO_InitTypeDef 的结构体类型，其与 GPIO 工作模式是一一对应的。

```
1.  typedef struct
2.  {
3.      uint32_t GPIO_Pin;                          //选择要配置的 GPIO 引脚
4.      GPIOMode_TypeDef    GPIO_Mode;   //选择 GPIO 引脚的工作模式
5.      GPIOSpeed_TypeDef   GPIO_Speed;  //选择 GPIO 引脚的输出速度
6.      GPIOOType_TypeDef   GPIO_OType;  //选择 GPIO 引脚的输出类型
7.      GPIOPuPd_TypeDef    GPIO_PuPd;   //选择 GPIO 引脚的上拉下拉设置
8.  }GPIO_InitTypeDef;
```

GPIOMode_TypeDef、GPIOSpeed_TypeDef、GPIOOType_TypeDef 和 GPIOPuPd_TypeDef 为枚举类型。

```
1.  typedef enum                        //GPIO 端口配置模式的枚举定义
2.  {
3.    GPIO_Mode_IN    = 0x00,           //GPIO 输入模式
4.    GPIO_Mode_OUT   = 0x01,           //GPIO 输出模式
```

```
5.    GPIO_Mode_AF     = 0x02,          //GPIO 复用模式
6.    GPIO_Mode_AN     = 0x03           //GPIO 模拟模式
7.  }GPIOMode_TypeDef;
8.  /*************************************************************************/
9.  typedef enum                        //GPIO 输出速率枚举定义
10. {
11.   GPIO_Low_Speed      = 0x00,       //Low speed 2MHz
12.   GPIO_Medium_Speed   = 0x01,       //Medium speed 25 MHz
13.   GPIO_Fast_Speed     = 0x02,       //Fast speed 50MHz
14.   GPIO_High_Speed     = 0x03        //High speed 100MHz
15. }GPIOSpeed_TypeDef;
16. /*************************************************************************/
17. typedef enum                        //GPIO 输出类型枚举定义
18. {
19.   GPIO_OType_PP = 0x00,             //推挽模式
20.   GPIO_OType_OD = 0x01              //开漏模式
21. }GPIOOType_TypeDef;
22. /*************************************************************************/
23. typedef enum                        //GPIO 上/下拉配置枚举定义
24. {
25.   GPIO_PuPd_NOPULL = 0x00,          //浮空
26.   GPIO_PuPd_UP      = 0x01,         //上拉
27.   GPIO_PuPd_DOWN    = 0x02          //下拉
28. }GPIOPuPd_TypeDef;
```

因此，初始化 GPIO 前，先定义一个 GPIO_InitTypeDef 结构体变量，根据需要配置 GPIO 的模式，对这个结构体的各个成员进行赋值，然后把这个结构体变量作为“GPIO_Init()”GPIO 初始化函数的输入参数，初始化函数能根据这个结构体变量成员值去配置寄存器，从而实现 GPIO 的初始化。

3. GPIO 寄存器封装结构体 GPIO_TypeDef

在“stm32f4xx.h”文件中，可以查看到 GPIO、RCC 等所有外设的结构体变量，GPIO 寄存器封装结构体。

```
1. #define __IO volatile             //volatile 表示易变的变量，防止编译器优化
2. typedef unsigned int uint32_t;
3. typedef unsigned short uint16_t;
4. //GPIO 寄存器列表
5. typedef struct {
```

```
6.      __IO uint32_t MODER;        //GPIO 模式寄存器地址偏移: 0x00
7.      __IO uint32_t OTYPER;       //GPIO 输出类型寄存器地址偏移: 0x04
8.      __IO uint32_t OSPEEDR;      //GPIO 输出速度寄存器地址偏移: 0x08
9.      __IO uint32_t PUPDR;        //GPIO 上拉/下拉寄存器地址偏移: 0x0C
10.     __IO uint32_t IDR;          //GPIO 输入数据寄存器地址偏移: 0x10
11.     __IO uint32_t ODR;          //GPIO 输出数据寄存器地址偏移: 0x14
12.     __IO uint16_t BSRRL;        //GPIO 置位/复位寄存器低 16 位部分  地址偏移: 0x18
13.     __IO uint16_t BSRRH;        //GPIO 置位/复位寄存器高 16 位部分  地址偏移: 0x1A
14.     __IO uint32_t LCKR;         //GPIO 配置锁定寄存器地址偏移: 0x1C
15.     __IO uint32_t AFR[2];       //GPIO 复用功能配置寄存器地址偏移: 0x20-0x24
16. } GPIO_TypeDef;
17. /*定义 GPIOA-H 寄存器结构体指针*/
18. #define GPIOA    ((GPIO_TypeDef *) GPIOA_BASE)
19. #define GPIOB    ((GPIO_TypeDef *) GPIOB_BASE)
20. #define GPIOC    ((GPIO_TypeDef *) GPIOC_BASE)
21. #define GPIOD    ((GPIO_TypeDef *) GPIOD_BASE)
22. …
23. #define GPIOA_BASE         (AHB1PERIPH_BASE + 0x0000)
24. #define GPIOB_BASE         (AHB1PERIPH_BASE + 0x0400)
25. #define GPIOC_BASE         (AHB1PERIPH_BASE + 0x0800)
26. #define GPIOD_BASE         (AHB1PERIPH_BASE + 0x0C00)
27. …
28. #define AHB1PERIPH_BASE    (PERIPH_BASE + 0x00020000)
29. #define PERIPH_BASE        ((uint32_t)0x40000000)
```

【例 2-2】 分析 GPIOC 端口所有寄存器地址。

解 根据“表 2-2 STM32F4xx 寄存器边界地址”可知，GPIOC 外设挂接在 AHB1 总线上，边界地址范围为 0x4002 0800～0x4002 0BFF，GPIOC 的起始地址为 0x4002 0800。这个起始地址在程序中是怎么实现的呢？根据上述代码可知：

AHB1PERIPH_BASE = (PERIPH_BASE + 0x00020000)

= 0x40000000+ 0x00020000=0x4002 0000

GPIOC_BASE=AHB1PERIPH_BASE + 0x0800=0x4002 0000+ 0x0800=0x4002 0800

因此，GPIOC 的 10 个寄存器的具体地址为：基地址(0x4002 0800) + 偏移地址，详见第 6～16 行代码。例如：OTYPER 寄存器的偏移量为 0x04，实际地址为 0x4002 0804。其他寄存器以此类推。

2.5.3 STM32F4 的 GPIO 的开发步骤

STM32F4 的 GPIO 的开发步骤如下：

(1) 定义 GPIO 初始化结构体变量。

(2) 使能 GPIO 时钟。

(3) 填充 GPIO 初始化结构体的成员变量。

(4) 调用 GPIO 初始化函数。

(5) 调用 GPIO 的功能函数。

STM32 的 GPIO 开发步骤代码清单如下：

```
1.  //第 1 步：定义 GPIO 初始化结构体变量
2.  GPIO_InitTypeDef GPIO_InitStructure;
3.
4.  //第 2 步：使能 GPIOH 时钟
5.  RCC_AHB1PeriphClockCmd(RCC_AHB1Periph_GPIOH,ENABLE);
6.
7.  //第 3 步：填充 GPIO 初始化结构体的成员变量
8.  GPIO_InitStructure.GPIO_Pin = GPIO_Pin_12|GPIO_Pin_13;   //GPIOH12\13\14\15-LED
9.  GPIO_InitStructure.GPIO_Mode = GPIO_Mode_OUT;            //通用输出
10. GPIO_InitStructure.GPIO_OType = GPIO_OType_PP;           //推挽输出
11. GPIO_InitStructure.GPIO_PuPd = GPIO_PuPd_UP;             //上拉
12. GPIO_InitStructure.GPIO_Speed = GPIO_Speed_100MHz;       //输出速度为 100 MHz
13.
14. //第 4 步：调用 GPIO 初始化函数
15. GPIO_Init(GPIOH,&GPIO_InitStructure);                    //调用初始化函数
16.
17. //第 5 步：调用 GPIO 的功能函数 GPIO_SetBits()和 GPIO_ResetBits()
18. while(1)
19. {
20.   GPIO_SetBits(GPIOH,GPIO_Pin_12 |GPIO_Pin_13);          //同时点亮 LED
21.   delay_ms(1000);                                        //延时
22.   GPIO_ResetBits(GPIOH,GPIO_Pin_12 |GPIO_Pin_13);        //同时熄灭 LED
23.   delay_ms(1000);                                        //延时
24. }
```

任务 2　蜂鸣器报警

一、任务描述

2-7　蜂鸣器报警

采用小车 STM32F4 核心板的 GPIO 端口控制蜂鸣器发出“嘀—嘀—”的声音，进一步熟练使用 STM32F4 的 GPIO 库

函数。

二、任务分析

1. 硬件电路分析

蜂鸣器硬件电路如图 2-48 所示，采用 NMOS 型场效应管 Q1 驱动蜂鸣器、Q1 的栅极与 STM32F407 的 GPIOPH5 相连接。当 Q1 的栅极为高电平时，Q1 导通，蜂鸣器工作，发出“嘀”的声音；当 Q1 的栅极为低电平时，Q1 截止，蜂鸣器不工作，停止发出“嘀”的声音。

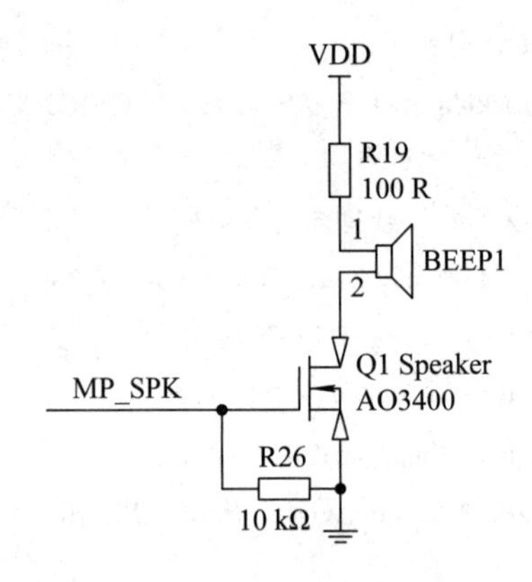

图 2-48　蜂鸣器硬件电路

2. 软件设计

首先，新建一个工程，或者在现有的工程中进行修改。

其次，按照 STM32F4 的 GPIO 的开发步骤，初始化 GPIOPH5 端口。

最后，调用 GPIO_SetBits()函数，延时一段时间，再调用 GPIO_ResetBits()函数，再延时一段时间，如此循环。

三、任务实施

1. 硬件连接

给小车 STM32F4 核心板上电，下载器连接核心板和电脑 USB 接口。

2. 程序编写

新建一个工程，编写如下程序：

```
1.  #include   "stm32f4xx.h"
2.  #include   "delay_drv.h"
3.  RCC_ClocksTypeDef  RCC_Clocks;                    //定义时钟结构体变量
4.  void SysTick_Handler(void)                        //滴答定时器中断入口函数
5.  {   global_times++;
6.      if(delay_ms_const)
```

```
7.            delay_ms_const--;
8.    }
9.    int main(void)
10.   {  GPIO_InitTypeDef GPIO_InitStructure;                  //定义 GPIO 初始化结构体变量
11.      RCC_GetClocksFreq(&RCC_Clocks);                       //获取芯片时钟线时钟
12.      SysTick_Config(RCC_Clocks.HCLK_Frequency / 1000);    //滴答定时器初始化
13.      Delay_us_Init(24);                                    //微秒级延时初始化
14.      RCC_AHB1PeriphClockCmd(RCC_AHB1Periph_GPIOH,ENABLE); //使能 GPIOH 时钟
15.      GPIO_InitStructure.GPIO_Pin = GPIO_Pin_5;
16.      GPIO_InitStructure.GPIO_Mode = GPIO_Mode_OUT;              //通用输出
17.      GPIO_InitStructure.GPIO_OType = GPIO_OType_PP;             //推挽输出
18.      GPIO_InitStructure.GPIO_PuPd = GPIO_PuPd_UP;               //上拉
19.      GPIO_InitStructure.GPIO_Speed = GPIO_Speed_100MHz;         //输出速度为 100 MHz
20.      GPIO_Init(GPIOH,&GPIO_InitStructure);                      //调用初始化函数
21.      while(1)
22.      {  GPIO_SetBits(GPIOH,GPIO_Pin_5);          //使能 PH5 引脚为高电平，打开蜂鸣器
23.         delay_ms(100);                           //延时
24.         GPIO_ResetBits(GPIOH,GPIO_Pin_5);        //失能 PH5 引脚为低电平，关闭蜂鸣器
25.         delay_ms(100);                           //延时
26.      }
27.   }
```

3．关键代码分析

(1) 端口初始化。第 10 行，定义 GPIO 初始化结构体变量，第 15～19 行对该结构体变量的成员进行填充，第 14 行使能 GPIOH 时钟，第 20 行调用初始化函数进行端口初始化。

(2) 交替开和关蜂鸣器。第 22 行打开蜂鸣器，第 23 行调用延时函数，第 24 行关闭蜂鸣器，第 25 行又调用延时函数，再回到第 22 行，如此交替循环。

(3) 延时函数功能实现原理。采用滴答定时器，在此只作了解。SysTick_Handler(void)为滴答定时器中断入口函数，第 12 行 SysTick_Config(RCC_Clocks.HCLK_Frequency / 1000)初始化滴答定时器，使其每隔 1 ms 中断一次。

4．程序编译及调试

(1) 编译无误后，点击 MDK5 工具栏上的图标【LOAD】，将程序下载到芯片中。

(2) 调试延时时间，调整蜂鸣器的蜂鸣声音。

四、任务拓展

采用小车 STM32F4 核心板的 GPIO 端口控制 4 个 LED，实现 LED 流水灯的效果。

思考与练习

2.1　简述 CMSIS 标准及库层次关系。

2.2　绘制 STM32F407 存储器映射图，简述各个 Block 的作用。

2.3　简述 STM32 的 GPIOx 地址映射，GPIOx 总线基地址是什么？GPIOx 基地址有哪些？GPIOx 寄存器地址有哪些？GPIOx 库函数是如何访问这些 GPIOx 寄存器的？

2.4　简述 STM32F4 时钟系统，绘制 STM32F4 时钟树。

2.5　简述启动文件 startup_stm32f40_41xxx.s 的功能。

2.6　简述 STM32F4 的 GPIO 工作模式的工作原理，各种工作模式有什么特点？

2.7　采用其他端口控制蜂鸣器，发出“嘀——嘀——”的声音。

STM32F4 的外部中断

本章介绍 STM32F4 的中断系统与外部中断，以及外部中断编程所涉及的标准外设库函数等，并通过任务训练具体介绍 STM32F4 外部中断的编程方法。通过学习，读者可以掌握 STM32F4 微控制器的中断、中断优先级、外部中断等相关知识，以及外部中断的编程思路。

3.1 STM32F4 的中断系统

3-1 STM32 的中断系统

在 2.5 节任务的主函数中，可以看到在经过初始化配置之后，程序会进入到一个 while()循环，这个循环也称为主循环。按键扫描以及 LED 控制等操作都是在主循环当中完成的。

但是，在实际控制系统设计中，当发生了某种紧急情况需要微处理器做出迅速响应时，在主循环中按部就班的处理方式是很难满足控制系统实时性要求的，这个时候就需要中断发挥作用了。

中断是 CPU 处理外部设备产生突发事件的一种手段，当事件发生时，CPU 会暂停当前的程序运行，转而去运行处理突发事件的程序(即中断服务函数)，处理完之后又会返回到中断点继续执行原来的程序。

3.1.1 STM32F4 的中断

ARM Cortex-M4 内核支持 256 个中断，包括 16 个内核中断和 240 个外设中断，拥有 256 个中断优先级别，但是 STM32F4(以下简称 STM32)微控制器并没有用足 Cortex-M4 内核的全部中断资源。

表 3-1 为 Cortex-M4 内核的 16 个中断通道及其对应的中断向量表，在这 16 个内核中断中，日常编程经常会用到的是 SysTick(系统滴答定时器)中断。

表 3-1　Cortex-M4 内核的 16 个中断通道及其中断向量表

位置	优先级	优先级类型	名　称	说　明	地　址
—	—	—	—	保留	0x0000 0000
—	–3(最高)	固定	Reset	复位	0x0000 0004
—	–2	固定	NMI	不可屏蔽中断	0x0000 0008
—	–1	固定	硬件失效	所有类型的失效	0x0000 000C
—	0	可设置	存储管理	存储器管理	0x0000 0010
—	1	可设置	总线错误	预取指失败，存储器访问失败	0x0000 0014
—	2	可设置	错误应用	未定义的指令或非法状态	0x0000 0018
—	—	—	—	保留	0x0000 001C
—	—	—	—	保留	0x0000 0020
—	—	—	—	保留	0x0000 0024
—	—	—	—	保留	0x0000 0028
—	3	可设置	SVCall	通过 SWI 指令的系统服务调用	0x0000 002C
—	4	可设置	调试监控	调试监控器	0x0000 0030
—	—	—	—	保留	0x0000 0034
—	5	可设置	PendSV	可挂起的系统服务	0x0000 0038
—	6	可设置	SysTick	系统嘀嗒定时器	0x0000 003C

除了表 3-1 所示的 16 个内核中断外，STM32F4 系列微控制器还拥有 82 个可屏蔽的中断通道，分别对应各自的中断向量，如表 3-2 所示。这里说的中断向量，实际上就是中断服务函数的指针，一旦中断被响应，会自动运行该指针指向的中断服务函数。

表 3-2　STM32F4 系列微控制器可屏蔽中断通道及其中断向量表

位置	优先级	优先级类型	名　称	说　明	地　址
0	7	可设置	WWDG	窗口定时器中断	0x0000 0040
1	8	可设置	PVD	连到 EXTI 的电源电压检测(PVD)中断	0x0000 0044
2	9	可设置	TAMP_STAMP	连接到 EXTI 线的入侵和时间戳中断	0x0000 0048
3	10	可设置	RTC_WKUP	连接到 EXTI 线的 RTC 唤醒中断	0x0000 004C
4	11	可设置	FLASH	闪存全局中断	0x0000 0050
5	12	可设置	RCC	复位和时钟控制(RCC)中断	0x0000 0054
6	13	可设置	EXTI0	EXTI 线 0 中断	0x0000 0058
7	14	可设置	EXTI1	EXTI 线 1 中断	0x0000 005C
8	15	可设置	EXTI2	EXTI 线 2 中断	0x0000 0060
9	16	可设置	EXTI3	EXTI 线 3 中断	0x0000 0064
10	17	可设置	EXTI4	EXTI 线 4 中断	0x0000 0068
11	18	可设置	DMA1_Stream0	DMA1 流 0 全局中断	0x0000 006C
12	19	可设置	DMA1_Stream1	DMA1 流 1 全局中断	0x0000 0070
13	20	可设置	DMA1_Stream2	DMA1 流 2 全局中断	0x0000 0074
14	21	可设置	DMA1_Stream3	DMA1 流 3 全局中断	0x0000 0078

续表一

位置	优先级	优先级类型	名　称	说　明	地　址
15	22	可设置	DMA1_Stream4	DMA1 流 4 全局中断	0x0000 007C
16	23	可设置	DMA1_Stream5	DMA1 流 5 全局中断	0x0000 0080
17	24	可设置	DMA1_Stream6	DMA1 流 6 全局中断	0x0000 0084
18	25	可设置	ADC	ADC1、ADC2 和 ADC3 的全局中断	0x0000 0088
19	26	可设置	CAN1_TX	CAN1 TX 中断	0x0000 008C
20	27	可设置	CAN1_RX0	CAN1 RX0 中断	0x0000 0090
21	28	可设置	CAN_RX1	CAN 接收 1 中断	0x0000 0094
22	29	可设置	CAN_SCE	CAN SCE 中断	0x0000 0098
23	30	可设置	EXTI9_5	EXTI 线[9:5]中断	0x0000 009C
24	31	可设置	TIM1_BRK_TIM9	TIM1 刹车中断和　TIM9 全局中断	0x0000 00A0
25	32	可设置	TIM1_UP_TIM10	TIM1 更新中断和　TIM10 全局中断	0x0000 00A4
26	33	可设置	TIM1_TRG_COM_TIM11	TIM1 触发和换相中断与　TIM11 全局中断	0x0000 00A8
27	34	可设置	TIM1_CC	TIM1 捕获比较中断	0x0000 00AC
28	35	可设置	TIM2	TIM2 全局中断	0x0000 00B0
29	36	可设置	TIM3	TIM3 全局中断	0x0000 00B4
30	37	可设置	TIM4	TIM4 全局中断	0x0000 00B8
31	38	可设置	I2C1_EV	I2C1 事件中断	0x0000 00BC
32	39	可设置	I2C1_ER	I2C1 错误中断	0x0000 00C0
33	40	可设置	I2C2_EV	I2C2 事件中断	0x0000 00C4
34	41	可设置	I2C2_ER	I2C2 错误中断	0x0000 00C8
35	42	可设置	SPI1	SPI1 全局中断	0x0000 00CC
36	43	可设置	SPI2	SPI2 全局中断	0x0000 00D0
37	44	可设置	USART1	USART1 全局中断	0x0000 00D4
38	45	可设置	USART2	USART2 全局中断	0x0000 00D8
39	46	可设置	USART3	USART3 全局中断	0x0000 00DC
40	47	可设置	EXTI15_10	EXTI 线[15:10]中断	0x0000 00E0
41	48	可设置	RTCAlarm	连到 EXTI 的 RTC 闹钟中断	0x0000 00E4
42	49	可设置	USB 唤醒	连到 EXTI 的从 USB 待机唤醒中断	0x0000 00E8
43	50	可设置	TIM8_BRK	TIM8 刹车中断	0x0000 00EC
44	51	可设置	TIM8_UP	TIM8 更新中断	0x0000 00F0
45	52	可设置	TIM8_TRG_COM	TIM8 触发和通信中断	0x0000 00F4
46	53	可设置	TIM8_CC	TIM8 捕获比较中断	0x0000 00F8
47	54	可设置	DMA1_Stream7	DMA1 流 7 全局中断	0x0000 00FC
48	55	可设置	FSMC	FSMC 全局中断	0x0000 0100
49	56	可设置	SDIO	SDIO 全局中断	0x0000 0104

续表二

位置	优先级	优先级类型	名　称	说　明	地　址
50	57	可设置	TIM5	TIM5 全局中断	0x0000 0108
51	58	可设置	SPI3	SPI3 全局中断	0x0000 010C
52	59	可设置	UART4	UART4 全局中断	0x0000 0110
53	60	可设置	UART5	UART5 全局中断	0x0000 0114
54	61	可设置	TIM6_DAC	TIM6 全局中断，DAC1 和 DAC2 下溢错误中断	0x0000 0118
55	62	可设置	TIM7	TIM7 全局中断	0x0000 011C
56	63	可设置	DMA2_Stream0	DMA2 流 0 全局中断	0x0000 0120
57	64	可设置	DMA2_Stream1	DMA2 流 1 全局中断	0x0000 0124
58	65	可设置	DMA2_Stream2	DMA2 流 2 全局中断	0x0000 0128
59	66	可设置	DMA2_Stream3	DMA2 流 3 全局中断	0x0000 012C
60	67	可设置	DMA2_Stream4	DMA2 流 4 全局中断	x0000 0130
61	68	可设置	ETH	以太网全局中断	0x0000 0134
62	69	可设置	ETH_WKUP	连接到 EXTI 线的以太网唤醒中断	0x0000 0138
63	70	可设置	CAN2_TX	CAN2 TX 中断	0x0000 013C
64	71	可设置	CAN2_RX0	CAN2 RX0 中断	0x0000 0140
65	72	可设置	CAN2_RX1	CAN2 RX1 中断	0x0000 0144
66	73	可设置	CAN2_SCE	CAN2 SCE 中断	0x0000 0148
67	74	可设置	OTG_FS	USB On The Go FS 全局中断	0x0000 014C
68	75	可设置	DMA2_Stream5	DMA2 流 5 全局中断	0x0000 0150
69	76	可设置	DMA2_Stream6	DMA2 流 6 全局中断	0x0000 0154
70	77	可设置	DMA2_Stream7	DMA2 流 7 全局中断	0x0000 0158
71	78	可设置	USART6	USART6 全局中断	0x0000 015C
72	79	可设置	I2C3_EV	I2C3 事件中断	0x0000 0160
73	80	可设置	I2C3_ER	I2C3 错误中断	0x0000 0164
74	81	可设置	OTG_HS_EP1_OUT	USB On The Go HS 端点 1 输出全局中断	0x0000 0168
75	82	可设置	OTG_HS_EP1_IN	USB On The Go HS 端点 1 输入全局中断	0x0000 016C
76	83	可设置	OTG_HS_WKUP	连接到 EXTI 线的 USB On The Go HS 唤醒中断	0x0000 0170
77	84	可设置	OTG_HS	USB On The Go HS 全局中断	0x0000 0174
78	85	可设置	DCMI	DCMI 全局中断	0x0000 0178
79	86	可设置	CRYP	CRYP 加密全局中断	0x0000 017C
80	87	可设置	HASH_RNG	哈希和随机数发生器全局中断	0x0000 0180
81	88	可设置	FPU	FPU 全局中断	0x0000 0184

需要特别指出的是，STM32 的中断通道可能会由多个中断源共用，这意味着某一中断

服务函数也可能会被多个中断源所共用，所以在中断服务函数的入口处需要有一个判断机制，用以辨别是哪个中断源触发了中断。

3.1.2 STM32F4 的中断优先级

STM32F4 微控制器使用了 Cortex-M4 内核中一个称之为嵌套向量中断控制器(NVIC)的设备对中断进行统一的协调和控制，其中最主要的工作就是控制中断通道开放与否，以及确定中断的优先级别。

中断优先级决定一个中断是否能被屏蔽，以及在未屏蔽的情况下何时可以响应。优先级的数值越小，则优先级越高。

STM32F4 微控制器支持中断嵌套，高优先级中断会抢占低优先级中断。在 STM32 中有两个优先级的概念——抢占优先级(也称主优先级)和响应优先级(也称从优先级)，每个中断都需要指定这两种优先级。

抢占优先级高的中断可以在抢占优先级低的中断处理过程中被响应，即中断嵌套，两个抢占优先级相同的中断没有嵌套关系。

如果两个抢占优先级相同的中断同时到达，则 NVIC 会根据它们的响应优先级高低来决定先处理哪一个。如果中断的抢占优先级和响应优先级都相等，则根据表 3-1 和表 3-2 内中断排位顺序决定先处理哪一个。

如表 3-3 所示，STM32F4 支持最多 16 个中断优先级，并且有 5 种优先级分组方式。

表 3-3 STM32 中断优先级分组

优先级组序号	抢占优先级		优先级控制位				响应优先级	
	最多级别数	控制位数	3	2	1	0	控制位数	最多级别数
第 0 组	0	0	1/0	1/0	1/0	1/0	4	16
第 1 组	2	1	1/0	1/0	1/0	1/0	3	8
第 2 组	4	2	1/0	1/0	1/0	1/0	2	4
第 3 组	8	3	1/0	1/0	1/0	1/0	1	2
第 4 组	16	4	1/0	1/0	1/0	1/0	0	0

对于某一个特定中断而言，要想让其顺利响应，必须要在外设层面使能该中断，并且在 NVIC 中使能相应的中断通道并设置好优先级别。

3.2 STM32F4 微控制器的外部中断

3.2.1 EXTI 外部中断源

外部中断 EXTI 是 STM32 微控制器实时处理外部事件的一种机制，由于中断请求主要来自于 GPIO 端口的引脚，所以称为外部中断。

STM32F4 微控制器有 23 个能产生事件/中断请求的边沿检测器，每个输入线可以独立地配置输入类型(脉冲或挂起)和对应的触发事件(上升沿、下降沿或双边沿都可以触发)，每个输入线都可以独立地被屏蔽，挂起寄存器保持着输入线的中断请求。

表 3-4 所示为外中断线的连接关系以及与中断服务函数的对应情况，可以看到外中断线 EXTI0～EXTI15 分别与相同序号的 GPIO 端口连接。

表 3-4 外部中断线的连接关系

中断线	连接对象		中断服务函数
EXTI0	GPIO 端口	PA0～PI0	专用
EXTI1		PA1～PI1	专用
EXTI2		PA2～PI2	专用
EXTI3		PA3～PI3	专用
EXTI4		PA4～PI4	专用
EXTI5		PA5～PI5	共用
EXTI6		PA6～PI6	
EXTI7		PA7～PI7	
EXTI8		PA8～PI8	
EXTI9		PA9～PI9	
EXTI10		PA10～PI10	共用
EXTI11		PA11～PI11	
EXTI12		PA12～PI12	
EXTI13		PA13～PI13	
EXTI14		PA14～PI14	
EXTI15		PA15～PI15	
EXTI16	PVD 输出		专用
EXTI17	RTC 闹钟		专用
EXTI18	USB OTG FS 唤醒事件		专用
EXTI19	以太网唤醒事件		专用
EXTI20	USB OTG HS(在 FS 中配置)唤醒事件		专用
EXTI21	RTC 入侵和时间戳事件		专用
EXTI22	RTC 唤醒事件		专用

如图 3-1 所示，每个 GPIO 端口的引脚按序号分组分别连接到 16 个外部中断线上，每组对应一个外部中断。

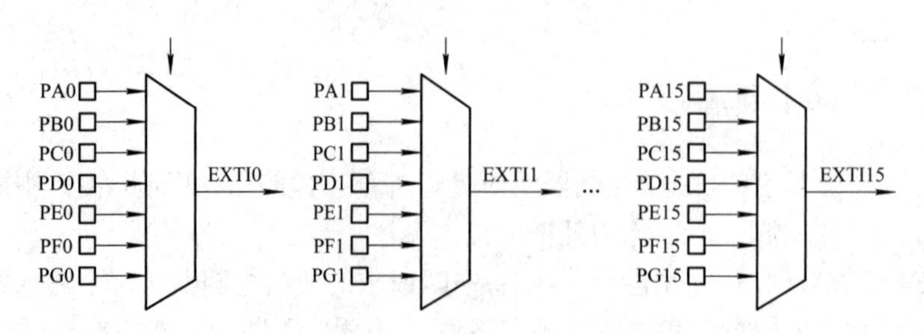

图 3-1 外部中断与 GPIO 引脚的连接关系

图 3-1 中的梯形符号代表多选一电子开关，每次只能选通一个，例如 PA0 连接到 EXTI0 后，PB0 或者 PC0 等其他端口就不能再连接到 EXTI0 了。如果此时需要连接其他端口，则必须先要断开 PA0。

除了以上 16 个连接到 GPIO 端口的外部中断线外，还有 7 个外部中断线连接到了其他外设，其中 EXTI16 连接 PVD 输出、EXTI17 连接 RTC 闹钟事件、EXTI18 连接 USB OTG FS 唤醒事件、EXTI19 连接到以太网唤醒事件、EXTI20 连接到 USB OTG HS(在 FS 中配置)唤醒事件、EXTI21 连接到 RTC 入侵和时间戳事件、EXTI22 连接到 RTC 唤醒事件。

PVD(Programmable Votage Detector)指的是可编程电压监测器，它的作用是监视供电电压，在供电电压下降到给定的阈值以下时，产生一个中断，通知软件做紧急处理。例如，在供电系统断电时，可以执行一些事关安全的紧急操作，并配合后备寄存器 BKP 紧急保存一些关键数据。

RTC 闹钟事件和 USB 唤醒事件等在字面上很好理解，由于涉及其他外设，这里不做具体介绍。

3.2.2 外部中断编程所涉及的标准外设库函数

表 3-5 中是本项目所涉及的外部中断 EXTI 编程中所要使用到的标准外设库函数，现在只需要简单了解函数的作用，在代码分析时再做详细讲解。

表 3-5 外部中断 EXTI 编程所涉及的标准外设库函数

函 数 名 称	函 数 作 用
NVIC_PriorityGroupConfig()	中断优先级别分组配置
NVIC_Init()	初始化配置 NVIC
GPIO_EXTILineConfig()	将指定 GPIO 管脚置低电平
EXTI_Init()	初始化配置外部中断
EXTI_GetITStatus()	得到外部中断状态
EXTI_ClearITPendingBit()	清除外部中断标志

任务 3 外部中断按键输入

3-2 外部中断按键输入训练

一、任务描述

使用 STM32F4 的外部中断，并配置为下降沿触发。使用按键触发，在中断函数中执行操作，对应的 LED 状态会取反。

二、任务分析

1. 硬件电路分析

STM32F4 核心板的按键和 LED 电路，四个 LED 分别由 STM32F4 的 PH12、PH13、PH14 和 PH15 端口控制。

2. 软件设计

(1) 新建一个工程，或者在现有的工程中进行修改。

(2) 按照 STM32F4 的 GPIO 开发步骤，初始化 LED1、LED2、LED3 和 LED4 所接的引脚。

(3) 初始化按键对应的GPIO 端口,将这些端口与外中断线连接,并对外中断线进行配置。

(4) 初始化 NVIC、开启中断,并编写中断服务函数,控制 LED1、LED2、LED3 和 LED4 闪烁。

(5) 主循环为空循环，所有操作均在外部中断服务函数中完成。

三、任务实施

1．硬件连接

给 STM32F4 核心板上电，下载器连接核心板和电脑 USB 接口。

2．程序讲解

```
1.   int main(void)
2.   {   Delay_Init();                //延时
3.       LED_Configure();             //LED 配置
4.       EXTI_Configure();            //外部中断配置
5.       while(1);
6.   }
```

主函数在完成 LED 以及外中断的初始化配置后，进入一个空的 while 循环，按键的检测通过外中断实现，并在外中断服务函数中实现 LED 的控制。

本节重点关注外部中断的初始化配置函数 EXTI_Configure()。

```
1.   void EXTI_Configure(void)            /*外中断初始化配置函数*/
2.   {   GPIO_InitTypeDef GPIO_InitStructure;
3.       EXTI_InitTypeDef EXTI_InitStructure;
4.       NVIC_InitTypeDef NVIC_InitStructure;
5.       RCC_AHB1PeriphClockCmd(RCC_AHB1Periph_GPIOI,ENABLE); //开启 GPIOI 组时钟
6.       RCC_APB2PeriphClockCmd(RCC_APB2Periph_SYSCFG,ENABLE); //系统配置时钟
7.       GPIO_InitStructure.GPIO_Pin = GPIO_Pin_4|GPIO_Pin_5
8.                                     |GPIO_Pin_6|GPIO_Pin_7;          //选择端口
9.       GPIO_InitStructure.GPIO_Mode = GPIO_Mode_IN;                    //输入
10.      GPIO_InitStructure.GPIO_PuPd = GPIO_PuPd_NOPULL;                //浮空输入
11.      GPIO_Init(GPIOI,&GPIO_InitStructure);                           //初始化配置
12.      //GPIO 与中断线关联
13.      SYSCFG_EXTILineConfig(EXTI_PortSourceGPIOI,EXTI_PinSource4);
```

```
14.     SYSCFG_EXTILineConfig(EXTI_PortSourceGPIOI,EXTI_PinSource5);
15.     SYSCFG_EXTILineConfig(EXTI_PortSourceGPIOI,EXTI_PinSource6);
16.     SYSCFG_EXTILineConfig(EXTI_PortSourceGPIOI,EXTI_PinSource7);
17.     EXTI_InitStructure.EXTI_Line = EXTI_Line4|EXTI_Line5
18.                                    |EXTI_Line6|EXTI_Line7; //选择中断线
19.     EXTI_InitStructure.EXTI_Mode = EXTI_Mode_Interrupt;       //中断触发
20.     EXTI_InitStructure.EXTI_Trigger = EXTI_Trigger_Falling;   //下降沿触发
21.     EXTI_InitStructure.EXTI_LineCmd = ENABLE;                 //使能中断线
22.     EXTI_Init(&EXTI_InitStructure);                           //初始化中断线配置
23.     NVIC_InitStructure.NVIC_IRQChannel = EXTI4_IRQn;          //选择中断向量
24.     NVIC_InitStructure.NVIC_IRQChannelPreemptionPriority = 0; //抢占优先级
25.     NVIC_InitStructure.NVIC_IRQChannelSubPriority = 8;        //响应优先级
26.     NVIC_InitStructure.NVIC_IRQChannelCmd = ENABLE;           //使能中断向量
27.     NVIC_Init(&NVIC_InitStructure);                           //初始化中断向量配置
28.     NVIC_InitStructure.NVIC_IRQChannel = EXTI9_5_IRQn;
29.     NVIC_InitStructure.NVIC_IRQChannelPreemptionPriority = 0;
30.     NVIC_InitStructure.NVIC_IRQChannelSubPriority = 7;
31.     NVIC_Init(&NVIC_InitStructure);
32. }
```

对于外中断的初始化配置而言，首先要配置对应的 GPIO 端口，由于按键已经外接了上拉电阻，这里调用了标准外设库函数 GPIO_Init()将对应 GPIO 端口配置为输入浮空模式。

随后调用标准外设库函数 SYSCFG_EXTILineConfig()将 GPIO 端口与外中断线相关联，接下来还需要调用标准外设库函数 EXTI_Init()选择外中断的工作模式、触发边沿并使能外中断。

此函数的参数是一个类型为 EXTI_InitTypeDef 的结构体变量 EXTI_InitStructure，用以完成外部中断的初始化配置，此结构体包含四个成员，如表 3-6 所示。

表 3-6　结构体 EXTI_InitTypeDef 的成员及其作用与取值

结构体成员名称	结构体成员作用	结构体成员取值	描　述
EXTI_Line	选择了待使能或者禁用的外部线路	EXTI_Line0～EXTI_Line18	选取某个外中断通道
EXTI_Mode	设置了被使能线路的模式	EXTI_Mode_Event	设置 EXTI 线路为事件请求
		EXTI_Mode_Interrupt	设置 EXTI 线路为中断请求
EXTI_Trigger	设置触发边沿	EXTI_Trigger_Falling	设置输入线路下降沿为中断请求
		EXTI_Trigger_Rising	设置输入线路上升沿为中断请求
		EXTI_Trigger_Rising_Falling	设置输入线路上升沿和下降沿为中断请求
EXTI_LineCmd	定义选中线路的新状态	ENABLE	使能
		DISABLE	禁用

在完成对外部中断线的配置后，还需要调用中断嵌套向量控制器 NVIC 初始化函数 NVIC_Init()打开相应中断通道，并设置相应中断的抢占优先级和响应优先级。

此函数的参数为一个类型为 NVIC_InitTypeDef 的结构体变量 NVIC_InitStructure，用于中断嵌套控制器的初始化配置，此结构体变量的成员定义如表 3-7 所示。

表 3-7　结构体 NVIC_InitTypeDef 的成员及其作用与取值

结构体成员的名称	结构体成员的作用	结构体成员的取值	描　述
NVIC_IRQChannel	配置指定的中断通道	独立或公用的中断通道	具体可查相关资料
NVIC_IRQChannelPreemptionPriority	设置抢占优先级	0～15	
NVIC_IRQChannelSubPriority	设置响应优先级	0～15	
NVIC_IRQChannelCmd	中断通道使能	ENABLE	使能
		DISABLE	禁用

完成以上初始化配置后，外中断才能够被响应并触发相应的外中断服务函数。

```
33.  void EXTI4_IRQHandler(void)
34.  {   if(EXTI_GetITStatus(EXTI_Line4))
35.      {   if(GPIO_ReadInputDataBit(GPIOI,GPIO_Pin_4) == 0)
36.          {   LED1 = !LED1;
37.              EXTI_ClearITPendingBit(EXTI_Line4);
38.          }
39.      }
40.  }
41.  //外中断 9_5 服务函数
42.  void EXTI9_5_IRQHandler(void)
43.  {   if(EXTI_GetITStatus(EXTI_Line5))
44.      {   LED2 = !LED2;
45.          EXTI_ClearITPendingBit(EXTI_Line5);
46.      }
47.      if(EXTI_GetITStatus(EXTI_Line6))
48.      {   LED3 = !LED3;
49.          EXTI_ClearITPendingBit(EXTI_Line6);
50.      }
51.      if(EXTI_GetITStatus(EXTI_Line7))
52.      {   LED4 = !LED4;
53.          EXTI_ClearITPendingBit(EXTI_Line7);
54.      }
```

```
55. }
```

根据表 3-2 的描述可知，外中断 4 拥有专用的中断服务函数 EXTI4_IRQHandler()，而外中断 5～9 共用中断服务函数 EXTI9_5_IRQHandler()，无论是专用还是共用中断服务函数，都推荐在进入中断服务函数时调用标准外设库函数 EXTI_GetITStatus()判断具体的中断源，并在完成相应中断处理内容退出中断服务函数前调用标准外设库函数 EXTI_ClearITPendingBit()清除相应的中断悬挂标志。

四、任务拓展

在外中断任务的基础上，将外中断触发方式改为下降沿触发，体会与上升沿触发在按键操作感受上的差异。

思考与练习

3.1 简述库函数配置外部中断的步骤。

3.2 解释抢占优先级与响应优先级。

3.3 STM32F4 供 I/O 口使用的中断线只有 16 个，但是 STM32F4 的 I/O 口却远远不止 16 个，那么 STM32F4 是怎么把 16 个中断线和 I/O 口一一对应起来的呢？

3.4 简述 STM32F4 中断优先级分组。

第4章 STM32F4的串口通信与DMA

本章主要介绍串口通信基础、STM32F4串口特性、STM32F4串口库函数、printf重定向以及STM32F4的DMA结构与工作过程等相关知识，最后通过案例的方式介绍串口通信开发步骤以及如何使用DMA提高传输效率。通过学习，读者可以了解串口通信的基础知识，熟悉STM32F40X的USART的内部结构、DMA控制器的基本结构，掌握数据传输程序设计的方法。

4.1 串口通信基础

4-1　串口通信基础

根据串口通信的时钟控制方式不同，分为同步串行通信和异步串行通信，本节重点介绍异步串行通信。

4.1.1 异步串行通信协议

通用异步收发传输器(Universal Asynchronous Receiver/Transmitter，UART)是一种异步收发传输器，该总线双向通信，可以实现全双工传输和接收。

串行通信协议是对数据传送方式的规定，包括数据格式定义和数据位定义等。UART模式异步通信的位序列主要包括起始位、数据位、校验位和停止位等四个部分，如图4-1所示。

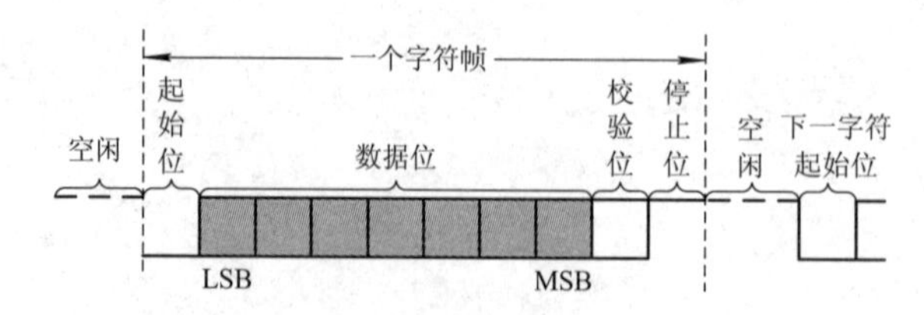

图4-1　UART模式异步通信的位序列

1．起始位

对于异步通信，在通信线上没有数据传送时处于逻辑“1”状态。当发送设备要发送一个字符数据时，首先发出一个逻辑“0”信号，这个逻辑低电平就是起始位。起始位通过通信线传向接收设备，当接收设备检测到这个逻辑低电平后，就开始准备接收数据位信号。因此，起始位所起的作用就是表示字符传送开始。

2．数据位

起始位之后便是数据位，对于 STM32F4，数据位可以是 7 位或 8 位数据，通过对寄存器 USART_CR1 的 M 位编程来进行选择。在字符数据传送过程中，数据位从最低位开始传输，依次在接收设备中被转换为并行数据。

3．校验位

校验位是可选位，位于数据位之后，仅占一位，用来表征串行通信中采用奇校验还是偶校验，由用户决定。

4．停止位

在奇偶位或数据位之后发送的是停止位，为逻辑 1 高电平。对于 STM32F4，可以是 0.5 个、1 个、1.5 个、2 个停止位。停止位用于向接收端表示一个字符数据已经发送完，也为发送下一个字符数据做准备。

4.1.2　波特率

串行通信中的波特率是指每秒传送二进制数的位数，单位是位每秒(b/s)，是串行通信中十分重要的指标。对于相互通信的设备，其波特率必须一致。

STM32F4 可通过小数波特率发生器来获得多种波特率。小数波特率发生器的波特率在异步通信模式中可通过如下公式计算获得：

$$\text{波特率} = \frac{f_{\text{CK}}}{8 \times (2 - \text{OVER8}) \times \text{USARTDIV}}$$

式中：f_{CK} 为串口所对应外设的时钟，OVER8 为 USART_CR1 寄存器中的 OVER8 位，USARTDIV 从 USART_BRR 寄存器获取。

4.1.3　通信校验

受距离、外部环境等影响，数据传输时，数据可能会出现丢包或者被干扰的情况。为此，常常使用校验来保障数据传输的可靠性。常用的通信校验方式有以下几种。

1．奇偶校验

奇偶校验就是在传输的一组二进制数据中，根据数据中“1”的个数是奇数个还是偶数个来进行校验的。

在使用中，通常专门设置一个奇偶校验位，在传输的一组二进制数据中，存放“1”的个数为奇数个或偶数个。若用奇校验，则奇偶校验为奇数个“1”，表示数据正确。若用偶校验，则奇偶校验为偶数个“1”，表示数据正确。

例如：若约定好为奇校验，接收数据为 10001100 (1)，其中最后一位为校验位，由于这个数据中有偶数个“1”，所以数据在传输过程中出现错误了。

2. CRC 校验(循环冗余校验码)

CRC 校验是数据通信领域中最常用的一种查错校验码，其最主要的特征是信息字段和校验字段的长度可以任意选定。

循环冗余检查(CRC)是一种数据传输检错功能，对数据进行多项式计算，并将得到的结果附在帧的后面，接收设备也执行类似的算法，以保证数据传输的正确性和完整性。

常用的 CRC 循环冗余校验标准多项式如下：

CRC(16 位) = $X^{16} + X^{15} + X^2 + 1$

CRC(CCITT) = $X^{16} + X^{12} + X^5 + 1$

CRC(32 位) = $X^{32} + X^{26} + X^{23} + X^{16} + X^{12} + X^{11} + X^{10} + X^8 + X^7 + X^5 + X^4 + X^2 + X + 1$

以 CRC(16 位)多项式为例，CRC 校验计算过程如下：

(1) 设置 CRC 寄存器，并给其赋值 0xFFFF。

(2) 将数据的第一个字符(8 位)与 16 位 CRC 寄存器的低 8 位进行异或，并把结果存入 CRC 寄存器。

(3) CRC 寄存器右移一位，最高位(MSB)补零，移出后并检查最低位(LSB)。

(4) 如果 LSB 为 0，则重复第(3)步；若 LSB 为 1，则 CRC 寄存器与多项式码相异或。

(5) 重复第(3)和第(4)步，直到 8 次移位全部完成，此时一个 8 位的数据处理完毕。

(6) 重复第(2)至第(5)步，直到所有数据全部处理完成。最后，CRC 寄存器的内容即为 CRC 值。

当使用 CRC 校验时，在发送端，会根据要传送的 k 位二进制码序列，以一定的规则产生一个校验用的 r 位监督码(CRC 码)，附在原始信息后边，构成一个新的二进制码序列数共 $k + r$ 位，然后发送出去。在接收端，会根据信息码和 CRC 码之间所遵循的规则进行检验，以确定传送中是否出错。

3. LRC 校验

LRC 校验是用于 ModBus 协定的 ASCII 模式，这种校验比较简单，通信速率较慢，通常在 ASCII 协议中使用。

LRC 校验主要检测消息域中除开始的冒号及结束的回车换行号外的内容。它仅仅是把每一个需要传输的数据字节叠加后，取反加 1 即可。

例如：需要传输的 5 个数据字节 01H、03H、21H、02H、00H 和 02H，使用 LRC 校验。先对 5 个数据字节进行叠加，其结果为 29H，然后对 29H 取反加 1，即可获得 D7H。

4. 校验和

校验一组数据项的和是否正确，通常采用以十六进制为数制表示的形式。如果校验和的数值超过十六进制的 FF，也就是 255。

校验和是对传输的数据(8bit)进行累加，累加值只取其和的低 8 位数据，不计超过 256 的溢出值，获得的低 8 位数据即为校验和。当传输结束时，把接收到的数据进行累加，然后判断累加的低 8 位与接收到的校验和是否相等，若相等则表示数据传输完成。

例如：十六进制 10 + 00 + 10 + 00 + 18 + F0 + 9F + E5 + 80 + 5F + 20 + B9 + F0 + FF + 1F + E5 + 18 + F0 + 9F + E5 累加的低 8 位是 0x1D，即校验和为 0x1D。

校验和常用在数据处理和数据通信领域中，尤其是远距离通信中保证数据的完整性和准确性。

4.1.4 串口通信软件模拟 FIFO

1. 串行通信中的数据流处理方式

在串行通信中，对数据流的处理可采用连续处理和突发处理两种方式。突发处理方式相对于连续处理方式，需要预先为串行口配置一定长度的缓存区，当数据收发达到一定数量后，再对缓冲区进行集中处理。

因此，突发方式对数据处理的实时性要比连续方式弱。但在实际应用中，串行通信的通信数据往往需要划分成多帧进行传送，其自身的实时性就不是很高，所以这种突发处理方式不会对控制时效造成明显的影响。

同时，突发处理方式有利于减轻数据收发任务的负担，减少数据收发程序占用的处理器执行时间，还有助于实现模块化的程序设计，避免因通信内容、长度的不确定造成软件结构的混乱。比如在分布式温度测量系统中，子机监测若干个节点的温度，并把测量数据按序列写入发送缓冲区，由中断处理程序将缓冲区数据串行地发送到主机，主机端则成批次地处理接收缓冲区的数据。这种突发处理方式可以将数据处理与数据收发分离，由独立的模块分别在主线程和中断中执行，并以缓冲区为桥梁实现两者的数据交换，从而减少了中断处理的工作量，优化了程序的结构。因此，串口通信模块应当开辟适当的内存，作为通信数据的缓冲区。

2. 软件模拟 FIFO 分析

设计具有软件模拟 FIFO(先入先出)缓冲区的串口通信模块，该模块需要具备以下三个方面的功能：

首先，已分配的缓冲队列能够完成 FIFO 功能，模块可以按照写入的先后顺序，为读出操作提供正确的数据序列；

其次，可以独立地完成对串行口和缓冲队列的管理，不需要其他任务干预，便能将已接收的数据写入接收缓冲区，或将待发送的数据从发送缓冲区读出到发送寄存器；

最后，可以指示模块自身的工作状态以及接受外部指令，实现模块与外部程序的接口。

串口的发送和接收工作是相对独立的，因此可以通过构建两个环形缓冲区来实现具有 FIFO 功能的缓冲队列，一个用于保存待发送的数据(sBuf_Tx)，另一个用于存储已接收的数据(sBuf_Rx)。每个环形缓冲区都对应有写入(cPtr_Wr)和读出(cP tr_Rd)两个指针，从写指针到读指针之间的相对区域存储的便是待发送或已接收的数据，两个指针的前后次序通过标志位(bFlag_Loopback)来判别，当它们的位置重合时则表示没有有效数据。读写指针相对位置与存储的数据之间的关系如图 4-2 所示，阴影的格子表示有效数据。

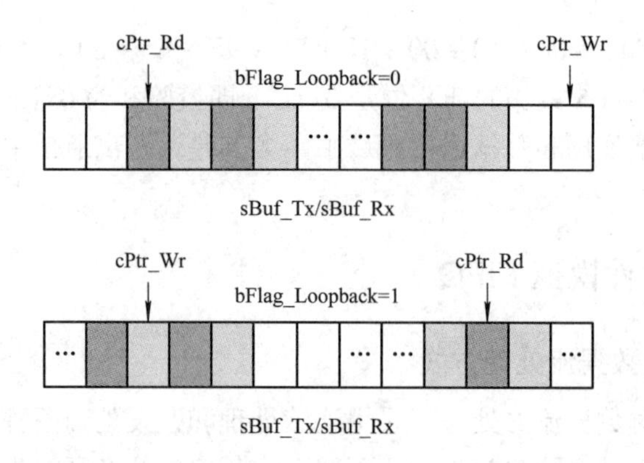

图 4-2　读写指针相对位置与存储数据间的关系示意图

3. 软件模拟 FIFO 实现流程

串口通信软件模拟 FIFO 程序流程图如图 4-3 所示。

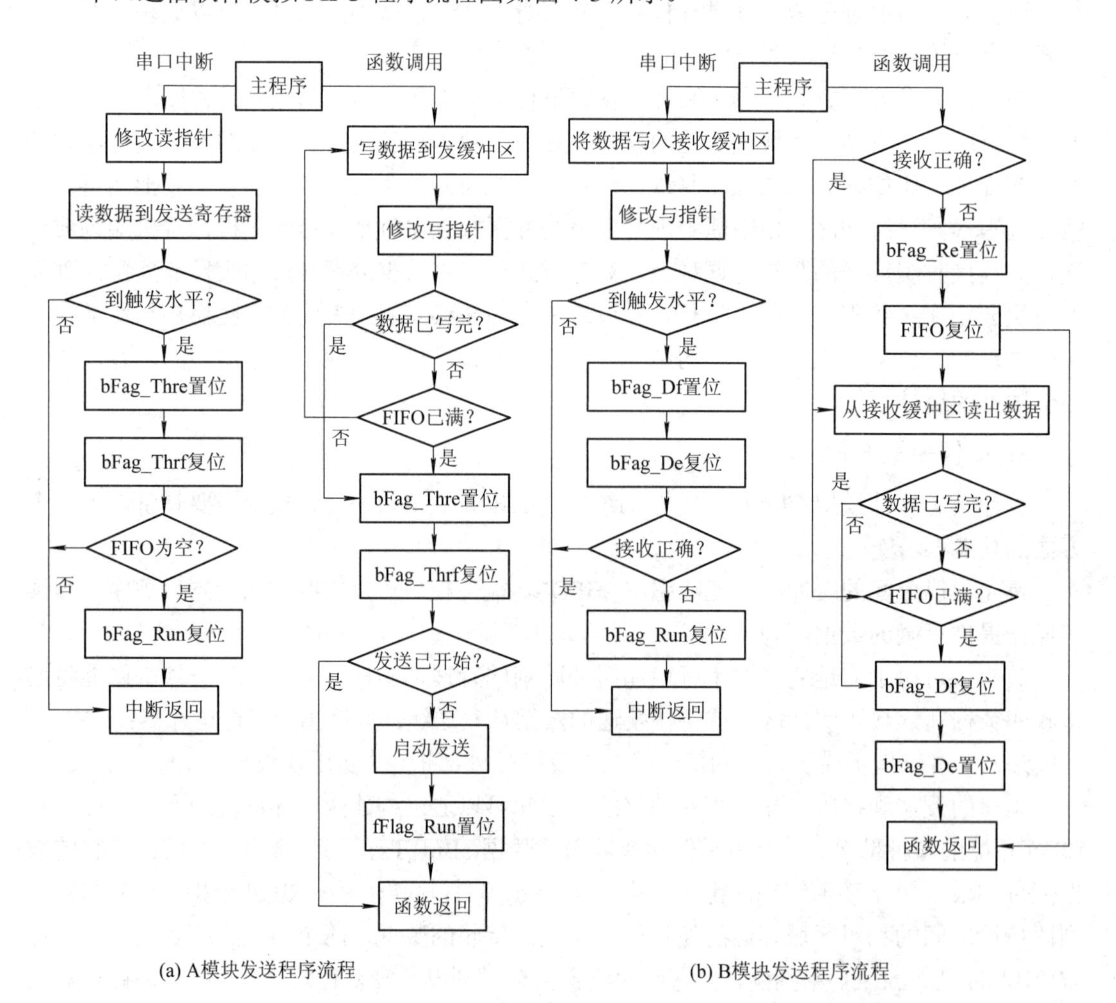

图 4-3　串口通信软件模拟 FIFO 程序流程图

当缓冲区有需要发送的数据时，首先由外部程序启动发送任务，模块根据命令将缓冲队列中的第一个数据写入串口发送寄存器，以引导系统产生第一次发送中断，然后再在中断处理中改变发送缓冲区读指针的位置，并读取数据到发送寄存器完成其他数据的发送。

当发生接收中断时，接收处理程序将串口接收寄存器中的数据写入到接收缓冲区，并修改写指针的位置。而发送缓冲区写指针和接收缓冲区读指针的位置，只在数据处理程序访问通信模块时才作相应改变。这样便实现了模块对串行口和缓冲区的管理。在对收发缓冲区读写的过程中，通过判断读写指针的相对位置，来确定缓冲区的使用情况。

当发送缓冲区中的数据将要发送完毕或接收缓冲区接近溢出时，将发送队列为空(bFlag_Thre)或接收队列已满(bFlag_Df)的标志位置位；

当外部写入发送缓冲区的数据已满或从接收缓冲区读出的数据已空时，便将发送缓冲区已满(bFlag_Thrf)或接收缓冲区已空(bFlag_De)的标志位置位；

如果通信发生错误，则将发送(bFlag_Re)错误标志位置位。而这些标志位在不满足触发条件或外部写入复位命令时，则自动复位。数据处理程序通过访问这些状态位，便可以知晓通信模块的工作状态，从而实现与该模块的接口。

通信模块缓冲区的大小，可以根据系统可用 RAM 数量、通信速率、数据处理实时性需求等因素确定。通信中，数据收发操作对缓冲区使用情况标志位的影响可以适当提前几个字符触发，这样即便系统没能及时对模块补充新的发送数据，或从模块读出已接收的数据也不会造成通信中断或数据丢失。

4.2 STM32F4 串口概述

4-2 STM32F4 的串口概述

STM32F4 内部集成了通用同步异步收发器(USART)，能够灵活地与外部设备进行全双工数据交换，满足外部设备对工业标准 NRZ (Non Return Zero)异步串行数据格式的要求。

4.2.1 STM32F4 的 USART 特性

STM32F4 的 USART 不仅支持同步单向通信和半双工单线通信，还支持 LIN(局域互联网络)、智能卡协议与 IrDA(红外线数据协会)SIR ENDEC 规范、调制解调器操作(CTS/RTS)、多处理器通信，通过配置多个缓冲区使用 DMA 可实现高速数据通信。STM32F4 的 USART 具有如下特性：

(1) 全双工异步通信；

(2) NRZ 标准格式(标记/空格)；

(3) 可配置为 16 倍过采样或 8 倍过采样，因而为速度容差与时钟容差的灵活配置提供了可能；

(4) 通过小数波特率发生器提供多种波特率；

(5) 数据字长度可编程(8 位或 9 位)；

(6) 停止位可配置，支持 1 或 2 个停止位；

(7) LIN 主模式同步停止符号发送功能和 LIN 从模式停止符号检测功能，对 USART 进行 LIN 硬件配置时可生成 13 位停止符号和检测 10/11 位停止符号；

(8) 用于同步发送的发送器时钟输出；

(9) IrDA SIR 编码解码器，正常模式下，支持 3/16 位持续时间；

(10) 智能卡仿真功能，智能卡接口支持符合 ISO 7816-3 标准中定义的异步协议智能卡，智能卡工作模式下，支持 0.5 或 1.5 个停止位；

(11) 单线半双工通信，使用 DMA(直接存储器访问)实现可配置的多缓冲区通信，使用 DMA 在预留的 SRAM 缓冲区中收/发字节；

(12) 发送器和接收器具有单独使能位；

(13) 传输检测标志：接收缓冲区已满、发送缓冲区为空、传输结束标志；

(14) 奇偶校验控制：发送奇偶校验位、检查接收的数据字节的奇偶性；

(15) 4 个错误检测标志：溢出错误、噪声检测、帧错误、奇偶校验错误；

(16) 10 个具有标志位的中断源：CTS 变化、LIN 停止符号检测、发送数据寄存器为空、发送完成、接收数据寄存器已满、接收到线路空闲、溢出错误、帧错误、噪声错误、奇偶校验错误；

(17) 多处理器通信，如果地址不匹配，则进入静默模式；

(18) 从静默模式唤醒(通过线路空闲检测或地址标记检测)；

(19) 两个接收器唤醒模式：地址位(MSB，第 9 位)，线路空闲。

4.2.2 STM32F4 的 USART 内部结构

STM32F4 的 USART 内部结构如图 4-4 所示。

由图 4-4 可以看出，任何 USART 双向通信，均需要接收数据输入引脚 RX 和发送数据引脚输出 TX 这两个引脚。RX 是接收数据输入引脚，也是串行数据输入引脚。TX 是发送数据输出引脚。如果关闭发送器，则该输出引脚模式由其 I/O 端口配置决定。如果使能了发送器但没有待发送的数据，则 TX 引脚处于高电平。在单线和智能卡模式下，该 I/O 端口用于发送和接收数据(USART 电平下，随后在 SW_RX 上接收数据)。在正常 USART 模式下，这些引脚是以帧的形式进行发送和接收串行数据的。

STM32F4 的 USART 内部包含如下寄存器：

(1) 状态寄存器 USART_SR；

(2) 数据寄存器 USART_DR；

(3) 波特率寄存器 USART_BRR，有 12 位整数和 4 位小数；

(4) 智能卡模式下的保护时间寄存器 USART_GTPR。

在同步模式下，需要连接 SCLK 引脚(发送器时钟输出)。该引脚用于输出发送器数据时钟，以便按照 SPI 主模式进行同步发送(起始位和结束位上无时钟脉冲，可通过软件向最后一个数据位发送时钟脉冲)。RX 上可同步接收并行数据，这一点可用于控制带移位寄存器的外设(如 LCD 驱动器)。时钟相位和极性可通过软件编程。在智能卡模式下，SCLK 可向智能卡提供时钟。

在硬件流控制模式下，需要连接 nCTS 和 nRTS 引脚。nCTS 引脚是“清除发送”，用于在当前传输结束时阻止数据发送(高电平时)；nRTS 引脚是“请求发送”，用于指示 USART 已准备好接收数据(低电平时)。

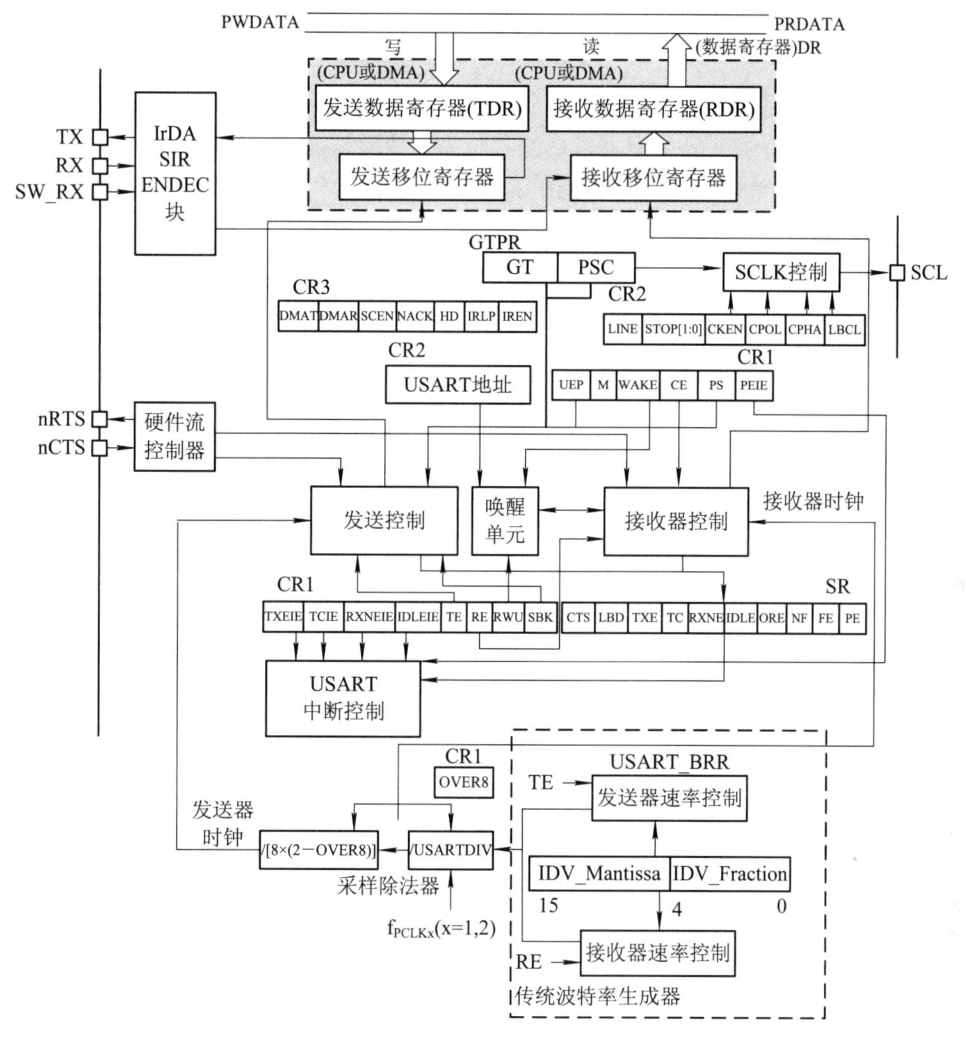

图 4-4　USART 内部结构

4.3　STM32F4 串口库函数分析

本节仅介绍与异步通信相关的库函数，主要包括初始化及配置函数和数据传输函数。

4.3.1　初始化及配置函数

1. USART_Cmd 函数

USART_Cmd()是使能或失能指定的 USARTx，其函数原型如下：

```
void USART_Cmd ( USART_TypeDef *   USARTx, FunctionalState   NewState )
```

第一个入口参数 USARTx 是使能或失能指定的串口，如选择 USART2(串口 2)。第二个入口参数 NewState 确定指定的串口是使能 ENABLE 还是失能 DISABLE。

例如，USART2 串口使能代码如下：

```
USART_Cmd(USART2, ENABLE);
```

2. USART_Init 函数

USART 串口初始化主要是配置串口的波特率、校验位、停止位和时钟等基本功能，是通过 USART_Init()函数来实现的。其函数原型如下：

```
void USART_Init ( USART_TypeDef *    USARTx, USART_InitTypeDef *    USART_InitStruct )
```

其中参数 USART_InitStruct 是一个 USART_InitTypeDef 类型的结构体指针，这个结构体指针的成员变量用来设置串口的波特率、字长、停止位、奇偶校验位、硬件数据流控制和收发模式等参数。

```
1.  typedef struct
2.  {
3.      uint32_t  USART_BaudRate;              //波特率
4.      uint16_t  USART_WordLength;            //字长，可选 8 位或 9 位
5.      uint16_t  USART_StopBits;              //停止位，可选 0.5、1、1.5 或 2 位
6.      uint16_t  USART_Parity;                //校验模式，可选无校验、奇校验或偶校验
7.      uint16_t  USART_Mode;                  //指定使能或使能发送和接收模式
8.      uint16_t  USART_HardwareFlowControl;   //硬件流控制
9.  } USART_InitTypeDef;
```

其中 USART_HardwareFlowControl 是硬件流控制模式，可选无硬件流控制、发送请求 RTS 使能、清除发送 CTS 使能、RTS 和 CTS 使能。

4.3.2 数据传输函数

1. USART_ReceiveData 函数

USART 串口接收数据是通过 USART_ReceiveData ()函数，来操作 USART_DR 寄存器读取串口接收到的数据，其函数原型如下：

```
uint16_t  USART_ReceiveData ( USART_TypeDef *   USARTx )
```

例如，读取串口 2 接收到的数据代码如下：

```
Res =USART_ReceiveData(USART2);          //USART2->DR 读取接收到的数据
```

2. USART_SendData 函数

USART 串口发送数据是通过 USART_SendData ()函数，来操作 USART_DR 寄存器发送数据的，其函数原型如下：

```
void USART_SendData ( USART_TypeDef *   USARTx, uint16_t   Data )
```

例如，向串口 2 发送数据代码如下：

```
USART_SendData(USART2, USART_TX_BUF[t]);      //USART2->DR 发送数据
```

4.4 printf()重定向

printf()是 C 语言标准库函数，用于将格式化后的字符串输出到标准输出。默认的标准输出设备是显示器。

1. printf()重定向简介

在嵌入式应用中，我们常常需要通过串口完成显示，这就必须重定义标准库函数里调用的与输出设备相关的函数。比如使用 printf 函数输出到串口，需要将 fputc 里面的输出指向串口，这一过程就叫重定向。

那么如何让 STM32 使用 printf 函数呢？

2. 编写 printf()重定向代码

通常是在 usart.c 文件中，加入支持 printf 函数的代码，就可以通过 printf 函数向串口发送我们需要的数据，以便在开发过程中查看代码执行情况以及一些变量值。

```
1.  #if 1
2.  #pragma import(__use_no_semihosting)
3.  struct __FILE                                  //标准库需要的支持函数
4.  {
5.      int handle;
6.  };
7.  FILE __stdout;
8.  void _sys_exit(int x)                          //定义_sys_exit()以避免使用半主机模式
9.  {
10.     x = x;
11. }
12. int fputc(int ch, FILE *f)                     //函数默认，使用 printf 函数时自动调用
13. {
14.      USART_SendData(USART1,(u8)ch);            //发送一个字符
15.      //等待发送完成
16.      while(USART_GetFlagStatus(USART1,USART_FLAG_TXE)==RESET);
17.      return ch;
18. }
19. #endif
```

4.5　STM32F4的串口通信开发步骤

通常，STM32F4的串口通信开发主要有以下几个步骤：

(1) 对应的GPIO时钟使能，USART串口时钟使能；

(2) GPIO端口模式配置；

(3) USART串口参数初始化；

(4) 开启中断并且初始化NVIC(如果需要开启中断，则需要该步骤)；

(5) 使能USART串口；

(6) 编写中断服务函数(如果使用中断，则需要该步骤)。

4-3　串口数据发送与接收

任务4　串口数据发送与接收

一、任务描述

采用小车STM32F4核心板的USART1串口，波特率为115 200 b/s，通过4个按键控制对应的4个LED亮和灭。当按下某个按键时，其对应的LED状态将取反，串口会输出“LEDx　OK!”，其中x的取值为1、2、3和4。

二、任务分析

1. 硬件电路分析

USART串口是通过RX(接收数据串行输入)、TX(发送数据输出)和地3个引脚与其他设备连接在一起的。小车STM32F4核心板的USART1串口的TX和RX引脚，使用的是PA9和PA10引脚。这些引脚默认的功能都是GPIO，在作为串口使用时，就要用到这些引脚的复用功能，在使用其复用功能前，必须对复用的端口进行设置。

智能小车STM32F4核心板的4个LED分别接在PH12、PH13、PH14和PH15引脚上，LED电路如图4-5所示。

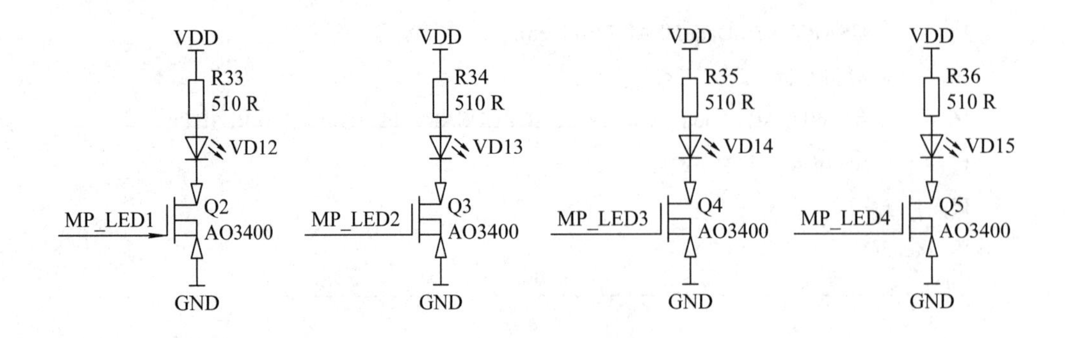

图4-5　LED电路

图 4-5 中的 MP_LED1、MP_LED2、MP_LED3 和 MP_LED4 是连接到 PH12、PH13、PH14 和 PH15 引脚的连接标号。每个 LED 由 NMOS 型场效应管 AO3400 控制，当场效应管的栅极 MP_LEDx(x 为 1、2、3、4)为高电平时，LED 亮；反之，LED 灭。

智能小车 STM32F4 核心板的 4 个按键分别接在 PI4、PI5、PI6 和 PI7 引脚上，按键电路如图 4-6 所示。图 4-6 中的 MP_S1、MP_S2、MP_S3 和 MP_S4 是连接到 PI4、PI5、PI6 和 PI7 引脚的连接标号。

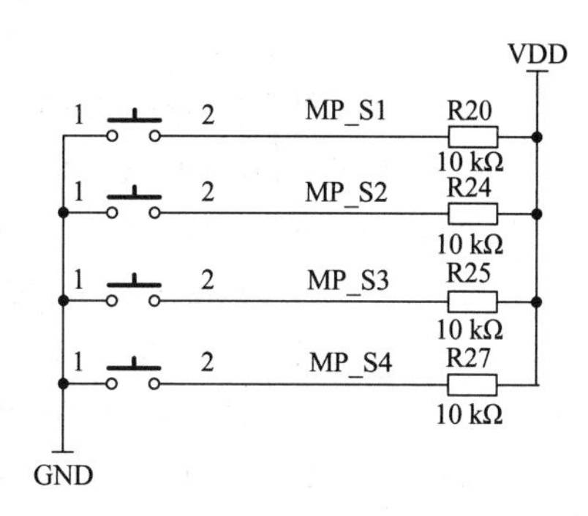

图 4-6　按键电路

2. 软件设计

(1) 新建一个 USART 工程，或者在现有的工程中进行修改。

(2) 按照 STM32F4 的 GPIO 的开发步骤，初始化 PA9 和 PA10 引脚。

(3) USART 串口 1 参数初始化，并使能 USART1 串口。

(4) 初始化 NVIC、开启中断，并编写中断服务函数。

(5) 在主文件中，通过 4 个按键控制对应的 4 个 LED 亮和灭。当按下某个按键时，其对应的 LED 状态将取反，串口会输出“LEDx　OK！”。

三、任务实施

1. 硬件连接

给智能小车 STM32F4 核心板上电，下载器连接核心板和电脑 USB 接口。

2. 程序编写

新建一个工程，编写串口数据发送与接收程序。

(1) 使能 USART 串口时钟，编写 USART1_Config()函数。

```
1.  void USART1_Config(uint32_t   baudrate)
2.  {   GPIO_InitTypeDef   GPIO_InitStructure;               //GPIO 结构体定义
3.      USART_InitTypeDef   USART_InitStructure;             //串口结构体定义
4.      NVIC_InitTypeDef   NVIC_InitStructure;               //中断结构体定义
5.      RCC_APB2PeriphClockCmd(RCC_APB2Periph_USART1,ENABLE);   //使能 USART1 时钟
6.      RCC_AHB1PeriphClockCmd(RCC_AHB1Periph_GPIOA,ENABLE); //使能 GPIOA 时钟
7.      GPIO_PinAFConfig(GPIOA,GPIO_PinSource9,GPIO_AF_USART1); //引脚映射 PA9
8.      GPIO_PinAFConfig(GPIOA,GPIO_PinSource10,GPIO_AF_USART1); //引脚映射 PA10
9.      //GPIOA9 端口初始化结构体参数设置
10.     GPIO_InitStructure.GPIO_Pin = GPIO_Pin_9;
11.     GPIO_InitStructure.GPIO_Mode = GPIO_Mode_AF;
12.     GPIO_InitStructure.GPIO_OType = GPIO_OType_PP;
```

```
13.    GPIO_InitStructure.GPIO_Speed = GPIO_Speed_100MHz;
14.    GPIO_InitStructure.GPIO_PuPd = GPIO_PuPd_UP;
15.    GPIO_Init(GPIOA, &GPIO_InitStructure);                    //GPIOA9 端口初始化
16.    //GPIOA10 端口初始化结构体参数设置
17.    GPIO_InitStructure.GPIO_Pin = GPIO_Pin_10;
18.    GPIO_InitStructure.GPIO_Mode = GPIO_Mode_AF;
19.    GPIO_InitStructure.GPIO_OType = GPIO_OType_PP;
20.    GPIO_InitStructure.GPIO_Speed = GPIO_Speed_100MHz;
21.    GPIO_InitStructure.GPIO_PuPd = GPIO_PuPd_UP;
22.    GPIO_Init(GPIOA, &GPIO_InitStructure);                    //GPIOA10 端口初始化
23.    //串口初始化结构体参数设置
24.    USART_InitStructure.USART_BaudRate=baudrate;
25.  USART_InitStructure.USART_HardwareFlowControl=USART_HardwareFlowControl_None;
26.    USART_InitStructure.USART_Mode=USART_Mode_Rx|USART_Mode_Tx;
27.    USART_InitStructure.USART_Parity=USART_Parity_No;
28.    USART_InitStructure.USART_StopBits=USART_StopBits_1;
29.    USART_InitStructure.USART_WordLength=USART_WordLength_8b;
30.    USART_Init(USART1,&USART_InitStructure);                  //串口初始化
31.    USART_Cmd(USART1 ,ENABLE);                                //串口使能
32.    USART_ITConfig(USART1,USART_IT_RXNE,ENABLE);   //接收非空使能(中断使能)
33.    //中断初始化结构体参数设置
34.    NVIC_InitStructure.NVIC_IRQChannel=USART1_IRQn;
35.    NVIC_InitStructure.NVIC_IRQChannelCmd=ENABLE;
36.    NVIC_InitStructure.NVIC_IRQChannelPreemptionPriority=1;
37.    NVIC_InitStructure.NVIC_IRQChannelSubPriority=1;
38.    NVIC_Init(&NVIC_InitStructure);                           //中断初始化
39. }
```

(2) 编写中断服务函数。

```
1.  void USART1_IRQHandler(void)
2.  {
3.    //判断串口 1 是否发生接收中断
4.    if(USART_GetITStatus(USART1,USART_IT_RXNE)==SET)
5.    {
6.      if(USART1_Rx_Flag == RESET)
7.      {
8.          USART1_RxBuf[USART1_LengthCut] = USART_ReceiveData(USART1);
9.          USART1_LengthCut++;
```

```
10.         if(USART1_LengthCut >= USART1_RXSIZE)
11.         {
12.             USART1_LengthCut = 0;
13.             USART1_Rx_Flag = SET;
14.         }
15.     }
16.     USART_ClearITPendingBit(USART1,USART_IT_RXNE);
17.   }
18. }
```

编程说明如下：

RXNE 是读数据寄存器非空位，当 RXNE 位被置 1 时，说明串口已有数据接收到了，并可以读出来；

TC 是发送完成位，当该位被置 1 时，说明串口发送数据已经完成；

USART 串口发送数据是通过 USART_SendData ()函数，来操作 USART_DR 寄存器发送数据的；

USART 串口接收数据是通过 USART_ReceiveData ()函数，来操作 USART_DR 寄存器读取串口接收到的数据。

(3) 编写发送字符串函数。

```
1.  void USART1_SendByte(uint8_t src)
2.  {
3.      USART_SendData(USART1,src);
4.      while(USART_GetFlagStatus(USART1,USART_FLAG_TXE) == RESET);
5.  }
```

USART1_SendString()函数代码：

```
1.  void USART1_SendString(char *src)
2.  {
3.      uint16_t Tx_cut = 0;
4.      do
5.      {
6.          USART1_SendByte(*(src+Tx_cut));
7.          Tx_cut++;
8.      }
9.      while(*(src+Tx_cut) != '\0');
10. }
```

(4) 编写主程序。

```
1.    #include "stm32f4xx.h"
2.    #include "delay.h"
3.    #include "led.h"
4.    #include "key.h"
5.    #include "usart1.h"
6.    #include "string.h"
7.    char USART1_TxBuf[200];
8.    int main(void)
9.    {
10.       delay_Init();
11.       LED_Configure();
12.       KEY_Configure();
13.       USART1_Configure(115200);
14.       while(1)
15.       {
16.           if(KEY1==0)
17.           {
18.               Delay_ms(20);
19.               while(KEY1==0)
20.               {
21.                   LED1 = !LED1;
22.                   strlcpy(USART1_TxBuf,"LED1 OK£¡\n",11);
23.                   USART1_SendString(USART1_TxBuf);
24.               }
25.           }
26.           if(KEY2==0)
27.           {
28.               Delay_ms(20);
29.               while(KEY2==0)
30.               {
31.                   LED2 = !LED2;
32.                   strlcpy(USART1_TxBuf,"LED2 OK£¡\n",11);
33.                   USART1_SendString(USART1_TxBuf);
34.               }
35.           }
36.           if(KEY3==0)
37.           {
```

```
38.                 Delay_ms(20);
39.                 while(KEY3==0)
40.                 {
41.                     LED3 = !LED3;
42.                     strlcpy(USART1_TxBuf,"LED3 OK£¡\n",11);
43.                     USART1_SendString(USART1_TxBuf);
44.                 }
45.             }
46.             if(KEY4==0)
47.             {
48.                 Delay_ms(20);
49.                 while(KEY4==0)
50.                 {
51.                     LED4 = !LED4;
52.                     strlcpy(USART1_TxBuf,"LED4 OK£¡\n",11);
53.                     USART1_SendString(USART1_TxBuf);
54.                 }
55.             }
56.         }
57. }
```

3．关键代码分析

(1) USART1_Config()函数主要完成USART串口时钟使能、串口对应GPIO端口时钟使能和模式配置、串口初始化和串口使能、中断初始化和中断使能等。

(2) USART1串口中断服务函数USART1_IRQHandler()主要用于串口接收和发送数据。

(3) USART1_SendByte()函数是发送一个字符，USART1_SendString()函数是发送一个字符串。

(4) 在主程序main.c中，使用STM32F4的USART1串口，波特率为115 200 b/s，通过4个按键控制对应的4个LED亮和灭，同时通过串口会输出“LEDx　OK！”，其中x的取值为1、2、3和4。

4．程序编译及调试

(1) 编译无误后，点击MDK5工具栏上的图标【LOAD】，将程序下载到芯片中。

(2) 观察USART1串口发送与接收数据以及按键控制LED亮和灭，是否符合任务要求。若不符合任务要求，需修改代码直到符合任务要求为止。

四、任务拓展

在USART1串口发送与接收数据过程中，用一个闪烁的LED来指示USART1串口正在工作。

4.6 STM32F4 串口通信 DMA 的应用

4-4 STM32F4 串口通信的 DMA 应用

4.6.1 STM32F4 的 DMA 结构与工作过程

直接存储器访问(DMA)用于在外设与存储器之间以及存储器与存储器之间提供高速数据传输，可以在无需任何 CPU 操作的情况下通过 DMA 快速移动数据。这样节省的 CPU 资源可供其他操作使用。

1. STM32F4 的 DMA 结构

DMA 控制器基于复杂的总线矩阵架构，将功能强大的双 AHB 主总线架构与独立的 FIFO 结合在一起，优化了系统带宽。

两个 DMA 控制器总共有 16 个数据流(每个控制器 8 个)，每一个 DMA 控制器都用于管理一个或多个外设的存储器访问请求。每个数据流总共可以有多达 8 个通道(或称请求)。每个通道都有一个仲裁器，用于处理 DMA 请求间的优先级。STM32F4 的 DMA 控制器内部结构框图如图 4-7 所示。

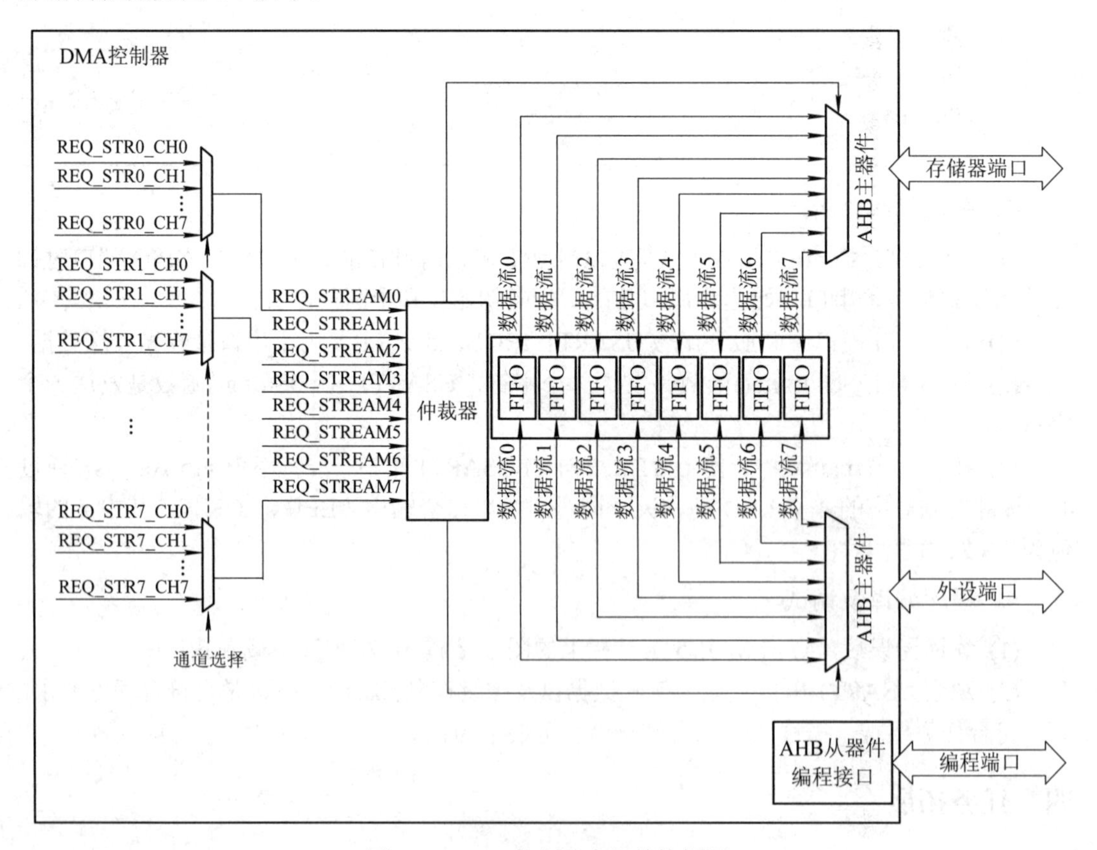

图 4-7 DMA 控制器内部结构框图

2. STM32F4 的 DMA 工作过程

DMA 控制器是执行直接存储器传输，由于采用 AHB 主总线，DMA 控制器可以控制 AHB 总线矩阵来启动 AHB 事务。

DMA 控制器可以执行外设到存储器的传输、存储器到外设的传输以及存储器到存储器的传输等事务。DMA 控制器实现功能如图 4-8 所示。

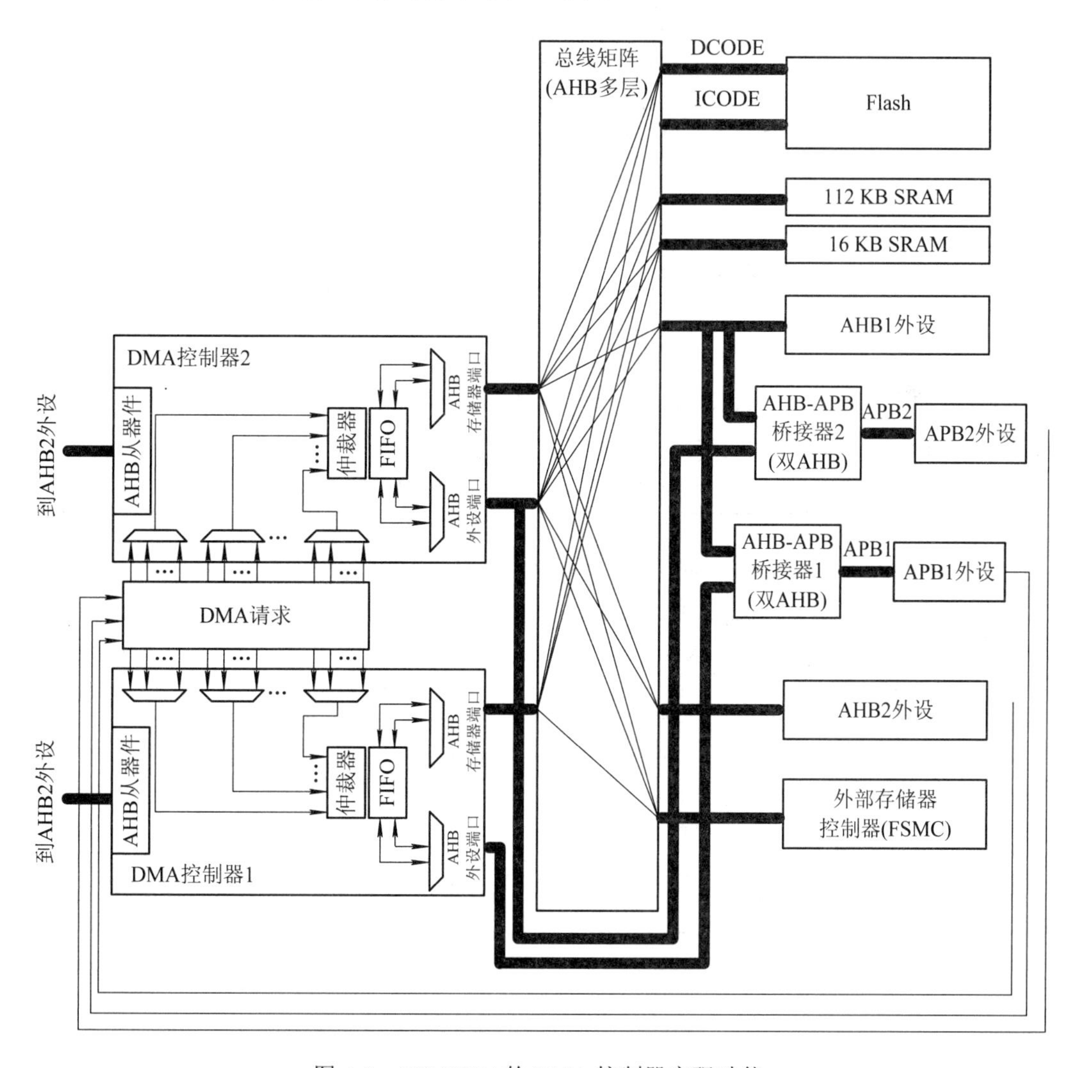

图 4-8　STM32F4 的 DMA 控制器实现功能

DMA 控制器提供两个 AHB 主端口：AHB 存储器端口(用于连接存储器)和 AHB 外设端口(用于连接外设)。但是，要执行存储器到存储器的传输，AHB 外设端口必须也能访问存储器。

AHB 从端口用于对 DMA 控制器进行编程(它仅支持 32 位访问)。

4.6.2　STM32F4 的 DMA 请求通道选择

每个数据流都与一个 DMA 请求相关联，DMA 请求可以从 8 个可能的通道请求中选出，通过对 DMA_SxCR 寄存器中的 CHSEL[2:0]位编程进行选择控制，如图 4-9 所示。

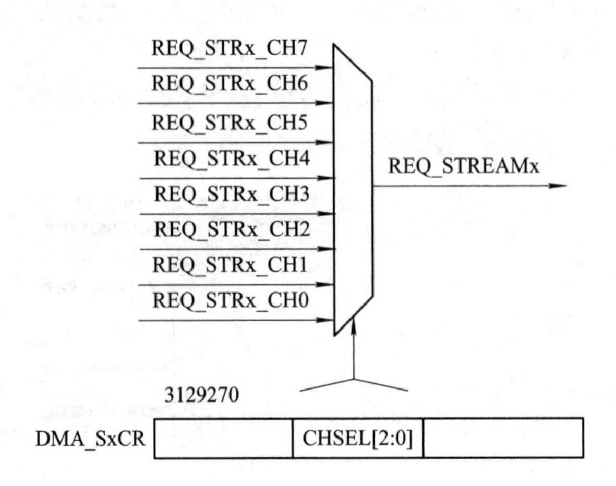

图 4-9　通道选择

在图 4-9 中，来自外设的 8 个请求独立连接到每个通道，对于 STM32F4 系列芯片，其 DMA1、DMA2 的连接方式如表 4-1 和表 4-2 所示。

表 4-1　DMA1 请求映射

外设请求	数据流 0	数据流 1	数据流 2	数据流 3	数据流 4	数据流 5	数据流 6	数据流 7
通道 0	SPI3_RX		SPI3_RX	SPI2_RX	SPI2_TX	SPI3_TX		SPI3_TX
通道 1	I2C1_RX		TIM7_UP		TIM7_UP	I2C1_RX	I2C1_TX	I2C1_TX
通道 2	TIM4_CH1		I2S3_EXT_RX	TIM4_CH2	I2S2_EXT_TX	I2S3_EXT_TX	TIM4_UP	TIM4_CH3
通道 3	I2S3_EXT_RX	TIM2_UP TIM2_CH3	I2C3_RX	I2S2_EXT_RX	I2S3_TX	TIM2_CH1	TIM2_CH2 TIM2_CH4	TIM2_UP TIM2_CH4
通道 4	UART5_RX	USART4_RX	UATR4_RX	USART3_TX	UART4_TX	USART2_RX	USART2_TX	UART5_TX
通道 5	UART8_TX*	UART7_TX*	TIM3_CH4 TIM3_UP	UART7_RX*	TIM3_CH1 TIM3_TRIG	TIM3_CH2	UART8_RX*	TIM3_CHB
通道 6	TIME5_CH3 TIM5_UP	TIM5_CH4 TIM5_TRIG	TIM5_CH1	TIM5_CH4 TIM5_TRIG	TIM5_CH2		TIM5-UP	
通道 7		TIM6_UP	I2C2_RX	I2C2_RX	USART3_TX	DAC1	DAC2	I2C2_TX

*注：这些请求仅在 STM32F42xx 和 STM32F43xx 上可用。

表 4-2　DMA2 请求映射

外设请求	数据流 0	数据流 1	数据流 2	数据流 3	数据流 4	数据流 5	数据流 6	数据流 7
通道 0	ADC1		TIM8_CH1 TIM8_CH2 TIM8_CH3		ADC1		TIM1_CH1 TIM1_CH2 TIM1_CH3	
通道 1		DCM1	ADC2	ADC2		SPI6_TX*	SPI6_RX*	DCMI
通道 2	ADC3	ADC3		SPI5_RX*	SPI5_TX*	CRYP_OUT	CRYP_IN	HASH_IN
通道 3	SPI1_RX		SPI1_RX	SPI1_TX		SPI1_TX		
通道 4	SPI4_RX*	SPI4_TX*	USART1_RX	SDIO		USART1_RX	SDIO	USART1_TX
通道 5		USART6_RX	USART6_RX	SPI4_RX*	SPI4_TX*		USART6_TX	USART6_TX
通道 6	TIM1_TRIG	TIM1_CH1	TIM1_CH2	TIM1_CH1	TIM1_CH4 TIM1_TRIG TIM1_COM	TIM1_UP	TIM1_CH3	
通道 7		TIM8_UP	TIM8_CH1	TIM8_CH2	TIM8_CH3	SPI5_RX*	SPI5_TX*	TIM8_CH4 TIM8_TRIG TIM8_COM

*注：这些请求仅在 STM32F42xx 和 STM32F43xx 上可用。

4.7　STM32F4 的 DMA 库函数分析

对 STM32F4 的 DMA 库函数分析，只涉及串口通信使用到的 DMA 库函数，其他的 DMA 库函数就不作介绍了。

1. DMA_Init 函数

DMA_Init()函数是按照 DMA_InitStruct 结构体中指定的参数初始化某个数据流进行初始化的。DMA_Init()函数原型如下：

```
void DMA_Init ( DMA_Stream_TypeDef *   DMAy_Streamx,
                DMA_InitTypeDef *   DMA_InitStruct )
```

参数说明如下：

(1) DMAy_Streamx 是 DMA 数据流的编号，取值 DMA1_Stream0～DMA1_Stream7、DMA2_Stream0～DMA2_Stream7。

(2) DMA_InitStruct 是 DMA_InitTypeDef 类型的结构体指针。

```
1.    typedef struct
2.    {
```

```
3.    uint32_t  DMA_Channel;                 //DMA 数据流对应的通道
4.    uint32_t  DMA_PeripheralBaseAddr;      //DMA 传输的外设基地址
5.    uint32_t  DMA_Memory0BaseAddr;         //内存基地址
6.    uint32_t  DMA_DIR;                     //数据传输方向
7.    uint32_t  DMA_BufferSize;              //一次传输数据量的大小
8.    uint32_t  DMA_PeripheralInc;           //传输数据时外设地址是否递增
9.    uint32_t  DMA_MemoryInc;               //传输时内存地址是否递增
10.   uint32_t  DMA_PeripheralDataSize;      //外设数据长度是字节、半字、字
11.   uint32_t  DMA_MemoryDataSize;          //内存数据长度是字节、半字、字
12.   uint32_t  DMA_Mode;                    //DMA 模式是否循环采集
13.   uint32_t  DMA_Priority;                //DMA 通过到的优先级
14.   uint32_t  DMA_FIFOMode;                //是否开启 FIFO 模式
15.   uint32_t  DMA_FIFOThreshold;           //FIFO 阈值
16.   uint32_t  DMA_MemoryBurst;             //存储器突发传输配置
17.   uint32_t  DMA_PeripheralBurst;         //外设突发传输配置
18. }DMA_InitTypeDef;
```

---

2. DMA_Cmd 函数

DMA_Cmd()函数是启动(使能)或停止(失能)指定的 DMA 数据流。DMA_Cmd()函数原型如下：

```
void  DMA_Cmd ( DMA_Stream_TypeDef *  DMAy_Streamx, FunctionalState  NewState)
```

其中，DMAy_Streamx 是指定的 DMA 数据流编号，NewState 是 DMA 数据流的状态(ENABLE 或 DISABLE)。

3. DMA_GetCmdStatus 函数

DMA_GetCmdStatus()函数是返回指定 DMA 数据流的状态。在初始化 DMA 前，应判断某个 DMA 数据流是否为 DISABLE 状态，使能 DMA 之后，也需要判断是否成功状态(ENABLE)。DMA_GetCmdStatus()函数原型如下：

```
FunctionalState  DMA_GetCmdStatus ( DMA_Stream_TypeDef *  DMAy_Streamx )
```

DMA_GetCmdStatus()函数的返回值，是返回指定 DMA 数据流的状态(ENABLE 或 DISABLE)。

4. DMA_GetFlagStatus 函数

DMA_GetFlagStatus()函数是查询 DMA 传输通道的状态。DMA_GetFlagStatus()函数原型如下：

```
FlagStatus DMA_GetFlagStatus(DMA_Stream_TypeDef * DMAy_Streamx,uint32_t DMA_FLAG )
```

DMA_GetFlagStatus()函数的返回值，是指定 DMA_FLAG 的新状态(SET 或 RESET)。其中 DMA_FLAG 是需要查询的标志，其标志有如下几种：

(1) 传输结束标志 DMA_FLAG_TCIFx；

(2) 一半传输完成标志 DMA_FLAG_HTIFx；
(3) 传输错误标志 DMA_FLAG_TEIFx；
(4) 直接模式错误标志 DMA_FLAG_DMEIFx；
(5) FIFO 错误标志 DMA_FLAG_FEIFx。

5. DMA_GetCurrDataCounter 函数

DMA_GetCurrDataCounter()函数是获取数据流中剩余的传输数据量，该函数的返回值是数据的个数。DMA_GetCurrDataCounter()函数原型如下：

```
uint16_t DMA_GetCurrDataCounter ( DMA_Stream_TypeDef *    DMAy_Streamx )
```

6. DMA_SetCurrDataCounte 函数

DMA_SetCurrDataCounte()函数是设置需要传输的数据量，其原型如下：

```
void DMA_SetCurrDataCounter (DMA_Stream_TypeDef *    DMAy_Streamx, uint16_t Counter )
```

其中，Counter 是需传输的数据数量(0～65 535)，其个数与外设数据格式有关。

4.8 STM32F4 的 DMA 开发步骤

本节主要围绕 STM32F4 的 DMA 如何在 STM32F4 串口通信中使用。基于 DMA 的 STM32F4 串口通信开发步骤如下：

(1) 使能 DMA 时钟，并等待数据流可配置；
(2) 初始化数据流，包括配置通道、外设地址、存储器地址、传输数据量等；
(3) 使能串口的 DMA 发送或接收；
(4) 使能数据流，启动传输；
(5) 检查 DMA 传输状态。

任务 5 DMA 数据传输

4-5 DMA 数据传输

一、任务描述

采用智能小车 STM32F4 核心板的 USART1 串口和 DMA 进行数据传输。任务要求如下：

按下按键 KEY1，启动 DMA 数据传输，LED 持续闪烁，串口会输出数据；DAM 传输完成后，LED 停止闪烁，数据可通过串口助手查看，波特率为 115 200 b/s。

二、任务分析

1. 硬件电路分析

智能小车 STM32F4 核心板的 USART1 串口电路、按键电路和 LED 电路在任务 4 中已经介绍了，这部分电路分析省略。

2. 软件设计

(1) 新建一个 DMA 工程，或者在上一个工程中进行修改。

(2) 按照 STM32F4 的 GPIO 的开发步骤，初始化使用到的 GPIO 引脚。

(3) 初始化 USART 串口 1 和 DMA，并使能 USART1 和 DMA。

(4) 在主文件中，通过按键控制串口、DMA 数据传输以及 LED 闪烁。

三、任务实施

1. 硬件连接

给智能小车 STM32F4 核心板上电，下载器连接核心板和电脑 USB 接口。

2. 程序编写

新建一个工程，编写 DMA 数据传输程序。

(1) 编写 MYDMA_Config 函数。

```
1.   void  MYDMA_Config(DMA_Stream_TypeDef  *DMA_Streamx, u32  chx,
2.                      u32  par, u32  mar, u16  ndtr)
3.   {
4.     DMA_InitTypeDef  DMA_InitStructure;
5.     if((u32)DMA_Streamx>(u32)DMA2) //得到当前 stream 是属于 DMA2 还是 DMA1
6.     {
7.       RCC_AHB1PeriphClockCmd(RCC_AHB1Periph_DMA2,ENABLE);//DMA2 时钟使能
8.     }
9.     else
10.    {
11.      RCC_AHB1PeriphClockCmd(RCC_AHB1Periph_DMA1,ENABLE); //DMA1 时钟使能
12.    }
13.    DMA_DeInit(DMA_Streamx);
14.    while (DMA_GetCmdStatus(DMA_Streamx) != DISABLE);       //等待 DMA 可配置
15.    /*配置 DMA Stream */
16.    DMA_InitStructure.DMA_Channel = chx;                    //通道选择
17.    DMA_InitStructure.DMA_PeripheralBaseAddr = par;         //DMA 外设地址
18.    DMA_InitStucture.DMA_MemoryBaseAddr=mar;                //DMA 存储器 0 地址
19.    DMA_InitStructure.DMA_DIR = DMA_DIR_MemoryToPeripheral; //存储器到外设模式
20.    DMA_InitStructure.DMA_BufferSize = ndtr;                //数据传输量
21.    //外设非增量模式
22.    DMA_InitStructure.DMA_PeripheralInc = DMA_PeripheralInc_Disable;
23.    DMA_InitStructure.DMA_MemoryInc = DMA_MemoryInc_Enable; //存储器增量模式
24.    //外设数据长度：8 位
25.    DMA_InitStructure.DMA_PeripheralDataSize = DMA_PeripheralDataSize_Byte;
```

```
26.    //存储器数据长度：8位
27.    DMA_InitStructure.DMA_MemoryDataSize = DMA_MemoryDataSize_Byte;
28.    DMA_InitStructure.DMA_Mode = DMA_Mode_Normal;            //使用普通模式
29.    DMA_InitStructure.DMA_Priority = DMA_Priority_Medium;    //中等优先级
30.    DMA_InitStructure.DMA_FIFOMode = DMA_FIFOMode_Disable;
31.    DMA_InitStructure.DMA_FIFOThreshold = DMA_FIFOThreshold_Full;
32.    //存储器突发单次传输
33.    DMA_InitStructure.DMA_MemoryBurst = DMA_MemoryBurst_Single;
34.    //外设突发单次传输
35.    DMA_InitStructure.DMA_PeripheralBurst = DMA_PeripheralBurst_Single;
36.    DMA_Init(DMA_Streamx, &DMA_InitStructure);               //初始化 DMA Stream
37.    //DMA_Cmd(DMA_Streamx,ENABLE);                           //开启 DMA 传输
38. }
```

函数中参数：chx 是 DMA 通道选择，可以从 DMA_Channel_0～DMA_Channel_7；par 是外设地址；mar 是存储器地址；ndtr 是数据传输量。

(2) 编写 MYDMA_Enable 函数。

```
1.  void MYDMA_Enable(DMA_Stream_TypeDef *DMA_Streamx,u16 ndtr)
2.  {
3.      DMA_Cmd(DMA_Streamx, DISABLE);                           //关闭 DMA 传输
4.      while (DMA_GetCmdStatus(DMA_Streamx) != DISABLE);        //确保 DMA 可以被设置
5.      DMA_SetCurrDataCounter(DMA_Streamx,ndtr);                //数据传输量
6.      DMA_Cmd(DMA_Streamx, ENABLE);                            //开启 DMA 传输
7.  }
```

(3) 添加支持 printf 函数代码。

```
1.  #if 1
2.  #pragma import(__use_no_semihosting)
3.  //标准库需要的支持函数
4.  struct __FILE
5.  {
6.      int handle;
7.  };
8.  FILE __stdout;
9.  void _sys_exit(int x)                    //定义_sys_exit()以避免使用半主机模式
10. {
11.     x = x;
```

```
12. }
13. int fputc(int ch, FILE *f)                    //函数默认的，在使用 printf 函数时自动调用
14. {
15.     USART_SendData(USART1,(u8)ch);    //发送一个字符
16.     //等待发送完成
17.     while(USART_GetFlagStatus(USART1,USART_FLAG_TXE)==RESET);
18.     return ch;
19. }
20. #endif
```

(4) 编写主程序 main.c。

```
1.  #include "stm32f4xx.h"
2.  #include "delay.h"
3.  #include "led.h"
4.  #include "key.h"
5.  #include "usart1.h"
6.  #include "string.h"
7.  #include "dma.h"
8.  //发送数据长度，最好等于 sizeof(TEXT_TO_SEND)的整数倍
9.  #define SEND_BUF_SIZE 8205
10. char USART1_TxBuf[200];
11. uint8_t SendBuff[SEND_BUF_SIZE];                 //发送数据缓冲区
12. const u8 TEXT_TO_SEND[]= {"DMA 数据传输"};
13. int main(void)
14. {
15.   uint16_t i;
16.   uint8_t t=0;
17.   uint8_t j,mask=0;
18.   delay_Init();
19.   LED_Configure();
20.   KEY_Configure();
21.   USART1_Configure(115200);
22.   //DMA2,STEAM7,CH4，外设为串口 1，存储器为 SendBuff，长度为 SEND_BUF_SIZE
23.   MYDMA_Config(DMA2_Stream7,DMA_Channel_4,(u32)&USART1->DR,
24.   (u32)SendBuff,SEND_BUF_SIZE);
25.   j=sizeof(TEXT_TO_SEND);
26.   for(i=0; i<SEND_BUF_SIZE; i++)                 //填充 ASCII 字符集数据
27.   {
```

```
28.        if(t>=j)                                     //加入换行符
29.         {
30.            if(mask)
31.             {   SendBuff[i]=0x0a;
32.                 t=0;
33.             }
34.             else
35.             {   SendBuff[i]=0x0d;
36.                 mask++;
37.             }
38.         }
39.         else                                   //复制 TEXT_TO_SEND 语句
40.         {   mask=0;
41.             SendBuff[i]=TEXT_TO_SEND[t];
42.             t++;
43.           }
44.     }
45.     while(1)
46.     {   if(KEY1==0)
47.         {   Delay_ms(20);
48.             while(KEY1==0);
49.             {   printf("\r\n 开始传输\r\n");
50.                 //使能串口 1 的 DMA 发送
51.                 USART_DMACmd(USART1,USART_DMAReq_Tx,ENABLE);
52.                 //开始一次 DMA 传输！
53.                 MYDMA_Enable(DMA2_Stream7,SEND_BUF_SIZE);
54.                 //在等待 DMA 传输完成期间，对 LED 状态取反(即 LED 亮变为灭)
55.                 //实际应用中，传输数据期间，可以执行另外的任务
56.                 while(DMA_GetFlagStatus(DMA2_Stream7,DMA_FLAG_TCIF7)==RESET)
57.                 {       Delay_ms(50);
58.                         LED1=!LED1;
59.                 }
60.                 LED1=0;
61.                 //清除 DMA2_Steam7 传输完成标志
62.                 DMA_ClearFlag(DMA2_Stream7,DMA_FLAG_TCIF7);
63.                 printf("\r\n 传输完成\r\n");
64.             }
65.         }
66.   }
```

```
67.  }
```

3．关键代码分析

(1) MYDMA_Config()函数是对 DMA 进行配置的，主要包括 DMA 时钟使能、配置 DMA 数据流等。

(2) MYDMA_Enable()函数是开启一次 DMA 传输的。

(3) 在 usart.c 文件中，添加支持 printf 函数的代码(也就是 printf()函数的重定向代码)，就可以通过 printf 函数向串口发送我们需要的数据。

(4) 在主程序 main.c 中，按下按键 KEY1，启动 DMA 数据传输，LED 持续闪烁，串口会输出数据；DAM 传输完成后，LED 停止闪烁，数据可通过串口助手查看，波特率为 115 200 b/s。

4．程序编译及调试

(1) 编译无误后，点击 MDK5 工具栏上的图标【LOAD】，将程序下载到芯片中。

(2) 上电运行，按下 KEY1 后，启动 DMA 数据传输，观察 LED 会不会持续闪烁，同时还要通过串口助手观察串口能不能输出数据；DAM 传输完成后，LED 是否停止闪烁。若不符合任务要求，需修改代码直到符合任务要求为止。

四、任务拓展

使用按键 KEY1 来完成 DMA1 数据传输，使用按键 KEY2 来完成 DMA2 数据传输。

思考与练习

4.1 UART 模式异步通信的位序列是由哪四个部分组成？

4.2 在嵌入式应用中，为什么要 printf()函数重定向？

4.3 STM32F4 的串口通信开发有哪几个步骤？

4.4 DMA_FLAG 参数需要查询哪些标志？

4.5 基于 DMA 的 STM32F4 串口通信开发有哪几个步骤？

第5章 STM32F4的定时器与PWM

本章主要介绍 STM32F4 定时器和 PWM 的工作原理、STM32F4 标准库中通用定时器和 PWM 相关库函数使用方法，最后通过案例的方式讲解通用定时器和 PWM 应用开发步骤。通过学习，读者可以了解 STM32F4 定时器分类和应用，熟悉通用定时器组成、功能、计数模式以及 STM32F4 的 PWM 工作原理，掌握通用定时器和 PWM 编程的相关库函数以及程序设计的方法。

5.1 STM32F4的定时器

5-1 STM32F4 的定时器

STM32F4 共有 14 个定时器，功能十分强大。其中，TIM1 和TIM8 为2个32位的高级定时器，TIM2～TIM5、TIM9～TIM14 为 10 个 16 位的通用定时器，TIM6 和 TIM7 为 2 个基本定时器。

1. 基本定时器

基本定时器有很多用途，包括测量输入信号的脉冲宽度(输入捕获)或生成输出波形(输出比较和 PWM)。另外，基本定时器不仅可用做通用定时器以生成时基，还可以专门用于驱动数/模转换器(DAC)。

2. 通用定时器

通用定时器可用于测量输入信号的脉冲长度(输入捕获)或者产生输出波形(输出比较和 PWM)等多种场合。

3. 高级定时器

高级定时器用途广泛，包括测量输入信号的脉冲宽度(输入捕获)，生成输出波形(输出比较、PWM 和带死区插入的互补 PWM)等。

在实际应用中，可通过选用不同的定时器来实现相应功能，比如要开发一个直流无刷电机控制器，就可以选用高级定时器，利用其可以产生带死区插入的互补 PWM 的功能实现三相桥的控制。

5.2 STM32F4 的定时器工作原理

在本节将以通用定时器为例介绍 STM32F4 的工作原理。STM32F4 的通用定时器包含一个 16 位或 32 位自动重载计数器，该计数器可由可编程预分频器驱动。STM32F4 的每个通用定时器是完全独立的，没有相互共享的任何资源。

5.2.1 通用定时器功能

STM32F4 的通用定时器主要有以下功能：

(1) 16 位(TIM3 和 TIM4)或 32 位(TIM2 和 TIM5)向上、向下和向上/向下自动重载计数器。其中 TIM9～TIM14 只支持向上计数方式。

(2) 16 位可编程预分频器，用于对计数器时钟频率进行分频(即运行时修改)，分频系数介于 1 到 65 536 之间。

(3) 多达 4 个独立通道(既可以输入也可以输出，主要结构是输入/比较寄存器)，可用于输入捕获、输出比较、PWM 生成(边沿或中心对齐模式，其中 TIM9～TIM14 不支持中间对齐模式)以及单脉冲模式输出。

(4) 使用外部信号控制定时器且可实现多个定时器互连的同步电路。

(5) 发生更新、触发事件(计数器启动、停止、初始化或通过内部/外部触发计数)、输入捕获以及输出比较事件时，生成中断/DMA 请求(TIM9～TIM14 不支持 DMA)，其中更新事件包括计数器上溢/下溢、计数器初始化(通过软件或内部/外部触发)。

(6) 支持定位用增量(正交)编码器和霍尔传感器电路(TIM9～TIM14 不支持)。

(7) 外部时钟触发输入或逐周期电流管理(TIM9～TIM14 不支持)。

5.2.2 通用定时器组成

通用定时器主要包括计数时钟、时基单元、输入捕获与 PWM 输出四部分。这里重点介绍 STM32F4 的时基单元。

STM32F4 的时基单元包括计数器(TIMx_CNT)、预分频器(TIMx_PSC)和自动重载寄存器 (TIMx_ARR)，如图 5-1 所示。

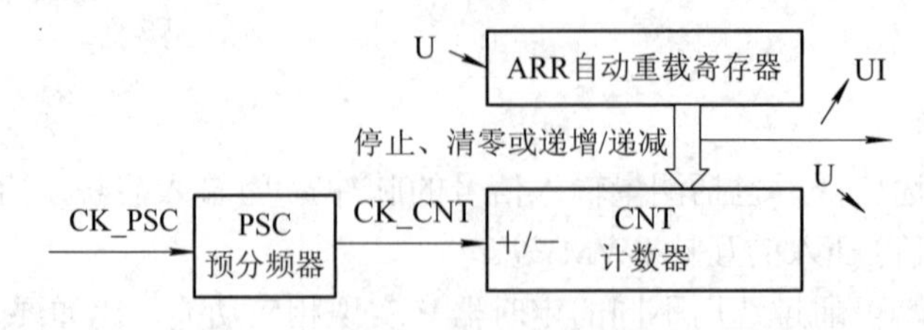

图 5-1 STM32F4 定时器的时基单元

自动重载寄存器是预装载的。对自动重载寄存器执行写入或读取操作时会访问预装载寄存器。预装载寄存器的内容既可以直接传送到影子寄存器，也可以在每次发生更新事件(UEV)时传送到影子寄存器，这取决于 TIMx_CR1 寄存器中的自动重载预装载使能位(ARPE)。

当计数器达到上溢值(或者在向下计数时达到下溢值)，并且 TIMx_CR1 寄存器中的 UDIS 位为 0 时，将发送更新事件。该更新事件也可由软件产生。

计数器由预分频器输出 CK_CNT 提供时钟，仅当 TIMx_CR1 寄存器中的计数器启动位(CEN)置 1 时，才会启动计数器。

预分频器是基于 16 位/32 位寄存器(TIMx_PSC 寄存器)所控制的 16 位计数器。由于其具有缓冲功能，因此预分频器可实现实时更改。而新的预分频比将在下一更新事件发生时被采用。

预分频器分频由 1 变为 2 的计数器时序图如图 5-2 所示，新的预分频在更新事件发生后生效。

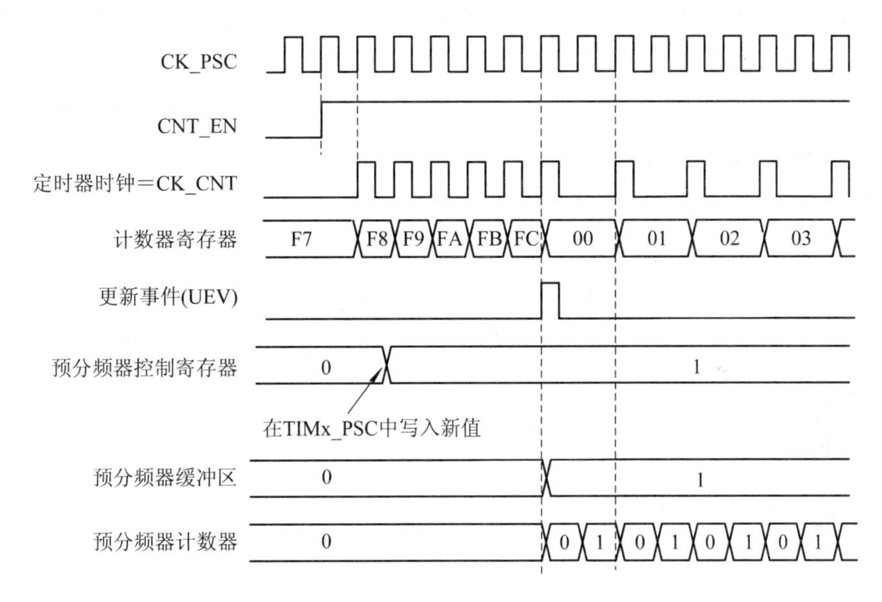

图 5-2　预分频器分频由 1 变为 2 的计数器时序图

5.2.3　通用定时器的计数模式

定时器的计数模式有向上计数模式、向下计数模式和向上/向下计数模式，所有的通用定时器均支持向上计数模式。

1. 向上计数模式

在向上计数模式下，计数器从 0 计数到自动重载值(TIMx_ARR 寄存器的内容)，然后重新从 0 开始计数并生成计数器上溢事件。每次发生计数器上溢时会生成更新事件，或将 TIMx_EGR 寄存器中的 UG 位置 1(通过软件或使用从模式控制器)也可以生成更新事件，如图 5-3 所示。

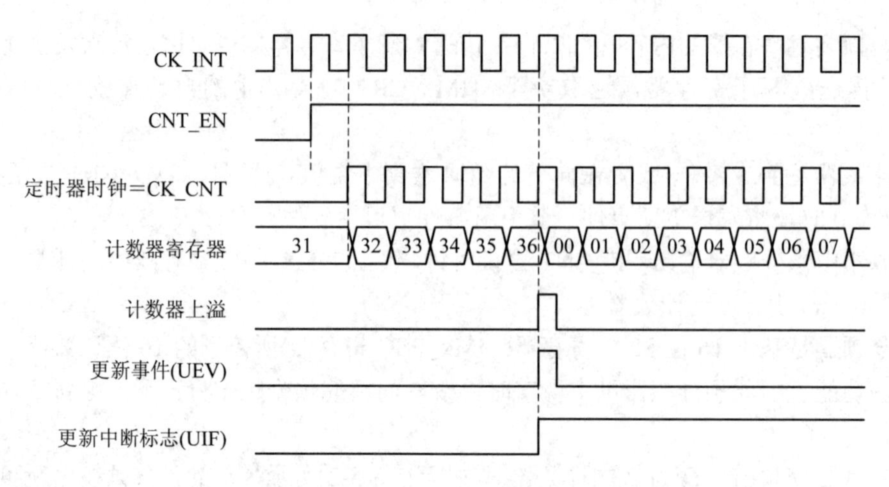

图 5-3　计数器时序图(TIMx_ARR=0x36，1 分频时钟)

从图 5-3 中可以看出向上计数模式的工作过程，当计数器上溢时，产生更新事件。

2. 向下计数模式

在向下计数模式中，计数器从自动装入的值(TIMx_ARR 计数器的值)开始向下计数到 0，然后从自动装入的值重新开始并且产生一个计数器向下溢出事件。

在此模式下，TIMx_CR1 中的 DIR 方向位为 1。

3. 向上/向下计数模式(中央对齐模式)

在向上/向下计数模式(中央对齐模式)中，计数器从 0 开始计数到自动加载的值(TIMx_ARR 寄存器) – 1，产生一个计数器上溢出事件，然后向下计数到 1 并且产生一个计数器下溢事件，接着再从 0 开始重新计数。

在此模式下，不能写入 TIMx_CR1 中的 DIR 方向位，由硬件更新并指示当前的计数方向。

此外，计数器时钟可由下列时钟源提供：

(1) 内部时钟(CK_INT)；

(2) 外部时钟模式 1：外部输入引脚(TIx)；

(3) 外部时钟模式 2：外部触发输入(ETR)，仅适用于 TIM2、TIM3 和 TIM4；

(4) 内部触发输入(ITRx)：使用一个定时器作为另一个定时器的预分频器，例如可以将定时器配置为定时器 2 的预分频器。

5.3　STM32F4 的定时器库函数分析

STM32F4 的定时器库函数定义于 stm32f4xx_tim.c 中，在这里仅对任务 6 中使用到的库函数进行介绍。

1. TIM_TimeBaseInit 函数

初始化函数 TIM_TimeBaseInit()，是初始化定时器自动重装值、分频系数、计数方式等参数。其函数原型如下：

```
void  TIM_TimeBaseInit ( TIM_TypeDef *  TIMx,
                        TIM_TimeBaseInitTypeDef*  TIM_TimeBaseInitStruct)
```

第一个参数用于确定是哪个定时器。

第二个参数是定时器初始化参数结构体指针，结构体类型为 TIM_TimeBaseInit TypeDef。

```
10.  typedef struct
11.  {
12.      uint16_t  TIM_Prescaler;             //分频系数
13.      uint16_t  TIM_CounterMode;           //计数模式
14.      uint32_t  TIM_Period;                //自动重载计数周期值
15.      uint16_t  TIM_ClockDivision;         //时钟分频因子
16.      uint8_t  TIM_RepetitionCounter;      //仅高级定时器有用
17.  } TIM_TimeBaseInitTypeDef;
```

该结构体有 5 个成员变量，要说明的是，前 4 个成员变量对通用定时器有用，最后一个成员变量 TIM_RepetitionCounter 对高级定时器才有用。

2. TIM_ITConfig 函数

定时器中断使能是通过 TIM_ITConfig()函数来实现的，即 TIM_ITConfig()函数是用来设置 TIMx_DIER 允许更新中断。其函数原型如下：

```
void  TIM_ITConfig ( TIM_TypeDef *  TIMx, uint16_t  TIM_IT,
                    FunctionalState  NewState )
```

第一个参数是选择定时器号，取值为 TIM1～TIM17。

第二个参数非常关键，是用来指明使能的定时器中断的类型。定时器中断的类型有很多种，包括更新中断 TIM_IT_Update、触发中断 TIM_IT_Trigger 以及输入捕获中断等。需要注意的是，不同的定时器支持的中断类型不同。

第三个参数是设置是否使能，NewState 是指定定时器中断的新状态，取值为 ENABLE 或 DISABLE。

3. TIM_Cmd 函数

开启定时器是通过 TIM_Cmd ()函数来实现的，即使用 TIM_Cmd ()函数设置 TIM3_CR1 的 CEN 位开启定时器。其函数原型如下：

```
void TIM_Cmd ( TIM_TypeDef *  TIMx,  FunctionalState  NewState )
```

第一个参数是确定开启哪个定时器；第二个参数是开启定时器。若开启 TIM3，则代码如下：

```
TIM_Cmd(TIM3, ENABLE);      //使能 TIM3 外设
```

4. TIM_GetITStatus 函数

TIM_GetITStatus()函数是用来读取中断状态寄存器的值，以及判断中断类型的，其函数原型如下：

```
ITStatus   TIM_GetITStatus ( TIM_TypeDef *   TIMx, uint16_t   TIM_IT)
```

该函数的作用判断定时器 TIMx 的中断类型 TIM_IT 是否发生中断。若判断 TIM3 是否发生更新(溢出)中断，则代码如下：

```
if(TIM_GetITStatus(TIM3, TIM_IT_Update) != RESET)
{
    …          清除 TIMx 更新中断标志，以及功能实现代码
}
```

5. TIM_ClearITPendingBit 函数

TIM_ClearITPendingBit()函数是用来清除中断标志位的，其函数原型如下：

```
void   TIM_ClearITPendingBit ( TIM_TypeDef *   TIMx,   uint16_t   TIM_IT )
```

该函数的作用是清除定时器 TIMx 的中断 TIM_IT 标志位。使用起来非常简单，在 TIM3 的溢出中断发生后，清除中断标志位代码如下：

```
TIM_ClearITPendingBit(TIM3, TIM_IT_Update);
```

另外，库函数还提供了 2 个函数，用来判断定时器状态以及清除定时器状态标志位的函数 TIM_GetFlagStatus()和 TIM_ClearFlag()，它们的作用和前面两个函数的作用类似。只是在 TIM_GetITStatus()函数中会先判断这种中断是否使能，使能了才去判断中断标志位，而 TIM_GetFlagStatus()直接用来判断状态标志位。

5.4 STM32F4 的定时器开发步骤

介绍了 STM32F4 的 TIMx 定时器相关库函数后，如何对 STM32F4 的 TIMx 定时器进

行开发呢？其开发步骤如下：

(1) 时钟使能。

首先要知道使用的定时器是挂载在哪一个总线下的，然后对其时钟进行使能即可。

例如，定时器 TIM2 是挂载在 APB1 总线下，可以使用 APB1 总线下的使能函数，来使能定时器 TIM2 的时钟。代码如下：

```
RCC_APB1PeriphClockCmd(RCC_APB1Periph_TIM2,ENABLE);
```

(2) 初始化定时器参数。

设置自动重装值、分频系数、计数模式等，配置好 TimeBaseInitTypeDef 结构体的相关参数，再调用 TimeBaseInit 函数即可。

(3) 配置寄存器，允许更新中断。

通过调用 TIM_ITConfig 函数来允许更新中断。例如，要使能 TIM2 的更新中断，调用 TIM_ITConfig(TIM2,TIM_IT_Update,ENABLE)即可。

(4) 中断优先级配置。

(5) 使能定时器通过调用 TIM_Cmd 函数来使能定时器。

(6) 编写中断服务函数。

中断产生后，需要通过状态寄存器来判断本次中断属于什么类型，并执行相关操作。处理完中断后，应该清除中断标志。

TIM_GetITStatus 函数用于获取状态寄存器的值；TIM_ClearITPendingBit 用于清除中断标志位。

任务 6　控制 LED 交替闪烁

5-2　控制 LED 交替闪烁

一、任务描述

采用智能小车 STM32F4 核心板的 TIM1、TIM2、TIM3 和 TIM9 定时器，它们的定时时间分别为 1 s、1 s、100 ms 和 500 ms，通过这 4 个定时器控制 LED1、LED2、LED3 和 LED4 闪烁，达到 LED1～LED4 交替闪烁的效果。

二、任务分析

1. 硬件电路分析

关于智能小车 STM32F4 核心板的 LED1、LED2、LED3 和 LED4 电路，在任务 4 已经介绍了，这部分电路分析省略。

2. 软件设计

软件设计按照以下步骤进行：

(1) 新建一个定时器工程，或者在现有的工程中进行修改；

(2) 按照 STM32F4 的 GPIO 的开发步骤，初始化 LED1、LED2、LED3 和 LED4 所接的引脚；

(3) TIM1、TIM2、TIM3 和 TIM9 定时器初始化，并使能这些定时器；

(4) 初始化 NVIC、开启中断，并编写中断服务函数，控制 LED1、LED2、LED3 和 LED4 闪烁；

(5) 在主文件中，对 STM32F4 的 TIM1、TIM2、TIM3 和 TIM9 定时器进行初始化，并设置它们的定时时间。

三、任务实施

1．硬件连接

给智能小车 STM32F4 核心板上电，下载器连接核心板和电脑 USB 接口。

2．程序编写

新建一个定时器工程，编写定时器控制 LED 闪烁程序。

(1) TIM1 初始化函数 TIM1_Configure()。

```
1.  void TIM1_Configure(uint32_t arr,uint16_t psc)
2.  {
3.      TIM_TimeBaseInitTypeDef    TIM_TimeBaseStructure;
4.      NVIC_InitTypeDef    NVIC_InitStructure;
5.      RCC_APB2PeriphClockCmd(RCC_APB2Periph_TIM1,ENABLE);    //使能 TIM1 时钟
6.      TIM_TimeBaseStructure.TIM_Period = arr;                //设置定时器初值
7.      TIM_TimeBaseStructure.TIM_Prescaler = psc;             //设置预分配系数
8.      TIM_TimeBaseStructure.TIM_CounterMode = TIM_CounterMode_Up;    //向上计数
9.      TIM_TimeBaseStructure.TIM_ClockDivision = TIM_CKD_DIV1;    //设置时钟分频因子
10.     TIM_TimeBaseStructure.TIM_RepetitionCounter = 0;       //重复计数次数
11.     TIM_TimeBaseInit(TIM1,&TIM_TimeBaseStructure);         //初始化 TIM1
12.     //选择中断向量  TIM1_UP_TIM10_IRQn
13.     NVIC_InitStructure.NVIC_IRQChannel = TIM1_UP_TIM10_IRQn;
14.     NVIC_InitStructure.NVIC_IRQChannelPreemptionPriority = 0;    //设置抢占优先级
15.     NVIC_InitStructure.NVIC_IRQChannelSubPriority = 6;     //设置响应优先级
16.     NVIC_InitStructure.NVIC_IRQChannelCmd = ENABLE;        //使能中断向量
17.     NVIC_Init(&NVIC_InitStructure);                        //初始化 NVIC 寄存器
18.     TIM_ITConfig(TIM1,TIM_IT_Update,ENABLE);               //TIM1 中断使能
19.     TIM_Cmd(TIM1,ENABLE);                                  //TIM1 使能
20. }
```

(2) TIM2 初始化函数 TIM2_Configure()。

```
1.  void TIM2_Configure(uint32_t arr,uint16_t psc)
2.  {
```

```
3.          …
4.          RCC_APB1PeriphClockCmd(RCC_APB1Periph_TIM2,ENABLE);   //使能 TIM2 时钟
5.          …
6.          TIM_TimeBaseInit(TIM2,&TIM_TimeBaseStructure);         //初始化 TIM2
7.          //选择中断向量 TIM2_IRQn
8.          NVIC_InitStructure.NVIC_IRQChannel = TIM2_IRQn;
9.          NVIC_InitStructure.NVIC_IRQChannelPreemptionPriority = 0;   //设置抢占优先级
10.         NVIC_InitStructure.NVIC_IRQChannelSubPriority =5;      //设置响应优先级
11.         …
12.         TIM_ITConfig(TIM2,TIM_IT_Update,ENABLE);               //TIM2 中断使能
13.         TIM_Cmd(TIM2,ENABLE);                                  //TIM2 使能
14.     }
```

(3) TIM3 初始化函数 TIM3_Configure()。

```
1.      void TIM3_Configure(uint32_t arr,uint16_t psc)
2.      {
3.          …
4.          RCC_APB1PeriphClockCmd(RCC_APB1Periph_TIM3,ENABLE);   //使能 TIM3 时钟
5.          …
6.          TIM_TimeBaseInit(TIM3,&TIM_TimeBaseStructure);         //初始化 TIM3
7.          //选择中断向量 TIM3_IRQn
8.          NVIC_InitStructure.NVIC_IRQChannel = TIM3_IRQn;
9.          NVIC_InitStructure.NVIC_IRQChannelPreemptionPriority = 0;   //设置抢占优先级
10.         NVIC_InitStructure.NVIC_IRQChannelSubPriority =4;      //设置响应优先级
11.         ……
12.         TIM_ITConfig(TIM3,TIM_IT_Update,ENABLE);               //TIM3 中断使能
13.         TIM_Cmd(TIM3,ENABLE);                                  //TIM3 使能
14.     }
```

(4) TIM9 初始化函数 TIM9_Configure()。

```
1.      void TIM9_Configure(uint32_t arr,uint16_t psc)
2.      {
3.          …
4.          RCC_APB2PeriphClockCmd(RCC_APB2Periph_TIM9,ENABLE);   //使能 TIM9 时钟
5.          …
6.          TIM_TimeBaseInit(TIM9,&TIM_TimeBaseStructure);         //初始化 TIM9
7.          //选择中断向量 TIM1_BRK_TIM9_IRQn
```

```
8.         NVIC_InitStructure.NVIC_IRQChannel = TIM1_BRK_TIM9_IRQn;
9.         NVIC_InitStructure.NVIC_IRQChannelPreemptionPriority = 0;      //设置抢占优先级
10.        NVIC_InitStructure.NVIC_IRQChannelSubPriority =3;              //设置响应优先级
11.        …
12.        TIM_ITConfig(TIM9,TIM_IT_Update,ENABLE);                      //TIM9 中断使能
13.        TIM_Cmd(TIM9,ENABLE);                                          //TIM9 使能
14.    }
```

说明：TIM1、TIM2、TIM3 和 TIM9 定时器抢占优先级都为 0、响应优先级分别为 6/5/4/3；TIM1 和 TIM9 定时器是挂载在 APB2 总线下的，TIM2 和 TIM3 定时器是挂载在 APB1 总线下的。

(5) TIM1 的中断服务函数 TIM1_UP_TIM10_IRQHandler()。

```
1.  void TIM1_UP_TIM10_IRQHandler(void)
2.  {
3.      if(TIM_GetITStatus(TIM1,TIM_IT_Update) == SET)
4.      {
5.          LED1 = !LED1;
6.          TIM_ClearITPendingBit(TIM1,TIM_IT_Update);
7.      }
8.  }
```

(6) TIM2 的中断服务函数 TIM2_IRQHandler()。

```
1.  void TIM2_IRQHandler(void)
2.  {
3.      if(TIM_GetITStatus(TIM2,TIM_IT_Update) == SET)
4.      {
5.          LED2 = !LED2;
6.          TIM_ClearITPendingBit(TIM2,TIM_IT_Update);
7.      }
8.  }
```

(7) TIM3 的中断服务函数 TIM3_IRQHandler()。

```
1.  void TIM3_IRQHandler(void)
2.  {
3.      if(TIM_GetITStatus(TIM3,TIM_IT_Update) == SET)
4.      {
```

```
5.            LED3 = !LED3;
6.            TIM_ClearITPendingBit(TIM3,TIM_IT_Update);
7.        }
8.    }
```

(8) TIM9 的中断服务函数 TIM1_BRK_TIM9_IRQHandler()。

```
1.    void TIM1_BRK_TIM9_IRQHandler(void)
2.    {
3.        if(TIM_GetITStatus(TIM9,TIM_IT_Update) == SET)
4.        {
5.            LED4 = !LED4;
6.            TIM_ClearITPendingBit(TIM9,TIM_IT_Update);
7.        }
8.    }
```

(9) 主文件 main.c。

```
1.    #include "stm32f4xx.h"
2.    #include "delay.h"
3.    #include "led.h"
4.    #include "tim1.h"
5.    #include "tim2.h"
6.    #include "tim3.h"
7.    #include "tim9.h"
8.    int main(void)
9.    {
10.       delay_Init();
11.       LED_Configure();
12.       TIM1_Configure(100000-1,1680-1);          //定时 1 s
13.       TIM2_Configure(10000-1,8400-1);           //定时 1 s
14.       TIM3_Configure(10000-1,840-1);            //定时 100 ms
15.       TIM9_Configure(5000-1,8400-1);            //定时 500 ms
16.       while(1);
17.   }
```

3. 关键代码分析

(1) TIMx_Configure()函数是对定时器进行初始化的，其中 TIM2、TIM3 和 TIM9 定时

器初始化与 TIM1 定时器的初始化基本一样，它们的初始化代码只给出不相同的部分代码。

(2) STM32F4 的 TIM1、TIM2、TIM3 和 TIM9 定时器的中断都开放，在这 4 个定时器的中断服务程序中，分别控制 LED1、LED2、LED3 和 LED4 闪烁，实现 LED1～LED4 交替闪烁效果。

(3) 在主文件 main.c 中，主要是对 STM32F4 的 TIM1、TIM2、TIM3 和 TIM9 定时器进行初始化，并设置它们的定时时间分别为 1 s、1 s、100 ms 和 500 ms。

4．程序编译及调试

(1) 编译无误后，点击 MDK5 工具栏上的图标，将程序下载到芯片中。

(2) 上电运行，观察 LED1、LED2、LED3 和 LED4 是否交替闪烁。若不符合任务要求，需修改代码直到符合任务要求为止。

四、任务拓展

在本任务的基础上，使用 STM32F4 的 TIM1 定时器，实现 1 分钟的定时。在定时时间未到期间，LED1 进行闪烁，闪烁间隔时间是 1 s；定时时间到，蜂鸣器响、LED 停止闪烁。

5.5 STM32F4 的 PWM 应用

PWM 即脉冲宽度调制(Pulse Width Modulation)，是一种通过改变脉冲宽度(即占空比)来控制被控对象的控制技术。PWM 的应用十分广泛，尤其是在工业控制及数字电源领域。

在 STM32F4 的定时器中，除 TIM6 和 TIM7 定时器外，其他定时器均能产生 PWM 输出，其中高级控制定时器还能产生带死区插入的互补 PWM，使得对于 H 桥的控制变得非常简单。在这里，仅对普通 PWM 输出进行介绍，如果需要产生互补 PWM，可查阅官方参考手册。

当 STM32F4 定时器工作于 PWM 模式时，定时器便能产生相应的 PWM 信号，其工作原理如图 5-4 所示。

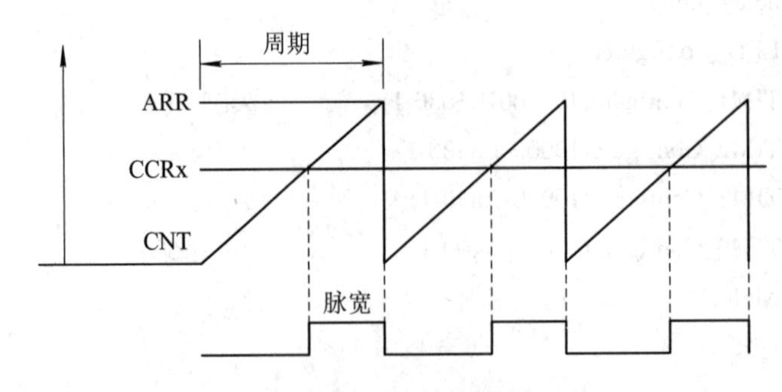

图 5-4　PWM 波生成原理

图 5-4 是定时器工作于向上计数模式，其工作过程如下：

(1) 当 CNT<CCRx 时，输出为低电平。

(2) 当 CNT≥CCRx 时，输出为高电平。直到 CNT 的值达到 ARR，则重新归零，开始新的循环。

由此可见，通过改变 ARR 的值，可以改变周期(PWM 波的频率)，改变 CCRx 的值可以改变脉宽(占空比)。

5.6 STM32F4 的 PWM 库函数分析

在这里主要介绍如何设置 STM32F4 的 PWM 通道及如何修改 PWM 的占空比。

1. TIM_OC1Init 函数

定时器的 PWM 通道设置是通过 TIM_OC1Init()～TIM_OC4Init()函数来设置的，不同通道的设置函数不一样，这里使用的是通道 1 和通道 3，使用的函数是 TIM_OC1Init()和 TIM_OC3Init()。代码如下：

```
void TIM_OC1Init(TIM_TypeDef* TIMx, TIM_OCInitTypeDef* TIM_OCInitStruct);
void TIM_OC3Init(TIM_TypeDef* TIMx, TIM_OCInitTypeDef* TIM_OCInitStruct);
```

其中，TIM_OCInitStruct 是指向 TIM_OCInitTypeDef 的指针，包括 TIMx 外设的相关信息，TIM_OCInitTypeDef 定义代码。

```
1.  typedef struct
2.  {
3.      uint16_t  TIM_OCMode;         //TIM 模式
4.      uint16_t  TIM_OutputState;    //输出状态
5.      uint16_t  TIM_OutputNState;   //互补输出状态，用于高级定时器
6.      uint32_t  TIM_Pulse;          //加载进 CCR 的脉冲数
7.      uint16_t  TIM_OCPolarity;     //输出极性
8.      uint16_t  TIM_OCNPolarity;    //互补通道输出极性，仅用于高级定时器
9.      uint16_t  TIM_OCIdleState;    //空闲状态比较输出的工作状态，仅用于高级定时器
10.     uint16_t  TIM_OCNIdleState;   //空闲状态比较输出的工作状态，仅用于高级定时器
11. } TIM_OCInitTypeDef;
```

2. TIM_SetCompare 函数

捕获/比较寄存器(TIMx_CCR1～4)，该寄存器总共有 4 个，分别对应 4 个通道 CH1～CH4。为此，TIM_SetCompare1()～TIM_SetCompare4()函数是修改 TIMx_CCR1～TIMx_CCR4 控制占空比。

例如，修改 TIM1_CCR1 和 TIM1_CCR3 占空比的函数是：

```
void TIM_SetCompare1(TIM_TypeDef* TIMx, uint16_t Compare1);
void TIM_SetCompare3(TIM_TypeDef* TIMx, uint16_t Compare3);
```

对于其他通道，分别都有一个函数名字，其函数格式为 TI M_SetComparex(x=1、2、3、4)。按照以上库函数的配置，就可以通过 TIM1 的 CH1N 和 CH3 输出 PWM 了。

5.7 STM32F4 的 PWM 开发步骤

要使用 STM32F4 定时器的 PWM 功能，一般需要以下步骤：

(1) 定时器及 GPIO 时钟使能，并将相应的 GPIO 配置为复用输出；

(2) 初始化定时器，设置定时器的 ARR 和 PSC 灯参数；

(3) 设置定时器相应通道的 PWM 模式，并使能相应通道输出；

(4) 使能定时器；

(5) 修改 TIMx_CCRy 寄存器以调整占空比。

任务 7 实现呼吸灯

5-3 实现呼吸灯

一、任务描述

采用智能小车 STM32F4 核心板的 TIM5 定时器 PWM 输出功能，输出 PWM 控制 LED1。通过有规律地改变 PWM 占空比，进而改变 LED1 灯的亮度，达到呼吸灯的效果。

二、任务分析

1. 硬件电路分析

智能小车 STM32F4 核心板的 LED1 电路在任务 4 中已经介绍了，这部分电路分析省略。

2. 软件设计

(1) 新建一个 PWM 工程，或者在上一个工程中进行修改。

(2) 按照 STM32F4 的 GPIO 的开发步骤，初始化 LED1 所接的 PH12 引脚。

(3) 对 TIM5 定时器进行初始化，使得 TIM5 通道 CH3 输出 PWM(PH12 引脚)。

(4) 调整 PWM 占空比，控制 LED1 亮度有规律的变化，达到呼吸灯的效果。

三、任务实施

1. 硬件连接

给小车 STM32F4 核心板上电，下载器连接核心板和电脑 USB 接口。

2. 程序编写

新建一个 PWM 工程，编写 TIM5 通道 CH3 输出 PWM，控制 LED1 亮度有规律地变化，使得 LED 具有呼吸灯的效果程序。

(1) TIM5 初始化函数 TIM5_PWM_Configure()。

```
1.    void TIM5_PWM_Configure(uint16_t arr,uint16_t psc)
2.    {
3.         TIM_TimeBaseInitTypeDef    TIM_TimeBaseStructure;
4.         TIM_OCInitTypeDef    TIM_OCInitStructure;
5.         GPIO_InitTypeDef    GPIO_InitStructure;
6.         RCC_AHB1PeriphClockCmd(RCC_AHB1Periph_GPIOH,ENABLE);//使能 GPIOH 时钟
7.         RCC_APB1PeriphClockCmd(RCC_APB1Periph_TIM5,ENABLE);  //使能 TIM5 时钟
8.         /*TIM5_CH3->PH12*/
9.    GPIO_PinAFConfig(GPIOH,GPIO_PinSource12,GPIO_AF_TIM5);      //PH12 复用为 TIM5
10.        GPIO_InitStructure.GPIO_Pin = GPIO_Pin_12;
11.        GPIO_InitStructure.GPIO_Mode = GPIO_Mode_AF;
12.        GPIO_InitStructure.GPIO_OType = GPIO_OType_PP;
13.        GPIO_InitStructure.GPIO_Speed = GPIO_Speed_100MHz;
14.        GPIO_Init(GPIOH,&GPIO_InitStructure);                          //初始化 GPIOH
15.        /*初始化 TIM5，设置 TIM5 的 ARR 和 PSC*/
16.        TIM_TimeBaseStructure.TIM_Period = arr;                        //定时器初值
17.        TIM_TimeBaseStructure.TIM_Prescaler = psc;                     //分频系数
18.        //计数模式为向上计数
19.        TIM_TimeBaseStructure.TIM_CounterMode = TIM_CounterMode_Up;
20.         TIM_TimeBaseInit(TIM5,&TIM_TimeBaseStructure);                //初始化 TIM5
21.        /*设置 TIM5_CH3 的 PWM1 模式，使能 TIM5 的 CH3 输出*/
22.        TIM_OCInitStructure.TIM_OCMode = TIM_OCMode_PWM1; //PWM1 模式
23.        TIM_OCInitStructure.TIM_OutputState = TIM_OutputState_Enable; //输出通道使能
24.        TIM_OCInitStructure.TIM_OCPolarity = TIM_OCPolarity_High;     //输出极性
25.        TIM_OCInitStructure.TIM_Pulse = 0;                             //比较器初值
26.        TIM_OC3Init(TIM5,&TIM_OCInitStructure); //指定的参数初始化外设 TIM1 的 OC3
27.        TIM_Cmd(TIM5,ENABLE);                                          //使能 TIM5
28.   }
```

(2) 控制 PWM 占空比的 TIM5_PWM_OutPut()函数。

```
1.    void TIM5_PWM_OutPut(uint16_t wnum)
2.    {
```

```
3.        //设置 TIM5 比较器值
4.        TIM_SetCompare3(TIM5,wnum);        //更新 TIM5 通道 3 的自动重装载值
5.    }
```

(3) 主文件 main.c。

```
1.    #include "stm32f4xx.h"
2.    #include "delay.h"
3.    #include "led.h"
4.    #include "tim5_pwm.h"
5.    int main(void)
6.    {
7.        uint16_t Go_Speed = 0,back_speed = 0;
8.        delay_Init();
9.        LED_Configure();
10.       TIM5_PWM_Configure(100-1,8400-1);            //定时器 100 Hz
11.       TIM5_PWM_OutPut(0);                          //设置 PWM 值为 0
12.       while(1)
13.       {
14.           for(int i=0; i<100; i++)
15.           {
16.               Delay_ms(10);
17.               TIM5_PWM_OutPut(i);
18.           }
19.           for(int i=100; i>0; i--)
20.           {
21.               Delay_ms(10);
22.               TIM5_PWM_OutPut(i);
23.           }
24.
25.       }
26.   }
```

3. 关键代码分析

(1) TIM5_PWM_Configure()函数是对 STM32F4 定时器 TIM5 的通道 CH3 输出 PWM 进行初始化的，该函数主要完成 TIM5 和 GPIOH 时钟使能、GPIOH 配置为复用输出(TIM5 通道 CH3 复用的是 PH12 引脚)、设置定时器的 ARR 和 PSC 灯参数以及设置 TIM5 通道 CH3 为 PWM 模式等。

(2) TIM5_PWM_OutPut()函数是负责修改定时器TIM5通道CH3输出的PWM占空比的。

(3) 在主文件 main.c 中，主要是通过调整定时器 TIM5 通道 CH3 的 PWM 占空比，控制 LED1 亮度有规律地变化，达到呼吸灯的效果。

4．程序编译及调试

(1) 编译无误后，点击 MDK5 工具栏上的图标，将程序下载到芯片中。

(2) 上电运行，观察 LED1 是否按照“亮→暗→亮→暗”的循环变化，具有呼吸灯的效果。若不符合任务要求，需修改代码直到符合任务要求为止。

四、任务拓展

在本任务基础上，通过按键 KEY1 和 KEY2，来改变 STM32F4 定时器 TIM5 通道 CH3 输出的 PWM 占空比，达到调节 LED1 灯的亮度。按键 KEY1 是增加 LED1 灯的亮度，按键 KEY2 是降低 LED1 灯的亮度。

思考与练习

5.1　STM32F4 的定时器分为哪 3 种？

5.2　STM32F4 定时器的计数模式有哪 3 种？简述这 3 种计数模式的工作过程。

5.3　简述 STM32F4 的 TIMx 定时器开发的步骤。

5.4　简述 STM32F4 的 PWM 开发的步骤。

STM32F4 的 ADC 与 DAC

本章主要介绍STM32F4的ADC和DAC的工作原理、STM32F4标准库中ADC和DAC相关库函数使用方法，最后通过案例的方式介绍ADC和DAC应用开发步骤。通过学习，可以了解STM32F4的ADC和DAC的结构与功能，熟悉ADC和DAC编程的相关库函数以及程序设计的方法。

6.1 STM32F4 的 ADC 工作原理

6-1 STM32F4 的 ADC 工作原理

在STM32F4数据采集应用中，外界物理量通常都是模拟信号，如温度、湿度、压力、速度、液位、流量等，而STM32F4内均是数字信号，因此在STM32F4的输入端需要进行模/数(A/D)转换。

6.1.1 STM32F4 的 ADC 主要特性

ADC具有模拟看门狗功能，允许应用检测输入电压是否超过了用户自定义的阈值上限或下限。STM32F4的ADC主要特性如下：

(1) 可配置12位、10位、8位或6位分辨率；

(2) 在转换结束、注入转换结束以及发生模拟看门狗或溢出事件时产生中断；

(3) 单次和连续转换模式；

(4) 用于自动将通道0转换为通道“n”的扫描模式；

(5) 数据对齐以保持内置数据一致性；

(6) 可独立设置各通道采样时间；

(7) 外部触发器选项，可为规则转换和注入转换配置极性；

(8) 不连续采样模式；

(9) 双重/三重模式(具有2个或更多ADC的器件提供)；

(10) 双重/三重ADC模式下可配置的DMA数据存储；

(11) 双重/三重交替模式下可配置的转换间延迟；

(12) ADC转换类型(参见STM3240x和STM32F41x数据手册)；

(13) ADC电源要求：全速运行时为2.4 V～3.6 V，慢速运行时为1.8 V；

(14) ADC 输入范围：$V_{REF-} \leqslant VIN \leqslant V_{REF+}$；

(15) 规则通道转换期间可产生 DMA 请求。

注意：V_{REF-}如果可用(取决于封装)，则必须将其连接到 V_{SSA}。

6.1.2 STM32F4 的 ADC 结构

STM32F4 的 ADC 具有多达 19 个复用通道，可测量来自 16 个外部源、2 个内部源和 V_{BAT} 通道的信号。这些通道的 A/D 转换可在单次、连续、扫描或不连续采样模式下进行。ADC 的结果存储在一个左对齐或右对齐的 16 位数据寄存器中。STM32F4 的 ADC 结构如图 6-1 所示。

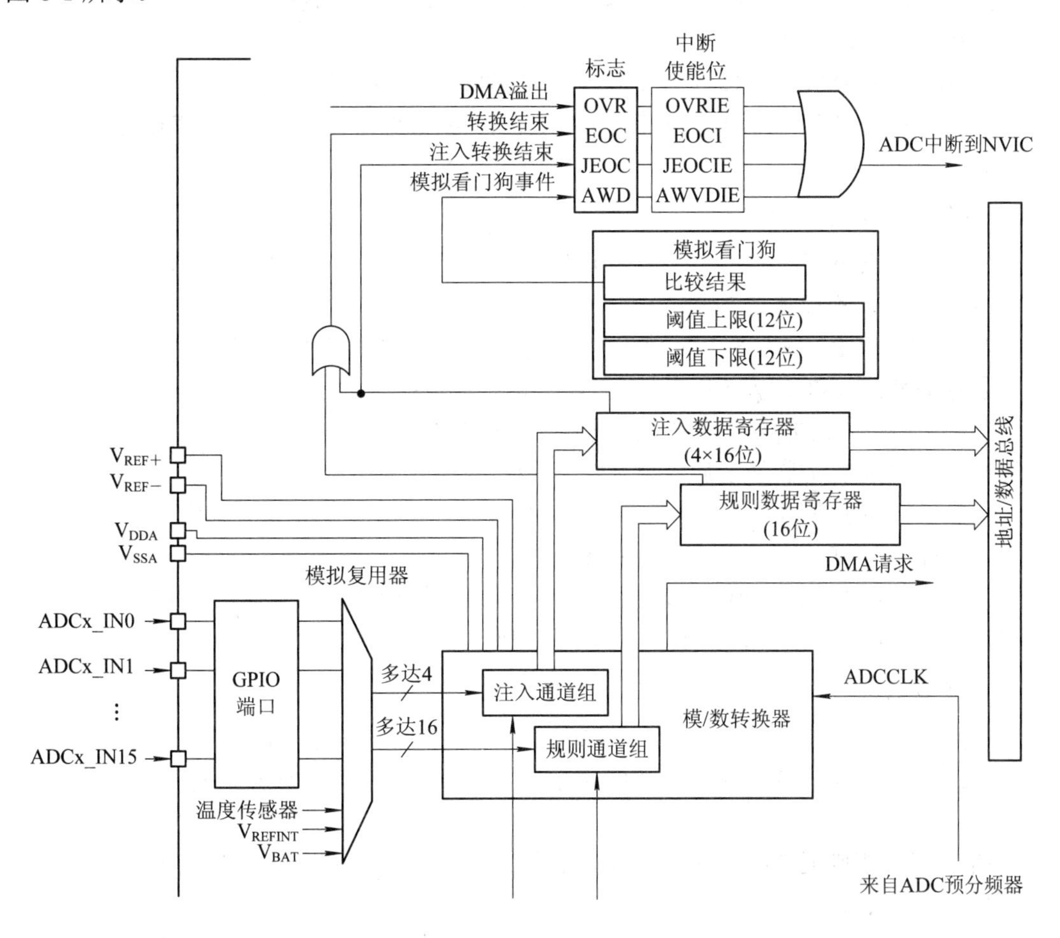

图 6-1 STM32F4 的 ADC 结构图

6.1.3 STM32F4 的 ADC 功能

STM32F4 一般有 3 个 12 位逐次趋近型 ADC，其功能非常强大，具有独立模式、双重模式和三重模式，对于不同 A/D 转换要求几乎都有合适的模式可选。

1. ADC的通道选择

在图6-1中，STM32F4把ADC的转换分为规则通道组和注入通道组2个通道组，规则通道组最多包含16个通道，注入通道组最多包含4个通道。

ADC1还有温度传感器、V_{REFINT}和V_{BAT}内部通道，温度传感器内部连接到通道ADC1_IN16，内部参考电压V_{REFINT}连接到ADC1_IN17，备用电源V_{BAT}通道连接到通道ADC1_IN18，该通道也可转换为注入通道或规则通道。

ADC2和ADC3的通道16、17、18全部连接到了内部的V_{SS}。

2. ADC开关控制

将ADC_CR2寄存器中的ADON位置1可为ADC供电。首次将ADON位置1时，会将ADC从掉电模式中唤醒。

SWSTART或JSWSTART位置1时，启动A/D转换。

将ADON位清零可停止转换并使ADC进入掉电模式。在此模式下，ADC几乎不耗电(只有几微安)。

3. ADC单次转换模式

在单次转换模式下，ADC每次启动后仅执行一次转换。在CONT位为0时，通过如下方式来启动单次转换模式：

(1) 将ADC_CR2寄存器中的SWSTART位置1，此方式仅适用于规则通道；

(2) 将JSWSTART位置1，此方式适用于注入通道；

(3) 外部触发，此方式适用于规则通道或注入通道。

在选中的通道完成转换之后将会有以下两种情况：

(1) 如果转换了规则通道，则转换数据存储在16位ADC_DR寄存器中；EOC(转换结束)标志置1；EOCIE位置1时将产生中断。

(2) 如果转换了注入通道，则转换数据存储在16位ADC_JDR1寄存器中；JEOC(注入转换结束)标志置1；JEOCIE位置1时将产生中断。然后，ADC 停止。

4. ADC连续转换模式

在连续转换模式下，ADC结束一次转换后立即启动新的转换。CONT位为1时，可通过外部触发或将ADC_CR2寄存器中的SWSTRT位置1来启动连续转换模式，此模式仅适用于规则通道。

如果转换了规则通道组，则上次转换的数据存储在16位ADC_DR寄存器中；EOC转换结束)标志置1；EOCIE位置1时将产生中断。

注意：无法连续转换注入通道。连续模式下唯一的例外情况是注入通道配置为在规则通道之后自动转换(使用JAUTO位)。

5. ADC扫描模式

ADC扫描模式用于扫描一组模拟通道，将ADC_CR1寄存器中的SCAN位置1可选择扫描模式。

将此SCAN位置1后，ADC会扫描在ADC_SQRx寄存器(对于规则通道)或ADC_JSQR寄存器(对于注入通道)中选择的所有通道，为组中的每个通道都执行一次转换。

每次转换结束后，会自动转换该组中的下一个通道。如果将 CONT 位置 1，则规则通道转换不会在组中最后一个所选通道处停止，而是再次从第一个所选通道继续转换。

如果将 DMA 位置 1，则在每次规则通道转换之后，均使用直接存储器访问(DMA)控制器将转换自规则通道组的数据(存储在 ADC_DR 寄存器中)传输到 SRAM。

6.2 STM32F4 的 ADC 库函数分析

与 STM32F4 的 ADC 编程相关的库函数，主要在 stm32f4xx_adc.c 文件和 stm32f4xx_adc.h 文件中。

6.2.1 通用配置初始化函数

ADC_CommonInit()函数是对 ADC 进行通用配置初始化的函数，其函数原型如下：

```
void ADC_CommonInit(ADC_CommonInitTypeDef*    ADC_CommonInitStruct)
```

其中参数 ADC_CommonInitStruct 是一个 ADC_CommonInitTypeDef 类型的结构体指针，其定义在 stm32f4xx_adc.h 文件中，这个结构体指针的成员变量用来设置 ADC 的模式选择、分频系数、模式配置、采样延迟等参数。具体代码如下：

```
1.  typedef struct
2.  {
3.      uint32_t ADC_Mode;                  //ADC 模式选择
4.      uint32_t ADC_Prescaler;             //ADC 分频系数
5.      uint32_t ADC_DMAAccessMode;         //DMA 模式配置
6.      uint32_t ADC_TwoSamplingDelay;      //采样延迟
7.  } ADC_CommonInitTypeDef;
```

1．ADC_Mode

ADC_Mode 是 ADC 工作模式选择，有独立模式、双重模式以及三重模式。

2．ADC_Prescaler

ADC_Prescaler 是 ADC 时钟分频系数选择，ADC 时钟是有 PCLK2 分频而来，分频系数决定 ADC 时钟频率，可选的分频系数为 2、4、6 和 8。ADC 最大时钟配置为 36 MHz。

3．ADC_DMAAccessMode

ADC_DMAAccessMode 是 DMA 模式设置，只有在双重或者三重模式才需要设置，可以设置 3 种模式，具体可参考相关参考手册说明。

4．ADC_TwoSamplingDelay

ADC_TwoSamplingDelay 是 2 个采样阶段之前的延迟，仅适用于双重或三重交错模式。

6.2.2 ADC 参数初始化函数

ADC_Init()函数主要是初始化 ADC 的参数，设置 ADC 的工作模式以及规则序列的相关信息。其函数原型如下：

```
void ADC_Init(ADC_TypeDef* ADCx,    ADC_InitTypeDef* ADC_InitStruct)
```

其中参数 ADC_InitStruct 是一个 ADC_TypeDef 类型的结构体指针，是在 stm32f4xx_adc.h 文件中定义的。具体代码如下：

```
1.  typedef struct
2.  {
3.      uint32_t ADC_Resolution;                    //ADC 分辨率选择
4.      FunctionalState ADC_ScanConvMode;           //ADC 扫描选择
5.      FunctionalState ADC_ContinuousConvMode;     //ADC 连续转换模式选择
6.      uint32_t ADC_ExternalTrigConvEdge;          //ADC 外部触发极性
7.      uint32_t ADC_ExternalTrigConv;              //ADC 外部触发选择
8.      uint32_t ADC_DataAlign;                     //输出数据对齐方式
9.      uint8_t   ADC_NbrOfConversion;              //转换通道数目
10. }ADC_InitTypeDef;
```

1．ADC_Resolution

ADC_Resolution 是配置 ADC 的分辨率，可选的分辨率有 12 位、10 位、8 位和 6 位。分辨率越高，A/D 转换数据精度越高，转换时间也越长；分辨率越低，A/D 转换数据精度越低，转换时间也越短。

2．ScanConvMode

ScanConvMode 是可选参数为 ENABLE 和 DISABLE，配置是否使用扫描。

如果是单通道，则 A/D 转换使用 DISABLE；如果是多通道，则 A/D 转换使用 ENABLE。

3．ADC_ContinuousConvMode

ADC_ContinuousConvMode 是可选参数为 ENABLE 和 DISABLE，配置是启动自动连续转换还是单次转换。

使用 ENABLE 配置为使能自动连续转换；使用 DISABLE 配置为单次转换，转换一次后停止需要手动控制才重新启动转换。

4．ADC_ExternalTrigConvEdge

ADC_ExternalTrigConvEdge 是外部触发极性选择，如果使用外部触发，可以选择触发的极性，可选有禁止触发检测、上升沿触发检测、下降沿触发检测以及上升沿和下降沿均可触发检测。

5．ADC_ExternalTrigConv

ADC_ExternalTrigConv 是外部触发选择，STM32F4 的 ADC 有很多外部触发条件，可根据项目需求配置触发来源。通常使用软件自动触发。

6．ADC_DataAlign

ADC_DataAlign 是转换结果数据对齐模式，可选右对齐 ADC_DataAlign_Right 或者左对齐 ADC_DataAlign_Left。通常选择右对齐模式。

7．ADC_NbrOfConversion

ADC_NbrOfConversion 是在规则序列中 A/D 转换的数目(即 A/D 转换通道数目)。

6.2.3 读取 ADC 值

在 STM32F4 的 ADC 初始化完成之后，就可以读取 ADC 的值了。读取 ADC 值主要涉及设置通道的采样周期、ADC 软件转换启动、转换结束以及获取 ADC 规则组转换结果等函数。读取 ADC 值的代码如下：

```
1.  uint16_t ADC_Get_Value(ADC_TypeDef* adcx,uint16_t chx,uint8_t Rauk)
2.  {
3.      ADC_RegularChannelConfig(adcx, chx, Rauk, ADC_SampleTime_480Cycles );
4.      ADC_SoftwareStartConv(adcx);
5.      while(!ADC_GetFlagStatus(adcx, ADC_FLAG_EOC ));
6.      ADC_ClearFlag(adcx,ADC_FLAG_EOC);
7.      return   ADC_GetConversionValue(adcx);
8.  }
```

(1) ADC_RegularChannelConfig( )函数是用来设置 ADC 通道转换顺序和采样周期，其函数原型如下：

```
void ADC_RegularChannelConfig(ADC_TypeDef* ADCx, uint8_t ADC_Channel,
                              uint8_t Rank, uint8_t ADC_SampleTime)
```

第一个形参是选择 ADC 外设，可为 ADC1、ADC2 或 ADC3；

第二个形参是通道选择，总共可选 18 个通道；

第三个形参为转换顺序，可选为 1～16；

第四个形参为采样周期选择，采样周期越短，ADC 转换数据输出周期就越短，但数据精度也越低。采样周期越长，ADC 转换数据输出周期就越长，同时数据精度越高。在这里，选择的是 ADC_SampleTime_480Cycles，即 480 个周期的采样时间。

(2) ADC_SoftwareStartConv()函数是软件转换启动指定的 ADCx，可为 ADC1、ADC2 或 ADC3。

(3) ADC_GetFlagStatus()函数是读取 ADC 转换是否结束，若 ADC 转换未结束，则该函数的返回值为 0；若 ADC 转换结束，则该函数的返回值为 1。等待转换结束的代码如下：

```
while(!ADC_GetFlagStatus(adcx, ADC_FLAG_EOC ));
```

(4) ADC_ClearFlag()函数是清除 ADC 转换结束标志，对 ADC_FLAG_EOC 清 0。

(5) ADC_GetConversionValue()函数是读取 ADCx 规则组的转换结果。

6.3 STM32F4 的 ADC 开发步骤

前面介绍了 STM32F4 的 ADC 转换，本节以 STM32F4 的 ADC1 通道 0 为例，开发步骤如下。

1. 开启 PA 口时钟和 ADC1 时钟，设置 PA0 为模拟输入

STM32F4 的 ADC1 通道 0 是在 PA0 引脚上，要先使能 PORTA 时钟和 ADC1 时钟，后设置 PA0 为模拟输入。

```
1.  GPIO_InitTypeDef GPIO_InitStructure;
2.  RCC_APB2PeriphClockCmd(RCC_APB2Periph_GPIOA |RCC_APB2Periph_ADC1,ENABLE );
3.  GPIO_InitStructure.GPIO_Pin = GPIO_Pin_0;
4.  GPIO_InitStructure.GPIO_Mode = GPIO_Mode_AIN;
5.  GPIO_InitStructure.GPIO_PuPd = GPIO_PuPd_NOPULL;
6.  GPIO_Init(GPIOA, &GPIO_InitStructure);                //PA0 作为模拟输入引脚
```

2. ADC 通用配置初始化

开启 ADC1 时钟之后，要对 ADC 进行通用配置初始化，配置通用 ADC 为独立模式，采样 4 分频等。

```
1.  ADC_CommonInitTypeDef ADC_CommonInitStructure;
2.  ADC_CommonInitStructure.ADC_Mode = ADC_Mode_Independent;      //独立模式
3.  ADC_CommonInitStructure.ADC_Prescaler = ADC_Prescaler_Div4;//ADC 工作时钟 4 分频
4.  //禁止 DMA 直接访问模式
    ADC_CommonInitStructure.ADC_DMAAccessMode = ADC_DMAAccessMode_Disabled;
5.  //两次采样之间的间隔
    ADC_CommonInitStructure.ADC_TwoSamplingDelay = ADC_TwoSamplingDelay_10Cycles;
6.  ADC_CommonInit(&ADC_CommonInitStructure);                //初始化配置
```

3. ADC 参数初始化

ADC 参数初始化主要设置 ADC1 为 12 位分辨率，1 通道的单次转换，不需要外部触发等。

```
1.  ADC_InitStructure.ADC_Resolution = ADC_Resolution_12b;          //设置 ADC 精度为 12 位
2.  ADC_InitStructure.ADC_ScanConvMode = DISABLE;                   //禁止扫描模式
3.  ADC_InitStructure.ADC_ContinuousConvMode = DISABLE;             //单次转换
4.  ADC_InitStructure.ADC_DataAlign = ADC_DataAlign_Right;          //数据右对齐
5.  //无边沿触发
    ADC_InitStructure.ADC_ExternalTrigConvEdge = ADC_ExternalTrigConvEdge_None;
6.  ADC_InitStructure.ADC_NbrOfConversion = 1;                      //转换通道 1 个
7.  ADC_Init(ADC1,&ADC_InitStructure);                              //初始化 ADC1
```

4. 设置 ADC1 转换通道顺序、采样时间，并使能 ADC1

设置 STM32F4 的 ADC1 通道 0，转换顺序为 1，采样周期为 ADC_SampleTime_480Cycles，即 480 周期的采样时间。代码如下：

```
ADC_RegularChannelConfig(ADC1,ADC_Channel_0,1,ADC_SampleTime_144Cycles);
ADC_Cmd(ADC1,ENABLE);                                                //使能指定 ADC1
```

5. 读取 ADC 值

在以上步骤完成后，就可以读取 ADC 的值了。读取 ADC 值的步骤如下：

(1) 清除 ADC 转换结束标志，即 ADC_FLAG_EOC 清 0；

(2) ADC 软件转换启动；

(3) 等待 ADC 转换结束；

(4) 返回 ADC 值。

读取 ADC 值函数 Get_ADC_Value()。

```
1.  uint16_t   Get_ADC_Value()
2.  {
3.        ADC_ClearFlag(ADC1,ADC_FLAG_EOC);
4.        ADC_SoftwareStartConv(ADC1);
5.        while(!ADC_GetFlagStatus(ADC1, ADC_FLAG_EOC));
6.        return ADC_GetConversionValue(ADC1);
7.  }
```

任务8　测量电池电量

6-2　测量电池电量

一、任务描述

采用智能小车核心板的STM32F4的ADC1通道6，采集电源电压。如用12.6 V电池供电，串口会输出电池电压与剩余电量。如用适配器供电，会输出供电电压，电量则始终输出100%维持不变。

二、任务分析

1. 硬件电路分析

智能小车核心板的STM32F4的ADC1通道6是在PA6引脚上，采集电源电压电路如图6-2所示。其中VM_ADC是连接PA6引脚，PIN是电源电压。

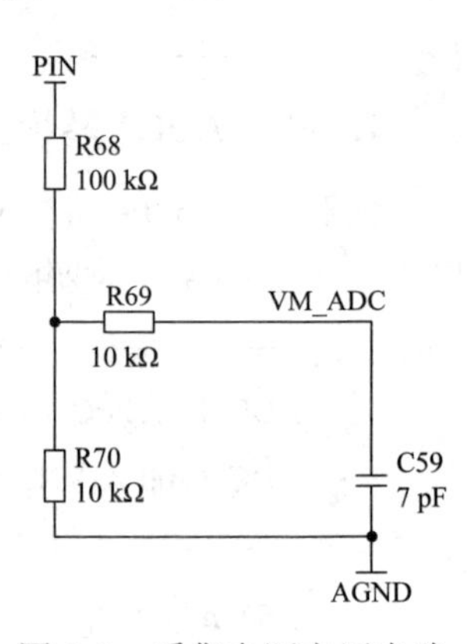

图6-2　采集电源电压电路

2. 软件设计

(1) 新建一个ADC工程，或者在现有的工程中进行修改。

(2) 按照STM32F4的GPIO的开发步骤，初始化ADC1通道6连接的PA6引脚、串口1连接的PA9和PA10引脚。

(3) 初始化STM32F4的ADC1通道6、USART串口1。

(4) 初始化电池电压计算参数值、ADC1用于电池电压测量。

(5) 在主文件中，完成初始化工作，并进行电量采集、平滑滤波处理、电量计算以及显示电量。

三、任务实施

1. 硬件连接

给智能小车STM32F4核心板上电，下载器连接核心板和电脑USB接口。

2. 程序编写

新建一个ADC工程，编写测量电池电量程序。

(1) ADC初始化ADC_Configure()函数。

```
1.  void  ADC_Configure(void)
2.  {
3.     ADC_InitTypeDef ADC_InitStructure;
4.     ADC_CommonInitTypeDef ADC_CommonStructure;
5.     GPIO_InitTypeDef GPIO_InitStructure;
```

```
6.    RCC_AHB1PeriphClockCmd(RCC_AHB1Periph_GPIOA,ENABLE);
7.    RCC_APB2PeriphClockCmd(RCC_APB2Periph_ADC1,ENABLE);
8.    GPIO_InitStructure.GPIO_Pin = GPIO_Pin_6;                              //PA6 引脚
9.    GPIO_InitStructure.GPIO_Mode = GPIO_Mode_AIN;
10.   GPIO_InitStructure.GPIO_PuPd = GPIO_PuPd_NOPULL ;
11.   GPIO_Init(GPIOA, &GPIO_InitStructure);
12.   //ADC 通用配置初始化
13.   ADC_CommonStructure.ADC_Mode = ADC_Mode_Independent;        //独立模式
14.   ADC_CommonStructure.ADC_Prescaler = ADC_Prescaler_Div2; /     /ADC 2 分频
15.   //两次采样之间的间隔
16.   ADC_CommonStructure.ADC_TwoSamplingDelay = ADC_TwoSamplingDelay_5Cycles;
17.   //禁止 ADC DMA 功能
18.   ADC_CommonStructure.ADC_DMAAccessMode = ADC_DMAAccessMode_Disabled;
19.   ADC_CommonInit(&ADC_CommonStructure);
20.   RCC_APB2PeriphResetCmd(RCC_APB2Periph_ADC1,ENABLE);       //ADC1 复位
21.   RCC_APB2PeriphResetCmd(RCC_APB2Periph_ADC1,DISABLE);      //复位结束
22.   //ADC 参数初始化
23.   ADC_InitStructure.ADC_ScanConvMode = DISABLE;                        //单通道
24.   ADC_InitStructure.ADC_Resolution = ADC_Resolution_12b;              //12 位精度
25.   ADC_InitStructure.ADC_ContinuousConvMode = DISABLE;                  //单次转换
26.   //无触发
27.   ADC_InitStructure.ADC_ExternalTrigConvEdge = ADC_ExternalTrigConvEdge_None;
28.   ADC_InitStructure.ADC_DataAlign = ADC_DataAlign_Right;              //数据右对齐
29.   ADC_InitStructure.ADC_NbrOfConversion = 1;                          //通道个数为 1
30.   ADC_Init(ADC1,&ADC_InitStructure);
31.   //设置 ADC 采样周期为 144 周期
32.   ADC_RegularChannelConfig(ADC1,ADC_Channel_6,1,ADC_SampleTime_144Cycles);
33.   ADC_Cmd(ADC1,ENABLE);                                                //使能 ADC1
34. }
```

(2) 获取 ADC 值 Get_ADC_Value()函数。

```
1.  uint16_t Get_ADC_Value()
2.  {
3.      ADC_ClearFlag(ADC1,ADC_FLAG_EOC);
4.      ADC_SoftwareStartConv(ADC1);
5.      while(!ADC_GetFlagStatus(ADC1, ADC_FLAG_EOC));
6.      return ADC_GetConversionValue(ADC1);
```

```
7.  }
```

(3) 获取电压电量平均值 Get_Electricity()函数。

```
1.  u16  Get_Electricity(u8 times )
2.  {
3.      u32 temp_val=0;
4.      u8 t;
5.      for(t=0; t<times; t++)
6.      {
7.          temp_val+= Get_ADC_Value();
8.          delay_ms(5);
9.      }
10.     return temp_val/times;
11. }
```

(4) 电量计算参数初始化 Parameter_Init()函数。

```
1.  void Parameter_Init(void)
2.  {
3.      Pb =(float) (PWR_MIN / PWR_DV);
4.      Pb *= 100;
5.
6.      Pa = (float)(3300*11)/4096 ;
7.
8.      Pa = (float)((Pa *100) /PWR_DV);
9.  }
```

(5) 电量检测初始化 Electricity_Init()函数。

```
1.  void Electricity_Init(void)
2.  {
3.      Parameter_Init();
4.      ADC_Configure();
5.  }
```

(6) 电量采集 Power_Check()函数。

```
1.  u16 temp = 0;
```

```
2.  u16 temp2 = 0;
3.  uint8_t temp_value = 0;
4.  void Power_Check(void)
5.  {
6.      float value=0.0;
7.      temp =  Get_Electricity(POWER_CHECK_NUM);
8.      temp =  Smoothing_Filtering(temp);                    //平滑滤波处理
9.      temp_value = MLib_GetSub(temp,temp2);
10.     value = temp/4096.0 *3.3*11;
11.     sprintf(str,"电压：%.3f \n",value);
12.     USART1_SendString((uint8_t *)str);
13.     if(temp2 == 0)
14.     {
15.         temp = (Pa*temp);                                 //电量计算方法
16.         if( temp < Pb ) pwr_ck_l =0;
17.         else
18.         {
19.             pwr_ck_l = (u8) ( temp - Pb);
20.             if( pwr_ck_l >100)   pwr_ck_l =100;
21.         }
22.         Electric_Buf[0] = pwr_ck_l;
23.     }
24.     temp2 = temp;
25.     if(temp_value > 10)
26.     {
27.         temp = (Pa*temp);                                 //电量计算方法
28.         if( temp < Pb ) pwr_ck_l =0;
29.         else
30.         {
31.             pwr_ck_l = (u8) ( temp - Pb);
32.             if( pwr_ck_l >100)   pwr_ck_l =100;
33.         }
34.         Electric_Buf[0] = pwr_ck_l;
35.     }
36.     sprintf(str,"电量：%d \n",pwr_ck_l);
37.     USART1_SendString((uint8_t *)str);
38. }
```

(7) 均值过滤器 Mean_Filter()函数，参数是带滤波样本，返回值是滤波结果。

```
1.  uint16_t Mean_Filter(uint16_t m)
2.  {
3.      static int flag_first = 0, _buff[10], sum;
4.      const int _buff_max = 10;
5.      int i;
6.      if(flag_first == 0)
7.      {
8.          flag_first = 1;
9.          for(i = 0, sum = 0; i < _buff_max; i++)
10.         {
11.             _buff[i] = m;
12.             sum += _buff[i];
13.         }
14.         return m;
15.     }
16.     else
17.     {
18.         sum -= _buff[0];
19.         for(i = 0; i < (_buff_max - 1); i++)
20.         {
21.             _buff[i] = _buff[i + 1];
22.         }
23.         _buff[9] = m;
24.         sum += _buff[9];
25.         i = sum / 10.0;
26.         return i;
27.     }
28. }
```

(8) 平滑滤波 Smoothing_Filtering()函数，参数是带滤波样本，返回值是滤波结果。

```
1.  #define FILTER_N 10                              //定义数组长度为 8 位
2.  uint16_t filter_buf[FILTER_N+1];                 //定义数组
3.  uint16_t Smoothing_Filtering(uint16_t value)
4.  {
5.      int i;
6.      uint16_t filter_sum = 0;
7.      filter_buf[FILTER_N] = value;                //AD 转换的值赋给数组的最后一个值
```

```
8.          for(i=0; i<FILTER_N; i++)
9.          {
10.             filter_buf[i] = filter_buf[i+1];          //所有的数据左移，数组第一个元素摒弃
11.             filter_sum += filter_buf[i];
12.         }
13.         return(uint16_t)(filter_sum/FILTER_N);        //返回对数组里的元素求得的平均值
14.     }
```

(9) 主文件 main.c。

```
1.   #include "stm32f4xx.h"
2.   #include "delay.h"
3.   #include "led.h"
4.   #include "usart1.h"
5.   #include "power_check.h"
6.   int main(void)
7.   {
8.        delay_Init();                    //延时初始化
9.        LED_Configure();                 //LED 初始化
10.       Parameter_Init();                //电池电压计算参数值
11.       Electricity_Init() ;             //初始化 ADC1 用于电池电压测量
12.       USART1_Configure(115200);
13.       while(1)
14.       {
15.            LED1 = !LED1;
16.            delay_ms(500);
17.            Power_Check();              //电量采集函数
18.       }
19.  }
```

3．关键代码分析

(1) ADC_Configure()函数是对 ADC 进行初始化的，主要涉及 ADC1 通道 6(在 PA6 引脚上)、独立模式、ADC 采用 2 分频、ADC 采样周期为 144 个周期等。

(2) Get_Electricity()函数通过读取 ADC 值函数 Get_ADC_Value()多次，获取电压电量平均值。

(3) 电量采集 Power_Check()函数把获取的电压电量平均值，通过平滑滤波处理、电量计算，获得电池电量并显示电量。

(4) 在主文件 main.c 中，主要是完成用于显示的串口 1、用于电池电压测量的 ADC1

以及电池电压计算参数值等的初始化；完成电量采集与显示；LED1 闪烁表示系统正在运行等。

4．程序编译及调试

(1) 编译无误后，点击 MDK5 工具栏上的图标，将程序下载到芯片中。

(2) 上电运行，观察测量的电池电量是否符合任务要求。若不符合任务要求，需修改代码直到符合任务要求为止。

说明：刚上电运行电压电量采集可能不准确，待采集 10 次左右，数值会恢复正常，程序需要多次测量才可以输出准确结果。

四、任务拓展

在本任务基础上，增加一个 LED 和一个蜂鸣器，当电池电压低于 12 V 时，LED 闪烁以及蜂鸣器响。

6.4 STM32F4 的 DAC 工作原理

6.4.1 STM32F4 的 DAC 主要特性

数/模转换简称 DAC，其作用就是把输入的数字编码，转换成对应的模拟电压输出，它的功能与 ADC 相反。

6-3 STM32F4 的 DAC 工作原理

在数字信号系统中，大部分传感器信号被转化成电压信号。ADC 先把电压模拟信号转换成易于计算机存储、处理的数字编码，由计算机处理完成后，再由 DAC 输出电压模拟信号，这个电压模拟信号常常用来驱动某些执行器件，使人类易于感知，如音频信号的采集及还原就是这样一个过程。

STM32F4 具有片上 DAC 外设，它的分辨率可配置为 8 位或 12 位的数字输入信号，DAC 有两个输出通道，这两个通道互不影响。每个通道各有一个转换器，并都可以使用 DMA 功能，都具有出错检测能力，可外部触发。STM32F4 的 DAC 有以下主要特性：

(1) 两个 DAC 转换器各对应一个输出通道；

(2) 12 位模式下数据采用左对齐或右对齐；

(3) 同步更新功能；

(4) 生成噪声波；

(5) 生成三角波；

(6) DAC 双通道单独或同时转换；

(7) 每个通道都具有 DMA 功能；

(8) DMA 下溢错误检测；

(9) 通过外部触发信号进行转换；

(10) 输入参考电压 V_{REF+}。

在 DAC 双通道模式下，每个通道可以单独进行转换；当两个通道组合在一起同步执行更新操作时，也可以同时进行转换。

6.4.2 STM32F4 的 DAC 内部结构

STM32F4 的 DAC 内部结构如图 6-3 所示。

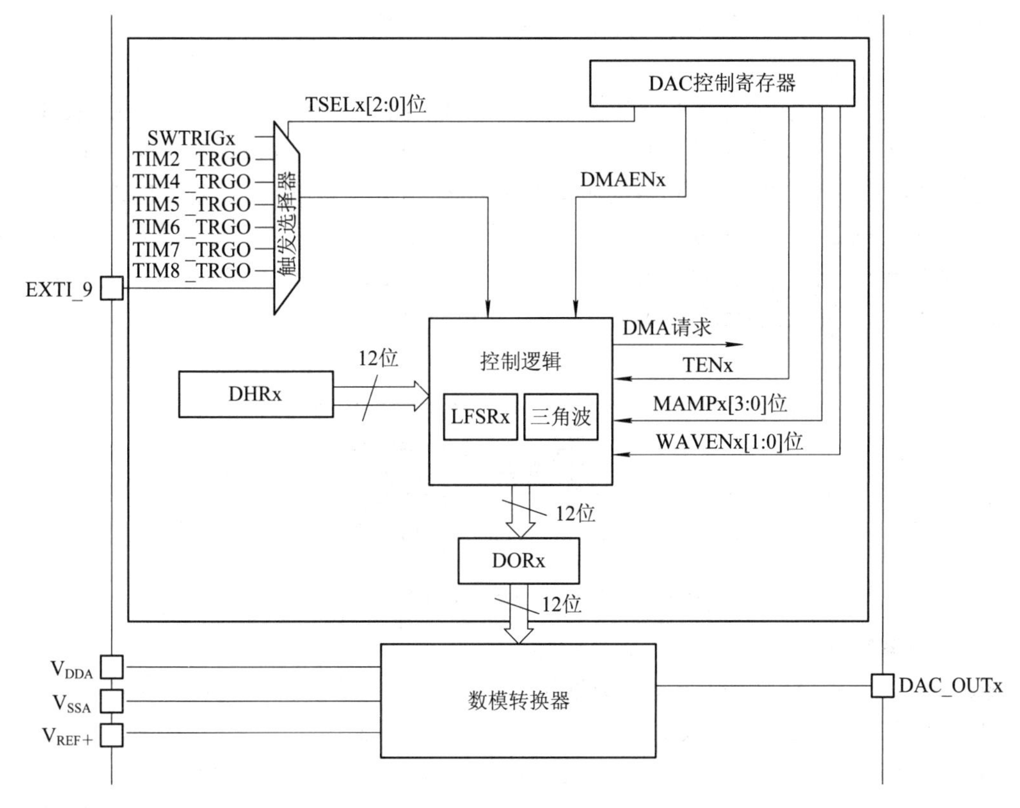

图 6-3　DAC 内部结构

在图 6-3 中，DAC 的 V_{REF+}是正模拟参考电压输入；V_{DDA} 是模拟电源输入；V_{SSA} 是模拟电源接地输入；DAC_OUTx 是模拟输出信号，即 DAC 通道 x 模拟输出。

注意：使能 DAC 通道 x 后，相应 GPIO 引脚(PA4 或 PA5)将自动连接到模拟转换器输出(DAC_OUTx)。为了避免寄生电流消耗，应首先将 PA4 或 PA5 引脚配置为模拟模式(AIN)。

6.4.3 STM32F4 的 DAC 工作过程

1. DAC 通道使能

将 DAC_CR 寄存器中的相应 ENx 位置 1，即可接通对应 DAC 通道。经过一段启动时间 tWAKEUP 后，DAC 通道被真正使能。

注意：ENx 位只会使能模拟 DAC Channelx 宏单元。即使 ENx 位复位，DAC Channelx 数字接口仍处于使能状态。

2. DAC 输出缓冲器使能

DAC 集成了两个输出缓冲器，可用来降低输出阻抗，并在不增加外部运算放大器的情况下直接驱动外部负载。通过 DAC_CR 寄存器中的相应 BOFFx 位，可使能或禁止各 DAC 通道输出缓冲器。

3. DAC 数据格式

根据所选配置模式，数据必须按如下方式写入指定寄存器，对于 DAC 单通道 x，有以下 3 种可能的方式：

(1) 8 位右对齐，软件必须将数据加载到 DAC_DHR8Rx [7:0]位(存储到 DHRx[11:4]位)。

(2) 12 位左对齐，软件必须将数据加载到 DAC_DHR12Lx [15:4]位(存储到 DHRx[11:0]位)。

(3) 12 位右对齐，软件必须将数据加载到 DAC_DHR12Rx [11:0]位(存储到 DHRx[11:0]位)。

根据加载的 DAC_DHRyyyx 寄存器，用户写入的数据将移位并存储到相应的 DHRx(数据保持寄存器 x，即内部非存储器映射寄存器)。然后 DHRx 寄存器将被自动加载，或者通过软件或外部事件触发加载到 DORx 寄存器，如图 6-4 所示。

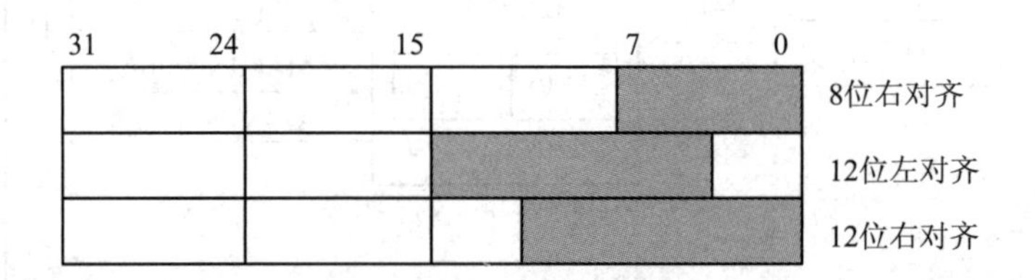

图 6-4　DAC 单通道模式下的 DHRx

对于 DAC 双通道，有 3 种可能的方式：

(1) 8 位右对齐，将 DAC1 通道的数据加载到 DAC_DHR8RD [7:0]位(存储到 DHR1[11:4]位)，将 DAC2 通道的数据加载到 DAC_DHR8RD [15:8]位(存储到 DHR2[11:4]位)。

(2) 12 位左对齐，将 DAC1 通道的数据加载到 DAC_DHR12RD[15:4]位(存储到 DHR1[11:0]位)，将 DAC2 通道的数据加载到 DAC_DHR12RD [31:20]位(存储到 DHR2[11:0]位)。

(3) 12 位右对齐，将 DAC1 通道的数据加载到 DAC_DHR12RD [11:0]位(存储到 DHR1[11:0]位)，将 DAC2 通道的数据加载到 DAC_DHR12RD [27:16]位(存储到 DHR2[11:0]位)。

根据加载的 DAC_DHRyyyD 寄存器，用户写入的数据将移位并存储到 DHR1 和 DHR2(数据保持寄存器，即内部非存储器映射寄存器)。然后 DHR1 和 DHR2 寄存器将被自动加载，或者通过软件或外部事件触发分别被加载到 DOR1 和 DOR2 寄存器，如图 6-5 所示。

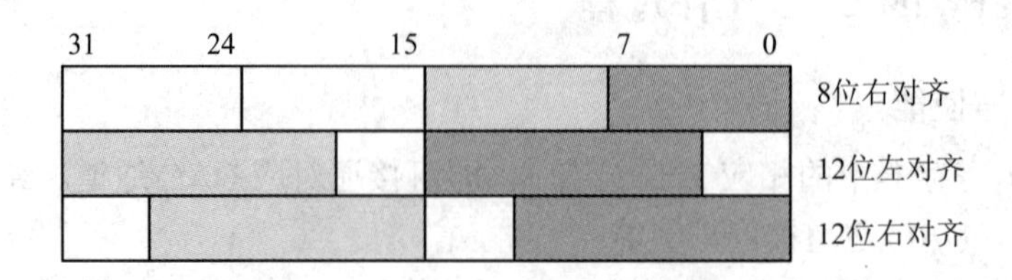

图 6-5　DAC 双通道模式下的 DHRx

4. DAC 转换

DAC_DORx 是无法直接写入的，任何数据都必须通过加载 DAC_DHRx 寄存器(写入 DAC_DHR8Rx、DAC_DHR12Lx、DAC_DHR12Rx、DAC_DHR8RD、DAC_DHR12LD 或 DAC_DHR12LD)才能传输到 DAC 通道 x。

如果未选择硬件触发(DAC_CR 寄存器中的 TENx 位复位)，在经过一个 APB1 时钟周期后，DAC_DHRx 寄存器中存储的数据，将自动转移到 DAC_DORx 寄存器。如果选择硬件触发(置位 DAC_CR 寄存器中的 TENx 位)且触发条件到来时，将在三个 APB1 时钟周期后进行转移。

当 DAC_DORx 加载了 DAC_DHRx 内容时，模拟输出电压将在一段时间 tSETTLING 后可用，具体时间取决于电源电压和模拟输出负载。

5. DAC 输出电压

经过线性转换后，数字输入会转换为 0 到 V_{REF+}之间的输出电压。各 DAC 通道引脚的模拟输出电压，会通过公式进行计算。模拟输出电压计算公式如下：

$$\text{DACoutput} = \frac{\text{DOR}}{4096}$$

6.5 STM32F4 的 DAC 库函数分析

与 STM32F4 的 DAC 编程相关的库函数，主要在 stm32f4xx_dac.c 文件和 stm32f4xx_dac.h 文件中。

6.5.1 DAC 初始化函数

DAC_Init()函数是对 DAC 进行初始化的函数，其函数原型如下：

```
void DAC_Init(uint32_t DAC_Channel, DAC_InitTypeDef* DAC_InitStruct)
```

第一个参数 DAC_Channel 是选择 DAC 通道的。参数值为 DAC_Channel_1 是选择 DAC 通道 1，参数值为 DAC_Channel_2 是选择 DAC 通道 2。

第二个参数 DAC_InitStruct 是一个 DAC_InitTypeDef 类型的结构体指针，是定义在 stm32f4xx_dac.h 文件中，这个结构体指针的成员变量用来设置 DAC 的触发方式、是否自动输出噪声或三角波以及是否使能输出缓冲器等。

```
1.    typedef struct
2.    {
3.          uint32_t DAC_Trigger;                          //DAC 触发方式
4.          uint32_t DAC_WaveGeneration;                   //是否自动输出噪声或三角波
5.          //选择噪声生成器的低通滤波或三角波的幅值
```

```
6.        uint32_t DAC_LFSRUnmask_TriangleAmplitude;
7.        uint32_t DAC_OutputBuffer;                              //选择是否使能输出缓冲器
8.    }DAC_InitTypeDef;
```

1．DAC_Trigger

DAC_Trigger 用于配置 DAC 的触发模式，当 DAC 产生相应的触发事件时，才会把 DHRx 寄存器的值转移到 DORx 寄存器中进行转换。触发模式如下：

(1) 硬件触发模式(DAC_Trigger_None)，DHRx 寄存器内的数据会在 3 个 APB1 时钟周期内自动转换至 DORx 进行转换；

(2) 定时器触发模式(DAC_Trigger_Tx_TRGO)，其中 x 为 2、4、5、6、7、8，为使用 Tx 控制 DHRx 寄存器的数据按时间转移到 DORx 中进行转换，利用这种方式可以输出特定的波形；

(3) EXTI_9 触发模式(DAC_Trigger_Ext_IT9)，当产生 EXTI_9 事件时(如 GPIO 中断事件)，就会触发转换；

(4) 软件触发模式(DAC_Trigger_Software)，在本模式下，向 DAC_SWTRIGR 寄存器写入配置，即可触发信号进行转换。

2．DAC_WaveGeneration

DAC_WaveGeneration 用于是否使用 DAC 输出伪噪声或三角波。其中选择伪噪声是 DAC_WaveGeneration_Noise，选择三角波是 DAC_WaveGeneration_Triangle，若希望产生自定义的输出，则直接配置为 DAC_WaveGeneration_None 即可。

使用伪噪声和三角波输出时，DAC 都会把 LFSR 寄存器的值叠加到 DHRx 数值上，产生伪噪声和三角波。

3．DAC_LFSRUnmask_TriangleAmplitude

DAC_LFSRUnmask_TriangleAmplitude 是通过控制 DAC_CR 的 MAMP2 位，来设置 LFSR 寄存器位的数据，即当使用伪噪声或三角波输出时，要叠加到 DHRx 的值，在非噪声或三角波输出模式下，本配置无效。

使用伪噪声输出时 LFSR=0xAAA，MAMPx 寄存器位可以屏蔽 LFSR 的某些位，这时把本结构体成员赋值为 DAC_LFSRUnmask_Bit0～DAC_LFSRUnmask_Bit11_0 等宏即可；使用三角波输出时，本结构体设置三角波的最大幅值，可选择为 DAC_TriangleAmplitude_1～DAC_TriangleAmplitude_4096 等宏，幅值达到 MAMPx 设置的最大幅度时下降，形成三角波的输出。

4．DAC_OutputBuffer

DAC_OutputBuffer 用于是否使能 DAC 的输出缓冲(DAC_OutputBuffer_ Enable/Disable)。使能了 DAC 的输出缓冲后，可以减小输出阻抗，适合直接驱动一些外部负载。

6.5.2 DAC 使能禁止函数

本章只介绍使用到的相关的 DAC 使能禁止函数，DAC 使能禁止函数可以在

stm32f4xx_dac.c 文件中找到。

1. DAC_Cmd()函数

DAC_Cmd()函数是使能或禁止指定的 DAC 通道，其函数原型如下：

```
void DAC_Cmd(uint32_t    DAC_Channel, FunctionalState    NewState)
```

第一个参数 DAC_Channel 是选择 DAC 通道的。参数值为 DAC_Channel_1 是选择 DAC 通道 1，参数值为 DAC_Channel_2 是选择 DAC 通道 2。

第二个参数 NewState 是 DAC 通道的新状态。状态值为 ENABLE 是使能 DAC 通道，状态值为 DISABLE 是禁止 DAC 通道。

例如，使能 DAC 通道 1，代码如下：

```
DAC_Cmd(DAC_Channel_1, ENABLE);
```

2. DAC_DMACmd()函数

DAC_DMACmd()函数是使能或禁止指定的 DAC 通道 DMA 请求，其函数原型如下：

```
void DAC_DMACmd(uint32_t    DAC_Channel, FunctionalState    NewState)
```

第一个参数 DAC_Channel 是选择 DAC 通道 DMA 请求的。参数值为 DAC_Channel_1 是选择 DAC 通道 1 的 DMA 请求，参数值为 DAC_Channel_2 是选择 DAC 通道 2 的 DMA 请求。

第二个参数 NewState 是 DAC 通道 DMA 请求的新状态。状态值为 ENABLE 是使能 DAC 通道 DMA 请求，状态值为 DISABLE 是禁止 DAC 通道 DMA 请求。

例如，使能 DAC 通道 2 的 DMA 请求，代码如下：

```
DAC_DMACmd(DAC_Channel_2, ENABLE);
```

3. 使能禁止 DAC 通道软件触发函数

1) DAC_SoftwareTriggerCmd()函数

DAC_SoftwareTriggerCmd()函数是使能或禁止选择的 DAC 通道软件触发，其函数原型如下：

```
void DAC_SoftwareTriggerCmd(uint32_t DAC_Channel, FunctionalState NewState)
```

第一个参数 DAC_Channel 是选择 DAC 通道软件触发。参数值为 DAC_Channel_1 是选择 DAC 通道软件触发，参数值为 DAC_Channel_2 是选择 DAC 通道软件触发。

第二个参数 NewState 是 DAC 通道软件触发的新状态。状态值为 ENABLE 是使能 DAC 通道软件触发，状态值为 DISABLE 是禁止 DAC 通道软件触发。

2) DAC_DualSoftwareTriggerCmd()函数

DAC_DualSoftwareTriggerCmd()函数是使能或禁止 2 个 DAC 通道同步软件触发，其函数原型如下：

```
void DAC_DualSoftwareTriggerCmd(FunctionalState NewState)
```

其参数 NewState 是 2 个 DAC 通道同步软件触发的新状态。状态值为 ENABLE 是使能 2 个 DAC 通道同步软件触发，状态值为 DISABLE 是禁止 2 个 DAC 通道同步软件触发。

6.5.3 设置 DAC 值

设置 DAC 值的函数，包括设置 DAC 通道 1 值、设置 DAC 通道 2 值以及设置 DAC 双通道值等函数。

1. void DAC_SetChannel1Data()函数

void DAC_SetChannel1Data()函数是设置 DAC 通道 1 指定的数据保持寄存器值，其函数原型如下：

```
void DAC_SetChannel1Data(uint32_t    DAC_Align, uint16_t    Data)
```

第一个参数 DAC_Align 是 DAC 通道 1 指定的数据对齐，参数值为 DAC_Align_12b_R 是 12 位右对齐、DAC_Align_12b_L 是 12 位左对齐、DAC_Align_8b_R 是 8 位右对齐。

第二个参数 Data 是装入选择的数据保持寄存器的数据。

例如，在 DAC 通道 1 设置为 12 位右对齐，DAC 通道 1 输出电压，代码如下：

```
DAC_SetChannel1Data(DAC_Align_12b_R,Stepvalue);
```

2. void DAC_SetChannel2Data()函数

void DAC_SetChannel2Data()函数是设置 DAC 通道 2 指定的数据保持寄存器值，其函数原型如下：

```
void DAC_SetChannel2Data(uint32_t    DAC_Align, uint16_t    Data)
```

第一个参数 DAC_Align 是 DAC 通道 2 指定的数据对齐。

第二个参数 Data 是装入选择的数据保持寄存器的数据。

例如，在 DAC 通道 2 设置为 12 位左对齐，DAC 通道 2 输出电压，代码如下：

```
DAC_SetChannel2Data(DAC_Align_12b_L,Stepvalue);
```

3. void DAC_SetDualChannelData()函数

DAC_SetDualChannelData()函数是为双通道 DAC 设置指定的数据保持寄存器值，其函数原型如下：

```
void DAC_SetDualChannelData(uint32_t DAC_Align, uint16_t Data2, uint16_t Data1)
```

第一个参数 DAC_Align 是双通道 DAC 指定的数据对齐。

第二个参数 Data2 是 DAC 通道 2 装载到选择的数据保持寄存器的数据。

第三个参数 Data1 是 DAC 通道 1 装载到选择的数据保持寄存器的数据。

6.6 STM32F4 的 DAC 开发步骤

在前面介绍了 STM32F4 的 DAC 转换相关库函数后，如何对 STM32F4 的 DAC 转换进行开发呢？其开发步骤如下。

1. DAC 的 GPIO 配置

STM32F4 的 DAC 有两个输出通道，每个输出通道都连接到特定的引脚，通道 1 连接 PA4 引脚，通道 2 连接 PA5 引脚。

例如，使用 STM32F4 的 DAC 通道 1。STM32F4 的 DAC 通道 1 是连在 PA4 引脚上的，这时要先使能 PORTA 时钟，后设置 PA4 为输出。

```
1.    GPIO_InitTypeDef GPIO_InitStructure;
2.    RCC_APB2PeriphClockCmd(RCC_APB2Periph_GPIOA,ENABLE );
3.    GPIO_InitStructure.GPIO_Pin = GPIO_Pin_4;
4.    GPIO_InitStructure.GPIO_Speed = GPIO_Speed_50MHz;
5.    GPIO_InitStructure.GPIO_Mode = GPIO_Mode_OUT;
6.    GPIO_Init(GPIOA, &GPIO_InitStructure);                    //PA4 作为输出引脚
```

2. DAC 初始化

DAC 初始化主要包括使能 DAC 时钟，选择 DAC 通道，设置 DAC 的触发方式，是否自动输出噪声或三角波以及是否使能输出缓冲器等。

下面以采用 DAC 通道 1、选择 T2 作外部触发源、自动输出三角波(三角波的高为 2047)进行 DAC 初始化。

```
1.    DAC_InitTypeDef    DAC_InitStructure;
2.    RCC_APB1PeriphClockCmd(RCC_APB1Periph_DAC, ENABLE);   //使能 DAC 时钟
3.    DAC_InitStructure.DAC_Trigger = DAC_Trigger_T2_TRGO;   //选择定时器 2 作外部触发源
4.    DAC_InitStructure.DAC_WaveGeneration =DAC_Wave_Triangle;   //产生三角波
```

```
5.  //三角波的高为 2047  最高可以为 4095
6.  DAC_InitStructure.DAC_LFSRUnmask_TriangleAmplitude = DAC_TriangleAmplitude_2047;
7.  //无输出缓冲 提高驱动能力可以打开缓冲
8.  DAC_InitStructure.DAC_OutputBuffer = DAC_OutputBuffer_Disable;
9.  DAC_Init(DAC_Channel_1, &DAC_InitStructure);
10. DAC_DMACmd(DAC_Channel_1, DISABLE);          //禁止 DAC 通道 1 的 DMA 请求
11. DAC_Cmd(DAC_Channel_1, ENABLE);              //使能 DAC 通道 1
```

3．配置 DAC 用的定时器

DAC 初始化完成后，需要配置触发用的定时器，设定每次触发的间隔，以达到控制输出的目的。由于 DAC 是选择 TIM2 作为外部触发源的，所以需要对 TIM2 进行配置。

```
1.  TIM_TimeBaseInitTypeDef  TIM_TimeBaseStructure;
2.  //将 TimeBaseStruct 这个结构体中的元素初始化为默认值
3.  TIM_TimeBaseStructInit(&TIM_TimeBaseStructure);
4.  RCC_APB1PeriphClockCmd(RCC_APB1Periph_TIM2, ENABLE);  //使能 TIM2 时钟
5.  TIM_TimeBaseStructure.TIM_Period = 168;        //定时周期为 168，TIM2 时钟为 168 MHz
6.  TIM_TimeBaseStructure.TIM_Prescaler = 0x0;             //预分频，不分频为 168 MHz
7.  TIM_TimeBaseStructure.TIM_ClockDivision = 0x0;         //时钟分频系数
8.  TIM_TimeBaseStructure.TIM_CounterMode = TIM_CounterMode_Up;   //向上计数模式
9.  TIM_TimeBaseInit(TIM2, &TIM_TimeBaseStructure);
10. //使用定时器 2 的更新事件作为触发输出
11. TIM_SelectOutputTrigger(TIM2, TIM_TRGOSource_Update);
12. TIM_Cmd(TIM2, ENABLE);                                  //使能 TIM2
```

TIM2 的定时周期为 168，向上计数模式，不分频，即 TIM2 每隔 168 × (1/168M)s 就会触发一次 DAC 事件，作为 DAC 触发源。使用的定时器并不需要设置中断，当定时器计数器向上计数至指定的值时，就会产生 Update 事件，同时触发 DAC，把 DHRx 寄存器的数据转移到 DORx，从而开始进行转换。

4．设置 DAC 输出值

在以上步骤完成后，就可以设置 DAC 的输出值了。

```
1.  void DAC_SetOutput(uint16_t value)
2.  {
3.      double temp = value;
4.      temp /= 1000;
5.      temp = temp * 4096/3.3;
6.      DAC_SetChannel1Data(DAC_Align_12b_R,temp);
```

```
7.    }
```

DAC 通道 1 采用的是 12 位右对齐(0～4095)，最高可以为 4095，电压是 3.3 V。DAC 输出值 value(value 取值为 0～3300)先对 1000 进行整除，然后通过 temp × 4096/3.3 进行数据处理，最后通过 DAC 通道 1 输出电压。

任务 9 输出三角波

6-4 输出三角波

一、任务描述

采用智能小车核心板的 STM32F4 的 DAC 通道 1、TIM2 作为外部触发源，DAC 通道 1 自动输出三角波(三角波的高为 2047)。

二、任务分析

1. 硬件电路分析

智能小车核心板的 STM32F4 的 DAC 通道 1 是在 PA4 引脚上，DAC 电路如图 6-6 所示，其中 DAC_OUT1 是连接 PA4 引脚。

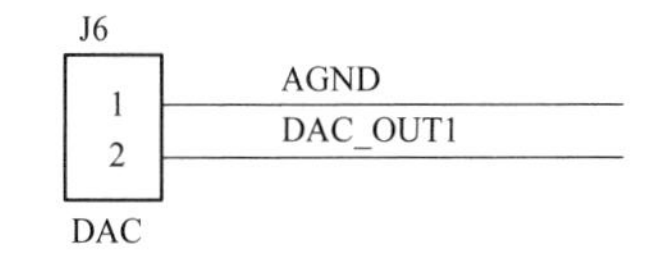

图 6-6 采集电源电压电路

2. 软件设计

(1) 新建一个 DAC 工程，或者在现有的工程中进行修改。

(2) 按照 STM32F4 的 GPIO 开发步骤，初始化 DAC 通道 1 连接的 PA4 引脚。

(3) 初始化 STM32F4 的 DAC 通道 1。

(4) 初始化配置 DAC 用的定时器 TIM2。

(5) 在主文件中，完成相关的初始化工作，通过 STM32F4 的 DAC 通道 1 自动输出三角波。

三、任务实施

1. 硬件连接

给智能小车 STM32F4 核心板上电，下载器连接核心板和电脑 USB 接口。

2. 程序编写

新建一个 DAC 工程，编写 DAC 通道 1 自动输出三角波程序。

(1) DAC 初始化 DAC_Configure()函数。

```
1.    void DAC_Configure(void)
2.    {
3.          GPIO_InitTypeDef GPIO_InitStructure;
```

```
4.     DAC_InitTypeDef             DAC_InitStructure;
5.     TIM_TimeBaseInitTypeDef    TIM_TimeBaseStructure;
6.     GPIO_InitStructure.GPIO_Pin = GPIO_Pin_4;
7.     GPIO_InitStructure.GPIO_Speed = GPIO_Speed_50MHz;
8.     GPIO_InitStructure.GPIO_Mode = GPIO_Mode_OUT;
9.     GPIO_Init(GPIOA, &GPIO_InitStructure);
10.    RCC_APB1PeriphClockCmd(RCC_APB1Periph_DAC, ENABLE);
11.    //选择定时器 2 作外部触发源
12.    DAC_InitStructure.DAC_Trigger = DAC_Trigger_T2_TRGO;
13.    DAC_InitStructure.DAC_WaveGeneration =DAC_Wave_Triangle;     //产生三角波
14.    //三角波的高为 2047(最高可以为 4095)
15.    DAC_InitStructure.DAC_LFSRUnmask_TriangleAmplitude
16.                                          = DAC_TriangleAmplitude_2047;
17.    //无输出缓冲，提高驱动能力可以打开缓冲
18.    DAC_InitStructure.DAC_OutputBuffer = DAC_OutputBuffer_Disable;
19.    DAC_Init(DAC_Channel_1, &DAC_InitStructure);
20.    DAC_DMACmd(DAC_Channel_1, DISABLE);                    //不使用 DMA
21.    DAC_Cmd(DAC_Channel_1, ENABLE);
22.    TIM_TimeBaseStructInit(&TIM_TimeBaseStructure);
23.    RCC_APB1PeriphClockCmd(RCC_APB1Periph_TIM2, ENABLE);
24.    TIM_TimeBaseStructure.TIM_Period = 168;
25.    TIM_TimeBaseStructure.TIM_Prescaler = 0x0;
26.    TIM_TimeBaseStructure.TIM_ClockDivision = 0x0;
27.    TIM_TimeBaseStructure.TIM_CounterMode = TIM_CounterMode_Up;
28.    TIM_TimeBaseInit(TIM2, &TIM_TimeBaseStructure);
29.    //使用更新事件作为触发输出
30.    TIM_SelectOutputTrigger(TIM2, TIM_TRGOSource_Update);
31.    TIM_Cmd(TIM2, ENABLE);
32. }
```

(2) 主文件 main.c。

```
1.  #include "stm32f4xx.h"
2.  #include "delay.h"
3.  #include "led.h"
4.  #include "key.h"
5.  #include "dac.h"
6.  int main(void)
7.  {
```

```
8.          uint16_t i;
9.          delay_Init();
10.         DAC_Configure();
11.         while(1);
12.   }
```
----

3. 关键代码分析

(1) DAC_Configure()函数主要是对DAC通道1使用的PA4、能自动输出三角波的DAC通道1以及作为DAC通道1外部触发源的TIM2等进行初始化。

(2) 在主文件main.c中，主要是通过DAC_Configure()函数完成相关的初始化工作，并通过STM32F4的DAC通道1自动输出三角波。

4. 程序编译及调试

(1) 编译无误后，点击MDK5工具栏上的图标LOAD，将程序下载到芯片中。

(2) 上电运行后，使用示波器连接核心板J6处的2P接口，观察DAC通道1(PA4引脚)是否输出三角波。若没有输出三角波，需修改代码直到输出三角波为止。

四、任务拓展

参考本任务，完成DAC通道2(PA5引脚)输出正弦波的程序设计。

思考与练习

6.1 STM32F4把ADC的转换分为哪两个通道组？这两个通道组又分别包含多少个通道？

6.2 简述读取STM32F4的ADC值的步骤。

6.3 STM32F4的DAC主要有哪些特性？

6.4 STM32F4的DAC有两个输出通道，这两个输出通道分别连接GPIOA的哪两个引脚？

第7章 STM32F4的总线

本章介绍 STM32F4 微控制器的 SPI 总线与 CAN 总线，内容包括 SPI 与 CAN 总线的基本概念、STM32F4 微控制器中 SPI 与 CAN 外设的组成及通信原理、SPI 与 CAN 总线控制器编程所涉及的标准外设库函数。通过学习，读者可以了解 STM32F4 微控制器的 SPI 接口、CAN 总线控制器等相关知识，熟悉 STM32F4 的 SPI 接口与 CAN 总线开发步骤，掌握 SPI 与 CAN 外设的编程方法。

7.1 STM32F4 的 SPI 总线

7-1 STM32F4 的 SPI 总线

7.1.1 串行外设接口(SPI)

SPI 是串行外设接口(Serial Peripheral Interface)的缩写，是 Motorola 公司推出的同步串行接口技术，是一种高速、全双工的同步通信总线。

SPI 以主从方式工作，这种模式通常有一个主设备和一个或多个从设备，需要至少 4 根线(单向传输时 3 根也可以)，它们是 MISO、MOSI、SCK、CS。

(1) MISO(Master Input Slave Output)：主设备数据输入、从设备数据输出。

(2) MOSI(Master Output Slave Input)：主设备数据输出、从设备数据输入。

(3) SCK(Serial Clock)：时钟信号，由主设备产生。

(4) CS(Chip Select)：从设备使能信号，由主设备控制。CS 是从芯片是否被主芯片选中的控制信号，也就是说只有片选信号为预先规定的使能信号时(高电位或低电位)，主芯片对此从芯片的操作才有效，这就使在同一条总线上连接多个 SPI 设备成为可能。

SPI 通信如图 7-1 所示。SPI 通信有 4 种不同的工作模式，通信双方必须是工作在同一模式下，通常从设备可能在出厂时就被配置为某种固定模式，所以需要对主设备的 SPI 模式进行配置，通过 CPOL(时钟极性)和 CPHA(时钟相位)来控制主设备的通信模式，具体如下：

Mode0：CPOL=0，CPHA=0；

Mode1：CPOL=0，CPHA=1；

Mode2：CPOL=1，CPHA=0；

Mode3：CPOL=1，CPHA=1。

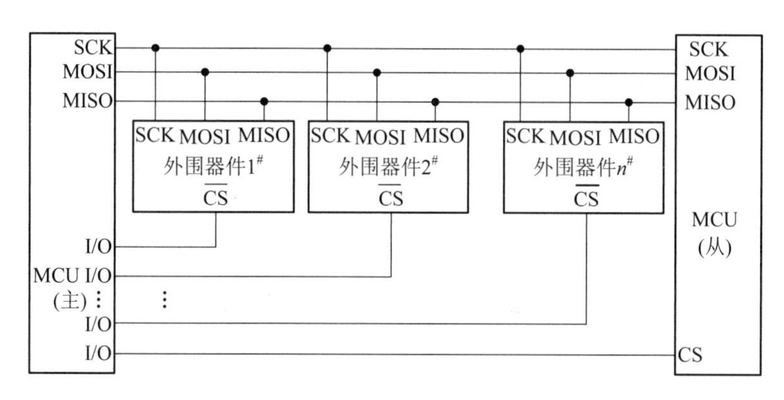

图 7-1　SPI 通信示意图

时钟极性 CPOL 用来配置 SCK 的电平处于哪种状态时是空闲态或者有效态，时钟相位 CPHA 用来配置数据采样是在第几个边沿：

CPOL=0，表示当 SCK=0 时处于空闲态，所以有效状态就是 SCK 处于高电平时；

CPOL=1，表示当 SCK=1 时处于空闲态，所以有效状态就是 SCK 处于低电平时；

CPHA=0，表示数据采样是在第 1 个边沿，数据发送在第 2 个边沿；

CPHA=1，表示数据采样是在第 2 个边沿，数据发送在第 1 个边沿。

SPI 总线通信模式如图 7-2 所示。

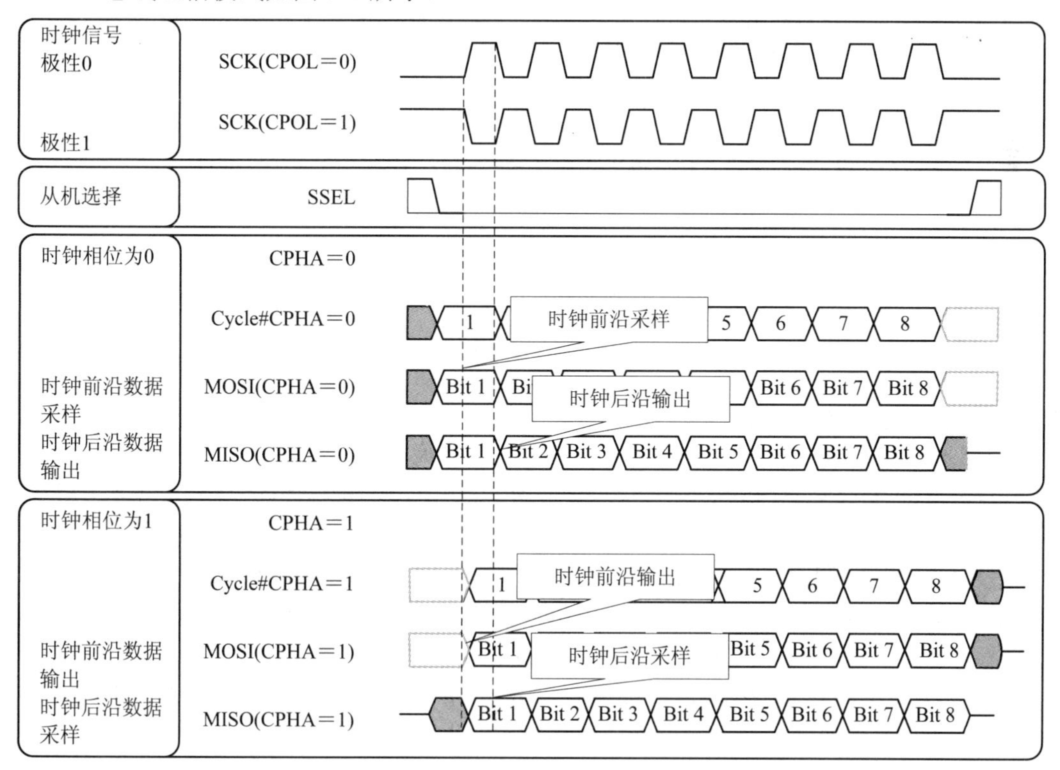

图 7-2　SPI 总线通信模式

一个标准的 SPI 总线读数据过程如图 7-3 所示，在片选信号 CS 低电平有效期间，主机在 MOSI 线上发出指令和读取数据的地址后，从机在 MISO 线上输出数据。

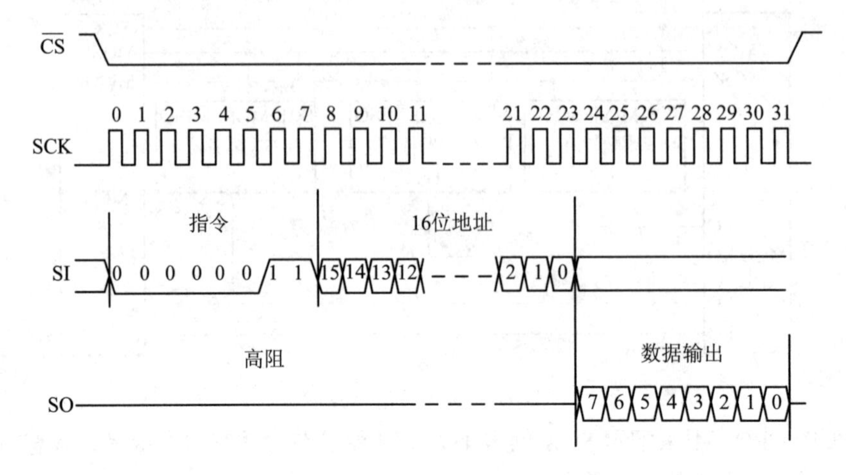

图 7-3　一个标准的 SPI 读数据过程

一个标准的 SPI 总线写数据过程如图 7-4 所示，在片选信号 CS 低电平有效期间，主机在 MOSI 线上发出指令和读取数据的地址后，紧接着发出要写入的数据。

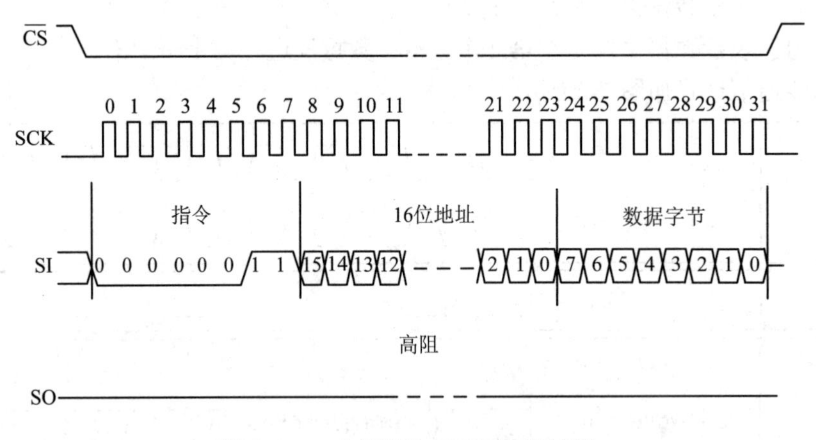

图 7-4　一个标准的 SPI 写数据过程

7.1.2　STM32F4 的 SPI 接口

STM32F4 微控制器的 SPI 接口可以用做 SPI 通信的主机或从机，完全支持 SPI 的 4 种工作模式，数据帧长度可以配置为 8 位或 16 位，可以配置 MSB 先行或 LSB 先行。

STM32F4 的 SPI 可以工作在基于三条线(片选除外，下同)的全双工同步传输或者基于双线的单工同步传输中，支持 CRC 生成和验证。数据传输支持中断模式，在某些型号芯片上，还可利用 DMA 功能来减轻 CPU 的工作量。

STM32F4 微控制器 SPI 的原理框图如图 7-5 所示，可以看到 SPI 主要分为发送和接收缓冲、波特率发生器、主控制逻辑和通信控制等几个部分。

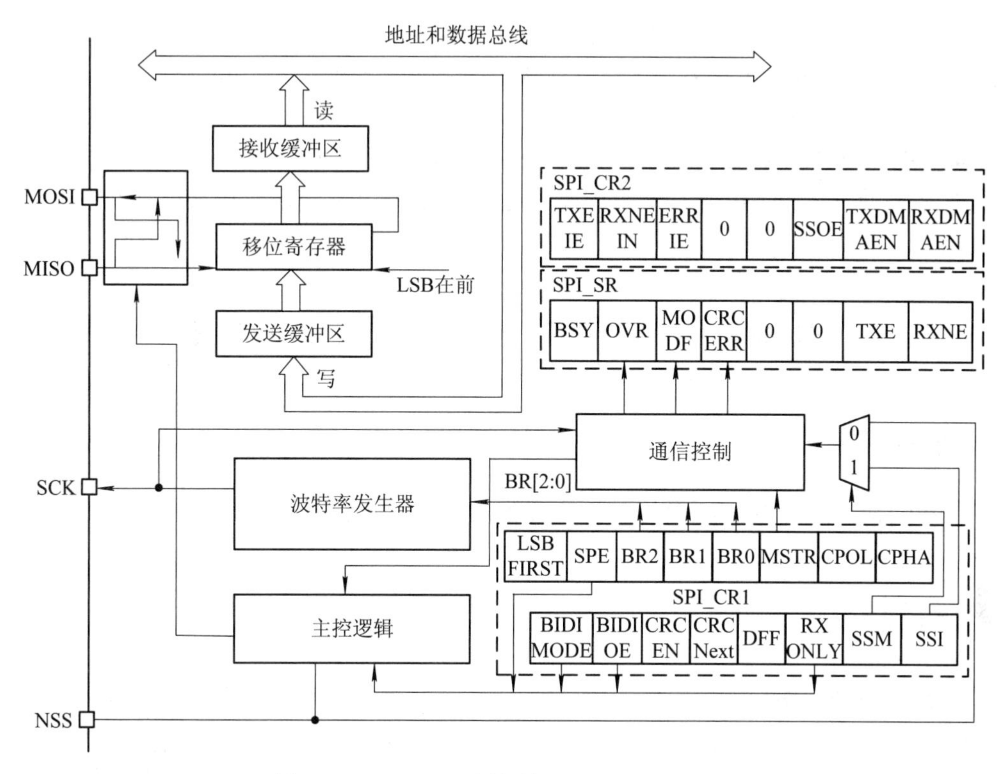

图 7-5　STM32F4 微控制器 SPI 的原理框图

7.1.3　STM32 的 SPI 编程所涉及的标准外设库函数

表 7-1 中是本节任务所涉及的 SPI 编程中要使用到的标准外设库函数，现在我们只需要简单了解函数的作用，在任务代码分析时再做详细讲解。

表 7-1　本节任务操作 SPI 所涉及的标准外设库函数

函 数 名 称	函 数 作 用
SPI_Init()	初始化 SPI 基本参数
SPI_Cmd()	使能或者失能 SPI
SPI_GetFlagStatus()	检查指定的 SPI 标志位
SPI_I2S_SendData()	SPI 发送数据

7.1.4　STM32F4 的 SPI 接口开发步骤

STM32F4 的 SPI 接口开发应该遵循以下步骤：

(1) 根据整体硬件需求选择 SPI 接口控制器。STM32F4 拥有两个 SPI 接口控制器，其对应数据线分别与不同的 I/O 口复用，需要根据实际需求进行选择。

(2) 配置 SPI 接口复用的 GPIO 端口。这里特别强调，在基于标准外设库的 STM32F4 微控制器编程中，几乎所有涉及数字信号(不含 A/D)复用的端口初始化配置中，应该将相应端口设置为复用模式，端口的输出模式设置为推挽输出，端口的输入模式推荐设置为输入上拉，并选择合适的输出速率。至于具体哪个信号线输入或输出，由外设控制。

(3) 对 SPI 接口控制器的基本参数进行初始化。

(4) 使能 SPI 接口控制器，使其开始正常工作。

(5) 在程序中实现 SPI 接口数据的发送与读取，根据实际情况可以采用查询方式或者中断方式。

任务 10　SPI 总线驱动 OLED 显示

一、任务描述

使用 STM32F4 的 SPI 接口控制器，对 0.96 寸 OLED 进行读写操作，驱动 OLED 交替显示“Hello”和“World”。

二、任务分析

1．硬件电路分析

将核心板与嵌入式开发功能扩展套件的 14P 与 16P 排线连接，使用 STM32F4 的 SPI2 连接 OLED 显示屏，其中 GPIOI1 复用为 SCK，GPIOI3 复用为 MOSI，GPIOI2 复用为 MISO，另外 GPIO1 为 OLED 显示屏的片选信号，GPIOB2 为 OLED 显示屏的复位信号。

7-2　SPI 总线驱动 OLED 显示训练

2．软件设计

(1) 新建一个工程，或者在现有的工程中进行修改。

(2) 按照 STM32F4 的 GPIO 的开发步骤，初始化所要使用以及复用的 GPIO 端口。

(3) 初始化 SPI2，配置工作模式等各项参数。

(4) 编写 SPI 总线的数据读写函数。

(5) 在主循环中，对 OLED 显示屏进行操作。

三、任务实施

1．硬件连接

给 STM32F4 核心板上电，下载器连接核心板和电脑 USB 接口。

2．程序讲解

程序的主函数如下：

```
1.    int main(void)
2.    {
```

```
3.        SysTick_Init();
4.    TimerDay_Configure(83);
5.        LED_Configuration();
6.        SPI_Configuration();
7.    OLED_Init();
8.        while(1)
9.        {
10.   OLED_ShowString(16,0,"Hello",16);
11.   TimerDay_ms(1000);
12.   OLED_ShowString(16,0,"World",16);
13.   TimerDay_ms(1000);
14.     }
15. }
```

主函数在初始化配置环节调用函数 SPI_Configuration()完成了对 SPI 接口控制器的配置，随后在主循环中通过 SPI 接口向 OLED 显示屏交替写入“Hello”和“World”字符串。

在本节中只关注 SPI 相关的配置和操作，对 OLED 的操作可参考源代码。

下面是 SPI 初始化配置函数：

```
1.  void SPI_Configure(void)    /*SPI 初始化配置函数*/
2.  {
3.      GPIO_InitTypeDef GPIO_InitStructure;
4.      SPI_InitTypeDef SPI_InitStructure;
5.      RCC_AHB1PeriphClockCmd(RCC_AHB1Periph_GPIOB|
6.                             RCC_AHB1Periph_GPIOI,ENABLE);
7.      RCC_APB1PeriphClockCmd(RCC_APB1Periph_SPI2,ENABLE);
8.      RCC_APB2PeriphClockCmd(RCC_APB2Periph_SYSCFG,ENABLE);
9.
10.     //GPIOI1 – SCK、GPIOI3 –MOSI、GPIOI2 –MISO
11.     GPIO_InitStructure.GPIO_Pin = GPIO_Pin_1| GPIO_Pin_2|GPIO_Pin_3;
12.     GPIO_InitStructure.GPIO_Mode = GPIO_Mode_AF;
13.     GPIO_InitStructure.GPIO_OType = GPIO_OType_PP;
14.     GPIO_InitStructure.GPIO_Speed = GPIO_Speed_100MHz;
15.     GPIO_Init(GPIOI,&GPIO_InitStructure);
16.     GPIO_PinAFConfig(GPIOI,GPIO_PinSource1,GPIO_AF_SPI2);
17.     GPIO_PinAFConfig(GPIOI,GPIO_PinSource2,GPIO_AF_SPI2);
18.     GPIO_PinAFConfig(GPIOI,GPIO_PinSource3,GPIO_AF_SPI2);
```

```
19.     //GPIOI0 - CS
20.     GPIO_InitStructure.GPIO_Pin = GPIO_Pin_0;
21.     GPIO_InitStructure.GPIO_Mode = GPIO_Mode_OUT;
22.     GPIO_InitStructure.GPIO_OType = GPIO_OType_PP;
23.     GPIO_InitStructure.GPIO_Speed = GPIO_Speed_100MHz;
24.     GPIO_Init(GPIOI,&GPIO_InitStructure);
25.     //GPIOB2     OLED - RESET
26.     GPIO_InitStructure.GPIO_Pin = GPIO_Pin_2;
27.     GPIO_InitStructure.GPIO_Mode = GPIO_Mode_OUT;
28.     GPIO_InitStructure.GPIO_OType = GPIO_OType_PP;
29.     GPIO_InitStructure.GPIO_Speed = GPIO_Speed_100MHz;
30.     GPIO_Init(GPIOB,&GPIO_InitStructure);
31.     //SPI 口初始化
32.         RCC_APB1PeriphResetCmd(RCC_APB1Periph_SPI2,ENABLE); //复位 SPI2
33.         SPI_InitStructure.SPI_Mode = SPI_Mode_Master;            //主机模式
34.     SPI_InitStructure.SPI_DataSize =SPI_DataSize_8b;            //数据大小 8 位
35.     SPI_InitStructure.SPI_BaudRatePrescaler = SPI_BaudRatePrescaler_8; //8 分频
36.     SPI_InitStructure.SPI_NSS = SPI_NSS_Soft;          //软件管理
37.     SPI_InitStructure.SPI_CPHA = SPI_CPHA_2Edge;  //在奇数边沿采集、偶数边沿采集
38.     SPI_InitStructure.SPI_CPOL = SPI_CPOL_High;      //空闲电平
39.     SPI_InitStructure.SPI_Direction = SPI_Direction_2Lines_FullDuplex;    //全双工
40.     SPI_InitStructure.SPI_FirstBit = SPI_FirstBit_MSB;      //高位在前
41.     SPI_InitStructure.SPI_CRCPolynomial = 7;        //CRC
42.     SPI_Init(SPI2,&SPI_InitStructure);
43.     SPI_Cmd(SPI2,ENABLE);
44. }
```

由于 SPI 接口的 3 根线(不含片选 CS)与 GPIO 端口复用，首先需要对复用的 GPIO 进行配置。

根据前面所述配置原则，MOSI、SCK、MISO 应分别配置为复用模式、输出为推挽模式、输入为上拉模式。至于具体哪个信号线输入或输出，由 SPI 外设控制。

片选信号 CS 以及连接到 OLED 显示屏的复位信号 RESET 并不由 SPI 外设直接控制，应配置为普通的推挽输出模式，其输出电平由 GPIO 直接控制。

在端口配置完成后，接下来要调用标准外设库函数 SPI_Init()对 SPI 控制器的基本参数进行配置，其参数为一个类型为 SPI_InitTypeDef 的结构体变量 SPI_InitStructure，此结构体的成员作用与取值如表 7-2 所示。

表 7-2　SPI 参数初始化结构体 SPI_InitTypeDef 的成员

结构体成员名称	结构体成员作用	结构体成员取值	描　述
SPI_Direction	SPI 单向或者双向的数据模式	SPI_Direction_2Lines_FullDuplex	双线双向全双工
		SPI_Direction_2Lines_RxOnly	双线单向接收
		SPI_Direction_1Line_Rx	单线双向接收
		SPI_Direction_1Line_Tx	为单线双向发送
SPI_Mode	SPI 工作模式	SPI_Mode_Maste	主机模式
		SPI_Mode_Slave	从机模式
SPI_DataSize	SPI 数据宽度	SPI_DataSize_16b	数据宽度 16 位
		SPI_DataSize_8b	数据宽度 8 位
SPI_CPOL	SPI 时钟的稳态	SPI_CPOL_High	高电平稳态
		SPI_CPOL_Low	低电平稳态
SPI_CPHA	位捕获的时钟活动沿	SPI_CPHA_2Edge	第二个时钟沿捕获
		SPI_CPHA_1Edge	第一个时钟沿捕获
SPI_NSS	片选信号硬件或软件管理	SPI_NSS_Hard	外部管脚管理
		SPI_NSS_Soft	内部信号管理
SPI_BaudRatePrescaler	波特率预分频值	SPI_BaudRatePrescaler2～256	波特率预分频值为 2～256
SPI_FirstBit	数据传输的开始位	SPI_FisrtBit_MSB	数据传输从高位开始
		SPI_FisrtBit_LSB	数据传输从低位开始
SPI_CRCPolynomia	CRC 校验的多项式	复位后默认为 7	

本任务中 SPI 接口控制器基本参数的选择参见函数代码中的注释。在基本参数设置完成后，调用标准外设库函数 SPI_Cmd()启动 SPI 外设。

任务代码当中使用如下 SPI 读写函数 SPI_ReadWriteByte()完成对 OLED 的操作：

```
1.  uint8_t SPI_ReadWriteByte(uint8_t src)     /*SPI 读写函数*/
2.  {
3.      while(SPI_GetFlagStatus(SPI2,SPI_FLAG_TXE) == RESET);
4.      SPI_I2S_SendData(SPI2,src);
5.      while(SPI_GetFlagStatus(SPI2,SPI_FLAG_RXNE) == RESET);
6.      return SPI_I2S_ReceiveData(SPI2);
7.  }
```

首先在 while 循环中调用标准外设库函数 SPI_GetFlagStatus()判断 SPI 发送是否完成，如果完成则调用标准外设库函数 SPI_I2S_SendData()发送数据。然后在 while 循环中调用标准外设库函数 SPI_GetFlagStatus()判断 SPI 接收是否完成，如果完成则调用标准外设库函数 SPI_I2S_ReceiveData()读取数据。

四、任务拓展

在 SPI 任务的基础上，尝试对核心板上的 SPI 接口串行 Flash 存储器芯片 W25Q32 写入并读取数据，然后显示在 OLED 显示屏上。

7.2 STM32F4 的 CAN 总线

7-3 STM32F4 的 CAN 总线

7.2.1 控制器局域网络(CAN)

CAN 是控制器局域网络(Controller Area Network)的简称，是由以研发和生产汽车电子产品著称的德国 BOSCH 公司开发的，并最终成为国际标准(ISO11898)，CAN 总线协议已经成为汽车计算机控制系统和嵌入式工业控制局域网的标准总线。CAN 总线是国际上应用最广泛的现场总线之一。

图 7-6 所示为 CAN 总线通信示意图。CAN 总线采用两根差分信号线 CAN_H 和 CAN_L 进行数据传输，数据通信没有主从之分，任意一个节点都可以向任何其他(一个或多个)节点发起数据通信，靠各个节点信息优先级的先后顺序来决定通信次序。多个节点同时发起通信时，优先级低的避让优先级高的，不会对通信线路造成拥塞。

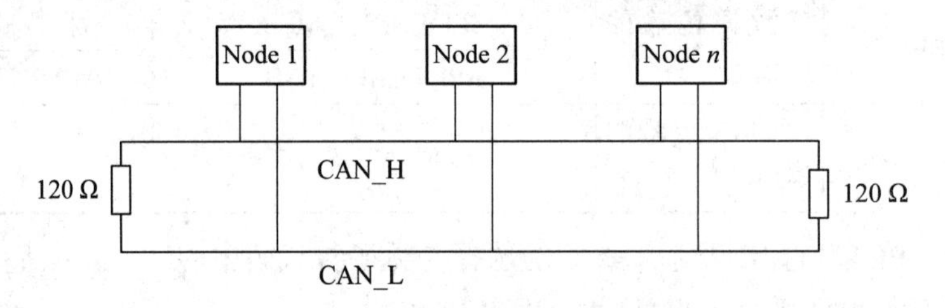

图 7-6 CAN 总线通信示意图

在 CAN_H 和 CAN_L 电平差为 2.5 V 时，CAN 总线呈现为显性电平，对应逻辑 0；在 CAN_H 和 CAN_L 电平差为 0 V 时，CAN 总线呈现为隐性电平，对应逻辑 1。

CAN 总线上只要有一个设备输出显性电平，总线即为显性电平。只有当所有设备均输出隐性电平时，总线才为隐性电平。这一特点是 CAN 总线实现仲裁和地址筛选过滤的重要基础。

CAN 总线通信距离最远可达 10 km(速率低于 5 kb/s)，速率最高可达到 1 Mb/s(通信距离小于 40 m)。

CAN 总线上传输的通信帧分成 5 种，分别为数据帧、远程帧、错误帧、过载帧和帧间隔。这里以最重要的数据帧为例进行简单介绍，如图 7-7 所示。

数据帧根据仲裁段长度不同分为标准帧(2.0A)和扩展帧(2.0B)，这里主要介绍标准帧。

(1) 帧起始：由一个显性位(低电平)组成，发送节点发送帧起始，其他节点同步于帧起始。

(2) 帧结束：由 7 个隐性位(高电平)组成。

(3) 仲裁段：只要总线空闲，总线上任何节点都可以发送报文，如果有两个或两个以上的节点开始传送报文，那么就会存在总线访问冲突的可能，CAN 使用标识符的逐位仲裁方法来解决这个问题。

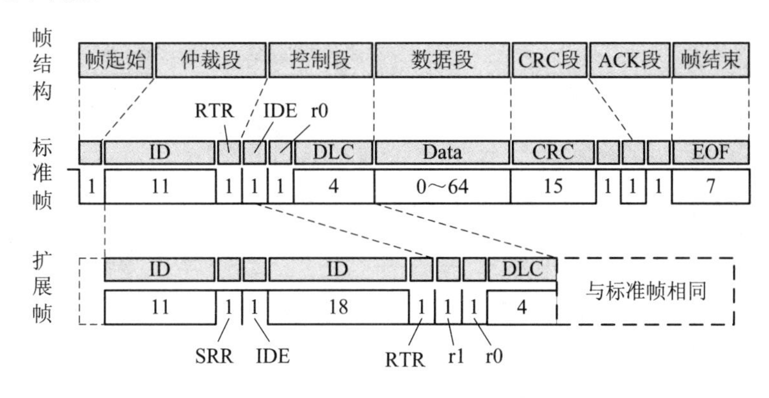

图 7-7　CAN 总线的数据帧

CAN 总线控制器在发送数据的同时监控总线电平，如果电平不同，则停止发送并做其他处理。如果该位位于仲裁段，则退出总线竞争；如果位于其他段，则产生错误事件。

帧 ID 越小，优先级越高。由于数据帧的 RTR 位为显性电平，远程帧为隐性电平，所以帧格式和帧 ID 相同的情况下，数据帧优先于远程帧；由于标准帧的 IDE 位为显性电平，扩展帧的 IDE 位为隐性电平，对于前 11 位 ID 相同的标准帧和扩展帧，标准帧优先级比扩展帧高。

(4) 数据段：一个数据帧传输的数据量为 0～8 个字节，这种短帧结构使得 CAN 总线具有数据量小、发送和接收时间短、实时性高、被干扰概率小、抗干扰能力强等优点，非常适合汽车和工控应用场合。

(5) CRC 段：用于检查帧传输错误，它由 15 位 CRC 校验码和 1 位 CRC 定界符组成。

(6) ACK 段：是对一帧已被正常接收的确认信号，由 2 位组成，一位是 ACK 位，一位是 ACK 的定界符。

发送单元以隐性位发送 ACK 位和 ACK 定界符。

接收单元正确接收到信息后在接收帧的 ACK 位发送一个显性电平，以通知发送单元其已经正确接收完毕。

7.2.2　STM32F4 的 CAN 总线控制器

STM32F4 的 CAN 总线控制器集成了 CAN 总线协议的数据链路层功能，可完成对通信数据的成帧处理，包括位填充、数据块编码、CRC 校验、筛选判别等工作。

配合板上外置负责物理层的 CAN 总线驱动芯片 TJA1050，STM32F4 可以以较小的 CPU 代价完成 CAN 总线的通信任务。

STM32F4 的 CAN 总线控制器具有以下主要特点：

(1) 支持 2.0A 及 2.0B 版本 CAN 总线协议；

(2) 通信比特率高达 1 Mb/s；

(3) 具有三个发送邮箱；

(4) 具有两个三级深度的接收 FIFO；

(5) 具有可配置的筛选过滤器组。

STM32 的 CAN 总线控制器原理框图如图 7-8 所示，可以看到两个 CAN 总线控制器分别拥有自己的发送邮箱和接收 FIFO，但是共用筛选器。

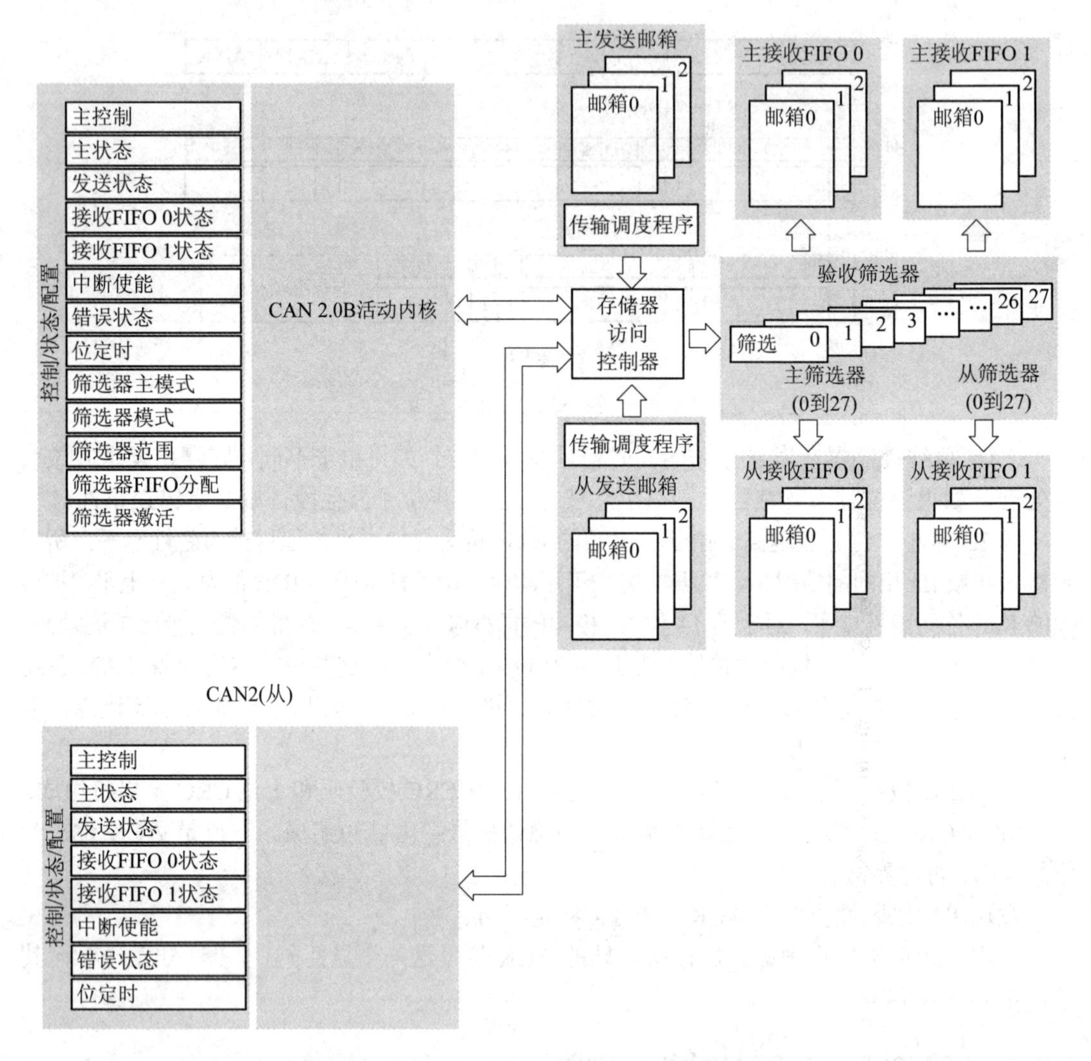

图 7-8　STM32F4 的 CAN 总线控制器原理框图

CAN 控制器为了发送数据，软件必须在请求发送前选择一个空的发送邮箱，并设置标识符、数据长度代码和数据。如果邮箱退出空状态，软件即不再具有对邮箱寄存器的写访问权限，邮箱立即进入挂起状态并等待成为优先级高的邮箱。一旦邮箱拥有高优先级，即被安排发送数据。CAN 总线变为空闲后，被安排好的邮箱即开始发送数据(进入发送状态)，邮箱发送成功后即恢复空状态。无论发送成功或失败，均有相应的标志位置位。

CAN 控制器拥有三个 FIFO 用于接收数据。当数据依据 CAN 协议被正确接收并且成功通过标识符筛选过滤后，该数据被视为有效。FIFO 开始时处于空状态，在接收的第一条有效数据存储在其中后变为挂起状态，相应标志位置位。软件读取 FIFO 中的数据，FIFO 随即恢复空状态。

7.2.3 STM32F4 的 CAN 总线控制器编程所涉及的标准外设库函数

表 7-3 是本节任务中所涉及的 CAN 总线控制器编程要使用到的标准外设库函数，现在我们只需要简单了解函数的作用，在代码分析时再做详细讲解。

表 7-3 本节任务所涉及的 CAN 总线控制器标准外设库函数

函 数 名 称	函 数 作 用
CAN_DeInit	将外设 CAN 的全部寄存器重设为缺省值
CAN_Init	初始化外设 CAN 的寄存器
CAN_FilterInit	根据 CAN_FilterInitStruct 中指定的参数初始化外设 CAN 的寄存器
CAN_ITConfig	使能或者失能指定的 CAN 中断
CAN_Transmit	开始一个消息的传输
CAN_GetFlagStatus	检查指定的 CAN 中断发生与否
CAN_Receive	接收一个消息
CAN_ClearITPendingBit	清除 CAN 的中断待处理标志位

7.2.4 STM32F4 的 CAN 总线开发步骤

CAN 总线开发应该遵循以下步骤：

(1) 根据整体硬件需求选择 CAN 总线控制器，STM32F4 拥有两个 CAN 总线控制器，其两根数据线分别与不同的 GPIO 口复用，需要根据实际需求进行选择。

(2) 配置复用的 GPIO 口，CAN 总线复用的 GPIO 口应该配置为复用的推挽输出模式。

(3) 对 CAN 总线控制器的基本参数进行初始化。

(4) 对 CAN 总线控制器的筛选值(或者说过滤值)进行初始化。

(5) 在程序中实现 CAN 总线数据的发送与读取，通常来说，数据发送采用查询方式，数据接收采用中断方式。

任务 11 板间 CAN 总线通信

7-4 板间 CAN 总线通信训练

一、任务描述

改变主函数中宏定义，将两块核心板分别置于发送与接收模式，分别下载发送与接收的代码。连接两个核心板的 CAN 接口，发送端每隔 500 ms 会发送一次数据，接收端收到数据核心板 LED 会闪烁。

二、任务分析

1. 硬件电路分析

使用 4P 排线连接两个核心板的 CAN 接口，CAN 控制器的发送与接收信号线复用的是

GPIOA 的 11 和 12 脚，此外，板上外置的 CAN 总线驱动芯片 TJA1050 的高速/静默模式控制脚由 GPIOF10 控制。

2. 软件设计

(1) 新建一个工程，或者在现有的工程中进行修改。
(2) 按照 STM32F4 的 GPIO 的开发步骤，初始化所要使用以及复用的 GPIO 端口。
(3) 初始化 CAN 总线控制器，配置各项参数，并打开 CAN 总线数据接收中断。
(4) 初始化 CAN 总线筛选器的参数。
(5) 在主循环中通过 CAN 总线发送数据，在中断服务函数中接收数据。

三、任务实施

1. 硬件连接

给 STM32F4 核心板上电，下载器连接核心板和电脑 USB 接口。

2. 程序讲解

程序的主函数如下：

```
1.  int main(void)
2.  {
3.          SysTick_Init();
4.          TimerDay_Configure(83);
5.          LED_Configuration();
6.          CAN_Device_Configure();
7.              LED_Run_times = gt_get() + 500;
8.          while(1)
9.          {
10.         #ifdef CAN_DEVICE_TYPE_TX
11.                 if(gt_get_sub(LED_Run_times) == 0)
12.                 {
13.                     LED_Run_times = gt_get() + 500;
14.                     LED1 = !LED1;
15.             CAN_Send_Msg(2,CAN_TxBuf);
16.                 }
17.         #endif
18.         #ifdef CAN_DEVICE_TYPE_RX
19.         if(Rx_finish_Flag == SET)
20.         {
21.             if(RxMessage.Data[0] == CAN_TxBuf[0])
22.             {
```

```
23.                 if(RxMessage.Data[1] == CAN_TxBuf[1])
24.                 {
25.                     LED2 = !LED2;
26.                 }
27.             }
28.             Rx_finish_Flag = RESET;
29.         }
30.         #endif
31.     }
32. }
```

主函数中通过宏定义 CAN_DEVICE_TYPE_TX 和 CAN_DEVICE_TYPE_RX 可以将程序配置为发送方和接收方。在调用函数 CAN_Device_Configure()对 CAN 总线控制器配置完成后，如果配置为发送方，则在主循环当中调用函数 CAN_Send_Msg()发送数据；如果配置为接收方，则在主循环中判断接收中断服务函数中设置的标志位 Rx_finish_Flag。如果中断服务函数接收到数据，则对数据进行判断并操作 LED 的亮灭。

CAN 总线配置函数如下，主要完成 CAN 总线复用的端口配置、CAN 总线基本参数配置、CAN 总线筛选器参数配置、CAN 总线中断配置等工作。

```
1.  void CAN_Device_Configure(void) /*CAN 总线配置函数*/
2.  {
3.      CAN_Port_Configure();           //CAN 总线端口配置
4.      CAN_Configure();                //CAN 总线基本参数配置函数
5.      CAN_NVIC_Configure();           //CAN 总线中断配置
6.      CAN_Filter_Configure();         //CAN 总线筛选器(过滤器)参数配置
7.  }
```

由于 CAN 总线的两根数据线与 GPIO 口复用，首先需要对复用的 GPIO 进行配置,下面是 CAN 总线端口配置函数。

```
1.  void CAN_Port_Configure(void) /*CAN 总线端口配置函数*/
2.  {
3.      GPIO_InitTypeDef        GPIO_InitStructure;
4.      RCC_AHB1PeriphClockCmd(RCC_AHB1Periph_GPIOA|
5.                             RCC_AHB1Periph_GPIOF, ENABLE);
6.      GPIO_InitStructure.GPIO_Pin = GPIO_Pin_11 | GPIO_Pin_12;
7.          GPIO_InitStructure.GPIO_Mode = GPIO_Mode_AF;
8.          GPIO_InitStructure.GPIO_Speed = GPIO_Speed_50MHz;
9.      GPIO_InitStructure.GPIO_OType = GPIO_OType_PP;
```

```
10.            GPIO_InitStructure.GPIO_PuPd    = GPIO_PuPd_UP;
11.        GPIO_Init(GPIOA, &GPIO_InitStructure);
12.            GPIO_InitStructure.GPIO_Pin = GPIO_Pin_10;
13.            GPIO_InitStructure.GPIO_Mode = GPIO_Mode_OUT;
14.            GPIO_InitStructure.GPIO_Speed = GPIO_Speed_50MHz;
15.            GPIO_InitStructure.GPIO_OType = GPIO_OType_PP;
16.            GPIO_InitStructure.GPIO_PuPd    = GPIO_PuPd_UP;
17.            GPIO_Init(GPIOF, &GPIO_InitStructure);
18.        GPIO_ResetBits(GPIOF,GPIO_Pin_10);
19.        GPIO_PinAFConfig(GPIOA, GPIO_PinSource11, GPIO_AF_CAN1);
20.        GPIO_PinAFConfig(GPIOA, GPIO_PinSource12, GPIO_AF_CAN1);
21.  }
```

CAN 控制器的发送与接收信号线复用的是 GPIOA 的 11 和 12 脚，按照前面说明过的复用端口配置原则，应该设置为复用模式，输出为推挽模式，输入为上拉模式。至于具体哪个信号线输入或输出，由 CAN 控制器决定。

此外，板上外置的 CAN 总线驱动芯片 TJA1050 的高速/静默模式控制脚由 GPIOF 的第 10 脚控制，这里将其配置为推挽输出模式，并输出低电平以控制驱动芯片工作在高速模式下。

复用端口配置完成后，接下来要对 CAN 总线控制器的基本参数进行配置，下面是 CAN 总线控制器的基本参数配置函数：

```
1.  void CAN_Configure(void) /*CAN 总线基本参数配置函数*/
2.  {
3.       CAN_InitTypeDef    CAN_InitStructure;
4.        RCC_APB1PeriphClockCmd(RCC_APB1Periph_CAN1, ENABLE);
5.        CAN_DeInit(CAN1);                                    //CAN 总线寄存器初始化
6.           CAN_InitStructure.CAN_TTCM = DISABLE;             //关闭时间触发通信模式
7.       CAN_InitStructure.CAN_ABOM = ENABLE;                  //自动离线管理模式使能
8.        CAN_InitStructure.CAN_AWUM = DISABLE;                //使用自动唤醒模式
9.           CAN_InitStructure.CAN_NART = DISABLE; //禁止报文自动重传 DISABLE-自动重传
10.      //接收 FIFO 锁定模式  DISABLE-溢出时新报文会覆盖原有报文
11.       CAN_InitStructure.CAN_RFLM = DISABLE;
12.      //发送 FIFO  优先级  DISABLE-优先级取决于报文标示符
13.            CAN_InitStructure.CAN_TXFP = ENABLE;
14.      //正常模式,CAN_Mode_LoopBack; CAN_Mode_Normal;
15.            CAN_InitStructure.CAN_Mode = CAN_Mode_Normal;
16.            //重新同步数据宽度  2 个时间单位
17.            CAN_InitStructure.CAN_SJW = CAN_SJW_1tq;
```

```
18.         //时间段 1 占用 6 个时间单位
19.             CAN_InitStructure.CAN_BS1 = CAN_BS1_2tq;
20.         //时间段 2 占用 3 个时间单位
21.             CAN_InitStructure.CAN_BS2 = CAN_BS2_3tq;
22.         //波特率分频器  定义了时间单元的时间长度 42/(1+2+3)/7=1Mb/s
23.          CAN_InitStructure.CAN_Prescaler = 7;
24.             CAN_Init(CAN1, &CAN_InitStructure);
25.  }
```

CAN 总线控制器基本参数配置函数中，在调用了标准外设库函数 CAN_DeInit()完成对 CAN1 的缺省配置后，接下来调用标准外设库 CAN_Init()完成对 CAN 控制器基本参数的配置，函数的参数为一个类型为 CAN_InitTypeDef 的结构体变量 CAN_InitStructure，此结构体的成员作用与取值如表 7-4 所示。

表 7-4　CAN 参数初始化结构体 CAN_InitTypeDef 的成员

结构体成员名称	结构体成员作用	结构体成员取值	描　述
CAN_TTCM	时间触发通信模式	ENABLE	使能
		DISABLE	失能
CAN_ABOM	自动离线管理	ENABLE	使能
		DISABLE	失能
CAN_AWUM	自动唤醒模式	ENABLE	使能
		DISABLE	失能
CAN_NART	非自动重传输模式	ENABLE	使能
		DISABLE	失能
CAN_RFLM	接收 FIFO 锁定模式	ENABLE	使能
		DISABLE	失能
CAN_TXFP	发送 FIFO 优先级	ENABLE	使能
		DISABLE	失能
CAN_Mode	CAN 的工作模式	CAN_Mode_Normal	正常模式
		CAN_Mode_Silent	静默模式
		CAN_Mode_LoopBack	环回模式
		CAN_Mode_Silent_LoopBack	静默环回模式
CAN_SJW	重新同步跳跃宽度	CAN_SJW_1tq～CAN_SJW_4tq	重新同步跳跃宽度 1～4 个时间单位
CAN_BS1	时间段 1 的时间单位数目	CAN_BS1_1tq～CAN_BS1_16tq	时间段 1 为 1～16 个时间单位
CAN_BS2	时间段 2 的时间单位数目	CAN_BS2_1tq～CAN_BS2_8tq	时间段 2 为 1～8 个时间单位
CAN_Prescale		1～1024	

本任务中 CAN 总线控制器基本参数的选择参见函数代码中的注释。

在 CAN 总线控制器的基本参数设置完成后，还需要对 CAN 总线筛选过滤器的参数进行设置，以便接收方能够准确接收数据，以下为 CAN 总线筛选器的参数配置函数：

```
1.  void CAN_Filter_Configure(void) /*CAN 总线筛选器(过滤器)参数配置函数*/
2.  {
3.          CAN_FilterInitTypeDef    CAN_FilterInitStructure;
4.      //选择过滤器号，取值范围为 0～13
5.          CAN_FilterInitStructure.CAN_FilterNumber = 0;
6.      //标识符屏蔽模式
7.      CAN_FilterInitStructure.CAN_FilterMode = CAN_FilterMode_IdMask;
8.      //一个 32 bit 的过滤器
9.      CAN_FilterInitStructure.CAN_FilterScale = CAN_FilterScale_32bit;
10.     //过滤标识符设定：高 16 bit
11.     CAN_FilterInitStructure.CAN_FilterIdHigh = 0x0000;
12.     //过滤器过滤标识符设定：低 16 bit
13.     CAN_FilterInitStructure.CAN_FilterIdLow = 0x0000;
14.     //过滤器屏蔽标识符设定：高 16 bit
15.     CAN_FilterInitStructure.CAN_FilterMaskIdHigh = 0x0000;
16.     //过滤器屏蔽标识符设定：低 16 bit
17.     CAN_FilterInitStructure.CAN_FilterMaskIdLow = 0x0000;
18.     //过滤器关联到 FIFO0
19.         CAN_FilterInitStructure.CAN_FilterFIFOAssignment = 0;
20.     //使能过滤器
21.     CAN_FilterInitStructure.CAN_FilterActivation = ENABLE;
22.     CAN_FilterInit(&CAN_FilterInitStructure);
23.     //使能 CAN 通信中断
24.     CAN_ITConfig(CAN1, CAN_IT_FMP0, ENABLE);
25. }
```

在此函数中，主要是调用标准外设库 CAN_FilterInit()完成对 CAN 总线筛选器参数的配置，其参数为一个类型为 CAN_FilterInitTypeDef 的结构体变量 CAN_FilterInitStructure，此结构体的成员作用与取值如表 7-5 所示。

本任务中 CAN 总线筛选器参数的选择决定了能够接收什么节点发送过来的数据，具体参见函数代码中的注释。

表 7-5 CAN 筛选器参数初始化结构体 CAN_FilterInitTypeDef 的成员

结构体成员名称	结构体成员作用	结构体成员取值	描 述
CAN_FilterNumber	待初始化的筛选器	1～3	
CAN_FilterMode	筛选模式	CAN_FilterMode_IdMask	标识符屏蔽位模式
		CAN_FilterMode_IdList	标识符列表模式
CAN_FilterScale	筛选器位宽	CAN_FilterScale_Two16bit	2 个 16 位筛选器
		CAN_FilterScale_One32bit	1 个 32 位筛选器
CAN_FilterIdHigh	设定过滤器标识符(32 位位宽时为其高段位，16 位位宽时为第一个)	0x0000～0xFFFF	
CAN_FilterIdLow	设定过滤器标识符(32 位位宽时为其低段位，16 位位宽时为第二个)	0x0000～0xFFFF	
CAN_FilterMaskIdHigh	设定过滤器屏蔽标识符或者过滤器标识符(32 位位宽时为其高段位，16 位位宽时为第一个)	0x0000～0xFFFF	
CAN_FilterMaskIdLow	设定过滤器屏蔽标识符或者过滤器标识符(32 位位宽时为其低段位，16 位位宽时为第二个)	0x0000～0xFFFF	
CAN_FilterFIFO	设定指向过滤器的 FIFO	CAN_FilterFIFO0	FIFO0 指向过滤器
		CAN_FilterFIFO1	FIFO1 指向过滤器
CAN_FilterActivation	使能或者失能过滤器	ENABLE	使能
		DISABLE	失能

由于本任务中 CAN 总线的数据接收采用中断方式，还需要对 CAN 总线控制器的中断进行配置，其配置函数如下：

```
1.  void CAN_NVIC_Configure(void) /*CAN 总线中断配置函数*/
2.  {
3.          NVIC_InitTypeDef NVIC_TypeDefStructure;
4.          //设置 CAN 总线中断线
5.          NVIC_TypeDefStructure.NVIC_IRQChannel = CAN1_RX0_IRQn;
6.          //抢占优先级
7.      NVIC_TypeDefStructure.NVIC_IRQChannelPreemptionPriority = 0;
8.          //响应优先级
9.          NVIC_TypeDefStructure.NVIC_IRQChannelSubPriority = 0;
10.         //使能中断线
```

```
11.        NVIC_TypeDefStructure.NVIC_IRQChannelCmd = ENABLE;
12.    NVIC_Init(&NVIC_TypeDefStructure);
13. }
```

函数中使能了 CAN1 的接收中断并对其优先级别进行了配置。

本任务中 CAN 总线数据的发送采用了查询方式，以下为 CAN 总线数据发送函数的代码，在写入数据帧的内容后，调用了标准外设库函数 CAN_Transmit()将数据帧的内容发送到总线上。

```
1.  void CAN_Send_Msg(uint8_t length, uint8_t *data) /*CAN 总线数据发送函数*/
2.  {
3.      uint8_t i = 0;
4.      //设定标识符，共 11 位，取值范围为 0～0x7FF
5.      //决定该帧优先级，数值越小，优先级越高
6.      TxMessage.StdId = 0x200;
7.          TxMessage.ExtId = 0x000;    //设定扩展标识符,共 18 bit,取值范围为 0～0x3FFFF
8.          TxMessage.IDE = CAN_ID_STD;          //标准格式
9.          TxMessage.RTR = CAN_RTR_DATA;    //数据帧
10.         //DLC 长度，取值为 0～8
11.         TxMessage.DLC = length;
12.         for(i = 0;i<length;i++)
13.     {
14.             TxMessage.Data[i] = data[i];          //CAN 总线装载数据
15.     }
16.     CAN_Transmit(CAN1, &TxMessage);          //CAN 总线发送数据
17. }
```

在 CAN 总线接收中断服务函数中，读取 FIFO 中接收到的数据，并将接收完成标志 Rx_finish_Flag 置位。

```
1.  void CAN1_RX0_IRQHandler(void) /*CAN 总线接收中断服务函数*/
2.  {
3.      if(Rx_finish_Flag == 0)
4.      {
5.          if( CAN_GetFlagStatus(CAN1,CAN_FLAG_FMP0) == SET)
6.          {
7.              CAN_Receive(CAN1,CAN_FIFO0,&RxMessage);
8.              Rx_finish_Flag = 1;
9.          }
```

```
10.     }
11.     CAN_ClearITPendingBit(CAN1,CAN_FLAG_FMP0);
12.   }
```

四、任务拓展

在 CAN 任务的基础上，尝试将更多的核心板通过 CAN 总线连接，通过改变 CAN 总线筛选器的内容，实现多机通信。

思考与练习

7.1 简述 STM32F4 的 SPI 工作模式。

7.2 STM32F4xx 系列的 SPI 特点有哪些？

7.3 如果采用 STM32F4 的 SPI 接口读和写 Flash 存储器(W25X16/W25Q16)。

7.4 STM32F4 的 CAN 协议具有哪些特点？

7.5 简述 STM32F4 的 CAN 发送和接收的流程。

第8章 STM32F4的SDIO与FSMC接口

本章主要介绍STM32F4的SDIO接口与FSMC接口相关知识，通过案例的方式讲解SDIO接口库函数以及FSMC编程所涉及的标准外设库函数。通过学习，读者可以了解STM32的SDIO接口工作原理，熟悉SD卡种类、工作原理以及FATFS文件系统，掌握SD卡操作函数的移植方法以及SD卡初始化、读、写、擦除等操作函数。

8.1 STM32F4的SDIO接口

8-1　STM32的SDIO接口

SDIO(Secure Digital Input and Output)的全称为安全数字输入/输出接口，定义了一种外设接口，类似于SPI、IIC等接口。STM32系列控制器集成一个SDIO主机接口，可以与MMC、SD等存储卡以及SD I/O和CE-ATA设备进行数据传输。由于SDIO接口传输速度较快，WiFi Card、GPS Card等模块广泛采用SDIO传输协议与处理器通信。

8.1.1 SDIO接口的工作原理

STM32的SDIO接口的功能框图如图8-1所示，主要由SDIO适配器和APB2接口两部分组成。其中SDIO适配器提供SDIO主机功能，可以提供SD时钟、发送命令和进行数据传输；APB2接口用于控制器访问SDIO适配器寄存器并且可以产生中断和DMA请求信号。其详细工作原理可查看《STM32F4xx中文参考手册》的"安全数字输入/输出接口(SDIO)"章节。

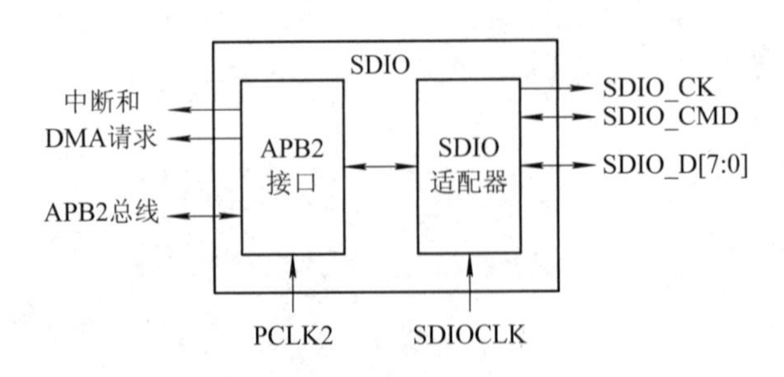

图8-1　STM32的SDIO接口的功能框图

1. SDIO 接口的引脚

STM32 控制器的 SDIO 有 8 根数据线(SD 卡最多用 4 根数据线)、1 根输出时钟线和 1 根 SDIO_CMD 命令控制线。

2. SDIO 接口的时钟

从图 8-1 中可知，SDIO 共有 3 个时钟，它们分别是：

(1) SDIO 适配器时钟(SDIOCLK)：该时钟用于驱动 SDIO 适配器，来自 PLL48CK，频率一般为 48 MHz，并用于产生 SDIO_CK 时钟。

(2) APB2 总线接口时钟(PCLK2)：该时钟用于驱动 SDIO 的 APB2 总线接口，其频率为 HCLK/2，一般为 84 MHz。

(3) 卡时钟(SDIO_CK)：每个时钟周期在命令和数据线上传输 1 位命令或数据。对于多媒体卡 V3.31 协议，时钟频率可以设置小于 20 MHz；对于多媒体卡 V4.0/4.2 协议，时钟频率可以设置小于 48 MHz；对于 SD 或 SD I/O 卡，时钟频率可以设置小于 25 MHz。

SDIO_CK 与 SDIOCLK 的关系：

当时钟分频器不旁路时为

$$\text{SDIO\_CK} = \frac{\text{SDIOCLK}}{2 + \text{CLKDIV}}$$

式中，SDIOCLK 为 PLL48CK，一般是 48 MHz，而 CLKDIV 是分配系数，可以通过 SDIO 的 SDIO_CLKCR 寄存器进行设置。

当时钟分频器旁路时，SDIO_CK 直接等于 SDIOCLK。

需要注意：在 SD 卡在识别卡初始化时，其时钟频率(SDIO_CK)不能超过 400 kHz，否则可能无法完成初始化。在初始化以后，就可以提高 SDIO_CK 时钟频率了。

3. SDIO 命令与状态机

STM32 与外部的 SDIO 接口设备是采用 SDIO 命令方式来通信的，大部分命令有返回响应。SDIO 接口有空闲、等待、发送、接收等状态机，通过各种状态机发送命令，来完成 SDIO 设备的初始化、读、写、擦除等操作。

4. 数据 FIFO

数据 FIFO 部件是一个数据缓冲器，带发送和接收单元。SDIO 接口的 FIFO 拥有宽度为 32 bit、深度为 32 字节的数据缓冲器和发送/接收逻辑单元，容量为 128 字节。其中 SDIO 状态寄存器(SDIO_STA)的 TXACT 位为 1 时，表示当前正在向 FIFO 发送数据，SDIO 状态寄存器(SDIO_STA)的 RXACT 位为 1 时，表示当前 FIFO 正在接收外部设备的数据，这两个位不可能同时为 1。当 FIFO 空或满状态时，都会把 SDIO_STA 寄存器相关位置为 1，并可以产生 SDIO 中断和 DMA 中断请求。

8.1.2 SD 卡

SD 卡(Secure Digital Memory Card)的全称为安全数码卡，是一种基于半导体快闪记忆器的新一代记忆设备，被广泛地应用于数码相机、多媒体播放机等便携式装置上。SD 卡协会网站(www.sdcard.org)中提供了 SD 存储卡和 SD I/O 卡系统规范。

1．SD 卡物理结构

SD 卡按容量分类，可以分为 SD 卡或 SDSC 卡(容量为 0～2 GB)、SDHC 卡(容量为 2 GB～32 GB)和 SDXC 卡(容量为 32 GB～2 TB)。STM32F4 处理器只支持 SD 卡和 SDHC 卡，不支持 SDXC 卡。SD 卡或 SDHC 卡外观如图 8-2 所示，microSDHC 卡比 SDHC 卡外观上看更小一些。

图 8-2　SDHC 卡外观(正面和反面引脚)

SD 卡由 9 个引脚与外部通信，支持 SPI 和 SDIO 两种模式。不同模式下，SD 卡引脚功能描述如表 8-1 所示。STM32F4 处理器的 SDIO 不支持 SPI 通信模式，如果需要用到 SPI 通信，只能使用 SPI 外设。

表 8-1　SD 卡 SPI 和 SDIO 两种模式比较

引脚	1	2	3	4	5	6	7	8	9
SD 卡模式	CD/DATA3	CMD	VSS	VCC	CLK	VSS	DATA0	DATA1	DATA2
SPI 模式	CS	MOSI	VSS	VCC	CLK	VSS	MISO	NC	NC

2．SD 卡寄存器

SD 卡总共有 8 个寄存器，如表 8-2 所示。寄存器位的含义可以参考 SD 简易规格文件《Physical Layer Simplified Specification V2.0》第 5 章内容。

表 8-2　SD 卡寄存器

名称	位宽/bit	功 能 描 述
CID	128	名称卡识别号(Card Identification Number)：识别卡的个体号码，是唯一的
RCA	16	相对地址(Relative Card Address)：卡的本地系统地址，初始化时，动态地址由卡建议，主机核准
DSR	16	驱动级寄存器(Driver Stage Register)：配置卡的输出驱动
CSD	128	卡的特定数据(Card Specific Data)：卡的操作条件信息
SCR	64	SD 配置寄存器(SD Configuration Register)：SD 卡特殊特性信息
OCR	32	操作条件寄存器(Operation Conditions Register)
SSR	512	SD 状态(SD Status)：SD 卡专有特征的信息
CSR	32	卡状态(Card Status)：卡状态信息

3. SD 卡命令与响应

8-2　SD 卡命令与响应

SD 卡命令可分为通用命令(CMD)和应用命令(ACMD)两种。ACMD 也称拓展命令，发送 ACMD 时，需先发送 CMD55。SD 命令有 4 种类型：

(1) 无响应广播命令(bc)：发送到所有卡，不返回任务响应。

(2) 带响应广播命令(bcr)：发送到所有卡，同时接收来自所有卡的响应。

(3) 寻址命令(ac)：发送到选定卡，DAT 线无数据传输。

(4) 寻址数据传输命令(adtc)：发送到选定卡，DAT 线有数据传输。

SDIO 所有的命令和响应都是在 SDIO_CMD 引脚上面传输的，命令长度固定为 48 位，用户需要设置 CONTENT 中的值。SDIO 命令格式如图 8-3 所示。

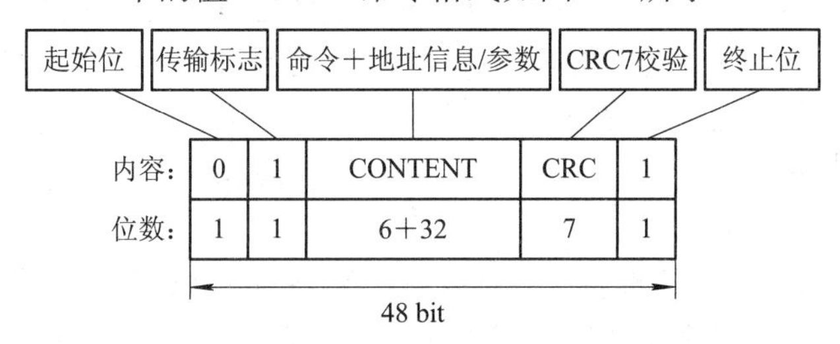

图 8-3　SD 卡命令格式

SD 卡命令格式的说明如下：

(1) 起始位和终止位：起始位为 0，终止位为 1，它们只包含 1 个数据位，硬件自动完成。

(2) 传输标志：用于区分传输方向，“1”表示命令，方向为由主机传输到 SD 卡；“0”表示响应，方向为由 SD 卡传输到主机。

(3) 命令主体内容：包括命令和地址信息/参数，其中命令为 6 个位，地址信息/参数为 32 个位。用户对该内容进行相应设置，完成命令功能。

(4) CRC 校验：用于校验传输数据，硬件自动完成。

STM32 的 SDIO 接口支持两种响应类型：短响应(48 位)和长响应(136 位)。例如，R1 为短响应，R2 为长响应。SD 卡部分命令如表 8-3 所示，详细内容请阅读《Physical Layer Simplified Specification V2.0》。

表 8-3　SD 卡部分命令描述

命令序号	类型	参数	响应	描　述
CMD0	bc	[31:0]填充位	—	复位所有的卡到“idle”状态
CMD2	bcr	[31:0]填充位	R2	通知所有卡通过 CMD 线返回 CID 值
CMD3	bcr	[31:0]填充位	R6	通知所有卡发布新 RCA
CMD7	ac	[31:16]RCA[15:0]填充位	R1b	选择/取消选择 RCA 地址卡
CMD8	bcr	[31:12]保留位[11:8]VHS[7:0]检查模式	R7	发送 SD 卡接口条件，包含主机支持的电压信息，并询问卡是否支持

续表

命令序号	类型	参数	响应	描　述
CMD9	ac	[31:16]RCA[15:0]填充位	R2	选定卡通过 CMD 线发送 CSD 内容
CMD10	ac	[31:16]RCA[15:0]填充位	R2	选定卡通过 CMD 线发送 CID 内容
CMD12	ac	[31:0]填充位	R1b	强制卡停止传输
CMD13	ac	[31:16]RCA[15:0]填充位	R1	选定卡通过 CMD 线发送它状态寄存器
CMD15	ac	[31:16]RCA[15:0]填充位	—	使选定卡进入“inactive”状态

例如，CMD8 命令的格式如表 8-4 所示。

表 8-4　CMD8 命令格式

位	47	46	[45:40]	[39:20]	[19:16]	[15:8]	[7:1]	0
位宽	1	1	6	20	4	8	7	1
位值	0	1 或 0	001000	00000h	x	x	x	1
描述	开始位	1 表示命令 0 表示响应	命令索引	存留位	供电 VHS	检查传输 0xAA	CRC7	终止位

在发送 CMD8 时，通过其带的参数可以设置 VHS 位，以告诉 SD 卡主机的供电情况，让 SD 卡知道主机的供电范围。VHS 位定义如表 8-5 所示。

表 8-5　VHS 位定义

Voltage Supplied(VHS)	47
0000b	没有定义
0001b	2.7 V～3.6 V
0010b	保留最低电压范围
0100b	保留
1000b	保留
其他	没有定义

若 CMD8 的参数为 0X1AA，即告诉 SD 卡，主机供电为 2.7 V～3.6 V。如果 SD 卡支持 CMD8，且支持该电压范围，则会通过 CMD8 的响应将参数部分返回给主机；如果不支持 CMD8，或者不支持这个电压范围，则不响应。

4．SD 卡的操作模式及切换

SD 卡系统定义了无效模式、卡识别模式和数据传输模式。在系统复位后，主机处于卡识别模式，寻找总线上可用的 SDIO 设备；同时，SD 卡也处于卡识别模式，直到被主机识别到。当 SD 卡接收到 SEND_RCA(CMD3)命令后，SD 卡就会进入数据传输模式，而主机在总线上的所有卡被识别后也进入数据传输模式。主机通过各种命令进行 SD 卡的操作模式切换。

(1) 无效模式：包括的状态机有无效状态。

(2) 卡识别模式：包括的状态机有空闲状态、准备状态、识别状态等。

(3) 数据传输模式：包括的状态机有待机状态、传输状态、发送数据状态、接收数据状态、编程状态、断开连接状态等。

8.1.3 STM32F4 的 SDIO 接口库函数分析

通常采用两类库函数：一类为标准库的 stm32f4xx_sdio.c 文件中的函数；另一类为 SD 卡相关函数，位于 STM32F4xx_DSP_StdPeriph_Lib_V1.8.0\Utilities\STM32_EVAL\STM324x7I_EVAL 文件夹之中。需要使用到的文件有 stm324x7i_eval_sdio_sd.c、stm324x7i_eval_sdio_sd.h、stm324x7i_eval.c、stm324x7i_eval.h 等，主要包括 SD 卡的初始化、读、写、擦除等操作函数，用户根据需要将这些 SD 卡相关函数移植到自己的工程之中。

1. 标准库中的 SDIO 初始化结构体定义

在 stm32f4xx_sdio.c 文件中，标准库函数对 SDIO 外设建立了三个初始化结构体，分别为 SDIO 初始化结构体 SDIO_InitTypeDef、SDIO 命令初始化命令结构体 SDIO_CmdInitTypeDef 和 SDIO 数据初始化结构体 SDIO_DataInitTypeDef。

(1) SDIO 初始化结构体 SDIO_InitTypeDef：用于配置 SDIO 基本工作环境，比如时钟分频、时钟沿、数据宽度等，它被 SDIO_Init 函数使用。

```
1. typedef struct {
2. uint32_t    SDIO_ClockEdge;               //时钟沿
3. uint32_t    SDIO_ClockBypass;             //旁路时钟
4. uint32_t    SDIO_ClockPowerSave;          //节能模式
5. uint32_t    SDIO_BusWide;                 //数据宽度
6. uint32_t    SDIO_HardwareFlowControl;     //硬件流控制
7. uint8_t     SDIO_ClockDiv;                //时钟分频
8. } SDIO_InitTypeDef;
```

(2) SDIO 命令初始化命令结构体 SDIO_CmdInitTypeDef：用于设置命令相关内容，比如命令号、命令参数、响应类型等，它被 SDIO_SendCommand 函数使用。

```
1. typedef struct {
2. uint32_t    SDIO_Argument;                //命令参数
3. uint32_t    SDIO_CmdIndex;                //命令号
4. uint32_t    SDIO_Response;                //响应类型
5. uint32_t    SDIO_Wait;                    //等待使能
6. uint32_t    SDIO_CPSM;                    //命令路径状态机
7. } SDIO_CmdInitTypeDef;
```

(3) SDIO 数据初始化结构体 SDIO_DataInitTypeDef：用于配置数据发送和接收参数，比如传输超时、数据长度、传输模式等，它被 SDIO_DataConfig 函数使用。

```
1. typedef struct {
2. uint32_t     SDIO_DataTimeOut;                //数据传输超时
3. uint32_t     SDIO_DataLength;                 //数据长度
4. uint32_t     SDIO_DataBlockSize;              //数据块大小
5. uint32_t     SDIO_TransferDir;                //数据传输方向
6. uint32_t     SDIO_TransferMode;               //数据传输模式
7. uint32_t     SDIO_DPSM;                       //数据路径状态机
8. } SDIO_DataInitTypeDef;
```

2．移植 SD 卡相关操作函数

8-3 移植 SD 卡相关操作函数介绍

按照 stm324x7i_eval_sdio_sd.c 文件中的说明进行移植，部分操作函数如下：

```
1.  /*函数功能：SD 卡读取一个块
2.    函数参数：readbuff：读数据缓存区(必须 4 字节对齐!!)
3.              ReadAddr：读取地址
4.              BlockSize：块大小
5.    返回值：错误状态                              */
6.  SD_Error SD_ReadBlock(uint8_t *readbuff, uint64_t ReadAddr, uint16_t BlockSize)
7.  { …}
8.  /*函数功能：SD 卡读取多个块
9.    函数参数：readbuff：读数据缓存区
10.             ReadAddr：读取地址
11.             BlockSize：块大小
12.             NumberOfBlocks：要读取的块数
13.   返回值：错误状态                         */
14. SD_Error SD_ReadMultiBlocks(uint8_t *readbuff, uint64_t ReadAddr, uint16_t BlockSize,
                         uint32_t NumberOfBlocks)
15. { … }
16. /*函数功能：SD 卡写 1 个块
17.   函数参数：writebuff：数据缓存区
18.             WriteAddr：写地址
19.             BlockSize：块大小
20.   返回值：错误状态                         */
21. SD_Error SD_WriteBlock(uint8_t *writebuff, uint64_t WriteAddr, uint16_t BlockSize)
22. {…}
23. /*函数功能：SD 卡写多个块
```

```
24.    函数参数：writebuff：数据缓存区
25.              WriteAddr：写地址
26.              BlockSize：块大小
27.              NumberOfBlocks：要写入的块数
28.   返回值：错误状态                              */
29.  SD_Error SD_WriteMultiBlocks(uint8_t *writebuff, uint64_t WriteAddr, uint16_t BlockSize,
                              uint32_t NumberOfBlocks)
30.  {… }
```

任务12　SD卡读/写操作

一、任务描述

上电运行后，串口输出SD卡信息；通过PC端串口助手向核心板发送数据，核心板会将收到的数据写入到SD卡中；然后核心板读取数据，并将数据通过串口打印输出；最后把SD卡中的数据删除掉。

二、任务分析

1. 硬件电路分析

SD卡接口电路如图8-4所示，包含4根数据线SDIO_D0～SDIO_D3、输出时钟线SDIO_CLK、命令控制线SDIO_CMD、SD卡插入检测线SD_CD和SD卡写保护线SD_WP。

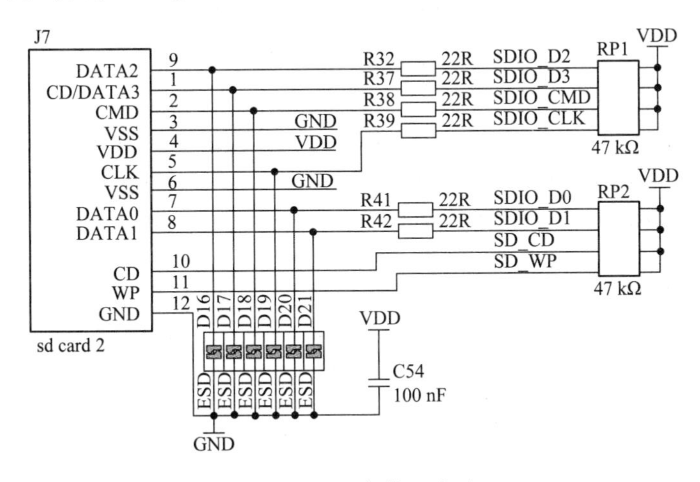

图8-4　SD卡接口电路

2. 软件设计

(1) 新建工程，移植SD卡操作函数。

(2) 编写初始化SD卡函数，输出SD卡信息。

(3) 编写 SD 卡操作函数，完成 SD 卡读写操作。

三、任务实施

1. 把 SDHC 卡插入核心板卡槽

2. 程序编写

```
1.  …
2.  while(SD_Init())                              //SD 卡初始化
3.  {   if(gt_get_sub(LED_Run_times) == 0)        //若 SD 卡初始化不成功，则 4 个 LED 灯闪烁
4.      {       LED_Run_times = gt_get() + 500;
5.              LED1 = !LED1;
6.              LED2 = !LED2;
7.              LED3 = !LED3;
8.              LED4 = !LED4;
9.      }
10. }
11. show_sdcard_info();                            //SD 卡初始化成功，则打印 SD 相关信息
12. while(1)
13. {    if(USART_RX_STA&0x8000) //判断是否收到成功接收串口数据，串口接收采用中断
14.                                    方式
15.      {     len=USART_RX_STA&0x3fff;  //得到此次接收到的数据长度
16.            Status = SD_WriteDisk(USART_RX_BUF,0,1);   //向 SD 卡写入数据
17.            if(Status == SD_OK)                         //判断写操作是否成功
18.      {     printf("\r\n 您发送的消息已写入 SD 卡\r\n");
19.      }
20.      buf=mymalloc(0,512);                              //申请内存
21.      mymemset(USART_RX_BUF, 0, len);                   //清空串口数据 BUF
22.      Status = SD_ReadDisk(buf,0,1);                    //从 SD 卡读出数据
23.      if(Status == SD_OK)
24.          {     printf("\r\n-----------------------\r\n");
25.                printf("\r\n 您发送的消息已从 SD 卡读出：\r\n");
26.                printf("\r\n");                     //插入换行
27.                printf("%s",buf);             //向 PC 端打印数据(从 SD 卡读出来的数据)
28.          }
29.          Status = SD_Erase(0x00, 512);                 //擦除 1 块数据(512 字节)
30.          if (Status == SD_OK)
31.      {     printf("\r\n-----------------------\r\n");
32.            printf("\r\nSD 卡 0 块 512 个字节数据擦除成功！\r\n");
```

```
33.             }
34.         myfree(0,buf);                          //释放内存
35.         printf("\r\n\r\n");                     //插入换行
36.             USART_RX_STA=0;
37.             …
```

---

3. 关键代码分析

加粗行代码为本任务的关键函数，分析见各行注释。

4. 程序编译及调试

编译无误后，将程序下载到芯片中；打开串口调试软件，观察 SD 卡的信息，如图 8-5 所示。

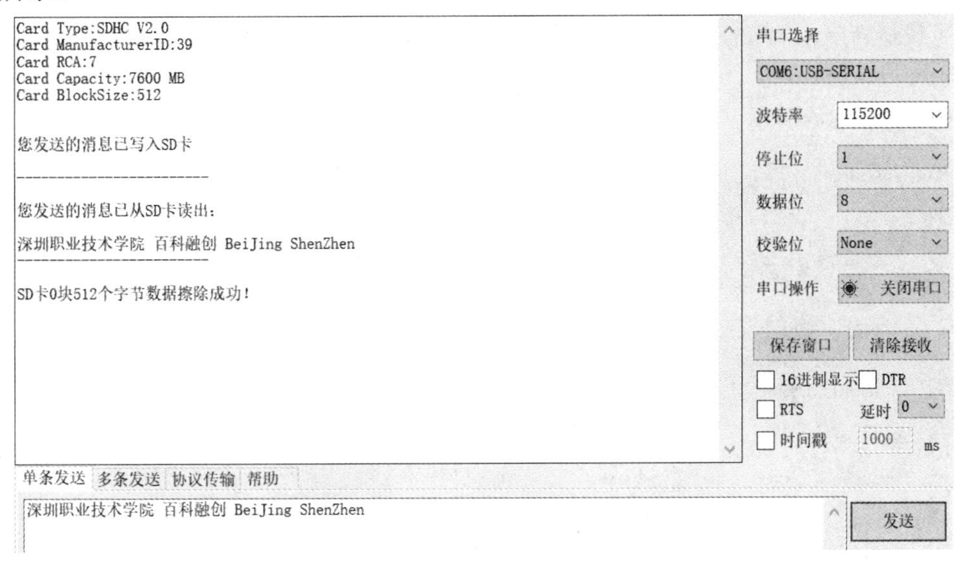

图 8-5　SD 卡读写操作测试结果

四、任务拓展

编写程序，实现向 SD 卡中写入大于 512 字节的数据。

8.1.4　STM32F4 的 SDIO 接口开发步骤

第 1 步，按照 stm324x7i_eval_sdio_sd.c 文件中的说明进行移植，集成在 SDIO.c 文件中，移植代码主要如下：

(1) SD 卡初始化和配置。

(2) SD 卡读操作。

(3) SD 卡写操作。

(4) SD 卡状态检查。

(5) SD 卡操作模式选择，采用 MDA 模式还是查询模式进行数据传输。

第 2 步，调用 SD_Init()函数，进行 SDIO 接口初始化、SD 卡识别等操作。

第 3 步，调用 SD 卡读、写、擦除等函数。

8.1.5 FatFs 文件系统

1. FatFs 简介

FatFs 是一种面向小型嵌入式系统的完全免费开源的 FAT 文件系统，它完全是由标准 C 语言编写并且完全独立于底层的 I/O 介质。因此，它可以很容易地移植到其他的处理器当中，如 8051、PIC、AVR、SH、Z80、H8、ARM 等。FatFs 支持 FAT12、FAT16、FAT32 等格式，支持多个存储媒介。

FatFs 文件系统的源码可以从 FatFs 官网(http://elm-chan.org/fsw/ff/00index_e.html)下载。

2. FatFs 源码

下载最新版本的 FatFs 软件包(FatFs R0.14)，解压后可以得到两个文件夹：document 和 source。document 文件夹里面是一些使用帮助文档；source 文件夹里面是 FatFs 文件系统的源码，如图 8-6 所示。

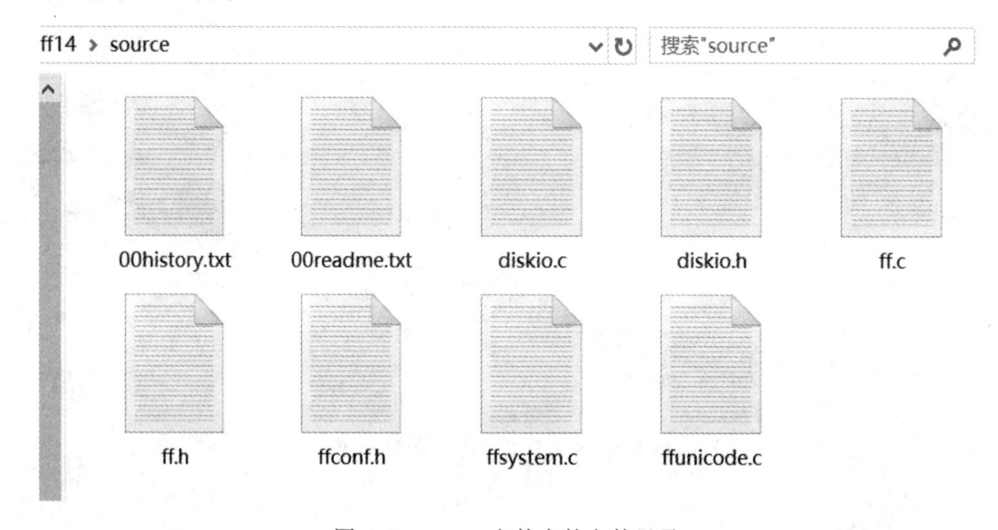

图 8-6　source 文件夹的文件目录

source 文件夹内主要源码文件功能简介如下：

(1) 00history.txt：介绍了 FatFs 的版本更新情况。

(2) 00readme.txt：说明 diskio.c、diskio.h、ff.c、ff.h、integer.h 等文件的功能。

(3) diskio.c：是 FatFs 移植最关键的文件，它为文件系统提供了最底层的访问外设的方法，包含底层存储介质的操作函数，这些函数需要用户自己实现，主要添加底层驱动函数。

(4) diskio.h：定义了 FatFs 用到的宏以及 diskio.c 文件内与底层硬件接口相关的函数声明。

(5) ff.c：FatFs 核心文件，文件管理的实现方法。该文件独立于底层介质操作文件的函数，利用这些函数实现文件的读写。

(6) ff.h：FatFs 和应用模块公用的包含文件。

(7) ffconf.h：包含了对 FatFs 功能配置的宏定义，通过修改这些宏定义可以裁剪 FatFs 的功能。

(8) ffsystem.c：可选的操作系统相关功能。

(9) ffunicode.c：可选的 Unicode 实用程序功能。

3. FatFs 帮助文档

打开 documents 文件夹，有 doc 和 res 两个文件夹。doc 是编译好的 html 文档，对 FatFs 中各个函数的使用方法进行说明；res 是需要用到的图片。直接打开 00index_e.html，可以看到系统简介及相关 API 的介绍，如图 8-7 所示。

Application Interface

FatFs provides various filesystem functions for the applications as shown below.

- File Access
  - f_open - Open/Create a file
  - f_close - Close an open file
  - f_read - Read data from the file
  - f_write - Write data to the file
  - f_lseek - Move read/write pointer, Expand size
  - f_truncate - Truncate file size
  - f_sync - Flush cached data
  - f_forward - Forward data to the stream
  - f_expand - Allocate a contiguous block to the file
  - f_gets - Read a string
  - f_putc - Write a character
  - f_puts - Write a string
  - f_printf - Write a formatted string
  - f_tell - Get current read/write pointer
  - f_eof - Test for end-of-file
  - f_size - Get size
  - f_error - Test for an error

图 8-7　FatFs 帮助文档

任务 13　文件操作

一、任务描述

上电运行后，初始化 SDIO 外设，挂载文件系统，在 SD 卡根目录新建一个 2020.txt 文件，内容为“SD 卡文件操作实验”，然后再读出 SD 卡中的内容，在串口调试窗口中显示。

二、任务分析

1. 硬件电路分析

本任务仍采用任务 12 的 SD 卡接口电路，如图 8-4 所示。

2. 软件设计

(1) 在任务 12 的基础上，进行 FatFs 文件系统移植。
(2) 编写初始化 SD 卡函数，输出 SD 卡信息。
(3) 编写 SD 卡操作函数，完成 SD 卡读写操作。

三、任务实施

8-4 FatFs 文件系统移植

1. FatFs 文件系统移植

把 SDHC 卡插入核心板卡槽进行 FatFs 文件系统移植。

2. 程序编写

```
1.  …
2.  FIL MyFile;                          //文件对象
3.  static int fileSystemTest()
4.  {    FIL fil;
5.       UINT bw;
6.       FRESULT res = 0;
7.  /*---------------------- 文件系统测试：写测试 ----------------------------*/
8.       printf("****** 在 SD 卡中新建文件测试... ******\r\n");
9.  /************* 打开文件，如果文件不存在则创建它 ***************************/
10.      res = f_open(&fil, "0:/2020.txt", FA_CREATE_ALWAYS | FA_WRITE);
11.     if (res == 0)
12.     {    //SD 卡写数据
13.          f_write(&fil, "SD 卡文件操作实训", sizeof("SD 卡文件操作实训"), &bw);
14.          f_close(&fil);              //关闭文件
15.          printf(">>新建文件成功!\r\n\r\n");
16.     }
17. /*------------------ 文件系统测试：读测试 ---------------------------------*/
18.      printf("****** 读取 SD 卡中的文件测试... ******\r\n");
19.      res_sd = f_open(&fil, "0:/2020.txt", FA_OPEN_EXISTING | FA_READ); //打开文件
20.      if(res_sd == FR_OK)
21.      {    printf(">>打开文件成功!\r\n");
22.           res_sd = f_read(&fil, ReadBuffer, sizeof(ReadBuffer), &bw); //读 SD 卡中的数据
23.          if(res_sd==FR_OK)
24.          {        printf(">>文件读取成功,读到字节数据：%d\r\n",bw);
25.                   printf(">>文件中的内容为：%s \r\n", ReadBuffer);
26.          }
27.          else
28.          {      printf("！！文件读取失败：(%d)\n",res_sd);
```

```
29.             }
30.         }
31.         else
32.         {       printf("！！打开文件失败。\r\n");
33.         }
34.         f_close(&fnew);                     //不再读写，关闭文件
35.         f_mount(NULL,"0:",1);               //不再使用文件系统，取消挂载文件系统
36.         return 0;
37.     }
38.     int main(void)
39.     {   uint8_t t=0;
40.         NVIC_PriorityGroupConfig(NVIC_PriorityGroup_2);  //设置系统中断优先级分组 2
41.         delay_init(168);                    //初始化延时函数
42.         uart_init(115200);                  //初始化串口波特率为 115 200 b/s
43.         LED_Init();                         //初始化 LED
44.         my_mem_init(SRAMIN);                //初始化内部内存池
45.         my_mem_init(SRAMCCM);               //初始化 CCM 内存池
46.         while(SD_Init())                    //检测不到 SD 卡
47.         {
48.             printf("SD 卡错误");
49.         }
50.         exfuns_init();                      //为 FatFs 相关变量申请内存
51.         f_mount(fs[0],"0:",1);              //挂载 SD 卡
52.         fileSystemTest();
53.     …
```

3. 关键代码分析

加粗行代码为本任务的关键函数，分析见各行注释。

4. 程序编译及调试

编译无误后，将程序下载到芯片中；打开串口调试软件，观察 SD 卡的信息，如图 8-8 所示。

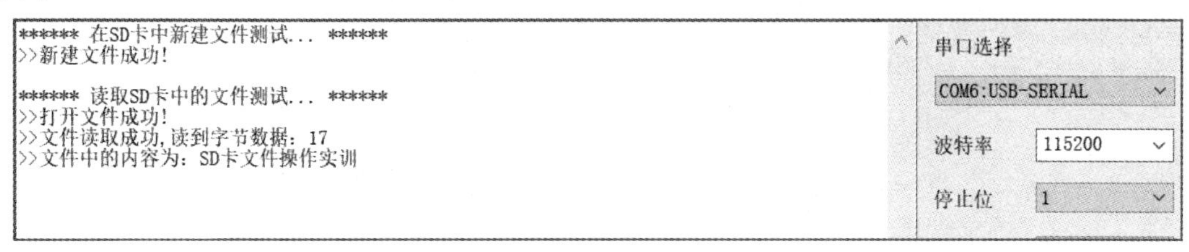

图 8-8　文件操作测试结果

四、任务拓展

采用 FatFs 文件系统，在串口调试软件中发送一段文字，如“我 Love 嵌入式技术”，发送到核心板，写入 SD 卡之中，然后从 SD 卡中读出，在串口调试软件中显示。

8.2 STM32F4 的 FSMC 接口

8-5 STM32F4 的 FSMC 接口

8.2.1 STM32F4 微控制器的 FSMC

灵活的静态存储控制器(简称FSMC)是STM32F4微控制器芯片中的外设之一，主要用于外部存储设备的接口。

对于早期的微处理器芯片(例如 8051)而言，虽然芯片内部集成了运算内核和定时器、USART、I/O 端口等外设，但是由于当时芯片生产的工艺和成本所限，用于程序存储的 ROM 往往使用外置芯片，扩展数据存储器 RAM 也会使用外部芯片。这些外部芯片与微处理器除了地址总线和数据总线需要接口外，还有几个具备严格时序要求的读写控制信号(如 RD、WR、RW 等)以及片选信号(CS)需要进行连接。

这些接口控制信号按照其数量和时序的不同，主要分为 8080 接口和 6800 接口。

8080 接口因为最初用于 Intel 公司的 8080 微处理器而得名，除了地址/数据线之外，还包括片选信号 CS、写控制信号 WR、读控制信号 RD 等(均为低电平有效)，其信号时序如图 8-9 所示(竖线代表读/写操作的时间点)。

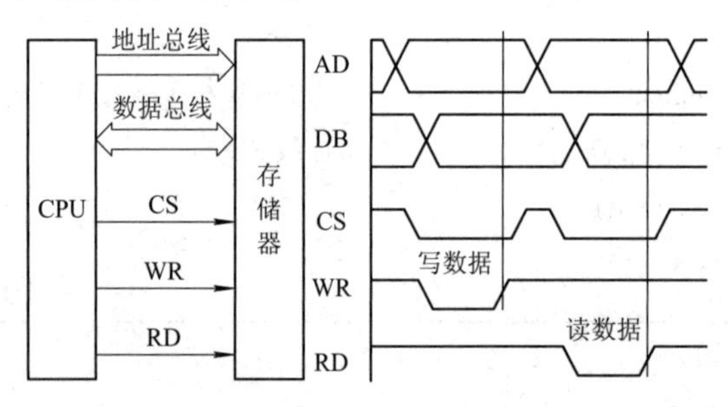

图 8-9 8080 时序图

6800 接口源于摩托罗拉公司的 6800 微处理器，除了地址/数据线之外，还包括使能信号 E、读/写选择信号 R/W(低电平写、高电平读)等，其信号时序如图 8-10 所示(竖线代表读/写操作的时间点)。

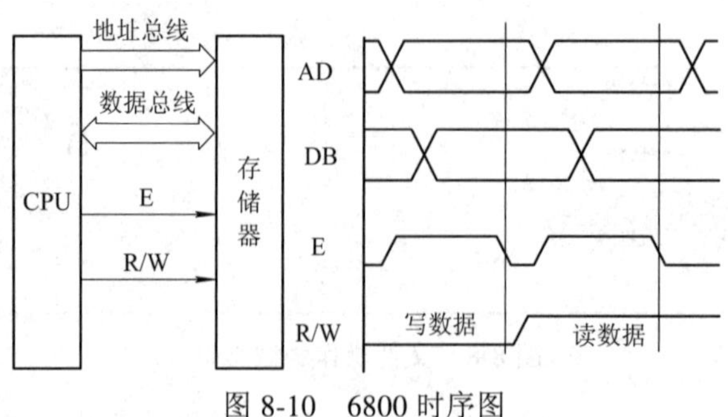

图 8-10 6800 时序图

早期的单片机芯片由于需要连接外部 ROM 和 RAM 芯片，是具备这些控制信号线的，但是随着半导体芯片生产工艺水平的提高和成本的降低，特别是 Flash 存储器的广泛使用，单片机逐渐将 ROM 集成到芯片内部，内部 RAM 的容量也得到了很大提升，于是很多单片机(例如 PIC16 单片机和 AVR Mega16 单片机)取消了这些与外置存储芯片的接口控制线。

随着 ARM 内核微控制器的出现，微控制器的运算能力大大提高，控制对象也日益广泛，需要与之接口的外部器件也逐渐增多，这里面就包括静态随机存储器、只读存储器、闪存以及 LCD 显示模块等设备。

FSMC 正是一种兼容了 8080 接口和 6800 接口控制逻辑，并且性能得到了很大增强的外部接口控制器。

当 STM32F4 微控制器没有使用 FSMC 与外部存储器件或 LCD 模块的接口时，需要使用 GPIO 端口模拟 8080 接口或者 6800 接口控制线的时序电平，这样无疑会增加额外的编程负担并降低数据处理效率。

当 STM32F4 微控制器使用内部的 FSMC 与外部存储器件或 LCD 模块的接口时，接口控制线可以按照预先的配置在对器件进行读/写操作时自动产生 8080 接口或者 6800 接口控制时序电平，这将大大减轻编程的负担并提高数据处理效率。所以，FSMC 本质上是接口逻辑控制信号在高性能微控制器芯片上的一种回归。

STM32F4 微控制器中，FSMC 模块的地址空间分布与接口控制信号如图 8-11 所示。

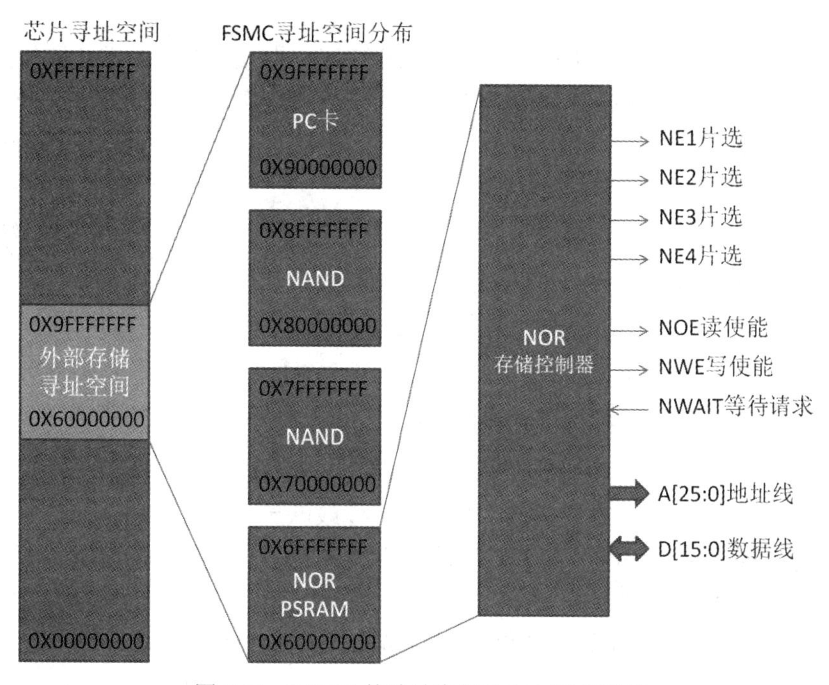

图 8-11　FSMC 的地址空间分布与控制信号

如图 8-11 所示，左侧为 Cortex-M4 内核微控制器的 32 位寻址空间，其中 0X60000000～0X9FFFFFFF 为外部存储设备的寻址空间，在 STM32F4 微控制器的 FSMC 中，这一段寻址空间又被分成四段，分配给不同接口特征的 3 种外部存储设备，包括 NOR/PSRAM、NAND(占据了两段)和 PC 卡。这里的 NOR 指的是 NOR Flash 存储器，PSRAM 指的是伪静态随机存储器，NAND 指的是 NAND Flash 存储器。

根据 SRAM 芯片的接口特征，我们选用 NOR/PSRAM 段，也就是 0X60000000～0X6FFFFFFF 这段寻址空间。

NOR/PSRAM 段内部又分成了四部分，每部分 64 MB，一共 256 MB。所以，图 8-11 中有 NE1～NE4 四根片选信号，可以外接四个存储设备。

在外接存储器与 STM32F4 微控制器进行接口时，需要根据外部存储器件的接口特征来配置 FSMC 的总线时序，如果外部存储芯片接口速率较低，还需要插入适当的等待周期。

8.2.2 FSMC 编程所涉及的标准外设库函数

本项目所涉及的 FSMC 编程中所要使用到的标准外设库函数只有一个 NOR/PSRAM 的初始化配置函数 FSMC_NORSRAMInit()，但是其参数比较复杂，我们将在任务代码分析时再做详细讲解。

任务 14 FSMC-SRAM 读/写操作

一、任务描述

上电运行后，核心板按键 1 控制数据写入外部 SRAM，按键 2 控制数据读取外部 SRAM，每次按下按键为 1，写入的数据为 ASCII 编码递增，按下按键 2 读取写入的 ASCII 编码，显示到 OLED 屏幕。

8-6 FSMC-SRAM 读写实验

二、任务分析

1. 硬件电路分析

将核心板与嵌入式开发功能扩展套件的 14P 与 16P 排线连接，使用 STM32F4 的 FSMC 连接板上的 SRAM 芯片，FSMC 复用了 GPIOD、GPIOE、GPIOF 和 GPIOG 口。

2. 软件设计

(1) 新建一个工程，或者在现有的工程中进行修改。

(2) 按照 STM32F4 的 GPIO 的开发步骤，初始化所要复用的 GPIO 端口。

(3) 初始化 FSMC，配置各项参数。

(4) 在主循环中，根据 FSMC 中 SRAM 的地址直接进行读/写数据操作。

三、任务实施

1. 硬件连接

给 STM32F4 核心板上电，下载器连接核心板和电脑 USB 接口。

2. 程序讲解

由于按键控制和 OLED 驱动在前面任务代码中已经涉及，这里我们仅分析 FSMC 的初始化配置函数和 SRAM 的读/写操作函数。

FSMC 的初始化配置函数代码如下：

```
1.  void External_SRAM_Configure(void)              /*FSMC 初始化配置函数*/
2.  {
3.      GPIO_InitTypeDef GPIO_InitStructure;
4.      FSMC_NORSRAMInitTypeDef FSMC_NORSRAMInitStructure;
5.      FSMC_NORSRAMTimingInitTypeDef FSMC_readTimingStructure;
6.      RCC_AHB1PeriphClockCmd(RCC_AHB1Periph_GPIOD
7.                             |RCC_AHB1Periph_GPIOE
8.                             |RCC_AHB1Periph_GPIOF
9.                             |RCC_AHB1Periph_GPIOG,ENABLE);
10.     RCC_AHB3PeriphClockCmd(RCC_AHB3Periph_FSMC,ENABLE);
11.
12.     GPIO_InitStructure.GPIO_Pin = GPIO_Pin_0|GPIO_Pin_1
13.                                  |GPIO_Pin_4|GPIO_Pin_5
14.                                  |GPIO_Pin_8|GPIO_Pin_9
15.                                  |GPIO_Pin_10|GPIO_Pin_11
16.                                  |GPIO_Pin_12|GPIO_Pin_13
17.                                  |GPIO_Pin_14|GPIO_Pin_15;
18.     GPIO_InitStructure.GPIO_Mode = GPIO_Mode_AF;
19.     GPIO_InitStructure.GPIO_OType = GPIO_OType_PP;
20.     GPIO_InitStructure.GPIO_PuPd = GPIO_PuPd_UP;
21.     GPIO_InitStructure.GPIO_Speed = GPIO_Speed_100MHz;
22.     GPIO_Init(GPIOD,&GPIO_InitStructure);
23.
24.     GPIO_InitStructure.GPIO_Pin = GPIO_Pin_0|GPIO_Pin_1
25.                                  |GPIO_Pin_7|GPIO_Pin_8
26.                                  |GPIO_Pin_9|GPIO_Pin_10
27.                                  |GPIO_Pin_11|GPIO_Pin_12
28.                                  |GPIO_Pin_13|GPIO_Pin_14
29.                                  |GPIO_Pin_15;
30.     GPIO_InitStructure.GPIO_Mode = GPIO_Mode_AF;
31.     GPIO_InitStructure.GPIO_OType = GPIO_OType_PP;
32.     GPIO_InitStructure.GPIO_PuPd = GPIO_PuPd_UP;
33.     GPIO_InitStructure.GPIO_Speed = GPIO_Speed_100MHz;
34.     GPIO_Init(GPIOE,&GPIO_InitStructure);
```

```
35.
36.        GPIO_InitStructure.GPIO_Pin = GPIO_Pin_0|GPIO_Pin_1
37.                                      |GPIO_Pin_2|GPIO_Pin_3
38.                                      |GPIO_Pin_4|GPIO_Pin_5
39.                                      |GPIO_Pin_12|GPIO_Pin_13
40.                                      |GPIO_Pin_14|GPIO_Pin_15;
41.        GPIO_InitStructure.GPIO_Mode = GPIO_Mode_AF;
42.        GPIO_InitStructure.GPIO_OType = GPIO_OType_PP;
43.        GPIO_InitStructure.GPIO_PuPd = GPIO_PuPd_UP;
44.        GPIO_InitStructure.GPIO_Speed = GPIO_Speed_100MHz;
45.        GPIO_Init(GPIOF,&GPIO_InitStructure);
46.
47.        GPIO_InitStructure.GPIO_Pin = GPIO_Pin_0|GPIO_Pin_1
48.                                      |GPIO_Pin_2|GPIO_Pin_3
49.                                      |GPIO_Pin_4|GPIO_Pin_5
50.                                      |GPIO_Pin_10;
51.        GPIO_InitStructure.GPIO_Mode = GPIO_Mode_AF;
52.        GPIO_InitStructure.GPIO_OType = GPIO_OType_PP;
53.        GPIO_InitStructure.GPIO_PuPd = GPIO_PuPd_UP;
54.        GPIO_InitStructure.GPIO_Speed = GPIO_Speed_100MHz;
55.        GPIO_Init(GPIOG,&GPIO_InitStructure);
56.
57.        GPIO_PinAFConfig(GPIOD,GPIO_PinSource0,GPIO_AF_FSMC);
58.        GPIO_PinAFConfig(GPIOD,GPIO_PinSource1,GPIO_AF_FSMC);
59.        GPIO_PinAFConfig(GPIOD,GPIO_PinSource4,GPIO_AF_FSMC);
60.        GPIO_PinAFConfig(GPIOD,GPIO_PinSource5,GPIO_AF_FSMC);
61.        GPIO_PinAFConfig(GPIOD,GPIO_PinSource8,GPIO_AF_FSMC);
62.        GPIO_PinAFConfig(GPIOD,GPIO_PinSource9,GPIO_AF_FSMC);
63.        GPIO_PinAFConfig(GPIOD,GPIO_PinSource10,GPIO_AF_FSMC);
64.        GPIO_PinAFConfig(GPIOD,GPIO_PinSource11,GPIO_AF_FSMC);
65.        GPIO_PinAFConfig(GPIOD,GPIO_PinSource12,GPIO_AF_FSMC);
66.        GPIO_PinAFConfig(GPIOD,GPIO_PinSource13,GPIO_AF_FSMC);
67.        GPIO_PinAFConfig(GPIOD,GPIO_PinSource14,GPIO_AF_FSMC);
68.        GPIO_PinAFConfig(GPIOD,GPIO_PinSource15,GPIO_AF_FSMC);
69.
70.        GPIO_PinAFConfig(GPIOE,GPIO_PinSource0,GPIO_AF_FSMC);
71.        GPIO_PinAFConfig(GPIOE,GPIO_PinSource1,GPIO_AF_FSMC);
72.        GPIO_PinAFConfig(GPIOE,GPIO_PinSource7,GPIO_AF_FSMC);
73.        GPIO_PinAFConfig(GPIOE,GPIO_PinSource8,GPIO_AF_FSMC);
```

```
74.    GPIO_PinAFConfig(GPIOE,GPIO_PinSource9,GPIO_AF_FSMC);
75.    GPIO_PinAFConfig(GPIOE,GPIO_PinSource10,GPIO_AF_FSMC);
76.    GPIO_PinAFConfig(GPIOE,GPIO_PinSource11,GPIO_AF_FSMC);
77.    GPIO_PinAFConfig(GPIOE,GPIO_PinSource12,GPIO_AF_FSMC);
78.    GPIO_PinAFConfig(GPIOE,GPIO_PinSource13,GPIO_AF_FSMC);
79.    GPIO_PinAFConfig(GPIOE,GPIO_PinSource14,GPIO_AF_FSMC);
80.    GPIO_PinAFConfig(GPIOE,GPIO_PinSource15,GPIO_AF_FSMC);
81.
82.    GPIO_PinAFConfig(GPIOF,GPIO_PinSource0,GPIO_AF_FSMC);
83.    GPIO_PinAFConfig(GPIOF,GPIO_PinSource1,GPIO_AF_FSMC);
84.    GPIO_PinAFConfig(GPIOF,GPIO_PinSource2,GPIO_AF_FSMC);
85.    GPIO_PinAFConfig(GPIOF,GPIO_PinSource3,GPIO_AF_FSMC);
86.    GPIO_PinAFConfig(GPIOF,GPIO_PinSource4,GPIO_AF_FSMC);
87.    GPIO_PinAFConfig(GPIOF,GPIO_PinSource12,GPIO_AF_FSMC);
88.    GPIO_PinAFConfig(GPIOF,GPIO_PinSource13,GPIO_AF_FSMC);
89.    GPIO_PinAFConfig(GPIOF,GPIO_PinSource14,GPIO_AF_FSMC);
90.    GPIO_PinAFConfig(GPIOF,GPIO_PinSource15,GPIO_AF_FSMC);
91.
92.    GPIO_PinAFConfig(GPIOG,GPIO_PinSource0,GPIO_AF_FSMC);
93.    GPIO_PinAFConfig(GPIOG,GPIO_PinSource1,GPIO_AF_FSMC);
94.    GPIO_PinAFConfig(GPIOG,GPIO_PinSource2,GPIO_AF_FSMC);
95.    GPIO_PinAFConfig(GPIOG,GPIO_PinSource3,GPIO_AF_FSMC);
96.    GPIO_PinAFConfig(GPIOG,GPIO_PinSource4,GPIO_AF_FSMC);
97.    GPIO_PinAFConfig(GPIOG,GPIO_PinSource5,GPIO_AF_FSMC);
98.    GPIO_PinAFConfig(GPIOG,GPIO_PinSource10,GPIO_AF_FSMC);
99.
100.   FSMC_readTimingStructure.FSMC_AddressSetupTime = 0x00;        //地址建立时间
101.   FSMC_readTimingStructure.FSMC_AddressHoldTime = 0x00;         //地址保持时间
102.   //总线转换时间，适用
103.   NOR FLASH FSMC_readTimingStructure.FSMC_BusTurnAroundDuration = 0x00;
104.   //分频因子，仅适用于同步模式
105.   FSMC_readTimingStructure.FSMC_CLKDivision = 0x00;
106.   //数据延迟时间，仅适用于同步模式
107.   FSMC_readTimingStructure.FSMC_DataLatency = 0x00;
108.   FSMC_readTimingStructure.FSMC_DataSetupTime = 0x08;           //数据建立时间
109.   //FSMC 模式 A
110.   FSMC_readTimingStructure.FSMC_AccessMode = FSMC_AccessMode_A;
111.   //选择 FSMC_Bank1_块 3
112.   FSMC_NORSRAMInitStructure.FSMC_Bank = FSMC_Bank1_NORSRAM3;
```

```
113.    //数据线与地址线复用
114.    FSMC_NORSRAMInitStructure.FSMC_DataAddressMux =
115.                                    FSMC_DataAddressMux_Disable;
116.    //存储器类型
117.    FSMC_NORSRAMInitStructure.FSMC_MemoryType = FSMC_MemoryType_SRAM;
118.    //存储器数据宽度
119.    FSMC_NORSRAMInitStructure.FSMC_MemoryDataWidth =
120.                                    FSMC_MemoryDataWidth_16b;
121.    //关闭突发模式
122.    FSMC_NORSRAMInitStructure.FSMC_BurstAccessMode =
123.                                    FSMC_BurstAccessMode_Disable;
124.    //等待信号极性(用于突发模式)
125.    FSMC_NORSRAMInitStructure.FSMC_WaitSignalPolarity =
126.                                    FSMC_WaitSignalPolarity_Low;
127.    //是否使能异步传输时的等待信号，SRAM 不支持
128.    FSMC_NORSRAMInitStructure.FSMC_AsynchronousWait =
129.                                    FSMC_AsynchronousWait_Disable;
130.    //突发模式使能或失能
131.    FSMC_NORSRAMInitStructure.FSMC_WrapMode = FSMC_WrapMode_Disable;
132.    //等待信号在等待之前有效或在等待之后有效
133.    FSMC_NORSRAMInitStructure.FSMC_WaitSignalActive =
134.                                FSMC_WaitSignalActive_BeforeWaitState;
135.    //写使能
136.    FSMC_NORSRAMInitStructure.FSMC_WriteOperation =
137.                                FSMC_WriteOperation_Enable;
138.    //等待信号是否有效
139.    FSMC_NORSRAMInitStructure.FSMC_WaitSignal = FSMC_WaitSignal_Disable;
140.    //是否使用扩展模式
141.    FSMC_NORSRAMInitStructure.FSMC_ExtendedMode =
142.                                FSMC_ExtendedMode_Disable;
143.    //启用或禁用写突发模式
144.    FSMC_NORSRAMInitStructure.FSMC_WriteBurst = FSMC_WriteBurst_Disable;
145.    //读写时间
146.    FSMC_NORSRAMInitStructure.FSMC_ReadWriteTimingStruct =&
147.                                FSMC_readTimingStructure;
148.    //写时间
149.    FSMC_NORSRAMInitStructure.FSMC_WriteTimingStruct = &
150.                                FSMC_readTimingStructure;
151.    //初始化配置
```

```
152.        FSMC_NORSRAMInit(&FSMC_NORSRAMInitStructure);
153.        //使能 Bank1 的块 3
154.        FSMC_NORSRAMCmd(FSMC_Bank1_NORSRAM3, ENABLE); //使能 Bank1 区域 3
155. }
```

由于 FSMC 使用的数据线、地址线以及接口信号线与 GPIOD、GPIOE、GPIOEF、GPIOG 的部分端口复用，所以在初始化配置函数中，首先要对复用的 GPIO 端口进行配置。在 FSMC 配置完成后，这些 GPIO 端口将完全由 FSMC 进行控制，FSMC 会根据接口信号要求自动配置为输出或输入。

代码开始定义了两个用于 FSMC 初始化配置的结构体变量，而且第二个结构体 FSMC_NORSRAMTimingInitTypeDef 又是第一个结构体 FSMC_NORSRAMInitTypeDef 中的成员。

第一个结构体 FSMC_NORSRAMInitTypeDef 的成员定义如表 8-6 所示。

表 8-6　结构体 FSMC_NORSRAMInitTypeDef 的成员及其作用与取值

结构体成员的名称	结构体成员的作用	结构体成员的取值	描述
FSMC_Bank	选择要使用的 Bank	FSMC_Bank1_NORSRAM1	选取某个外中断通道
		FSMC_Bank1_NORSRAM2	
		FSMC_Bank1_NORSRAM3	
		FSMC_Bank1_NORSRAM4	
FSMC_MemoryType	选择要使用的内存类型	FSMC_MemoryType_SRAM	选择 SRAM
		FSMC_MemoryType_NOR	选择 NOR Flash
		FSMC_MemoryType_PSRAM	选择 PSRAM
FSMC_MemoryDataWidth	选择使用的内存数据宽度	FSMC_MemoryDataWidth_8b	选择 8 位
		FSMC_MemoryDataWidth_16b	选择 16 位
FSMC_WriteOperation	设置是否打开写使能	FSMC_WriteOperation_Enable	使能
		FSMC_WriteOperation_Disable	禁止
FSMC_ExtendedMode	是否使用拓展模块	FSMC_ExtendedMode_Enable	使能
		FSMC_ExtendedMode_Disable	禁止
FSMC_DataAddressMux	是否复用地址和数据线	FSMC_DataAddressMux_Enable	使能
		FSMC_DataAddressMux_Disable	禁止
FSMC_ReadWriteTimingStruct	设置读/写时序		
FSMC_WriteTimingStruct	设置写时序		

以上结构体的最后两个成员也是一个结构体类型 FSMC_NORSRAMTimingInitTypeDef，

它的成员定义如表 8-7 所示。

表 8-7　结构体 FSMC_NORSRAMTimingInitTypeDef 的成员及其作用与取值

结构体成员的名称	结构体成员的作用	结构体成员的取值	描　述
FSMC_AddressSetupTime	设置地址建立时间	数字	与时序相关
FSMC_AddressHoldTime	地址保持时间	数字	与时序相关
FSMC_DataSetupTime	数据建立时间	数字	与时序相关
FSMC_DataLatency	数据保持时间	数字	与时序相关
FSMC_BusTurnAroundDuration	总线恢复时间	数字	与时序相关
FSMC_CLKDivision	设置 FSMC 的时钟分频	数字	与时序相关
FSMC_AccessMode	设置读/写时序分开的模式	ABCD 四种模式	

结构体变量成员的具体值在代码中作了比较详尽的注释，这里就不再重复了。

如前所述，本任务明确 FSMC 使用 NOR/PSRAM 段连接 SRAM 芯片，片选信号选择了 NE3，这意味着寻址范围为 0x68000000～0x6BFFFFFF。

明确了 SRAM 芯片的寻址范围，对 SRAM 芯片的读/写将变得非常简单，其读/写操作函数代码如下：

```
1.  /*SRAM 的寻址范围及其读/写函数*/
2.  #define Bank1_SRAM1_ADDR      ((u32)(0x60000000))
3.  #define Bank1_SRAM2_ADDR      ((u32)(0x64000000))
4.  #define Bank1_SRAM3_ADDR      ((u32)(0x68000000))
5.  #define Bank1_SRAM4_ADDR      ((u32)(0x6C000000))
6.
7.  void FSMC_SRAM_WriteBuffer(uint8_t *pBuffer,uint32_t WriteAddr,uint32_t n)
8.  {
9.      for(; n!=0; n--)
10.     {
11.         *(vu8*)(Bank1_SRAM3_ADDR+WriteAddr)=*pBuffer;
12.          WriteAddr++;
13.          pBuffer++;
14.     }
15. }
16.
17. //在指定地址((WriteAddr+Bank1_SRAM3_ADDR))开始，连续读出 n 个字节
18. //pBuffer:字节指针
19. //ReadAddr:要读出的起始地址
20. //n:要写入的字节数
21. void FSMC_SRAM_ReadBuffer(u8* pBuffer,u32 ReadAddr,u32 n)
```

```
22. {
23.         for(;n!=0;n--)
24.             {
25.                 *pBuffer++=*(vu8*)(Bank1_SRAM3_ADDR+ReadAddr);
26.                 ReadAddr++;
27.         }
28. }
```

从以上读/写函数可以看出，在使用了 FSMC 与 SRAM 接口后，虽然 FSMC 本身的参数配置相对比较复杂，但是其读/写操作变得非常简单。由于不需要 GPIO 端口模拟读/写控制信号，数据传输效率得以大幅提高。

四、任务拓展

在 FSMC 任务的基础上，确定核心板上 LCD 显示屏的操作地址，尝试通过 FSMC 实现对 LCD 显示屏的驱动并显示字符。

思 考 与 练 习

8.1 STM32 的 SDIO 接口包含哪几个部分？各部分的主要功能是什么？

8.2 编写 SD 卡多块读操作程序。

8.3 编写 SD 卡多块写操作程序。

8.4 简述 FatFs 文件系统构成。

8.5 STM32F4 的 FSMC 接口具有哪些特点?

8.6 STM32F4 的 FSMC 接口支持哪些存储器?

基于 STM32F4 的 μC/OS-Ⅲ 嵌入式操作系统应用开发

本章主要介绍基于 STM32F4 的 μC/OS-III 嵌入式操作系统应用开发方面的相关知识。通过学习，读者可以了解嵌入式实时操作系统的基本概念，熟悉 μC/OS-III 实时操作系统的移植方法，掌握 μC/OS-III 在 STM32 上的移植方法。最后通过案例的方式进一步加深对任务的创建、挂起、删除和调度等 μC/OS-III 操作系统中任务管理的理解，掌握 μC/OS-III 嵌入式操作系统的开发步骤。

9.1 μC/OS-Ⅲ 实时操作系统的移植

9-1 基于 STM32F4 的 μC/OS-III 嵌入式操作系统应用开发

9.1.1 嵌入式实时操作系统

嵌入式系统(Embedded Operating System，EOS)是以应用为中心，以计算机技术为基础，软硬件可裁减，从而能够适应实际应用中对功能、可靠性、成本、体积、功耗等严格要求的专用计算机系统。嵌入式系统的核心是嵌入式微处理器。

操作系统是管理计算机硬件资源，控制其他程序运行并为用户提供交互操作界面的系统软件的集合。操作系统是计算机系统的关键组成部分，负责管理与配置内存、决定系统资源供需的优先次序、控制输入与输出设备、操作网络与管理文件系统等基本任务。操作系统有实时和非实时两种，两者的主要区别在于对外部事件的响应能力和速度。实时操作系统需要及时响应外部事件的请求，在规定的时间内完成对该事件的处理，并控制所有实时任务协调一致地运行，具有独立性、及时性、可靠性的特点。

实时操作系统(Real-time Operating System)一般由两部分组成：硬实时系统和软实时系统。硬实时系统对实时性的要求很严，它要求硬件必须在规定的时间内完成关键性操作任务。而软实时系统对实时性要求不是很严格，它只需要满足各个任务能尽快地运行完成，而不限定完成某一任务具体要限定在多少时间内。在大多数情况下，人们把能满足在指定时间内完成关键性操作的实时操作系统称为软实时操作系统。

嵌入式操作系统是指用于嵌入式系统的操作系统，它是一种用途广泛的系统软件，通常包括与硬件相关的底层驱动软件、系统内核、设备驱动接口、通信协议、图形界面、标准化浏览器等。嵌入式操作系统负责嵌入式系统的全部软、硬件资源的分配和任务调度，控制、协调并发活动。

嵌入式实时操作系统既是嵌入式操作系统，又是实时操作系统，其核心是实时多任务内核。在嵌入式领域广泛使用的嵌入式实时操作系统有 μC/OS-Ⅱ、嵌入式 Linux、Windows CE、VxWorks 等。

μC/OS 是一种基于优先级的可抢先的硬实时内核。自从 1992 年发布以来，在世界各地都获得了广泛的应用，它是一种专门为嵌入式设备设计的内核，目前已经被移植到 40 多种不同结构的 CPU 上，运行在从 8 位到 32 位的各种系统之上。

μC/OS-Ⅲ是源码公开的商用嵌入式实时操作系统内核，由著名的 μC/OS-Ⅱ发展而来。μC/OS-Ⅲ针对以 ARM Cortex 为代表的新一代 CPU，面向带有可用于优先级查表的硬件指令的 CPU 的嵌入式应用。μC/OS-Ⅲ允许利用这类高端 CPU 的特殊硬件指令来实现高效的任务调度算法，而无需使用 μC/OS-Ⅲ的软件任务调度算法，而且 μC/OS-Ⅲ支持时间片轮转调度算法。从核心任务调度算法的改变来看，μC/OS-Ⅲ已经是一个全新的嵌入式 RTOS(实时操作系统)内核。

9.1.2 μC/OS-Ⅲ的功能特性

μC/OS-Ⅲ是一个可裁剪、可固化、可剥夺的多任务系统，没有任务数目的限制，是 μCOS 的第三代内核。μC/OS-Ⅲ具有以下多个重要的特性：

(1) 可剥夺多任务管理。μC/OS-Ⅲ和 μC/OS-Ⅱ一样都属于可剥夺的多任务内核，总是执行前就绪的最高优先级任务。

(2) 同优先级任务的时间片轮转调度。这个是 μC/OS-Ⅲ和 μC/OS-Ⅱ相比一个重大的改变。μC/OS-Ⅲ允许一个任务优先级被多个任务使用，当这个优先级处于最高就绪态的时候，μC/OS-Ⅲ就会轮流调度处于这个优先级的所有任务，让每个任务运行一段由用户指定的时间长度(时间片)。每个任务可以定义不同的时间片，当任务用不完时间片时可以让出 CPU 给另一个任务。

(3) 极短的关中断时间。μC/OS-Ⅲ可以采用锁定内核调度的方式而不是关中断的方式来保护临界段代码，这样就可以将关中断的时间降到最低，使得 μC/OS-Ⅲ能够非常快速地响应中断请求。

(4) 任务数目不受限制。μC/OS-Ⅲ本身是没有任务数目限制的，但是从实际应用角度考虑，任务数目会受到 CPU 所使用的存储空间的限制，包括代码空间和数据空间。

(5) 优先级数量不受限制。μC/OS-Ⅲ支持无限多的任务优先级。

(6) 内核对象数目不受限制。μC/OS-Ⅲ允许定义任意数目的内核对象。内核对象指任务、信号量、互斥信号量、事件标志组、消息队列、定时器和存储块等。

(7) 软件定时器。用户可以任意定义“单次”和“周期”型定时器，定时器是一个递减计数器，递减到零就会执行预先定义好的操作。每个定时器都可以指定所需操作，周期型定时器在递减到零时会执行指定操作，并自动重置计数器值。

(8) 同时等待多个内核对象。μC/OS-III 允许一个任务同时等待多个事件，也就是说，一个任务能够挂起在多个信号量或消息队列上，当其中任何一个等待的事件发生时，等待任务就会被唤醒。

(9) 直接向任务发送信号。μC/OS-III 允许中断或任务直接给另一个任务发送信号，避免创建和使用诸如信号量或事件标志等内核对象作为向其他任务发送信号的中介，该特性有效地提高了系统性能。

(10) 直接向任务发送消息。μC/OS-III 允许中断或任务直接给另一个任务发送消息，避免创建和使用消息队列作为中介。

(11) 任务寄存器。每个任务都可以设定若干个“任务寄存器”，任务寄存器和 CPU 硬件寄存器是不同的，主要用来保存各个任务的错误信息、ID 识别信息、中断关闭时间的测量结果等。

(12) 任务级时钟节拍处理。μC/OS-III 的时钟节拍是通过一个专门任务完成的，定时中断仅触发该任务。将延迟处理和超时判断放在任务级代码完成，能极大地减少中断延迟时间。

(13) 防止死锁。所有 μC/OS-III 的“等待”功能都提供了超时检测机制，有效地避免了死锁。

(14) 时间戳。μC/OS-III 需要一个 16 位或 32 位的自由运行计数器(时基计数器)来实现时间测量，在系统运行时，可以通过读取该计数器来测量某一个事件的时间信息。

9.1.3 μC/OS-III 源码下载与解析

1. 下载官方 μC/OS-III 源码

首先，打开 Micrium 公司官方网站(http://micrium.com/)，点击“Downloads”选项卡进入下载页面，在“Browse by MCU Manufacturer”栏目(如图 9-1 所示)展开“STMicroelectronics”，单击“View all STMicroelectronics”，如图 9-2 所示。

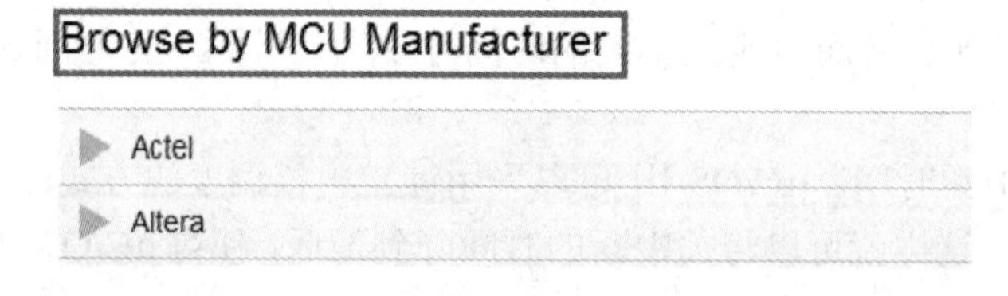

图 9-1 Micrium 官网下载 μC/OS-III

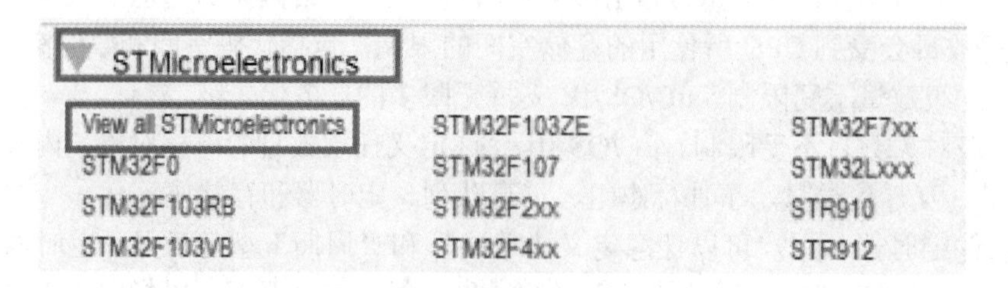

图 9-2 Micrium 官网下载适用 STM32 平台 μC/OS-III

在打开的列表中选择官方基于 STM32F429II-SK 的工程模板，下面将基于官方的工程模板进行移植。基于官方模板移植不需要修改太多的底层文件即可移植成功。

2. μC/OS-Ⅲ 源码内容解析

打开 Micrium 官方移植好的工程，也就是下载下来的 μC/OS-Ⅲ3.04 源码。打开后的 μC/OS-Ⅲ源码目录结构界面如图 9-3 所示。

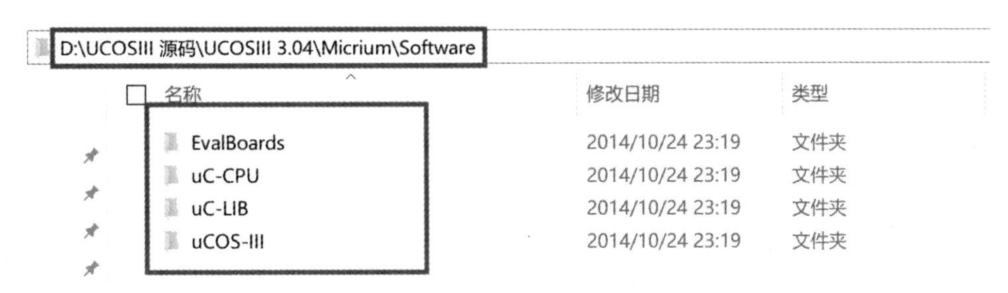

图 9-3 μC/OS-Ⅲ源码目录结构

在图 9-3 中包含有 4 个文件夹：EvalBoards、μC-CPU、μC-LIB 和 μC/OS-Ⅲ。这 4 个文件的内容如下：

1) EvalBoards 文件夹

这个文件夹里面是关于 STM32F429 的工程文件，打开这个文件后的界面如图 9-4 所示。

D:\UCOSIII 源码\UCOSIII 3.04\Micrium\Software\EvalBoards\ST\STM32F429II-SK\uCOS-III

名称	修改日期	类型	大小
IAR	2014/10/24 23:19	文件夹	
KeilMDK	2014/10/29 23:00	文件夹	
TrueSTUDIO	2014/10/24 23:19	文件夹	
app.c	2013/12/2 12:42	C 源文件	9 KB
app_cfg.h	2013/11/26 11:49	C Header 源文件	5 KB
cpu_cfg.h	2013/9/24 13:40	C Header 源文件	9 KB
includes.h	2013/11/26 11:49	C Header 源文件	4 KB
lib_cfg.h	2013/11/1 16:59	C Header 源文件	9 KB
os_app_hooks.c	2013/9/24 13:40	C 源文件	9 KB
os_app_hooks.h	2013/9/24 13:40	C Header 源文件	3 KB
os_cfg.h	2013/11/15 18:01	C Header 源文件	9 KB
os_cfg_app.h	2013/11/25 14:39	C Header 源文件	5 KB
stm32f4xx.h	2013/12/2 11:30	C Header 源文件	519 KB
stm32f4xx_conf.h	2013/12/2 15:22	C Header 源文件	4 KB
STM32F429II-SK OS README .pdf	2013/12/2 15:58	PDF 文件	236 KB

图 9-4 EvalBoards 文件

在图 9-4 中，圈起来的部分是移植时需要添加到工程中的文件，一共有 8 个。

2) μC-CPU 文件夹

这个文件夹里面是与 CPU 相关的代码，包含有下面几个文件：

(1) cpu_core.c 文件。该文件适用于所有 CPU 架构的 C 代码，包含了用来测量中断关闭事件的函数(中断关闭和打开分别由 CPU_CRITICAL_ENTER()和 CPU_CRITICAL_

EXIT()两个宏实现)和一个可模仿前导码零计算的函数(以防止 CPU 不提供这样的指令)，以及一些其他的函数。

(2) cpu_core.h 文件。该文件包含 cpu_core.c 中函数的原型声明，以及用来测量中断关闭时间变量的定义。

(3) cpu_def.h 文件。该文件包含 μC/CPU 模块使用的各种#define 常量。

(4) cpu.h 文件。该文件包含了一些类型的定义，可使 μC/OS-Ⅲ和其他模块不受 CPU 架构和编译器字宽度限制。该文件给出了 CPU_INT16U、CPU_INT32U、CPU_FP32 等数据类型的定义，还指定了 CPU 使用的是大端模式还是小端模式，定义了 μC/OS-Ⅲ使用的 CPU_STK 数据类型，提供了 CPU_CRITICAL_ENTER()和 CPU_CRITICAL_EXTI()与 CPU 架构相关的函数及函数的声明。

(5) cpu_a.asm 文件。该文件包含了一些用汇编语言编写的函数，如可用来开中断和关中断、计算前导零(如果 CPU 支持这条指令)的函数，以及其他一些只能用汇编语言编写的与 CPU 相关的函数。这个文件中的函数可以从 C 代码中调用。

(6) cpu_c.c 文件。该文件包含了一些基于特定 CPU 架构但为了可移植而用 C 语言编写的函数 C 代码。作为一个普通原则，除非汇编语言能显著提高性能，否则尽量用 C 语言编写函数。

上面的 cpu.h、cpu_a.asm 和 cpu_c.c 这 3 个文件是在 μC-CPU 文件夹中 ARM-Cortex-M4 文件夹下的，打开 ARM-Cortex-M4 文件夹后的界面如图 9-5 所示。

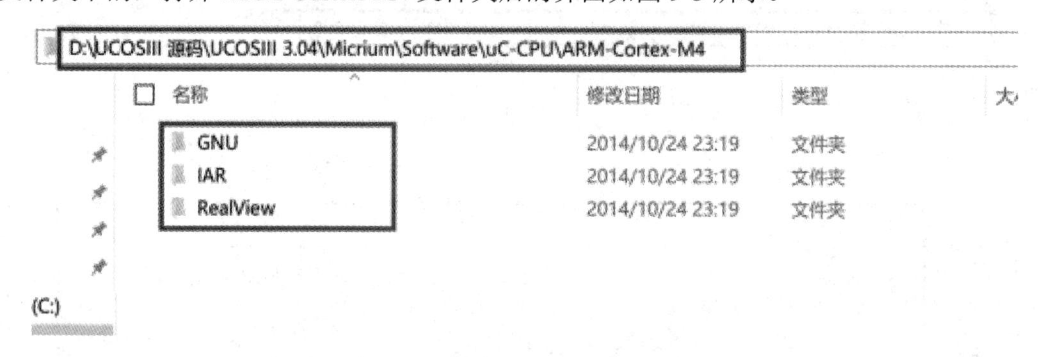

图 9-5　ARM-Cortex-M4 文件夹

从图 9-5 中可以看出一共有 3 个文件夹，即 GNU、IAR 和 RealView，这 3 个文件夹中都包含有 cpu.h、cpu_a.asm 和 cpu_c.c 3 个文件。RealView 文件夹中的文件，是官方基于 Keil-MDK 平台编写的与 μC/OS-Ⅲ相关的底层文件，GNU 与 IAR 文件夹可以删除，节约空间。在接下来的描述中会看到同样的设计根据不同的编译平台将会有不同的处理。

3) μC-LIB 文件夹

μC-LIB 文件夹下是一些可移植并且与编译器无关的函数。μC/OS-Ⅲ不使用 μC-LIB 中的函数，但是 μC/OS-Ⅲ和 μC-CPU 假定 lib_def.h 是存在的。μC-LIB 文件夹包含以下几个文件：

(1) lib_ascii.h 和 lib_ascii.c 文件。该文件提供 ASCII_ToLower()、ASCII_ToUpper()、ASCII_IsAlpha()和 ASCII_IsDig()等函数，它们可以分别替代标准库函数 tolower()、toupper()、

isalpha()和 isdigit()等。

(2) lib_def.h 文件。该文件定义了许多常量，如 RTUE/FALSE、YES/NO、ENABLE/DISABLE 以及各种进制的常量。但是，该文件中所有#define 常量都以 DEF_打头，所以上述常量的名字实际上为 DEF_TRUE/DEF_FALSE、DEF_YES/DEF_NO、DEF_ENABLE/DEF_DISABLE 等。该文件还为常用数学计算定义了宏。

(3) lib_math.h 和 lib_math.c 文件。该文件包含了 Math_Rand()、Math_SetRand()等函数的源代码，可用来替代标准库函 rand()、srand()等。

(4) lib_mem.c 和 lib_mem.h 文件。该文件包含了 Mem_Clr()、Mem_Set()、Mem_Copy()和 Mem_Cmp()等函数的源代码，可用来替代标准库函数 memclr()、memset()、memcpy()和 memcmp()等。

(5) lib_str.c 和 lib_str.h 文件。该文件包含了 Str_Lenr()、Str_Copy()和 Str_Cmp()等函数的源代码，可用于替代标准库函数 srtlen()、strcpy()和 strcmp()等。

(6) lib_mem_a.asm 文件。该文件包含了 lib_mem.c 函数的汇编优化版。

4) μCOS-III 文件夹

这个文件夹中有 Ports 和 Sourec 两个文件夹。Ports 文件夹里面是与 CPU 平台有关的文件，Source 文件夹里面是 μC/OS-III 3.04 的源码，打开 Source 文件夹如图 9-6 所示。

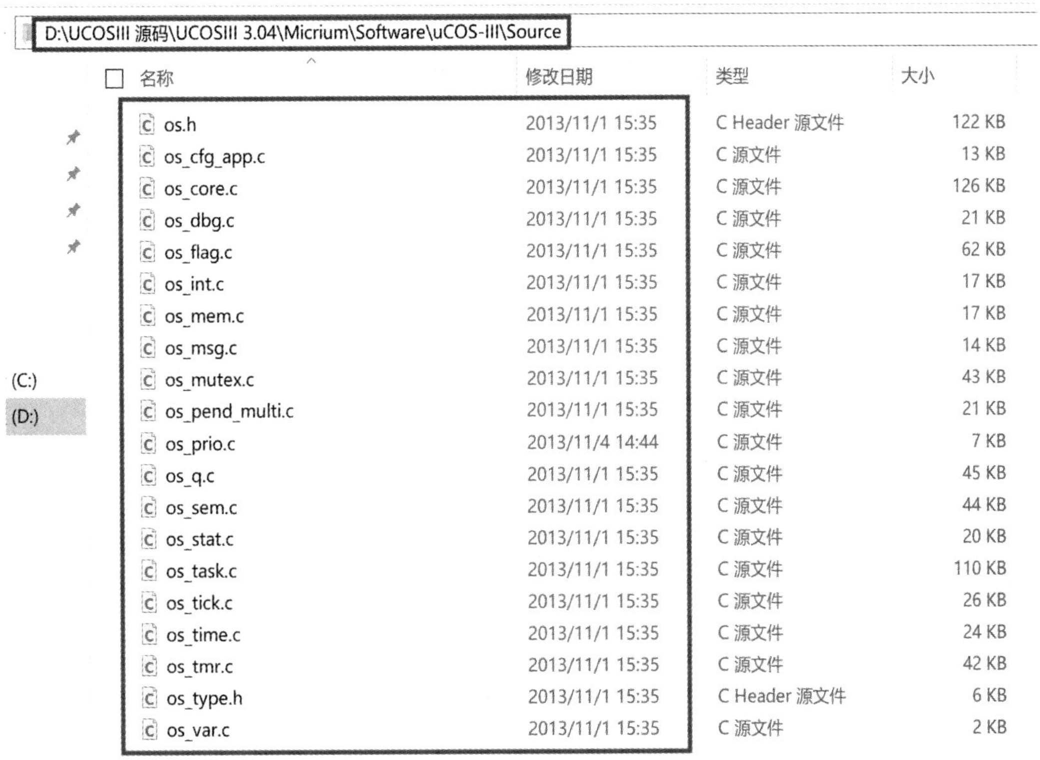

D:\UCOSIII 源码\UCOSIII 3.04\Micrium\Software\uCOS-III\Source

名称	修改日期	类型	大小
os.h	2013/11/1 15:35	C Header 源文件	122 KB
os_cfg_app.c	2013/11/1 15:35	C 源文件	13 KB
os_core.c	2013/11/1 15:35	C 源文件	126 KB
os_dbg.c	2013/11/1 15:35	C 源文件	21 KB
os_flag.c	2013/11/1 15:35	C 源文件	62 KB
os_int.c	2013/11/1 15:35	C 源文件	17 KB
os_mem.c	2013/11/1 15:35	C 源文件	17 KB
os_msg.c	2013/11/1 15:35	C 源文件	14 KB
os_mutex.c	2013/11/1 15:35	C 源文件	43 KB
os_pend_multi.c	2013/11/1 15:35	C 源文件	21 KB
os_prio.c	2013/11/4 14:44	C 源文件	7 KB
os_q.c	2013/11/1 15:35	C 源文件	45 KB
os_sem.c	2013/11/1 15:35	C 源文件	44 KB
os_stat.c	2013/11/1 15:35	C 源文件	20 KB
os_task.c	2013/11/1 15:35	C 源文件	110 KB
os_tick.c	2013/11/1 15:35	C 源文件	26 KB
os_time.c	2013/11/1 15:35	C 源文件	24 KB
os_tmr.c	2013/11/1 15:35	C 源文件	42 KB
os_type.h	2013/11/1 15:35	C Header 源文件	6 KB
os_var.c	2013/11/1 15:35	C 源文件	2 KB

(C:)
(D:)

图 9-6 ARM-Cortex-M4 文件夹

μC/OS-III 源码各个文件内容如表 9-1 所示。

表 9-1　μC/OS-Ⅲ源码文件解释

文　件	描　述
os.h	包含 μC/OS-Ⅲ的主要头文件，声明了常量、宏、全局变量、函数原型等
os_cfg_app.c	根据 os_cfg_app.h 中的宏定义声明变量和数组
os_core.c	μC/OS-Ⅲ的内核功能模块
os_dbg.c	包含内核调试或 μC/Probe 使用的常量的声明
os_flag.c	包含事件标志的管理代码
os_int.c	包含中断处理任务的代码
os_mem.c	包含 μC/OS-Ⅲ固定大小的存储分区的管理代码
os_msg.c	包含消息处理的代码
os_mutex.c	包含互斥型信号量的管理代码
os_pend_multi.c	包含允许任务同时等待多个信号量或多个消息队列的代码
os_prio.c	包含位映射表的管理代码，用于追踪那些已经就绪的任务
os_q.c	包含消息队列的管理代码
os_sem.c	包含信号量的管理代码
os_stat.c	包含统计任务的代码
os_task.c	包含任务的管理代码
os_tick.c	包含可管理正在延时和超时等待的任务的代码
os_time.c	包含可使任务延时一段时间的代码
os_tmr.c	包含软件定时器的管理代码
os_type.h	包含 μC/OS-Ⅲ数据类型的声明
os_var.c	包含 μC/OS-Ⅲ的全局变量

9.1.4　移植 μC/OS-Ⅲ至 STM32F4

下面将进行源代码的移植，新建工程的步骤进行跳过，直接使用新建好的工程模板进行移植。这里使用配套资料提供的 μC/OS-Ⅲ移植裸机模板的工程进行移植。

(1) 在 μC/OS-Ⅲ移植裸机模板的工程文件夹下新建一个文件夹(将该文件夹命名为 μC/OS-Ⅲ，遵循官方源码的标准)，如图 9-7 所示。

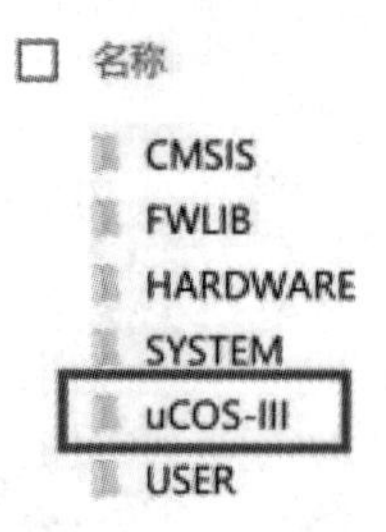

图 9-7　工程路径下新建文件夹

将以下 3 个文件夹(3 个文件夹位于源码文件夹 uCOSIII 源码\uCOSIII 3.04\Micrium\Software 路径下，如图 9-8 所示)复制到新建的 μC/OS-Ⅲ文件夹里，如图 9-9 所示。

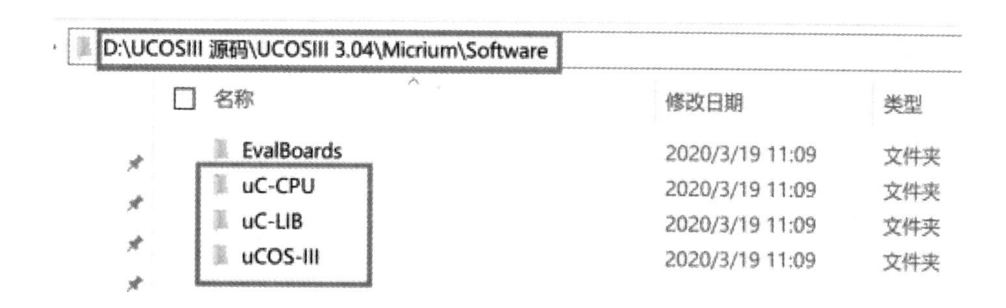

图 9-8　需复制的 μC/OSIII 源码文件

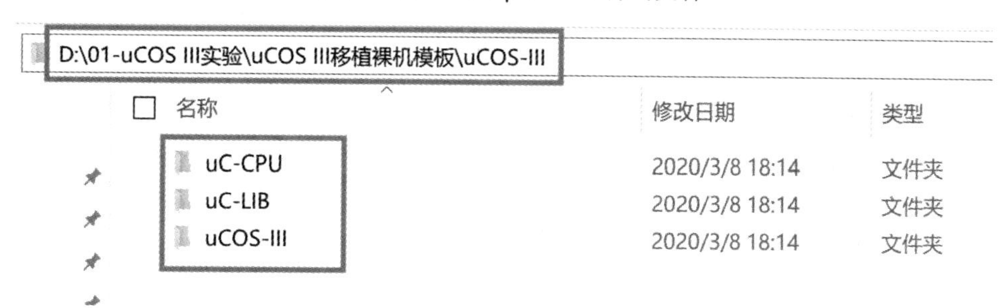

图 9-9　复制完成的 uCOS-III 文件夹

(2) 将官方工程路径 uCOSIII 3.04\Micrium\Software\EvalBoards\ST\STM32F429 II -SK\uCOS-III 中以下 8 个文件(图 9-10 中方框内文件)拷贝到 μCOS-III 移植裸机模板工程路径 01-uCOS III 实验\uCOS III 移植裸机模板\USER 下，如图 9-11 所示。

D:\UCOSIII 3.04\Micrium\Software\EvalBoards\ST\STM32F429II-SK\uCOS-III

名称	修改日期	类型	大小
IAR	2014/10/24 23:19	文件夹	
KeilMDK	2014/10/29 23:00	文件夹	
TrueSTUDIO	2014/10/24 23:19	文件夹	
app.c	2013/12/2 12:42	C 源文件	9 KB
app_cfg.h	2013/11/26 11:49	C Header 源文件	5 KB
cpu_cfg.h	2013/9/24 13:40	C Header 源文件	9 KB
includes.h	2013/11/26 11:49	C Header 源文件	4 KB
lib_cfg.h	2013/11/1 16:59	C Header 源文件	9 KB
os_app_hooks.c	2013/9/24 13:40	C 源文件	9 KB
os_app_hooks.h	2013/9/24 13:40	C Header 源文件	3 KB
os_cfg.h	2013/11/15 18:01	C Header 源文件	9 KB
os_cfg_app.h	2013/11/25 14:39	C Header 源文件	5 KB
stm32f4xx.h	2013/12/2 11:30	C Header 源文件	519 KB
stm32f4xx_conf.h	2013/12/2 15:22	C Header 源文件	4 KB
STM32F429II-SK OS README .pdf	2013/12/2 15:58	PDF 文件	236 KB

(C:)
(D:)

图 9-10　需复制的 μC/OS III 源码文件

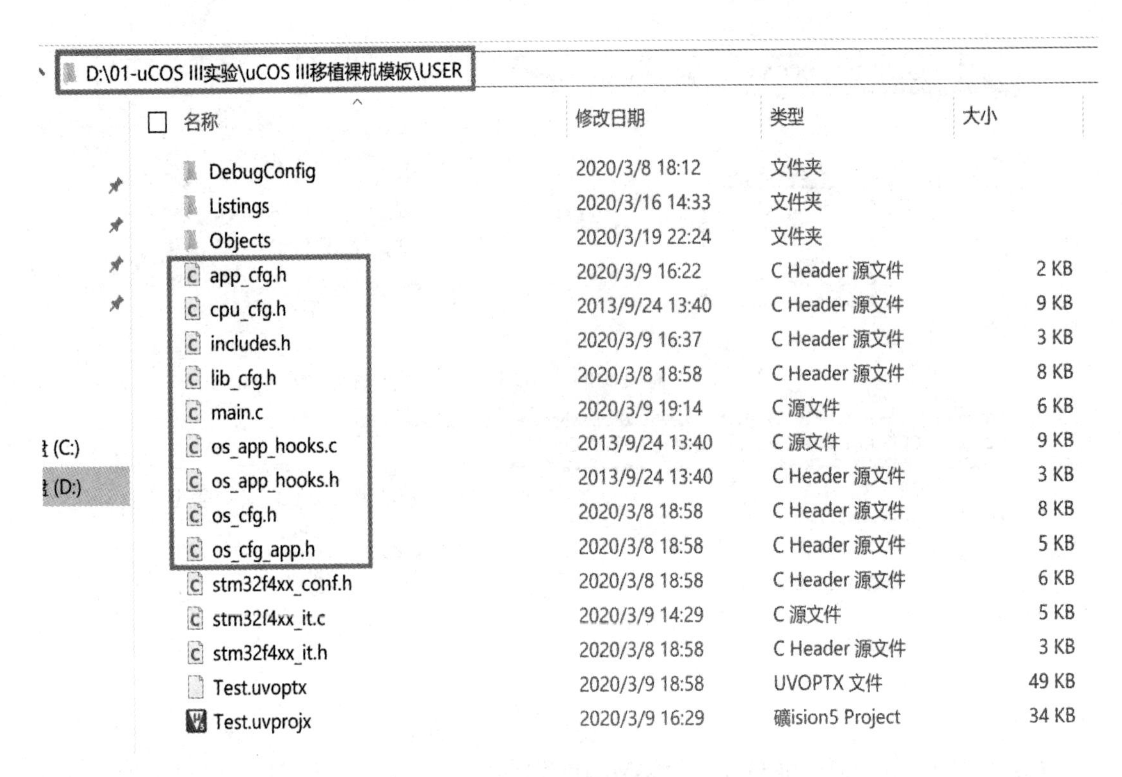

D:\01-uCOS III实验\uCOS III移植裸机模板\USER

名称	修改日期	类型	大小
DebugConfig	2020/3/8 18:12	文件夹	
Listings	2020/3/16 14:33	文件夹	
Objects	2020/3/19 22:24	文件夹	
app_cfg.h	2020/3/9 16:22	C Header 源文件	2 KB
cpu_cfg.h	2013/9/24 13:40	C Header 源文件	9 KB
includes.h	2020/3/9 16:37	C Header 源文件	3 KB
lib_cfg.h	2020/3/8 18:58	C Header 源文件	8 KB
main.c	2020/3/9 19:14	C 源文件	6 KB
os_app_hooks.c	2013/9/24 13:40	C 源文件	9 KB
os_app_hooks.h	2013/9/24 13:40	C Header 源文件	3 KB
os_cfg.h	2020/3/8 18:58	C Header 源文件	8 KB
os_cfg_app.h	2020/3/8 18:58	C Header 源文件	5 KB
stm32f4xx_conf.h	2020/3/8 18:58	C Header 源文件	6 KB
stm32f4xx_it.c	2020/3/9 14:29	C 源文件	5 KB
stm32f4xx_it.h	2020/3/8 18:58	C Header 源文件	3 KB
Test.uvoptx	2020/3/9 18:58	UVOPTX 文件	49 KB
Test.uvprojx	2020/3/9 16:29	礦ision5 Project	34 KB

图 9-11　复制完成的 USER 文件夹

(注：源码中路径一律用 uCOS III 代替 μCOS-III，遵循官方标准，下同)

(3) 将官方工程路径 uCOSIII3.04\Micrium\Software\EvalBoards\ST\STM32F429II-SK\BSP 中 2 个文件(如图 9-12 所示方框内文件)拷贝到 μCOS-III 移植裸机模板工程路径：01-uCOS III 实验\uCOS III 移植裸机模板\USER 下，如图 9-13 所示。

D:\UCOSIII 3.04\Micrium\Software\EvalBoards\ST\STM32F429II-SK\BSP

名称	修改日期	类型	大小
IAR	2014/10/24 23:19	文件夹	
KeilMDK	2014/10/24 23:19	文件夹	
ST	2014/10/24 23:19	文件夹	
TrueSTUDIO	2014/10/24 23:19	文件夹	
bsp.c	2013/12/2 15:30	C 源文件	41 KB
bsp.h	2013/11/26 16:48	C Header 源文件	29 KB
bsp_int.c	2013/11/26 16:48	C 源文件	20 KB
bsp_periph.c	2013/11/26 16:48	C 源文件	15 KB

图 9-12　需复制的 μC/OS III 源码文件

至此工程中需要的文件已经都复制到工程中。下面将这些文件添加到工程里面，并添加头文件路径。

D:\01-uCOS III实验\uCOS III移植裸机模板\USER

名称	修改日期	类型	大小
DebugConfig	2020/3/8 18:12	文件夹	
Listings	2020/3/16 14:33	文件夹	
Objects	2020/3/19 22:27	文件夹	
app_cfg.h	2020/3/9 16:22	C Header 源文件	2 KB
bsp.c	2020/3/9 16:39	C 源文件	14 KB
bsp.h	2020/3/9 16:39	C Header 源文件	28 KB
cpu_cfg.h	2013/9/24 13:40	C Header 源文件	9 KB
includes.h	2020/3/9 16:37	C Header 源文件	3 KB
lib_cfg.h	2020/3/8 18:58	C Header 源文件	8 KB
main.c	2020/3/9 19:14	C 源文件	6 KB
os_app_hooks.c	2013/9/24 13:40	C 源文件	9 KB
os_app_hooks.h	2013/9/24 13:40	C Header 源文件	3 KB
os_cfg.h	2020/3/8 18:58	C Header 源文件	8 KB
os_cfg_app.h	2020/3/8 18:58	C Header 源文件	5 KB
stm32f4xx_conf.h	2020/3/8 18:58	C Header 源文件	6 KB
stm32f4xx_it.c	2020/3/9 14:29	C 源文件	5 KB
stm32f4xx_it.h	2020/3/8 18:58	C Header 源文件	3 KB
Test.uvoptx	2020/3/9 18:58	UVOPTX 文件	49 KB
Test.uvprojx	2020/3/9 16:29	礦ision5 Project	34 KB

(C:)
(D:)

图 9-13　复制完成的 USER 文件夹内容

(4) 使用打开 Keil-MDK 打开点亮 LED 工程，建立 4 个组用于添加相应文件，如图 9-14 所示。

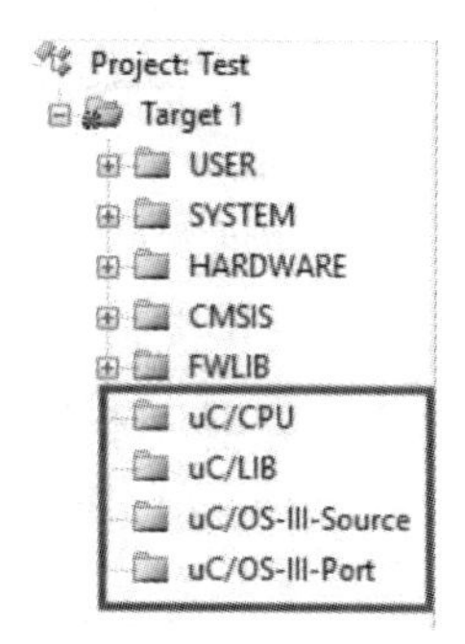

图 9-14　Keil-MDK 新建分组

(5) 下面将在各个组内添加所需文件。

① 在 μC/CPU 中添加 6 个文件，分别位于路径 uCOS III 移植裸机模板\uCOS-III\uC-CPU 和 uCOS III 移植裸机模板\uCOS-III\uC-CPU\ARM-Cortex-M4\RealView 中，如图 9-15、图 9-16 所示。

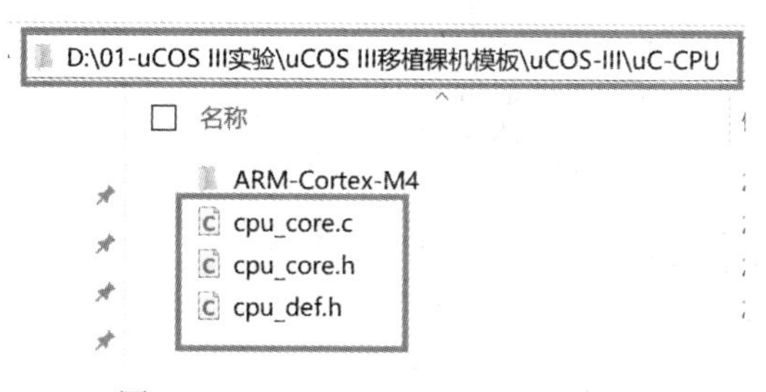

图 9-15　uCOS-III\uC-CPU 文件夹

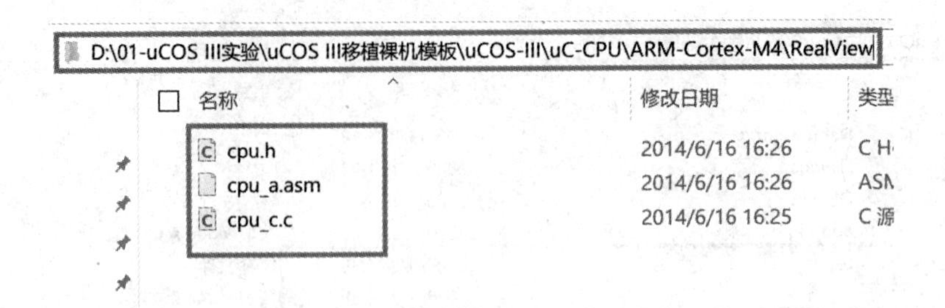

图 9-16　uCOS-Ⅲ\uC-CPU\ARM-Cortex-M4\RealView 文件夹

添加完成后如图 9-17 所示。

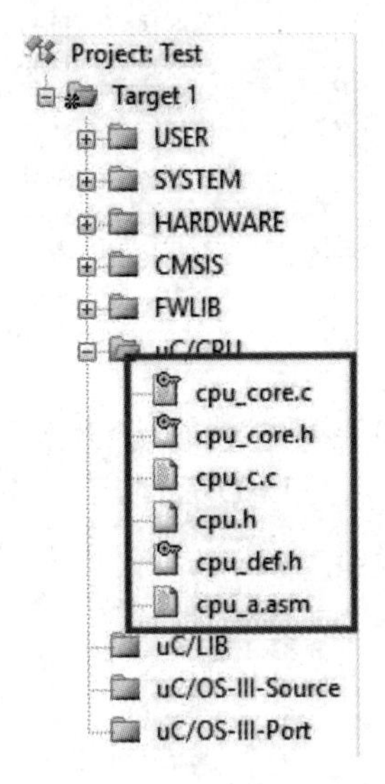

图 9-17　Keil-MDK μC/CPU 分组添加文件

② 在 μC/LIB 中添加 10 个文件，分别位于路径 uCOS Ⅲ移植裸机模板\uCOS-Ⅲ\uC-LIB 与 uCOS Ⅲ移植裸机模板\uCOS-Ⅲ\uC-LIB\Ports\ARM-Cortex-M4\RealView 下，如图 9-18、图 9-19 所示。

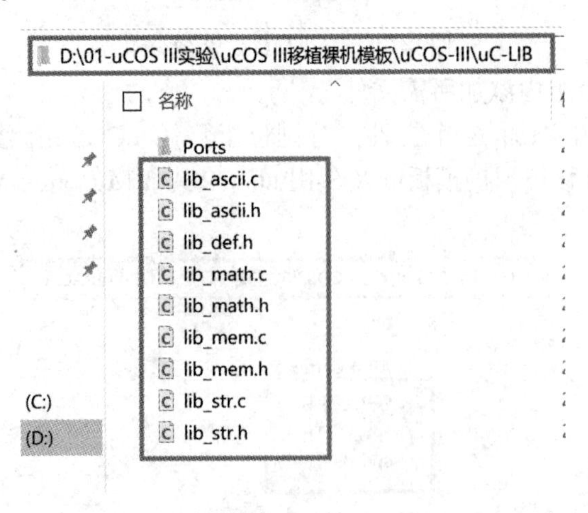

图 9-18　uCOS-Ⅲ\uC-LIB 文件夹内容

D:\01-uCOS III实验\uCOS III移植裸机模板\uCOS-III\uC-LIB\Ports\ARM-Cortex-M4\RealView

名称　修改日期　类型

lib_mem_a.asm　2013/11/1 16:03　ASM 文件

图 9-19　uCOS-III\uC-LIB\Ports\ARM-Cortex-M4\RealView 文件夹内容

添加完成后如图 9-20 所示。

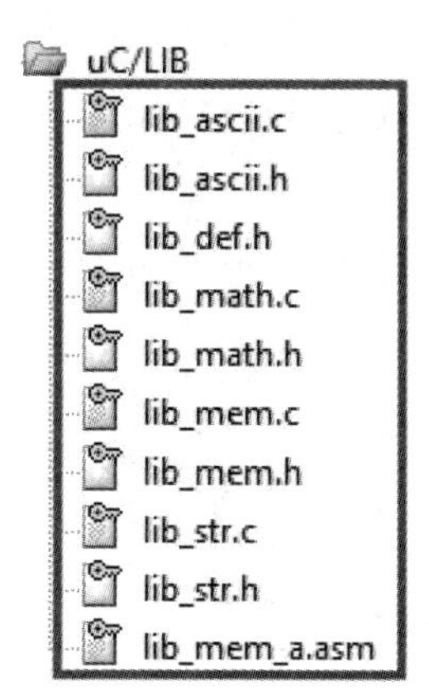

图 9-20　Keil-MDK μC/LIB 分组添加文件

③ 在 μC/OS-III-Source 中添加 20 个文件，位于路径 uCOS III 移植裸机模板\uCOS-III\uCOS-III\Source 下面，如图 9-21 所示。

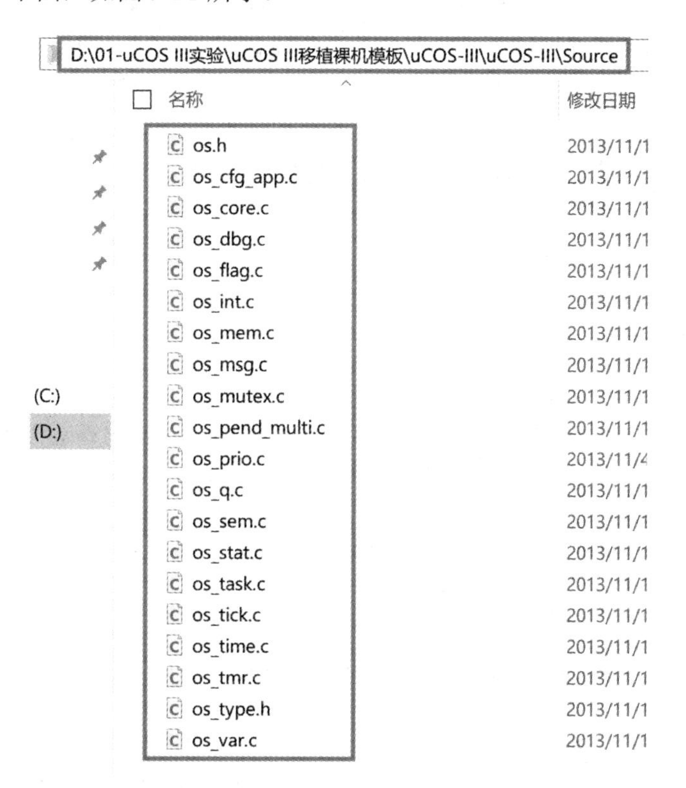

图 9-21　uCOS-III\uCOS-III\Source 文件夹内容

添加完成后如图 9-22 所示。

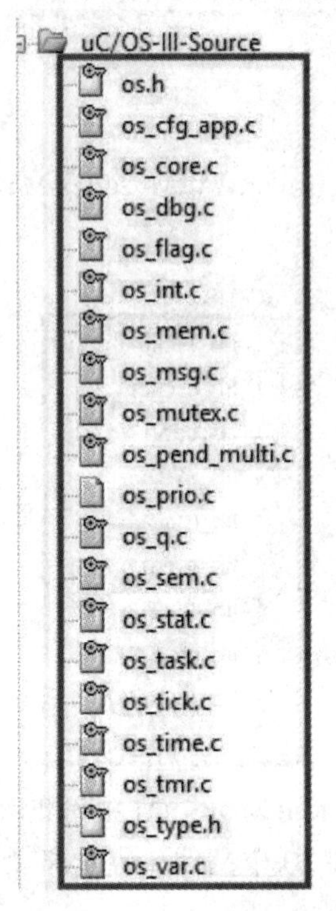

图 9-22 Keil-MDK uC/OS-Ⅲ-Source 分组添加文件

④ 在 uC/OS-Ⅲ-Port 中添加 3 个文件，位于路径 uCOS Ⅲ移植裸机模板\uCOS-Ⅲ\uCOS-Ⅲ\Ports\ARM-Cortex-M4\Generic\RealView，如图 9-23 所示。

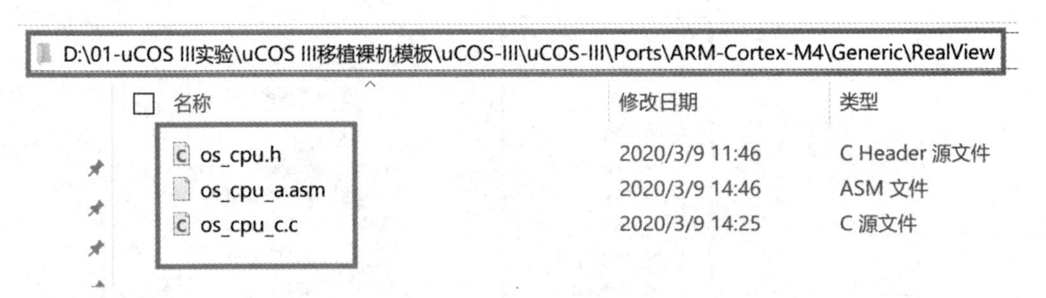

图 9-23 uCOS-Ⅲ\uCOS-Ⅲ\Ports\ARM-Cortex-M4\Generic\RealView 文件夹内容

添加完成后如图 9-24 所示。

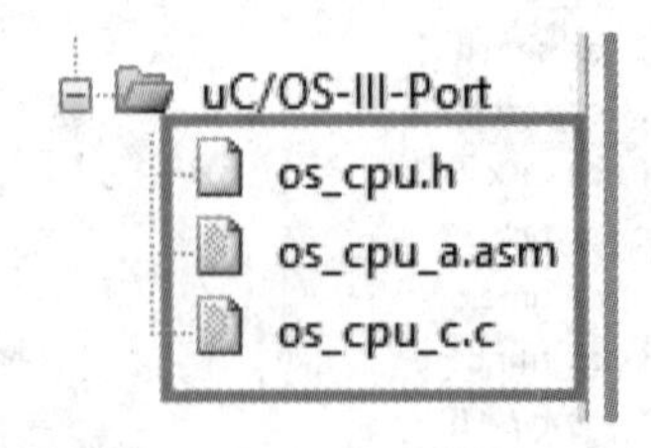

图 9-24 Keil-MDK uC/OS-Ⅲ-Port 分组添加文件

⑤ 在 USER 中添加 10 个文件，位于路径 uCOS Ⅲ移植裸机模板\USER 下，如图 9-25

所示。

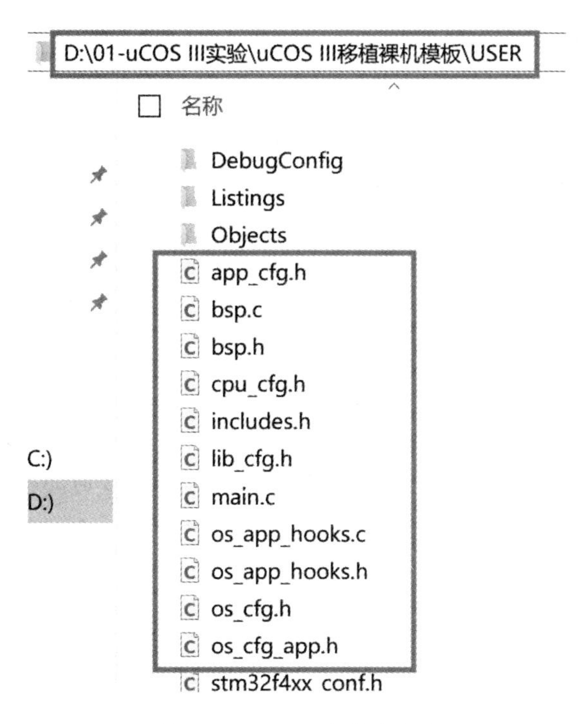

图 9-25　USER 文件夹内容

添加完成后如图 9-26 所示。

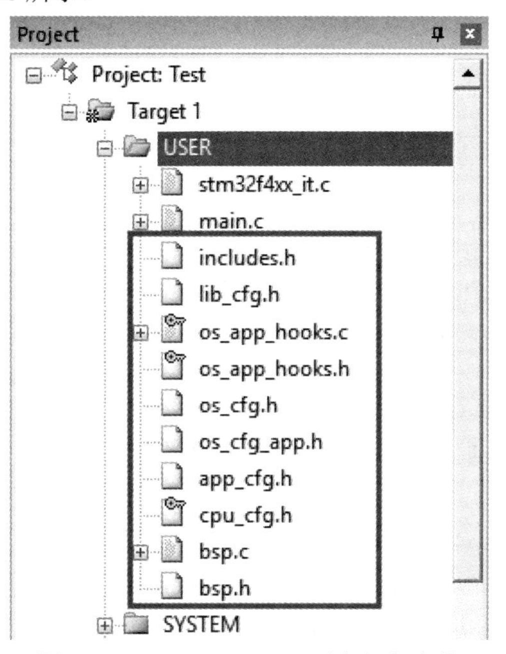

图 9-26　Keil-MDK USER 分组添加文件

(6) 以上文件添加完以后，已经构建好一个基本的工程，下面需添加头文件的路径，如图 9-27 所示。

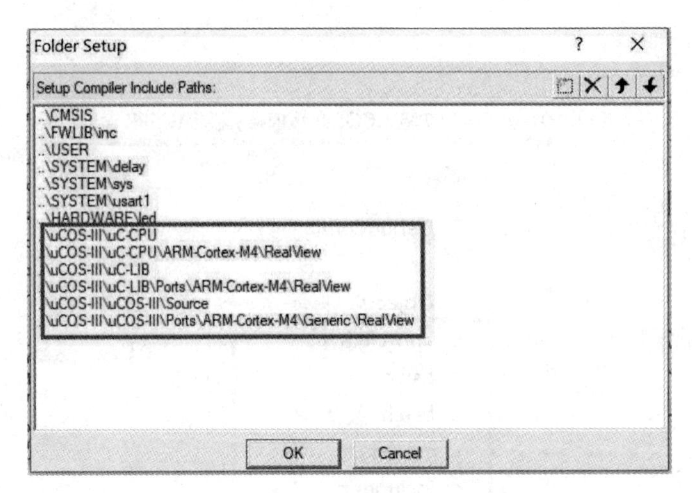

图 9-27　Keil-MDK 添加头文件路径

(7) 以上工程建立好之后，修改部分文件并进行相关设置后就可以下载到竞赛平台核心板运行了。需要修改的主要文件如图 9-28 所示，使用所提供配套资料中提供的文件替换掉原有文件即可。

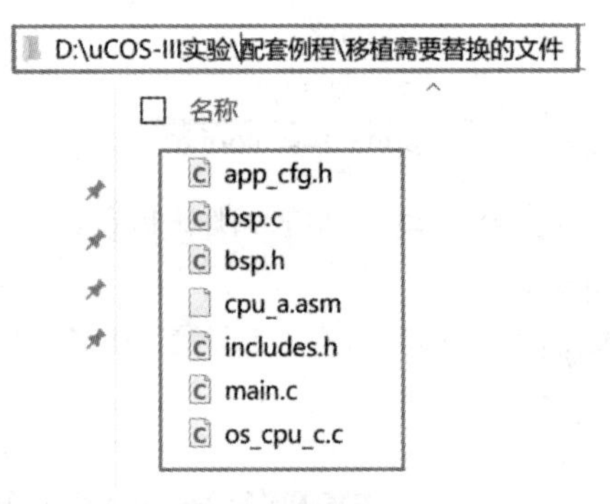

图 9-28　需替换的文件

① main.c 文件，主要是创建两个闪烁 LED 灯代码的任务。

② includes.h 文件，主要修改了部分头文件引用。

③ app_cfg 文件，这个文件内容是对 μC/OS-Ⅲ用户任务的一些基础配置，例如对于任务开始优先级、任务堆栈大小等进行设定。

④ bsp.c 与 bsp.h 文件，这两个文件主要对于竞赛平台核心板的 BSP(板级支持包)的修改，在基于官方的基础上，针对竞赛平台编写了部分驱动，例如板载 LED 灯、Usart(串口)等，后期需要增加的板级驱动建议编写在此文件内。

⑤ os_cpu_a.asm 文件，这个文件是官方采用汇编代码编写，里面包含了任务调度的关键函数，如 OSStartHighRdy()、OSCtxSw()、OSIntCtxSw()等函数，这里主要修改了其中 Systick 和 PendSV 函数名称，使得和 STM32 官方库中命名统一。

⑥ os_cpu_c.c 文件，这个文件内容是对 μC/OS-Ⅲ中一些与初始化任务堆栈有关的函数进行了修改，去除了对于 FPU 的支持。官方的代码中加入了 FPU 的支持，不过加入的代码完全不符合浮点寄存器的入栈和出栈，也就是说原来提供的代码不适合在 Cortex-M4 内核的微控制器中使用，因此使用时需要删除并修改部分代码。

以上文件修改完成后，还需要进行相关设置。

① 修改 sys.h 中的宏定义 SYSTEM_SUPPORT_OS，将其改为 1，启用实时操作系统支持，可使用 Ctrl+F 键打开搜索界面，搜索 SYSTEM_SUPPORT_OS，即可快速找到该宏定义，见图 9-29。

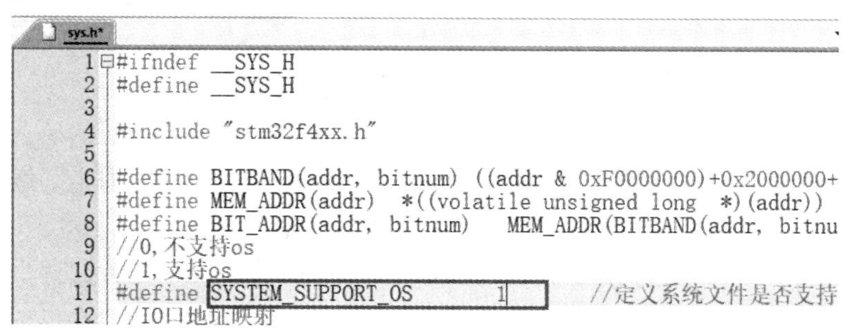

图 9-29　sys.h 中宏定义 SYSTEM_SUPPORT_OS 修改

② 关闭 STM32F4 的 FPU 功能，这里的 FPU 指 STM32F4xx 硬件浮点单元，可加速 STM32F4xx 浮点运算速度。基于官方移植的工程并不支持 FPU，在使用过程中需关闭 STM32F4 的 FPU 功能。

打开 Keil-MDK 配置窗口，切换到 Target 窗口，在 Floating Point Hardware 中选择 Not Used 即可，如图 9-30 所示。

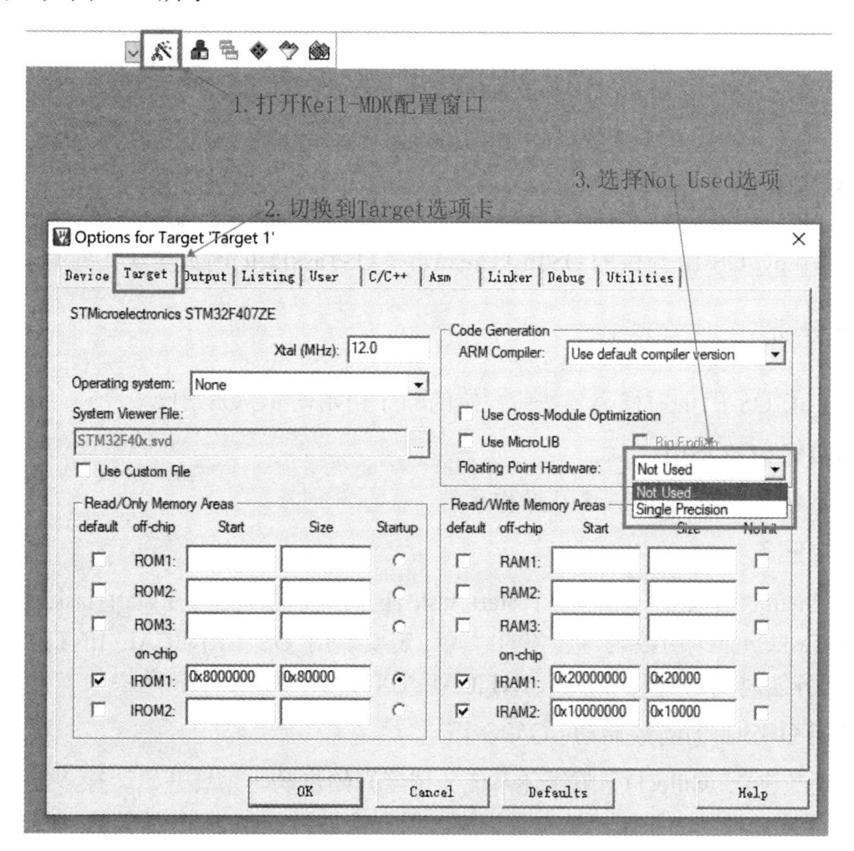

图 9-30　配置选项卡中关闭 FPU 支持

(8) 至此整个移植步骤已经完成，将工程进行编译，下载到竞赛平台核心板，即可观察到两个 LED 灯以不同的频率在闪烁。

如果工程编译有错误，则首先检查第(6)步，查看路径是否添加正确，然后再进行文件核对，检查是否有未添加或者替换的文件。

9.2 μC/OS-Ⅲ任务管理

多任务操作系统最主要的就是对任务的管理，包括任务的创建、挂起、删除和调度等，因此对于 μC/OS-Ⅲ操作系统中任务管理的理解就显得尤为重要。

任务管理是 μC/OS 操作系统的核心技术。μC/OS-Ⅲ允许两个任务拥有相同的优先级，且可以使用时间片轮转调度同优先级任务运行。

使用 OSTaskCreate ()函数可以创建一个任务。OSTaskSuspend ()函数用于挂起一个任务，使用该函数可以多次挂起一个任务，也就是嵌套挂起。但是嵌套多少次，就必须使用相同次数 OSTaskResume ()函数来解嵌该任务，使该任务恢复被挂起前的状态。创建任务时，可以通过设置有关参数给定任务的优先级，在创建完任务后，还可以使用 OSTaskChangePrio ()函数修改任务的优先级。

本节内容将安排三个任务对 μC/OS-Ⅲ任务管理进行描述。

任务 15 μC/OS-Ⅲ任务创建和删除

一、任务描述

通过调用 μC/OS-Ⅲ提供的 OSTaskCreate()和 OSTaskDel()函数实现任务的创建和删除。

二、任务分析

在使用 μC/OS-Ⅲ的时候需要按照一定的顺序初始化 μC/OS-Ⅲ。

1. 初始化 μC/OSⅢ

调用 OSInit()初始化 μC/OSⅢ操作系统。

2. 创建任务

一般在 main()函数中只创建一个 start_task 任务，其他任务都在 start_task 任务中创建。在调用 OSTaskCreate()函数创建任务的时候一定要调用 OS_CRITICAL_ENTER()函数进入临界区，任务创建完以后调用 OS_CRITICAL_EXIT()函数退出临界区。

3. 调用 OSStart()函数启动 μC/OS-Ⅲ

main 函数进入 while(1)无限循环，任务调度开始启动，系统开始运行，每一个任务都是 while(1)无限循环，由系统函数进行调度，用户可通过 μC/OS-Ⅲ提供的 API 进行任务的控制。

三、实现方法

1. 使用 OSTaskCreate()函数创建任务

创建任务就是将任务控制块、任务堆栈、任务代码等联系在一起，并且初始化任务控制块的相应字段。在 μC/OS-III 中通过函数 OSTaskCreate()来创建任务，OSTaskCreate()函数原型如下(在 os_task.c 中有定义)。

```
1.  void  OSTaskCreate (OS_TCB          *p_tcb,
2.                      CPU_CHAR        *p_name,
3.                      OS_TASK_PTR     p_task,
4.                      void            *p_arg,
5.                      OS_PRIO         prio,
6.                      CPU_STK         *p_stk_base,
7.                      CPU_STK_SIZE    stk_limit,
8.                      CPU_STK_SIZE    stk_size,
9.                      OS_MSG_QTY      q_size,
10.                     OS_TICK         time_quanta,
11.                     void            *p_ext,
12.                     OS_OPT          opt,
13.                     OS_ERR          *p_err)
```

上述 OSTaskCreate()函数中形参的作用如表 9-2 所示。

表 9-2 OSTaskCreate()函数形参的作用

*p_tcb	指向任务的任务控制块 OS_TCB
*p_name	指向任务的名字，可以给每个任务取一个名字
p_task	执行任务代码，也就是任务函数名字
*p_arg	传递给任务的参数
prio	任务优先级，数值越低优先级越高，用户不能使用系统任务使用的那些优先级
*p_stk_base	指向任务堆栈的基地址
stk_limit	任务堆栈的堆栈深度，用来检测和确保堆栈不溢出
stk_size	任务堆栈大小
q_size	μC/OS-III 中每个任务都有一个可选的内部消息队列，通过定义宏 OS_CFG_TASK_Q_EN>0，才能使用这个内部消息队列
time_quanta	在使能时间片轮转调度时用来设置任务的时间片长度，默认值为时钟节拍除以 10
*p_ext	指向用户补充的存储区

续表

opt	包含任务的特定选项，有如下选项可以设置。OS_OPT_TASK_NONE 表示没有任何选项 OS_OPT_TASK_STK_CHK OS_OPT_TASK_STK_CLR OS_OPT_TASK_SAVE_FP 指定是否允许检测该任务的堆栈 指定是否清除该任务的堆栈 指定是否存储浮点寄存器，CPU 需要有浮点 运算硬件并且有专用代码保存浮点寄存器
*p_err	用来保存调用该函数后返回的错误码

2. 使用 OSTaskDel()函数删除任务

OSTaskDel()函数用来删除任务。当一个任务不需要运行时，就可以将其删除掉。删除任务不是说删除任务代码，而是 μC/OS-III 不再管理这个任务，在有些应用中只需要某个任务只运行一次，运行完成后就将其删除掉。例如外设初始化任务，OSTaskDel()函数原型如下：

```
void OSTaskDel (OS_TCB *p_tcb, OS_ERR *p_err)
```

在 OSTaskDel()函数中形参的作用如表 9-3 所示。

表 9-3　OSTaskDel()函数形参的作用

*p_tcb	指向要删除的任务 TCB，也可以传递一个 NULL 指针来删除调用 OSTaskDel () 函数的任务自身
*p_err	指向一个变量用来保存调用 OSTaskDel ()函数后返回的错误码。

虽然 μC/OS-III 允许用户在系统运行的时候来删除任务，但是应该尽量避免这样的操作。如果多个任务使用同一个共享资源，这个时候任务 A 正在使用这个共享资源，如果删除了任务 A，这个资源并没有得到释放，那么其他任务就得不到这个共享资源的使用权，会出现各种奇怪的结果。

当调用 OSTaskDel()删除一个任务后，这个任务的任务堆栈、OS_TCB 所占用的内存并没有释放掉，因此还可以利用于其他任务。当然也可以使用内存管理的方法给任务堆栈和 OS_TCB 分配内存，这样当删除掉某个任务后就可以使用内存释放函数将这个任务的任务堆栈和 OS_TCB 所占用的内存空间释放掉。

四、代码详情

1. 创建任务时需要首先定义一些任务的参数以及声明任务的函数

下面这段代码定义了任务的优先级、堆栈大小、任务控制块结构体以及任务函数等重要信息。

```
1.  //任务优先级
2.  #define START_TASK_PRIO        3
3.  //任务堆栈大小
4.  #define START_STK_SIZE         512
5.  //任务控制块
6.  OS_TCB StartTaskTCB;
7.  //任务堆栈
8.  CPU_STK START_TASK_STK[START_STK_SIZE];
9.  //任务函数
10. void Start_Task(void *p_arg);
```

2. OSTaskCreate()的典型调用举例

```
1.  //创建开始任务
2.  OSTaskCreate((OS_TCB     * )&StartTaskTCB,           //任务控制块
3.               (CPU_CHAR   * )"Start Task",            //任务名字
4.               (OS_TASK_PTR )Start_Task,               //任务函数
5.               (void       * )0,                       //传递给任务函数的参数
6.               (OS_PRIO     )START_TASK_PRIO,          //任务优先级
7.               (CPU_STK    * )&START_TASK_STK[0],      //任务堆栈基地址
8.               (CPU_STK_SIZE)START_STK_SIZE/10,        //任务堆栈深度限位
9.               (CPU_STK_SIZE)START_STK_SIZE,           //任务堆栈大小
10.              (OS_MSG_QTY  )0,   //任务消息队列接收最大消息数目,0 禁止接收
11.              (OS_TICK     )0,   //使能时间片轮转时的时间片长度，0 为默认长度
12.              (void       * )0,                       //用户补充的存储区
13.              (OS_OPT      )OS_OPT_TASK_STK_CHK|OS_OPT_TASK_STK_CLR,
14.                                                      //任务类型
15.              (OS_ERR     * )&err);                   //存放该函数错误时的返回
```

3. 任务程序设计

需要创建 3 个任务，Start Task 用于创建其他任务，创建完成以后删除掉自身，LED0 Task 和 LED1 Task 在各自的任务函数内调用延时函数 Delay_ms ()，并对 LED 状态取反，实现 LED 灯闪烁的效果。

```
1.  /****************************************
2.  功   能：开始任务
3.  参   数：*p_arg   任意类型参数
```

```
4.   返回值：无
5.   ****************************************/
6.   void Start_Task(void *p_arg)
7.   {
8.       OS_ERR err;
9.       CPU_SR_ALLOC();
10.      p_arg = p_arg;
11.
12.      CPU_Init();
13.  #if OS_CFG_STAT_TASK_EN > 0u
14.      OSStatTaskCPUUsageInit(&err);              //统计任务
15.  #endif
16.
17.  #ifdef CPU_CFG_INT_DIS_MEAS_EN                 //如果使能了测量中断关闭时间
18.      CPU_IntDisMeasMaxCurReset();
19.  #endif
20.
21.  #if  OS_CFG_SCHED_ROUND_ROBIN_EN      //当使用时间片轮转的时候
22.      //使能时间片轮转调度功能，时间片长度为 1 个系统时钟节拍，即 1 × 5 = 5 ms
23.      OSSchedRoundRobinCfg(DEF_ENABLED,1,&err);
24.  #endif
25.
26.      OS_CRITICAL_ENTER();  //进入临界区
27.      //创建 TASK1 任务
28.      OSTaskCreate((OS_TCB      * )&Task1_TaskTCB,
29.                   (CPU_CHAR     * )"LED0 Task",
30.                   (OS_TASK_PTR )Task1_Task,
31.                   (void          * )0,
32.                   (OS_PRIO       )TASK1_TASK_PRIO,
33.                   (CPU_STK     * )&TASK1_TASK_STK[0],
34.                   (CPU_STK_SIZE)TASK1_STK_SIZE / 10,
35.                   (CPU_STK_SIZE)TASK1_STK_SIZE,
36.                   (OS_MSG_QTY   )0,
37.                   (OS_TICK       )0,
38.                   (void          * )0,
39.                   (OS_OPT        )OS_OPT_TASK_STK_CHK | OS_OPT_TASK_STK_CLR,
40.                   (OS_ERR       * )&err);
41.
42.      //创建 TASK2 任务
```

```
43.     OSTaskCreate((OS_TCB      * )&Task2_TaskTCB,
44.                  (CPU_CHAR    * )"LED1 Task",
45.                  (OS_TASK_PTR )Task2_Task,
46.                  (void        * )0,
47.                  (OS_PRIO      )TASK2_TASK_PRIO,
48.                  (CPU_STK     * )&TASK2_TASK_STK[0],
49.                  (CPU_STK_SIZE)TASK2_STK_SIZE/10,
50.                  (CPU_STK_SIZE)TASK2_STK_SIZE,
51.                  (OS_MSG_QTY   )0,
52.                  (OS_TICK      )0,
53.                  (void        * )0,
54.                  (OS_OPT      )OS_OPT_TASK_STK_CHK|OS_OPT_TASK_STK_CLR,
55.                  (OS_ERR      * )&err);
56.     OS_CRITICAL_EXIT();              //退出临界区
57.     OSTaskDel((OS_TCB*)0,&err);      //删除 start_task 任务自身
58. }
```

以上是开始任务的代码，剩余两个任务的代码可参考配套资料。

五、结果演示

系统启动后，Start Task 创建 LED0 Task 和 LED1 Task 任务，创建完成以后删除自身，竞赛平台核心板两个 LED 灯以不同频率进行闪烁。虽然任务内调用了延时函数 Delay_ms ()，但是由于两个任务是由系统在进行任务调度，宏观上来说是在并行执行的，所以 LED0 在点亮的同时，LED1 可以继续闪烁。

任务 16　μC/OS-Ⅲ任务挂起和恢复

一、任务描述

通过调用 μC/OS-III 提供的 OSTaskSuspend()和 OSTaskResume()函数实现任务的挂起和恢复。

二、任务分析

部分任务因为某些原因需要暂停运行，但是以后还可能需要运行，因此不能删除掉该任务，可以使用 OSTaskSuspend()函数将任务挂起。当任务挂起后，需要执行恢复函数将其恢复，这里的 OSTaskResume()函数用来恢复被 OSTaskSuspend()函数挂起的任务。OSTaskResume()函数是唯一能恢复被挂起任务的函数。

三、实现方法

1. 使用 OSTaskSuspend ()函数挂起任务

OSTaskSuspend()的原型如下：

```
void OSTaskSuspend (OS_TCB *p_tcb,
                    OS_ERR     *p_err)
```

在 OSTaskSuspend ()函数中形参的作用如表 9-4 所示。

表 9-4　OSTaskSuspend ()函数形参的作用

*p_tcb	指向需要挂起的任务的 OS_TCB，可以通过指向一个 NULL 指针将调用该函数的任务挂起
*p_err	指向一个变量，用来保存该函数的错误码

2. 使用 OSTaskResume()函数恢复被挂起任务

```
void OSTaskResume (OS_TCB*p_tcb,
                   OS_ERR     *p_err)
```

在 OSTaskResume()函数中形参的作用如表 9-5 所示。

表 9-5　OSTaskResume ()函数形参的作用

*p_tcb	指向需要解挂的任务的 OS_TCB，指向一个 NULL 指针是无效的，因为该任务正在运行，不需要解挂
*p_err	指向一个变量，用来保存该函数的错误码

使用以上两个函数，就可以简单地控制任务的挂起和恢复。需要注意的是可以多次调用 OSTaskSuspend()函数来挂起一个任务，但需要调用同样次数的 OSTaskResume()函数才可以恢复被挂起的任务。

四、代码详情

1. 初始化按键 I/O 口

```
1.  /****************************************
2.   功  能：初始化按键 I/O 口
3.   参  数：无
4.   返回值：无
5.  ****************************************/
6.  void KEY_Configure(void)
7.  {
```

```
8.          GPIO_InitTypeDef GPIO_InitStructure;
9.          RCC_AHB1PeriphClockCmd(RCC_AHB1Periph_GPIOI|
10.                                     RCC_AHB1Periph_GPIOH,ENABLE);
11.             //GPIOI4\5\6\7----KEY
12.             GPIO_InitStructure.GPIO_Pin=GPIO_Pin_4|GPIO_Pin_5
13.                                     |GPIO_Pin_6|GPIO_Pin_7;
14.             GPIO_InitStructure.GPIO_Mode = GPIO_Mode_IN;        //通用输出
15.         GPIO_InitStructure.GPIO_PuPd = GPIO_PuPd_UP;            //上拉
16.             GPIO_Init(GPIOI,&GPIO_InitStructure);
17.     }
```

以上代码主要实现了按键 I/O 口的初始化。

2. 创建 Task1_Task 任务

```
1.   /****************************************
2.    功  能：LED 灯反转状态
3.    参  数：*p_arg    任意类型参数
4.    返回值：无
5.   ****************************************/
6.   void Task1_Task(void *p_arg)
7.   {
8.       OS_ERR err;
9.       //CPU_SR_ALLOC();
10.      p_arg = p_arg;
11.      while(1)
12.      {
13.          LED1(!LED1_DATA());
14.          Delay_ms(100);
15.      }
16.  }
```

以上代码主要实现了在任务中反转 LED 状态。

3. 创建 Task2_Task 任务

```
1.   /****************************************
2.    功  能：按键扫描控制 Task1_Task 挂起与恢复
3.    参  数：*p_arg    任意类型参数
4.    返回值：无
```

```
5.  ****************************************/
6.  uint8_t TaskSuspend_Flag=0;
7.  void Task2_Task(void *p_arg)
8.  {
9.      OS_ERR err;
10.     //CPU_SR_ALLOC();
11.     p_arg = p_arg;
12.     while(1)
13.     {
14.         if(S1 == 0)
15.         {
16.             Delay_ms(10);
17.             if(S1 == 0)
18.             {
19.                 while(!S1);
20.                 TaskSuspend_Flag=!TaskSuspend_Flag;
21.                 if(TaskSuspend_Flag==1)
22.                 {
23.                     //挂起 LED Task
24.                     OS_TaskSuspend((OS_TCB*)&Task1_TaskTCB,&err);
25.                 } else
26.                 {
27.                      //恢复 LED Task
28.                     OS_TaskResume((OS_TCB*)&Task1_TaskTCB,&err);
29.                 }
30.
31.             }
32.         }
33.     }
34. }
```

以上代码主要实现了在任务中扫描按键，利用按键状态去分别调用任务挂起与恢复函数。

五、结果演示

系统启动后，Start Task 创建 LED Task 和 KEY Task 任务，创建完成以后删除自身，竞赛平台核心板第一个 LED 灯开始闪烁。按下竞赛平台核心板按键 1，LED Task 任务被挂起，LED 停止闪烁，此时 LED 可能是亮或者灭的状态，因为正在运行的任务被挂起，当前任务被暂停。再次按下竞赛平台核心板按键 1，被挂起的任务会恢复运行，LED 继续开始闪烁。

任务 17　μC/OS-Ⅲ 信号量和互斥信号量

一、任务描述

使用信号量机制来控制 LED 灯，按下按键 1 发送信号量，LED 任务接收到信号量则对 LED 进行取反。

二、任务分析

信号量是在多线程环境下使用的一种机制，是可以用来保证两个或多个关键代码段不被并发调用。在进入一个关键代码段之前，线程必须获取一个信号量；一旦该关键代码段完成了，那么该线程必须释放信号量。其他想进入该关键代码段的线程必须等待直到第一个线程释放信号量。

信号量像是一种上锁机制，代码必须获得对应的钥匙才能继续执行，一旦获得了钥匙，也就意味着该任务具有进入被锁部分代码的权限。一旦执行至被锁代码段，则任务一直等待，直到对应被锁部分代码的钥匙被再次释放才能继续执行。

信号量分为两种：二进制信号量与计数型信号量。二进制信号量只能取 0 和 1 两个值，计数型信号量不止可以取 2 个值，只有在共享资源的情况下可以使用信号量，中断服务程序则不能使用。

三、实现方法

1. μC/OS-III 中有关信号量的 API

在 μC/OS-III 中有关信号量的 API 描述如表 9-6 所示。

表 9-6　μC/OS-III 中有关信号量的 API

函　数	描　述
OSSemCreate()	创建一个信号量
OSSemDel()	删除一个信号量
OSSemPend()	等待一个信号量
OSSemPendAbort()	取消等待
OSSemPost()	释放一个信号量
OSSemSet()	强制设置一个信号量的值

2. 创建信号量

使用信号量前需要创建一个信号量，使用函数 OSSemCreate()来创建信号量，函数原型如下：

```
------------------------------------------------------------------------------------------------
void  OSSemCreate (OS_SEM        *p_sem,
```

```
                CPU_CHAR       *p_name,
                OS_SEM_CTR     cnt,
                OS_ERR         *p_err)
```

在 OSSemCreate 函数中形参的作用如表 9-7 所示。

表 9-7　OSSemCreate 函数形参的作用

p_sem	指向信号量控制块，我们需要按照如下所示方式定义一个全局信号量，并将这个信号量的指针传递给函数 OSSemCreate()。 使用 OS_SEM　TestSem；声明信号量
p_name:	指向信号量的名字
cnt	设置信号量的初始值，如果此值为 1，代表此信号量为二进制信号量，如果大于 1 的话就代表此信号量为计数型信号量
p_err	保存调用此函数后的返回的错误码

3. 请求信号量

当一个任务需要独占式的访问某个特定的系统资源时，需要与其他任务中断服务程序同步，或者需要等待某个事件的发生，应该调用函数 OSSemPend()，函数原型如下：

```
OS_SEM_CTR   OSSemPend (OS_SEM      *p_sem,
                        OS_TICK     timeout,
                        OS_OPT      opt,
                        CPU_TS      *p_ts,
                        OS_ERR      *p_err)
```

在 OSSemPend ()函数中形参的作用如表 9-8 所示。

表 9-8　OSSemPend ()函数形参的作用

p_sem	指向一个信号量的指针
timeout	指定等待信号量的超时时间(时钟节拍数)，如果在指定时间内没有等到信号量则允许任务恢复执行。如果指定时间为 0 的话任务就会一直等待下去，直到等到信号量
opt	用于设置是否使用阻塞模式，有两个选项：OS_OPT_PEND_BLOCKING 信号量无效时，任务挂起以等待信号量；OS_OPT_PEND_NON_BLOCKING 信号量无效时，任务直接返回
p_ts	指向一个时间戳，用来记录接收到信号量的时刻，如果给这个参数赋值 NULL，则说明用户没有要求时间戳
p_err	保存调用本函数后返回的错误码

4. 发送信号量

任务请求到信号量可以访问共享资源，在任务访问共享资源以后必须释放信号量，释放信号量也叫发送信号量，使用函数 OSSemPost()发送信号量。OSSemPost()函数原型如下：

```
OS_SEM_CTR   OSSemPost (OS_SEM    *p_sem,
                        OS_OPT    opt,
                        OS_ERR    *p_err)
```

在 OSSemPost()函数中形参的作用如表 9-9 所示。

表 9-9　OSSemPost()函数形参的作用

p_sem	指向一个信号量的指针
opt	用来选择信号量发送的方式。OS_OPT_POST_1 仅向等待该信号量的优先级最高的任务发送信号量 OS_OPT_POST_ALL 向等待该信号量的所有任务发送信号量 OS_OPT_POST_NO_SCHED 选项禁止在本函数内执行任务调度操作。即使该函数使得更高优先级的任务结束挂起进入就绪状态，也不会执行任务调度，而是会在其他后续函数中完成任务调度
p_err	用来保存调用此函数后返回的错误码

四、代码详情

1. 初始化按键 I/O 口

```
1.   /******************************************
2.    功   能：初始化按键 I/O 口
3.    参   数：无
4.    返回值：无
5.   ******************************************/
6.   void KEY_Configure(void)
7.   {
8.          GPIO_InitTypeDef GPIO_InitStructure;
9.          RCC_AHB1PeriphClockCmd(RCC_AHB1Periph_GPIOI|RCC_AHB1Periph_GPIOH,EN
                                       ABLE);
10.         //GPIOI4\5\6\7----KEY
11.         GPIO_InitStructure.GPIO_Pin = GPIO_Pin_4|GPIO_Pin_5|GPIO_Pin_6|GPIO_Pin_7;
12.         GPIO_InitStructure.GPIO_Mode = GPIO_Mode_IN;      //通用输出
13.         GPIO_InitStructure.GPIO_PuPd = GPIO_PuPd_UP;      //上拉
14.         GPIO_Init(GPIOI,&GPIO_InitStructure);
15.  }
```

2. 声明信号量

```
OS_SEM SemOfKey;            //声明标志 KEY1 是否被单击的多值信号量
```

3. 创建 Task1_Task 任务

在 Task1_Task 任务中等待信号量，当检测到多值信号量被发布时，就会切换 LED1 的亮灭状态。

```
1.  /*****************************************
2.   功   能：等待信号量
3.   参   数：*p_arg     任意类型参数
4.   返回值：无
5.  *****************************************/
6.  void Task1_Task(void *p_arg)
7.  {
8.      OS_ERR err;
9.      //CPU_SR_ALLOC();
10.     p_arg = p_arg;
11.     CPU_TS          ts_sem_post, ts_sem_get;
12.     while(1)
13.     {
14.         OSSemPend ((OS_SEM     *)&SemOfKey,      //等待该信号量被发布
15.                    (OS_TICK    )0,               //无期限等待
16.
17.                    (OS_OPT     )OS_OPT_PEND_BLOCKING,  //无信号量可用就等待
18.                    (CPU_TS *)&ts_sem_post,       //信号量最后一次发布的时间戳
19.                    (OS_ERR *)&err);              //返回错误类型
20.         ts_sem_get = OS_TS_GET();                //获取解除等待时的时间戳
21.         LED1(!LED1_DATA());
22.     }
23. }
```

以上代码主要实现了在任务中等待信号量，当检测到多值信号量被发布时，就会切换 LED1 的亮灭状态。

4. 创建 Task2_Task 任务

Task2_Task 任务负责扫描按键，当 KEY1 被单击时，就发布多值信号量。

```
1.  /****************************************
2.   功  能：发布多值信号量
3.   参  数：*p_arg    任意类型参数
4.   返回值：无
5.  ****************************************/
6.  uint8_t TaskSuspend_Flag=0;
7.  void Task2_Task(void *p_arg)
8.  {
9.      OS_ERR err;
10.     //CPU_SR_ALLOC();
11.     p_arg = p_arg;
12.
13.     while(1)
14.     {
15.         if(S1 == 0)
16.         {
17.             Delay_ms(10);
18.             if(S1 == 0)
19.             {
20.                 while(!S1);
21.                 OSSemPost((OS_SEM   *)&SemOfKey,           //发布 SemOfKey
22.                           (OS_OPT    )OS_OPT_POST_ALL, //发布给所有等待任务
23.                           (OS_ERR   *)&err);
24.                 OSTimeDlyHMSM ( 0, 0, 0, 20, OS_OPT_TIME_DLY, & err );
25.             }
26.         }
27.     }
28. }
```

以上代码主要实现了在任务中发布信号量，当竞赛平台核心板按键 1 被单击时，发布多值信号量。

五、结果演示

系统启动后，Start Task 创建 Task1_Task 和 Task2_Task 任务，创建完成以后删除自身。按下竞赛平台核心板按键 1，Task2_Task 任务发布多值信号量。Task1_Task 任务则在等待信号量，当检测到多值信号量被发布时，就会反转 LED1 状态。

9.3 μC/OS-Ⅲ嵌入式操作系统开发步骤

本节主要对μC/OS-Ⅲ实时操作系统做一个整体的介绍，并讲述μC/OS-Ⅲ嵌入式操作系统的一些开发步骤。

μC/OS-Ⅲ系统的常用内核对象有任务、软件定时器、多值信号量、互斥信号量、消息队列、任务信号量等。还有一些常用功能，例如用户不希望被任务或中断打断的程序段成为临界段，在进入和退出临界段时分别需要调用进入和退出临界段函数。

本节针对以上内容安排三个任务，对μC/OS-Ⅲ操作系统的一些开发步骤进行学习。

任务18 μC/OS-Ⅲ消息传递

一、任务描述

使用消息队列来控制LED灯，创建两个任务，发送消息任务用来发送消息，LED任务接收到消息则对LED进行取反，并将收到的消息通过Usart1(串口1)输出。

二、任务分析

消息是指向数据的指针，表明数据长度的变量和记录消息发布时刻的时间戳，指针指向的是一块数据区或者是一个函数，消息的内容必须一直保持可见性，因为发布数据采用的是引用传递是指针传递而不是值传递，也就是说，发布的数据本身不发生数据拷贝。在UCOSII中有消息邮箱和消息队列，但是在μC/OS-Ⅲ中只有消息队列。消息队列是由用户创建的内核对象，数量不限制，图9-31展示了用户可以对消息队列进行的操作。

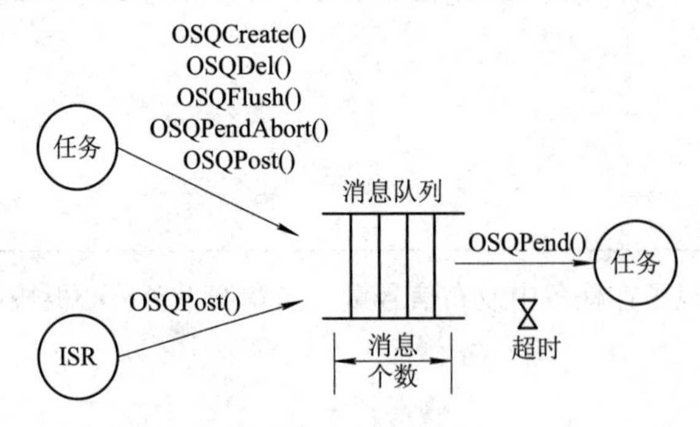

图9-31 用户对消息队列进行操作

三、实现方法

1. μC/OS-Ⅲ中有关消息队列的API

μC/OS-Ⅲ中有关消息队列的API描述如表9-10所示。

表 9-10　μC/OS-III 中有关消息队列的 API

OSQCreate()	创建一个消息队列
OSQDel()	删除一个消息队列
OSQFlush()	清空一个消息队列
OSQPend()	等待消息队列
OSQPendAbort()	取消等待消息队列
OSQPost()	向消息队列发送一条消息

常用的关于消息队列的函数其实只有三个，创建消息队列函数 OSQCreate()，向消息队列发送消息函数 OSQPost ()和等待消息队列函数 OSQPend ()。

2. 创建消息队列

OSQCreate ()函数用来创建一个消息队列，消息队列使得任务或者中断服务程序可以向一个或者多个任务发送消息。函数原型如下：

```
void   OSQCreate (OS_Q          *p_q,
                  CPU_CHAR      *p_name,
                  OS_MSG_QTY    max_qty,
                  OS_ERR        *p_err)
```

在 OSQCreate ()函数中形参的作用如表 9-11 所示。

表 9-11　OSQCreate ()函数形参的作用

p_q	指向一个消息队列，消息队列的存储空间必须由应用程序分配，可采用如下语句定义一个消息队列：OS_Q Msg_Que
p_name	消息队列的名字
max_qty	指定消息队列的长度，必须大于 0。当然，如果 OS_MSGs 缓冲池中没有足够多的 OS_MSGs 可用，那么发送消息将会失败，并且返回相应的错误码，指明当前没有可用的 OS_MSGs
p_err	保存调用此函数后返回的错误码

3. 等待消息队列

OSQPend()函数用来从消息队列中接收一个消息。当任务调用这个函数的时候，如果消息队列中有至少一个消息时，这些消息就会返回给函数调用者。函数原型如下：

```
void   *OSQPend (OS_Q           *p_q,
                 OS_TICK        timeout,
                 OS_OPT         opt,
                 OS_MSG_SIZE    *p_msg_size,
```

```
        CPU_TS          *p_ts,
        OS_ERR          *p_err)
```

在 OSQPend()函数中形参的作用如表 9-12 所示。

表 9-12　OSQPend()函数形参的作用

p_q	指向一个消息队列
timeout	等待消息的超时时间，如果在指定的时间没有接收到消息，任务就会被唤醒，接着运行。这个参数若设置为 0，表示任务将一直等待下去，直到接收到消息
opt	用来选择是否使用阻塞模式，有两个选项可以选择。如果没有任何消息存在就阻塞任务，一直等待，直到接收到消息。OS_OPT_PEND_BLOCKING，如果消息队列没有任何消息，则任务将直接返回
p_msg_size	指向一个变量用来表示接收到的消息长度(字节数)
p_ts	指向一个时间戳，表明什么时候接收到消息。如果这个指针被赋值 NULL，则说明用户没有要求时间戳
p_err	用来保存调用此函数后返回的错误码

4. 发送消息队列

OSQPost()函数用来向消息队列发送消息，如果消息队列是满的，则函数 OSQPost()就会立刻返回，并且返回一个特定的错误代码。函数原型如下：

```
void   OSQPost (OS_Q            *p_q,
                void            *p_void,
                OS_MSG_SIZE     msg_size,
                OS_OPT          opt,
                OS_ERR          *p_err)
```

在 OSQPost()函数中形参的作用如表 9-13 所示。

表 9-13　OSQPost()函数形参的作用

p_q	指向一个消息队列
p_void	指向实际发送的内容，p_void 是一个执行 void 类型的指针，其具体含义由用户程序的决定
msg_size	设定消息的大小，单位为字节数
opt	用来选择消息发送操作的类型，基本的类型有下面四种： • OS_OPT_POST_ALL：将消息发送给所有等待该消息队列的任务，需要和选项 OS_OPT_POST_FIFO 或者 OS_OPT_POST_LIFO 配合使用； • OS_OPT_POST_FIFO：待发送消息保存在消息队列的末尾； • OS_OPT_POST_LIFO：待发送的消息保存在消息队列的开头； • OS_OPT_POST_NO_SCHED：禁止在本函数内执行任务调度
p_err	用来保存调用此函数后返回的错误码

可以使用上面四种基本类型来组合出其他几种类型，如下：

```
OS_OPT_POST_FIFO + OS_OPT_POST_ALL
OS_OPT_POST_LIFO + OS_OPT_POST_ALL
OS_OPT_POST_FIFO + OS_OPT_POST_NO_SCHED
OS_OPT_POST_LIFO + OS_OPT_POST_NO_SCHED
OS_OPT_POST_FIFO + OS_OPT_POST_ALL + OS_OPT_POST_NO_SCHED
OS_OPT_POST_LIFO + OS_OPT_POST_ALL + OS_OPT_POST_NO_SCHED
```

四、代码详情

1. 初始化串口

在 bsp.c 文件 bsp_Init()函数内添加初始化 Usart1 的函数。

```
USART1_Hardware_Init(115200);
```

2. 声明消息队列

```
OS_Q queue;        //声明消息队列
```

3. 在 Start_Task 任务中创建消息队列

```
    /* 创建消息队列 queue */
    OSQCreate ((OS_Q           *)&queue,              //指向消息队列的指针
               (CPU_CHAR       *)"Queue For Test",    //队列的名字
               (OS_MSG_QTY      )20,                  //最多可存放消息的数目
               (OS_ERR         *)&err);               //返回错误类型
```

以上为创建消息队列的代码。

4. 创建请求消息队列消息任务

```
1.  /****************************************
2.    功   能：请求消息队列 queue 的消息
3.    参   数：*p_arg     任意类型参数
4.    返回值：无
5.  ****************************************/
6.  void Task1_Task(void *p_arg)
```

```
7.  {
8.          OS_ERR err;
9.          OS_MSG_SIZE msg_size;
10.         CPU_SR_ALLOC();
11.         p_arg = p_arg;
12.         char * pMsg;
13.         while(1)
14.         {
15.             /*  请求消息队列  queue  的消息  */
16.             pMsg = OSQPend ((OS_Q      *)&queue,                //消息变量指针
17.                             (OS_TICK      )0,                   //等待时长为无限
18.                             (OS_OPT)OS_OPT_PEND_BLOCKING, //如未获取信号量等待
19.                             (OS_MSG_SIZE   *)&msg_size,         //获取消息的字节大小
20.                             (CPU_TS          *)0,               //获取任务发送时的时间戳
21.                             (OS_ERR          *)&err);           //返回错误
22.             if ( err == OS_ERR_NONE )                           //如果接收成功
23.             {
24.                 OS_CRITICAL_ENTER();                            //进入临界段
25.                 printf ( "\r\n 接收消息的长度：%d 字节，内容：
26.                                     %s\r\n",msg_size,pMsg);
27.                 OS_CRITICAL_EXIT();                             //进入临界段
28.             }
29.             LED1(!LED1_DATA());
30.         }
31. }
```

以上为请求消息队列消息的代码，在请求到消息队列消息后，会将请求到的消息通过Usart1(串口 1)输出，同时取反 LED 状态。

5. 创建发送消息队列消息任务

```
1.  /****************************************
2.   功    能：发布消息到消息队列
3.   参    数：*p_arg      任意类型参数
4.   返回值：无
5.  ****************************************/
6.  uint8_t TaskSuspend_Flag=0;
7.  void Task2_Task(void *p_arg)
8.  {
```

```
9.        OS_ERR err;
10.       //CPU_SR_ALLOC();
11.       p_arg = p_arg;
12.       while(1)
13.       {
14.           /*  发布消息到消息队列 queue */
15.           OSQPost ((OS_Q          *)&queue,                              //消息变量指针
16.           //要发送的数据的指针，将内存块首地址通过队列“发送出去”
17.                    (void          *)"Queue For Test",
18.                    (OS_MSG_SIZE    )sizeof( "Queue For Test" ),          //数据字节大
19.                      //先进先出和发布给全部任务的形式
20.                    (OS_OPT         )OS_OPT_POST_FIFO | OS_OPT_POST_ALL,
21.                    (OS_ERR         *)&err);                              //返回错误类型
22.           OSTimeDlyHMSM ( 0, 0, 0, 500, OS_OPT_TIME_DLY, & err );
23.       }
24.   }
```

以上为发送消息队列消息的代码，每隔 500 ms 发送一次消息队列消息，发送内容为“Queue For Test”。

五、结果演示

系统启动后，Start Task 任务创建 Task1_Task 和 Task2_Task 任务，创建完成以后删除自身。Task2_Task 任务每隔 500 ms 发送一次消息队列消息，发送内容为“Queue For Test”。Task1_Task 任务则在请求到消息队列消息后，会将请求到的消息通过 Usart1(串口 1)输出，同时取反 LED 状态。

使用 USB 转 TTL 连接核心板串口 1(UART P1 接口，其引脚示意图如图 9-32 所示，引脚功能说明如表 9-14 所示)与电脑 USB 口，打开串口助手，波特率设置为 115 200，即可看到串口发送的数据，实验结果如图 9-33 所示。

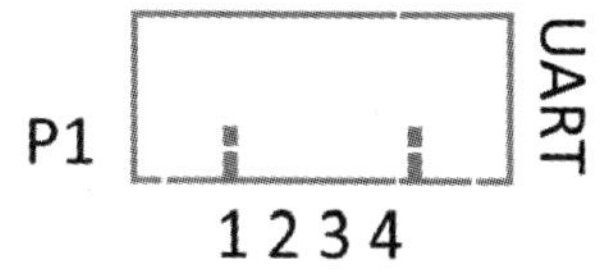

图 9-32　竞赛平台核心板串口 1 引脚示意图

表 9-14　竞赛平台核心板串口 1 引脚功能说明

UART 接口引脚	功　能
1	VCC
2	TXD
3	RXD
4	GND

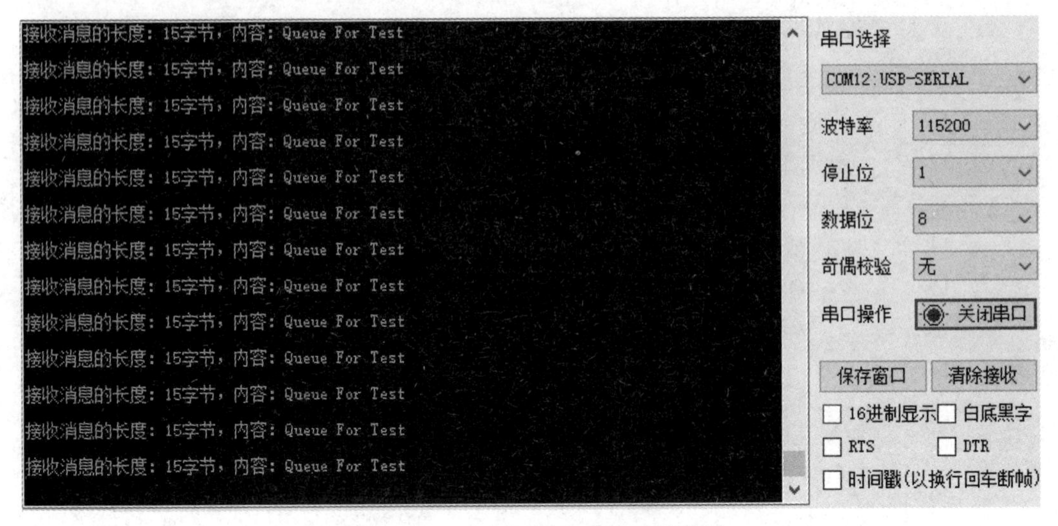

图 9-33　μC/OS-Ⅲ消息传递实验结果

任务 19　μC/OS-Ⅲ临界段代码

一、任务描述

在任务中使用进入临界区和退出临界区的宏定义，进行关闭任务调度与中断的操作。

二、任务分析

在多用户系统和多进程系统上，通常程序中存在部分临界代码。我们需要确保只有一个进程或执行线程进入临界代码并拥有对资源独占式的访问权。

每个进程中访问临界资源的那段程序称为临界区(Critical Section)(临界资源是一次仅允许一个进程使用的共享资源)。每次只准许一个进程进入临界区，进入后不允许其他进程进入。不论是硬件临界资源，还是软件临界资源，多个进程必须互斥地对它进行访问。

临界段代码是指那些必须完整连续运行，不可被打断的代码段，例如串口发送、IIC 发送与接收等。在 μC/OS-Ⅲ中存在大量的临界段代码。

三、实现方法

1. μcos 中临界段代码

进入临界区：OS_ENTER_CRITICAL();

推出临界区：OS_EXIT_CRITICAL()。

2. μC/OS-Ⅲ保护临界段代码方式

μC/OS-Ⅲ可以使用关中断或锁定调度器两种方式保护临界段代码。

OS_CFG_ISR_POST_DEFERRED_EN 为 0，使用关中断的方式；OS_CFG_ISR_POST_DEFERRED_EN 为 1，使用锁定调度器方式。

注：OS_CFG_ISR_POST_DEFERRED_EN 在 os_cfg.h 文件中定义。

3. 保护临界段代码的宏定义

进入临界段与退出临界段的代码，由官方在 os.h 文件中定义，代码如下：

```
1.  #if OS_CFG_ISR_POST_DEFERRED_EN > 0u //延迟发布模式，采用锁定调度器方式
2.  //进入临界区
3.  #define  OS_CRITICAL_ENTER()
4.          do {
5.              CPU_CRITICAL_ENTER();
6.              OSSchedLockNestingCtr++;
7.              if (OSSchedLockNestingCtr == 1u) {
8.                  OS_SCHED_LOCK_TIME_MEAS_START();
9.              }
10.             CPU_CRITICAL_EXIT();
11.         } while (0)
12. //进入临界区且中断已关闭
13. #define  OS_CRITICAL_ENTER_CPU_CRITICAL_EXIT()
14.         do {
15.             OSSchedLockNestingCtr++;
16.             if (OSSchedLockNestingCtr == 1u) {
17.                 OS_SCHED_LOCK_TIME_MEAS_START();
18.             }
19.             CPU_CRITICAL_EXIT();
20.         } while (0)
21. //退出临界区
22. #define  OS_CRITICAL_EXIT()
23.         do {
24.             CPU_CRITICAL_ENTER();
25.             OSSchedLockNestingCtr--;
26.             if (OSSchedLockNestingCtr == (OS_NESTING_CTR)0) {
27.                 OS_SCHED_LOCK_TIME_MEAS_STOP();
28.                 if (OSIntQNbrEntries > (OS_OBJ_QTY)0) {
29.                     CPU_CRITICAL_EXIT();
30.                     OS_Sched0();
31.                 } else {
32.                     CPU_CRITICAL_EXIT();
33.                 }
34.             } else {
```

```
35.                 CPU_CRITICAL_EXIT();
36.             }
37.         } while (0)
38. //退出临界区，不调度
39. #define  OS_CRITICAL_EXIT_NO_SCHED()
40.         do {
41.             CPU_CRITICAL_ENTER();
42.             OSSchedLockNestingCtr--;
43.             if (OSSchedLockNestingCtr == (OS_NESTING_CTR)0) {
44.                 OS_SCHED_LOCK_TIME_MEAS_STOP();
45.             }
46.             CPU_CRITICAL_EXIT();
47.         } while (0)
48.
49. #else                                              //直接发布模式，采用关中断方式
50.
51. #define  OS_CRITICAL_ENTER()  CPU_CRITICAL_ENTER()              //进入临界区
52. #define  OS_CRITICAL_ENTER_CPU_CRITICAL_EXIT()                  //进入临界区
53. #define  OS_CRITICAL_EXIT()   CPU_CRITICAL_EXIT()               //退出临界区
54. #define  OS_CRITICAL_EXIT_NO_SCHED() CPU_CRITICAL_EXIT()        //退出临界区
55. #endif
```

四、代码详情

1. 初始化串口

在 bsp.c 文件 bsp_Init()函数内添加初始化 Usart1 的函数。

```
USART1_Hardware_Init(115200);
```

2. 创建 Task1_Task 任务

```
1.  /*****************************************
2.    功  能：串口发送关闭临界段
3.    参  数：*p_arg    任意类型参数
4.    返回值：无
5.  *****************************************/
6.  void Task1_Task(void *p_arg)
7.  {
```

```
8.      OS_ERR err;
9.      CPU_SR_ALLOC();
10.     p_arg = p_arg;
11.     char * pMsg;
12.     while(1)
13.     {
14.         OS_CRITICAL_ENTER();                                    //进入临界段
15.         printf ( "\r\nOS_CRITICAL_TEST\r\n");
16.         OS_CRITICAL_EXIT();                                     //进入临界段
17.         OSTimeDlyHMSM ( 0, 0, 0, 500, OS_OPT_TIME_DLY, & err );
18.         LED1(!LED1_DATA());
19.     }
20. }
```

以上代码实现了串口定时发送消息的任务，在串口发送前进入临界区，发送完成后，退出临界区。

3. 创建 Task2_Task 任务

```
1.  /******************************************
2.   功  能：闪烁 LED 灯状态
3.   参  数：*p_arg    任意类型参数
4.   返回值：无
5.  ******************************************/
6.  uint8_t TaskSuspend_Flag=0;
7.  void Task2_Task(void *p_arg)
8.  {
9.      OS_ERR err;
10.     //CPU_SR_ALLOC();
11.     p_arg = p_arg;
12.     while(1)
13.     {
14.         LED2(!LED2_DATA());
15.         OSTimeDlyHMSM ( 0, 0, 0, 50, OS_OPT_TIME_DLY, & err );
16.     }
17. }
```

以上代码实现了定时反转 LED 状态任务。

五、结果演示

系统启动后，Start Task 任务创建 Task1_Task 和 Task2_Task 任务，创建完成以后删除自身。Task1_Task 任务每隔 500 ms 发送一次串口数据，在串口发送前进入临界区，发送完成后退出临界区，发送的内容为“nOS_CRITICAL_TEST”，同时取反 LED 状态。Task2_Task 任务每隔 50 ms 取反 LED 状态。

使用 USB 转 TTL 连接核心板串口 1(UART P1 接口)与电脑 USB 口，打开串口助手，波特率设置为 115 200，即可看到串口发送的数据，实验结果如图 9-34 所示。

图 9-34　μC/OS-Ⅲ 临界段代码实验结果

任务 20　μC/OS-Ⅲ 软件定时器

一、任务描述

创建 μC/OS-Ⅲ 软件定时器，在定时器回调函数中执行反转 LED 状态的任务。

二、任务分析

软件定时器是 μC/OS-Ⅲ 操作系统的一个内核对象，软件定时器是基于时钟节拍和系统管理创建的软件性定时器，理论上可以创建无限多个，但精准度比硬件定时低，可以使用一些精度不高的定时任务。

软件定时器其实就是一个递减计数器，当计数器递减到 0 的时候会触发一个动作，这个动作就是回调函数，当定时器计时完成时就会自动地调用这个回调函数。回调函数中可以实现用户功能。例如，定时 10 s 后打开某个外设，发送某个消息等，在回调函数中应避免阻塞或者删除定时任务的函数。

三、实现方法

OSTmrCreate ()为创建定时器函数，函数原型如下：

```
void   OSTmrCreate (OS_TMR                    *p_tmr,
                    CPU_CHAR                  *p_name,
                    OS_TICK                   dly,
                    OS_TICK                   period,
                    OS_OPT                    opt,
                    OS_TMR_CALLBACK_PTR       p_callback,
                    void                      *p_callback_arg,
                    OS_ERR                    *p_err)
```

在 OSTmrCreate()函数中形参的作用如表 9-15 所示。

表 9-15　OSTmrCreate()函数形参的作用

参数	作用
p_tmr	指向定时器的指针，宏 OS_TMR 是一个结构体
p_name	定时器名称
dly	初始化定时器的延迟值
period	重复周期
opt	定时器运行选项，这里有两个模式可以选择： OS_OPT_TMR_ONE_SHOT：单次定时器； OS_OPT_TMR_PERIODIC：周期定时器
p_callback	回调函数的名字
p_callback_arg	回调函数的参数
p_err	调用此函数以后返回的错误码

四、代码详情

1. 初始化串口

在 bsp.c 文件 bsp_Init()函数内添加初始化 Usart1 的函数。

```
USART1_Hardware_Init(115200);
```

2. 声明软件定时器与时间戳变量

```
OS_Q queue;                    //声明软件定时器
```

```
CPU_TS              ts_start;   //时间戳变量
CPU_TS              ts_end;
```

3. 创建 Task1_Task 任务

```
1.  /****************************************
2.   功   能：创建软件定时器
3.   参   数：*p_arg     任意类型参数
4.   返回值：无
5.  ****************************************/
6.  void Task1_Task(void *p_arg)
7.  {
8.      OS_ERR err;
9.      CPU_SR_ALLOC();
10.     p_arg = p_arg;
11.     char * pMsg;
12.     /* 创建软件定时器 */
13.     OSTmrCreate ((OS_TMR    *)&my_tmr,                          //软件定时器对象
14.                  (CPU_CHAR *)"MySoftTimer",                     //命名软件定时器
15.                  (OS_TICK     )10, //定时器初始值，依 10 Hz 时基计算，即为 1s
16.                  (OS_TICK     )10, //定时器周期重载值，依 10 Hz 时基计算，即为 1s
17.                  (OS_OPT      )OS_OPT_TMR_PERIODIC,       //周期性定时
18.                  (OS_TMR_CALLBACK_PTR    )TmrCallback, //回调函数
19.                  (void          *)"Timer Over!",                //传递实参给回调函数
20.                  (OS_ERR       *)err);                          //返回错误类型
21.     /* 启动软件定时器 */
22.     OSTmrStart ((OS_TMR      *)&my_tmr, //软件定时器对象
23.                 (OS_ERR      *)err);       //返回错误类型
24.     while(1)
25.     {
26.         OSTimeDlyHMSM ( 0, 0, 0, 500, OS_OPT_TIME_DLY, & err );
27.         LED1(!LED1_DATA());
28.     }
29. }
```

以上代码创建了一个定时 1 s 的周期定时器。

注：创建定时器代码需要放在任务中的 while 循环外，只需执行一次即可。

4. 创建软件定时器回调函数

```
1.  /****************************************
2.   功  能：软件定时器回调函数
3.   参  数：*p_arg    任意类型参数
4.   返回值：无
5.  ****************************************/
6.  void TmrCallback (OS_TMR *p_tmr, void *p_arg)        //软件定时器 MyTmr 的回调函数
7.  {
8.        CPU_INT32U          cpu_clk_freq;
9.     CPU_SR_ALLOC();                           //使用临界段(开关中断)时，必须使用该宏
10.       printf ( "%s", ( char * ) p_arg );
11.       cpu_clk_freq = BSP_CPU_ClkFreq();      //获取 CPU 时钟，时间戳是以该时钟计数
12.       LED2(!LED2_DATA());
13.       ts_end = OS_TS_GET() - ts_start;       //获取定时后的时间戳
14.       OS_CRITICAL_ENTER();                   /进入临界段，不希望下面串口打印遭到中断
15.       printf ( "\r\n 定时 1s，通过时间戳测得定时  %07d us，即  %04d ms\r\n",
16.                ts_end / ( cpu_clk_freq / 1000000 ),        //将定时时间折算成 μs
17.                ts_end / ( cpu_clk_freq / 1000 ) );          //将定时时间折算成 ms
18.       OS_CRITICAL_EXIT();
19.       ts_start = OS_TS_GET();                          //获取定时前时间戳
20. }
```

以上代码是软件定时器的回调函数，在该函数内主要实现了用户任务获取时间戳测得定时时间值，并通过串口输出。

注：本函数需定义在创建软件定时器之前，因为在创建软件定时器之前需要将回调函数的地址传递给 OSTmrCreate。也可以在主函数前将该函数进行声明。

五、结果演示

系统启动后，Start Task 任务创建 Task1_Task 任务，创建完成后删除自身。Task1_Task 创建一个定时 1 s 的周期定时器。定时器每隔一秒触发一次，执行回调函数的代码，取反 LED 状态以及实现获取时间戳测得定时时间值，并通过(Usart1)串口 1 输出。

使用 USB 转 TTL 连接核心板串口 1(UART P1 接口)与电脑 USB 口，打开串口助手，波特率设置为 115 200，即可看到串口发送的数据，实验结果如图 9-35 所示。

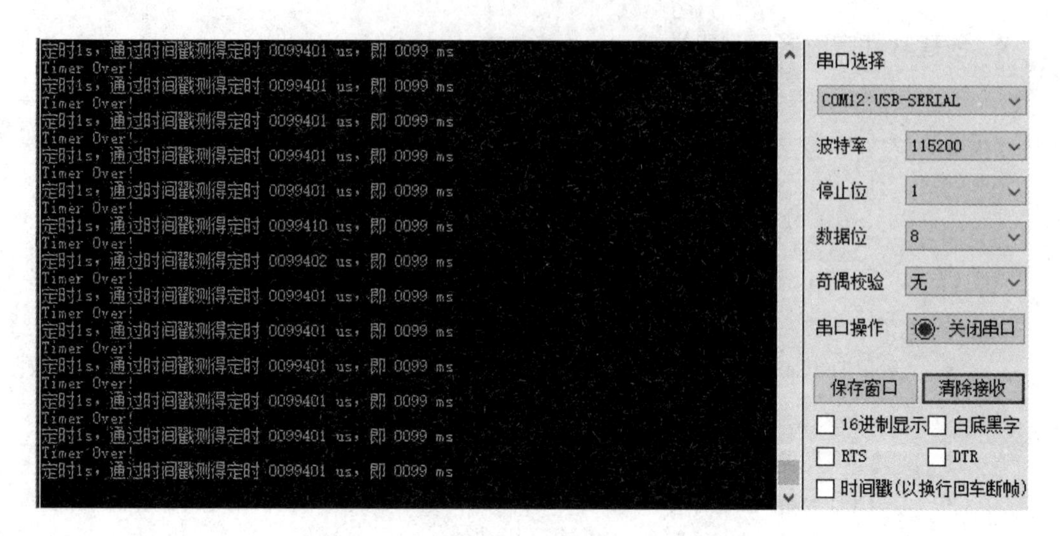

图 9-35　μC/OS-Ⅲ软件定时器实验结果

思考与练习

9.1　什么是实时操作系统？它由哪几部分组成？

9.2　μC/OS-Ⅲ主要有哪些功能特性？

9.3　如何将μC/OS-Ⅲ在STM32上进行移植？

9.4　μC/OS-Ⅲ的任务管理主要包括哪几个方面的内容？

下 篇

“嵌入式技术应用开发”赛项实战

嵌入式技术应用开发赛项介绍

10.1 赛项内容与要求

10.1.1 赛项内容

嵌入式技术应用开发赛项是集单片机技术、传感器技术、嵌入式技术、无线通信技术、Android智能设备与控制技术于一体的综合性赛事，通过软、硬件结合，可充分培养学生对嵌入式相关技术的综合应用能力。赛事以现实交通情景为模拟模型，贴近实际应用，要求参赛选手在规定时间内焊接、组装、调试竞赛平台，运用无线通信技术，通过Android智能设备在随机生成的路径下自动控制竞赛平台(智能车)，综合考查学生对嵌入式Android系统的应用开发、无线数据传输、网络通信、传感器技术、单片机技术、自动控制技术等相关嵌入式技术的工程应用实践能力。

比赛包括硬件装调和赛道任务两部分。要求参赛选手在规定时间内组装、调试一套电路板(功能电路板)，并安装在智能嵌入式系统应用创新实训平台(竞赛平台)上。同时，完成嵌入式应用程序的编写和测试，使之能够自动控制竞赛平台完成赛道任务。

10.1.2 比赛要求

1. 硬件装调要求

比赛现场发放功能电路板焊接套件(含PCB板与元器件)和技术资料(电路原理图、器件位置图、物料清单)，要求参赛选手在规定时间内，按照安全操作规范与制作工艺，焊接、组装、调试功能电路板焊接区域，并对电路板的排障区域进行故障检测、分析与排除。硬件焊接与故障排查结果直接影响软件程序的执行结果。

2. 赛道任务要求

参赛选手须依据赛题给定的赛道地图和标志物摆放位置以及现场随机抽取的竞赛参数进行STM32的编程和Android编程，并使用练习赛道进行调试。在赛道任务比赛时，选手将竞赛平台摆放在决赛赛道地图的规定启动位置，将AGV智能运输机器人摆放在决赛赛道地图的指定位置。按裁判要求启动平板电脑和竞赛平台，运行应用程序，并建立 WiFi 连接，点击移动终端上的“自动运行”按钮，使竞赛平台自动完成任务流程表中规定的各项赛道任务。

10.2 竞赛综合训练沙盘/竞赛环境标志物

本赛项模拟智慧交通实际场景，在沙盘内布置有 LED 数码显示标志物、语音播报标志物、无线充电标志物、智能路灯标志物、报警台标志物、立体显示标志物、道闸标志物、ETC 系统标志物、TFT 显示标志物、智能车库标志物、智能交通灯标志物、地形检测标志物、静态标志物等。

10.2.1 竞赛沙盘标志物与赛道地图

竞赛用沙盘外围尺寸通常为 2.5 m×2.5 m，整体效果图如图 10-1 所示。

图 10-1　竞赛沙盘标志物外形结构图

沙盘内放置有赛道地图。其中，赛道宽度为 30 cm，循迹线宽度为 3 cm。图中纵向虚线编号为 A～G，横向虚线编号为 1～7，赛道标志物将置于横纵虚线交叉点上。

10.2.2 竞赛环境标志物

1. LED 数码管显示标志物

LED 数码管显示标志物外形如图 10-2 所示，采用 12 V/2 A 电源供电，其通信方式为 ZigBee。

功能描述：计时器模式、距离显示模式、显示十六进制数据模式。

2. TFT 显示标志物

TFT 显示标志物外形如图 10-3 所示，采用 12 V/2 A 电源供电，其通信方式为 ZigBee。

功能描述：显示图片模式(显示车牌、图形、二维码等)、显示车牌模式(ASCII)、计时器显示模式、距离显示模式、显示十六进制数据模式。

图 10-2　LED 数码管显示标志物

图 10-3　TFT 显示标志物

注意事项：显示图片要求为 bin 格式，800×480 像素。

3. 语音播报标志物

语音播报标志物外形如图 10-4 所示，采用 12 V/2 A 电源供电，其通信方式为 ZigBee，回传信息为语音合成状态。

功能描述：随机语音播报、指定文本播报(包括汉字、字母、数字等信息)。

4. 无线充电标志物

无线充电标志物外形如图 10-5 所示，采用 12 V/2 A 电源供电，其通信方式为 ZigBee。

功能描述：无线充电开关控制(无线充电开启 10 s 后自动关闭)。

图 10-4　语音播报标志物外形

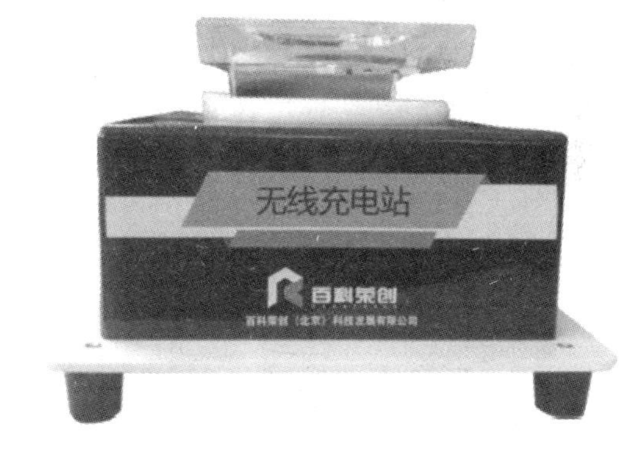

图 10-5　无线充电标志物

5. 智能路灯标志物

智能路灯标志物外形如图 10-6 所示，采用 12 V/2 A 电源供电，其通信方式为红外无线通信。

功能描述：智能感光调节，共 4 个光强挡位，闭环控制。

6. 立体显示标志物

立体显示标志物外形如图 10-7 所示，采用 5 V 移动电源(充电宝)供电，其通信方式为红外无线通信。

功能描述：显示车牌、距离、形状、颜色、路况等信息，默认显示“百科荣创(北京)科技发展有限公司”。

图 10-6　智能路灯标志物外形

图 10-7　立体显示标志物外形

7. 报警台标志物

报警台标志物外形如图 10-8 所示，采用 12.6 V 红色蓄电池供电，其通信方式为红外无线通信。

功能描述：声光报警控制、数据验证等(声光报警开启 5 s 后自动关闭)。

8. ETC 系统标志物

ETC 系统标志物外形如图 10-9 所示，采用 12.6 V 锂电池供电，其通信方式为 ZigBee，回传信息为当前 ETC 系统闸门状态。

功能描述：模拟高速不停车收费系统(自动识别)。

注意事项：ETC 系统闸门开启 10 s 后自动关闭。

图 10-8　报警台标志物外形

图 10-9　ETC 系统标志物外形

9. 道闸标志物

道闸标志物外形如图 10-10 所示，采用 12.6 V 锂电池供电，其通信方式为 ZigBee，回传信息为当前道闸闸门状态。

功能描述：道闸闸门开关控制、车牌数据显示(道闸闸门开启 10 s 后自动关闭)。

10. 智能车库标志物

智能车库标志物外形如图 10-11 所示，采用 220 V 交流电源供电，其通信方式为 ZigBee，回传信息为当前车库层数及前后光电开关状态。

功能描述：模拟立体车库升降控制。立体车库共四个挡位，最低位置为一挡，最高位置为四挡，挡位调节可通过按钮或无线控制。

11. 静态标志物

静态标志物外形如图 10-12 所示，主要用于测距挡板、放置二维码等。

图 10-10 道闸标志物外形

图 10-11 智能车库标志物外形

图 10-12 静态标志物外形

12. 智能交通灯标志物

智能交通灯标志物外形如图 10-13 所示，采用 12.6 V 锂电池供电，其通信方式为 ZigBee，回传信息为是否进入识别模式。

功能描述：10 s 倒计时随机交通信号灯显示、按键控制固定交通信号灯显示。

13. 地形检测标志物

地形检测标志物外形如图 10-14 所示，主要用于模拟四种不同轨迹复杂路线。

图 10-13 智能交通灯标志物外形

图 10-14 地形检测标志物

硬件焊接与调试

11.1 硬件焊接任务内容

1．元器件检测

参赛选手须参照比赛现场分发的物料清单进行元器件的辨识、清点和检测。

本赛项赛题所涉及的元器件种类仅限于电阻、电容、电感、二极管、三极管、MOS管、电位器、LED发光二极管、555芯片、晶振、CMOS逻辑门、集成稳压块、光强度传感器、光敏电阻、超声波传感器、声音传感器、红外发光二极管、射频识别标签、语音识别单元、解调芯片、蜂鸣器、扬声器、数码管等。

2．电路板焊接

参赛选手须依据电路原理图、器件位置图、物料清单，在规定时间内完成元器件焊接，并按时上交所焊接的电路板进行焊接工艺评分。

本赛题所涉及的贴片元器件封装仅限于 SIP-8、SSOP-6、SOP-8、SSOP-8、SOP-14、SOT-23、SOT-223、SOP-16、0603、0805、1206、3528、邮票孔等。

3．故障排除与功能验证

参赛选手须根据电路原理图分析电路板功能，并使用示波器、万用表等仪器仪表进行故障排除，使电路板功能正常。

本赛项赛题所涉及的电路故障仅限于断线、短路、丝印错误等，所涉及的电路参数调整仅限于电位器阻值调整、可变电容容值调整、拨动开关状态设置、短路帽的接入选择等。

4．整机装配

参赛选手须将调试完成的电路板以及现场发放的其他功能板模块安装到竞赛平台指定位置上，使竞赛平台能够完成赛道各项任务。

11.2 硬件焊接任务要求

比赛开始前，在现场发放功能电路板焊接套件(含带有故障的PCB板与元器件)和技术资料(电路原理图、器件位置图、物料清单)。参赛选手在规定时间内，按照安全操作规范与电子产品制作工艺，焊接、调试该功能电路板，使其功能正常，并安装到竞赛平台上。

11.2.1 电路原理图

需要焊接的功能电路板各功能电路参考原理图如图11-1所示。

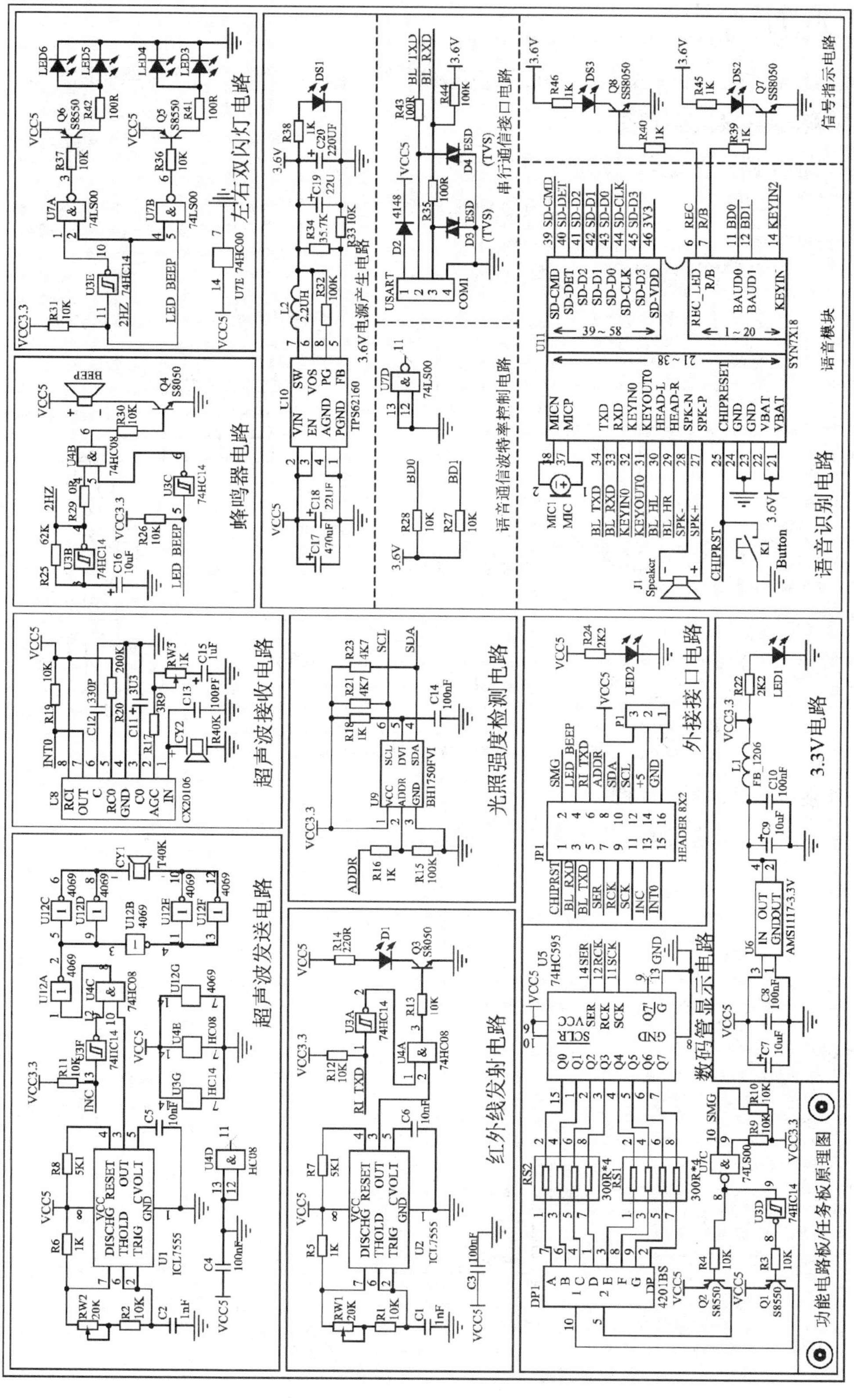

超声波发送电路

超声波接收电路

蜂鸣器电路

左右双闪灯电路

红外线发射电路

光照强度检测电路

3.6V电源产生电路

语音通信波特率控制电路

串行通信接口电路

数码管显示电路

外接接口电路

3.3V电路

语音识别电路

语音模块

信号指示电路

功能电路板/任务板原理图

图 11-1　功能电路板电路原理图

11.2.2 器件位置图

功能电路板的器件位置图包括功能电路板表层丝印图与功能电路板底层丝印图。

1. 功能电路板表层丝印图

参考功能电路板表层丝印图如图 11-2 所示。

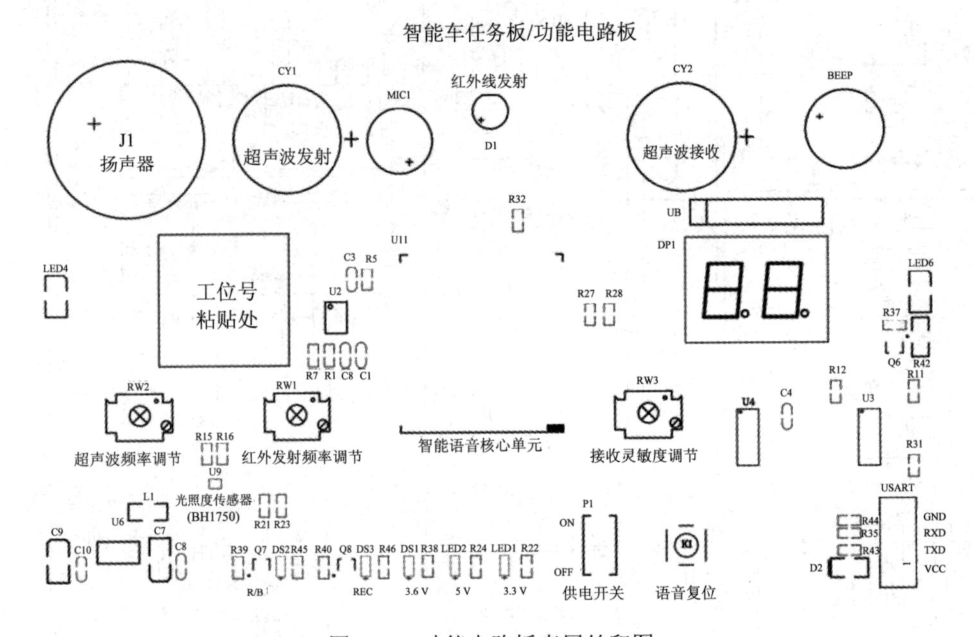

图 11-2 功能电路板表层丝印图

2. 功能电路板底层丝印图

参考功能电路板底层丝印图如图 11-3 所示。

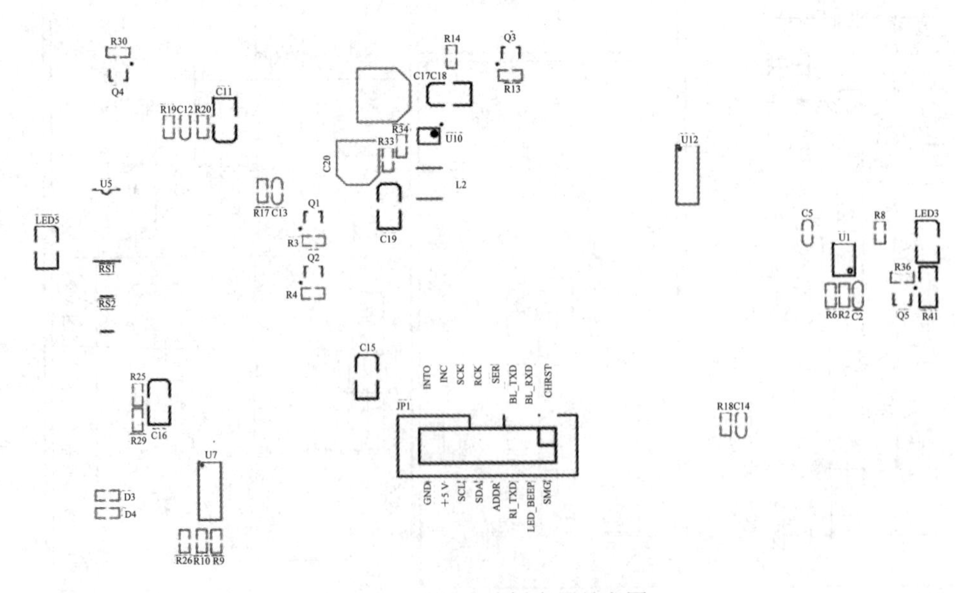

图 11-3 功能电路板底层丝印图

3. 物料清单

参考功能电路板的物料清单如表 11-1 所示。

表 11-1　参考功能电路板物料清单

元件名称	型　号	封装	属性	用量	位　　置	备注
贴片电容	100 pF(101)	0603	贴片	1	C13	
贴片电容	330 pF(331)	0603	贴片	1	C12	
贴片电容	1 nF(102)	0603	贴片	2	C1，C2	
贴片电容	10 nF(103)	0603	贴片	2	C5，C6	
贴片电容	100 nF(104)	0603	贴片	5	C3，C4，C8，C10，C14	
钽电容	1 uF/16 V(105)	3528	贴片	1	C15	
钽电容	3.3 uF/16 V(335)	3528	贴片	1	C11	
钽电容	10 uF/16 V(106)	3528	贴片	3	C7，C9，C16	
钽电容	22 uF/16 V(226)	3528	贴片	2	C18，C19	
贴片电解电容	220 uF/16 V	6.5*6.5	贴片	1	C20	
贴片电解电容	470 uF/16 V	8*10	贴片	1	C17	
贴片电阻	0R	0603	贴片	1	29	
贴片电阻	3R9	0603	贴片	1	R17	
贴片电阻	100R	1206	贴片	2	R41，R42	
贴片电阻	100R	0603	贴片	2	R35，R43	
贴片电阻	220R	0603	贴片	1	R14	
贴片电阻	1 kΩ	0603	贴片	9	R5，R6，R16，R18，R38，R39，R40，R45，R46	
贴片电阻	2.2 kΩ	0603	贴片	2	R22，R24	
贴片电阻	4K7	0603	贴片	2	R21，R23	
贴片电阻	5K1	0603	贴片	2	R7，R8	
贴片电阻	10 kΩ	0603	贴片	18	R1，R2，R3，R4，R9，R10，R11，R12，R13，R19，R26，R27，R28，R30，R31，R33，R36，R37	
贴片电阻	35.7 kΩ	0603	贴片	1	R34	
贴片电阻	62 kΩ	0603	贴片	1	R25	
贴片电阻	100 kΩ	0603	贴片	3	R15，R32，R44	
贴片电阻	200 kΩ	0603	贴片	1	R20	
贴片电阻	300R	0603*4	贴片	2	RS1，RS2	
3362 可调电位器	1 kΩ	3362	直插	1	RW3	高精度
3362 可调电位器	20 kΩ	3362	直插	2	RW1，RW2	高精度
磁珠	1206 磁珠	1206	贴片	1	1.1	

续表

元件名称	型　号	封装	属性	用量	位　　置	备注
电感	2.2 μH	CD43	贴片	1	1.1	
发光二极管	绿色	0603	贴片	3	DS1，DS2，LED1	
发光二极管	红色	0603	贴片	2	DS3，LED2	
发光二极管	黄色高亮	3528	贴片	4	LED3，LED4，LED5，LED6	
红外发射管	38 kHz 红外发射	直径 5 mm	直插	1	D1	
二极管	1N4148	1206	贴片	1	D2	
双向 TVS	5 V	0603	贴片	2	D3，D4	
贴片三极管	SS8050	SOT23	贴片	4	Q3，Q4，Q7，Q8	
贴片三极管	SS8550	SOT23	贴片	4	Q1，Q2，Q5，Q6	
按键	轻触按键	6*6	直插	1	K1	
拨挡开关	开关尺寸(5 × 9 mm)		直插	1	P1	小号
语音咪头	开关尺寸(8 × 10 mm)		直插	1	MIC	
直插喇叭		23*8	直插式	1	J1	
超声波发射头	直径 16 mm	R40-16CN	直插	1	CY1	
超声波接收头	直径 16 mm	R40-16CN	直插	1	CY2	
有源蜂鸣器	直径 12 mm	BEEP	直插	1	BEEP1	
DC3-16 座	2.54 间距	DC3-16	直插	1	JP1	焊背面
4p 小白座	4P × 1	2.54 间距	直插	1	USART	
芯片	BH1750FVI	SOP6	贴片	1	U9	独立小袋包装
芯片	ICL7555	SOP8	贴片	2	U1，U2	
芯片	74HC14D	SO14	贴片	1	U3	
芯片	74HC08D	SO14	贴片	1	U4	
芯片	LM1117-3.3	SOT223	贴片	1	U6	
芯片	74LS00D	SO14	贴片	1	U7	
芯片	TPS62160DGKR	VSSOP8	贴片	1	U10	
芯片	CX20106A	SOP8	直插	1	U8	
芯片	CD4069UBM	SO14	贴片	1	U12	
芯片	74HC595	SO14	贴片	1	U5	
共阳数码管	SMA4021BH	2 位	直插	1	DP1	
语音芯片	SYN7318		贴片	1	U11	
跳线	彩虹线	15 cm		5		
PCB				1		

11.3 硬件焊接任务实施

11.3.1 元器件识别与质量检测

元器件识别与质量检测包括比赛时所分发的所有元器件，包括分立元器件与贴片元器件，这里重点讲述贴片元器件。贴片元器件封装形式是指半导体器件的一种封装形式。由于贴片元器件涉及的种类繁多、样式各异，有许多已经形成了业界通用的标准。这里介绍的贴片元器件主要指贴片电阻、贴片电容、贴片电感、贴片电位器、贴片二极管、贴片三极管、贴片集成电路等。

1. 贴片电阻识别与检测

1) 贴片电阻的识别

贴片电阻常见的封装有 0201、0402、0603、0805、1206、1210、1812、2010、2512 等 9 种贴片封装形式，最常用的是 0805、0603 封装。不同的封装形式对应的几何尺寸与功率大小也不同。

贴片电阻一般有矩形片状电阻和圆柱形电阻两大类，外形图如图 11-4 所示。

图 11-4　贴片电阻外形图

对矩形片状电阻，通常采用数字索位标注法来表示电阻器的阻值，它是在电阻体上用三位数字来标明其阻值。其第一位和第二位为有效数字，第三位表示在有效数字后面所加“0”的个数，这一位不会出现字母。例如：103 表示 10 kΩ、472 表示 4700 Ω、151 表示 150 Ω。用四位数字标注时其精度更高，其前三位为有效数字，第四位表示在有效数字后面所加“0”的个数。如果是小数，则用“R”表示小数点，并占用一位有效数字，其余两位是有效数字。例如：2R4 表示 2.4 Ω、R15 表示 0.15 Ω。

圆柱形电阻的电阻值采用色环标注法标注于电阻器的圆柱体表面，识读与引线电阻器的色环标注方法相同。

2) 贴片电阻的检测与质量鉴别

对固定贴片电阻的检测主要是万用表检测法。具体做法是：将万用表开关置于电阻挡，两表笔分别与贴片电阻器的两电极端相接，测出实际电阻值。如果所测量电阻值为 0 或者 ∞，则所测贴片电阻可能已损坏(短路或断路)。

2. 贴片电容识别与检测

1) 贴片电容的识别

常用贴片电容的外形图如图 11-5 所示。

图 11-5　常用贴片电容外形图

贴片电容可分为无极性和有极性两类。无极性电容最常见的封装为 0805、0603；有极性电容也就是平时所称的电解电容，一般用得最多的为铝电解电容，由于其电解质为铝，所以其温度稳定性以及精度都不是很高。而贴片元件由于其紧贴电路板，要求温度稳定性要高，所以贴片电容以钽电容为多。

根据其耐压不同，贴片电容又可分为 A、B、C、D 四个系列，其中各类型封装形式耐压分别为：A 系列封装形式为 3216，耐压为 10 V；B 系列封装形式为 3528，耐压为 16 V；C 系列封装形式为 6032，耐压为 25 V；D 系列封装形式为 7343，耐压为 35 V。

贴片电容由于体积所限，一般都没有标注其容量，大部分都是在贴片生产时的整盘上进行标注。对单个的贴片电容，要用电容测试仪测出它的容量。如果是同一个厂标，一般来说颜色深的容量比颜色浅的要大。

2) 贴片电容的检测方法

对贴片电容质量的检测通常采用万用表检查法。具体操作时，将万用表置于电阻挡，红、黑表笔分别接在贴片电容器的两极，并观察表盘读数变化；交换两表笔再测一次，注意观察表盘读数变化。若两次测量数字表均先有一个闪动的数值，而后变为 1，即阻值为无穷大，该电容器基本正常。如果用上述方法检测，万用表始终显示一个固定的阻值，说明电容器存在漏电现象；如果万用表始终显示“000”，则说明电容器内部发生短路；如果始终显示“1.”(不存在闪动数值，直接为 1.)，则说明电容器内部极间已发生断路。

3．贴片电感识别与检测

贴片电感主要用在信号板与逻辑板电路中，其主要作用是直流电压变换或电源滤波，外形有圆柱形、方形和矩形等封装形式，颜色多为黑色。贴片电感按照类别分类有 CD 贴片电感、片式绕线电感、一体成型电感(SMD 贴片结构)、NR 磁胶电感、贴片磁珠等。贴片电感按封装尺寸可分为 0805、0603、1206、0402、0201、1608 等。

贴片电感的电感量标注主要有两种方式：一是数字标注，如“101”“1R5”，则分别表示电感量为 100 μH、1.5 μH；二是代码标注法，常用一个字母表示，具体电感量值需查厂家的代码资料，如“E”，表示电感量为 2.7 μH。

对贴片电感的质量判别，首先观察贴片电感的外观有无变形、变色、碎裂等现象，若有以上现象，可能已损坏；接着用万用表的电阻挡测其直流电阻，正常时约为 0 Ω，若测得电阻值较大，说明该电感已损坏。

4．贴片晶体管

贴片二极管有普通二极管与发光二极管等多种类型。普通二极管(如 1N4148)常采用 1206 封装形式，发光二极管常采用 0603 或 3528 等封装形式。

贴片三极管常用的封装有 SOT23、SOT323、SOT353、SOT523、SOT553 等，不同封

装对应的尺寸大小也不同。

5. 贴片集成电路

IC 的封装形式各异，用得较多的表面安装集成 IC 的封装形式有小外型封装、四方扁平封装和栅格阵列引脚封装等。

(1) 小外型封装。小外型封装又称 SOP 封装，其引脚数目在 28 以下，引脚分布在两边，数码电子产品电路中的存储器、电子开关、频率合成器、功放等集成电路常采用这种封装。

(2) 四方扁平封装。四方扁平封装适用于高频电路和引脚较多的模块，简称 QFP 封装，四边都有引脚，其引脚数目一般为 20 以上。如许多中频模块、数据处理器、音频模块、微处理器、电源模块等都采用 QFP 封装。对于小外型封装和四方扁平封装的 IC，找出其引脚排列顺序的关键是先找出第 1 脚，然后按照逆时针方向确定其他引脚。确定第 1 脚方法为：IC 表面字体正方向左下脚圆点为 1 脚标志；或者找到 IC 表面打“•”的标记处，对应的引脚为第 1 脚。

(3) 球形栅格阵列内引脚封装。球形栅格阵列内引脚封装又称 BGA 封装，是一个多层的芯片载体封装。这类封装的引脚在集成电路的“肚皮”底部，引线是以阵列形式排列的，其引脚是按行线、列线来区分，所以引脚的数目远远超过引脚分布在封装外围的封装。

11.3.2 焊接工艺要求

对焊接工艺的要求主要是指对任务功能板的焊接工艺要求。在进行焊接前首先必须要对所需要焊接的功能板表面进行清洁处理，以确保能够在干净的表面基础上焊接更加牢固。其次，必须根据实际需求选择合适的固定方法，尤其是对于贴片元件的固定至关重要。通常情况下，对引脚较少的贴片元件采用单脚固定法，对引脚多的贴片元件采用多脚固定方法(一般采用对脚固定法)。元件固定完成后即可开始焊接工作。焊接时一般应遵循先焊接贴片元件，再焊接集成电路(管座)、二极管、三极管、电容等；装焊顺序是先低后高、先小后大。当所有的元器件都焊接完成后，需要清除多余的焊锡，否则就会对其主要性能的发挥造成一定的影响。最后，要使用洗板水对整个任务功能板进行清洗。

11.3.3 元器件焊接与装配

1. 焊接工具准备

功能电路板的焊接工具主要包括恒温电烙铁、焊锡丝、镊子、斜口钳子、松香、吸锡器、热风枪、防静电手环、洗板水等。

2. 装配要求

对电子元器件进行安装时，应遵循整齐、美观、稳固的原则，应插装到位，不可有明显的倾斜和变形现象，同时各元器件之间应留有一定的距离，方便焊接和利于散热。

嵌入式硬件编程

12.1　任务要求与竞赛内容

12.1.1　任务要求

对嵌入式硬件编程任务，要求参赛选手根据比赛现场抽取的标志物摆放位置表、任务流程表、数据处理算法等文件编写相关嵌入式应用程序，使竞赛平台能自动在模拟的智能交通环境(即赛道地图)中完成各项赛道任务。具体操作过程如下：

1．编程调试

要求参赛选手依据本赛题给定的赛道地图以及现场随机抽取的竞赛技术参数方案进行嵌入式应用程序编写，参赛选手可以按现场时间表使用练习赛道进行练习调试。

2．测试准备

参赛选手接到比赛准备指令后，须将竞赛平台(以下简称为“主车”)摆放在决赛赛道地图的启动位置，将智能移动机器人(以下简称为“从车”)摆放在决赛赛道地图的指定位置。如果参赛选手选择使用车载终端作为控制终端，可自行选择主车与控制终端的连接方式。若采用有线连接方式，须将WiFi模块电源关闭。

3．赛道比赛

参赛选手接到比赛开始指令后，启动控制终端(移动终端或车载终端)和竞赛平台，运行全自动控制程序，使竞赛平台能自动完成任务流程表中规定的各项赛道任务。

12.1.2　竞赛内容

赛题所涉及的赛道任务包括但不仅限于如下内容：

(1) 主车或从车执行前进/后退/左转/右转/停止/循迹等动作。

(2) 主车或从车到达赛道地图指定坐标位置处。

(3) 主车或从车按指定路线行进。

(4) 主车或从车控制左/右转向灯开启或关闭。

(5) 主车或从车打开/关闭蜂鸣器。

(6) 主车或从车到达指定车库并执行倒车入库操作。

(7) 主车控制功能电路板上数码管显示指定数据。

(8) 主车与从车之间进行数据交互。

(9) 主车或从车识别静态标志物中的二维码，提取其中有效信息，为后续任务提供数据来源。

(10) 主车或从车识别智能 TFT 显示器中的二维码，提取其中有效信息，为后续任务提供数据来源。

(11) 主车或从车获得静态标志物垂直平面与前一个最近十字路口中心点的距离，为后续任务提供数据来源。

(12) 主车识别智能 TFT 显示器中的图形，获得形状与颜色信息，为后续任务提供数据来源。其中涉及的形状仅限于三角形、圆形、矩形、菱形、五角星；涉及的颜色仅限于红色(255,0,0)、绿色(0,255,0)、蓝色(0,0,255)、黄色(255,255,0)、品色(255,0,255)、青色(0,255,255)、黑色(0,0,0)、白色(255,255,255)。

(13) 主车或从车识别静态标志物中的图形，获得形状与颜色信息，为后续任务提供数据来源。

(14) 主车识别智能 TFT 显示器中的车牌图片，获得车牌信息，为后续任务提供数据来源。

(15) 主车或从车获取智能路灯标志物当前挡位信息，为后续任务提供数据来源。

(16) 主车或从车获取立体车库标志物当前挡位信息，为后续任务提供数据来源。

(17) 从车通过相关信息，获得其在 TFT 显示标志物中需要识别的指定图形或颜色数量，为后续任务提供数据来源。

(18) 主车通过相关信息，获得 RFID 相应数据块地址、块数据密钥，为后续任务提供数据来源。

(19) 主车在行进路线中，获得 RFID 卡片位置信息，为后续任务提供数据来源。

(20) 主车通过相关信息，获得 RFID 卡内有效数据内容，为后续任务提供数据来源。

(21) 主车或从车通过现场下发的数据处理方法，将相关信息进行处理，得到烽火台标志物的完整或部分开启码。

(22) 主车或从车通过相关信息，获得智能路灯标志物的最终挡位。

(23) 主车或从车通过相关信息，获得立体车库标志物最终停留层数。

(24) 主车或从车通过相关信息，获得无线充电标志物开启码。

(25) 主车通过相关信息，获得从车的出发坐标、初始车头朝向、入库坐标或指定的行驶路线。

(26) 主车通过相关信息，获得其入库坐标或指定的行驶路线。

(27) 从车通过相关信息，获得其入库坐标或指定的行驶路线。

(28) 主车或从车将相关信息按照指定格式发送到立体显示标志物上显示。

(29) 主车或从车将相关信息按照指定格式发送到 LED 显示标志物上显示。

(30) 主车或从车将相关信息按照指定格式发送到智能 TFT 显示标志物上显示。

(31) 主车或从车将相关信息按照指定格式发送到道闸标志物上显示，并控制其开启。

(32) 主车或从车将相关信息按照指定格式进行语音播报。

(33) 主车或从车启动智能交通灯标志物进入识别模式，并在规定的时间内识别出当前停留信号灯的颜色，按照指定格式发给智能交通灯标志物进行比对确认。

(34) 主车启动语音识别，获取语音播报标志物发出的语音命令，并把相应语音命令编号按照指定格式发给评分终端。

(35) 主车启动语音识别，获取语音播报标志物发出的语音命令，并把相应语音命令编号按照指定格式发送到智能 TFT 显示标志物上显示。

(36) 从车启动语音识别，获取语音播报标志物发出的语音命令，并将该语音重复播放一次。

(37) 从车启动语音识别，获取语音播报标志物发出的语音命令，并把相应语音命令编号按照指定格式发送到立体显示标志物上显示。

(38) 主车或从车通过指定格式指令控制智能 TFT 显示标志物翻页。

(39) 主车或从车通过指定格式指令控制智能 TFT 显示标志物开启/关闭计时。

(40) 主车通过指定格式指令控制 LED 显示标志物开启/关闭计时。

(41) 主车或从车通过指定格式指令控制立体车库标志物复位。

(42) 主车或从车采用倒车入库方式进入立体车库标志物，并停在规定位置。

(43) 主车或从车通过指定格式指令控制立体车库标志物到达指定层数。

(44) 主车或从车通过指定格式指令控制无线充电标志物开启。

(45) 主车或从车通过指定格式指令控制智能路灯标志物，将其光照强度挡位开启到指定挡位。

(46) 主车或从车通过指定格式指令控制烽火台标志物开启。

(47) 主车顺利通过 ETC 系统标志物，不触碰其抬杆。

(48) 主车或从车顺利通过特殊地形的路面(特殊地形为黑色底色，其循迹线为白色直线和白色弧线的组合)。

(49) 主车向竞赛自动评分终端返回指定格式数据。

12.2 主车控制

12.2.1 电机驱动与码盘测速

在竞赛任务中，对主车的控制主要包括主车的行进控制与速度控制。

1. 电机驱动板

在电机驱动板上，配备有独立的微控制器 STM32F103RCT6 和两组 DRV8848 电机驱动单元，用于驱动四组带测速码盘的直流电机。同时，还预留了蓝牙接口和电源管理模块接口，方便独立开发。主车上有两块 12.6 V 的锂电池，其中一块需单独向电机驱动板供电，才能有效地驱动电机运行。电机驱动板结构如图 12-1 所示。

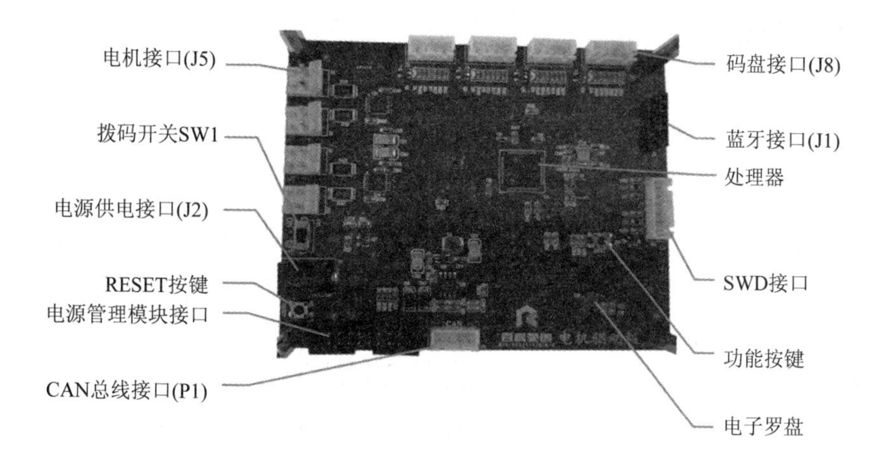

图 12-1　电机驱动板

电机驱动板硬件功能如下：

(1) 电机接口(J5、J6、J9、J10)：连接电机(J5 用于连接左前轮、J6 用于连接左后轮、J9 用于连接右前轮、J10 用于连接右后轮)。

(2) 拨码开关 SW1：电机驱动板供电开关。

(3) 电源供电接口(J2)：连接电池。

(4) RESET 按键：微控制器硬件复位按键。

(5) 电源管理模块接口：预留(暂未使用)。

(6) CAN 总线接口(P1)：连接核心板。

(7) 码盘接口(J3、J4、J7、J8)：连接电机码盘(J3 用于连接左前轮、J4 用于连接左后轮、J7 用于连接右前轮、J8 用于连接右后轮)。

(8) 蓝牙接口(J1)：处理器串口，用于连接蓝牙。

(9) SWD 接口：处理器下载程序接口。

2. 电机驱动芯片 DRV8848

DRV8848 是一款双路 H 桥电机驱动器芯片，该器件可用于驱动一个或两个直流电机、一个双极性步进电机或其他负载。利用一个简单的 PWM 接口便可轻松连接到控制器电路。

每个 H 桥驱动器的输出块都包含配置为全 H 桥的 N 通道和 P 通道功率 MOSFET，用于驱动电机绕组。每个 H 桥都含有一个调节电路，可通过固定关断时间斩波方案调节绕组电流。DRV8848 能够从每个输出驱动高达 2 A 电流，在并联模式下驱动高达 4 A 电流(正常散热，为 12 V 且 $T_A = 25$℃时)。

通过低功耗睡眠模式可将部分内部电路关断，从而实现极低的静态电流和功耗。这种睡眠模式可通过专用的 nSLEEP 引脚来设定。

该芯片还提供用于 UVLO、OCP、短路保护和过热保护的内部保护功能，故障条件通过 nFAULT 引脚指示。其引脚分布及功能如图 12-2 和表 12-1 所示。

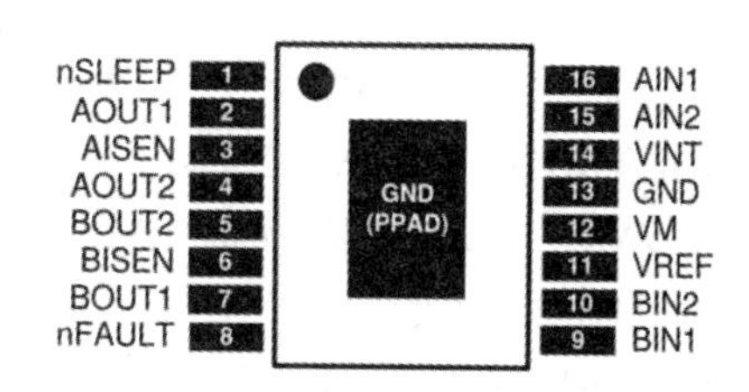

图 12-2　DRV8848 引脚分布

3. 电机驱动电路

DRV8848 电机驱动外围电路如图 12-3 所示。

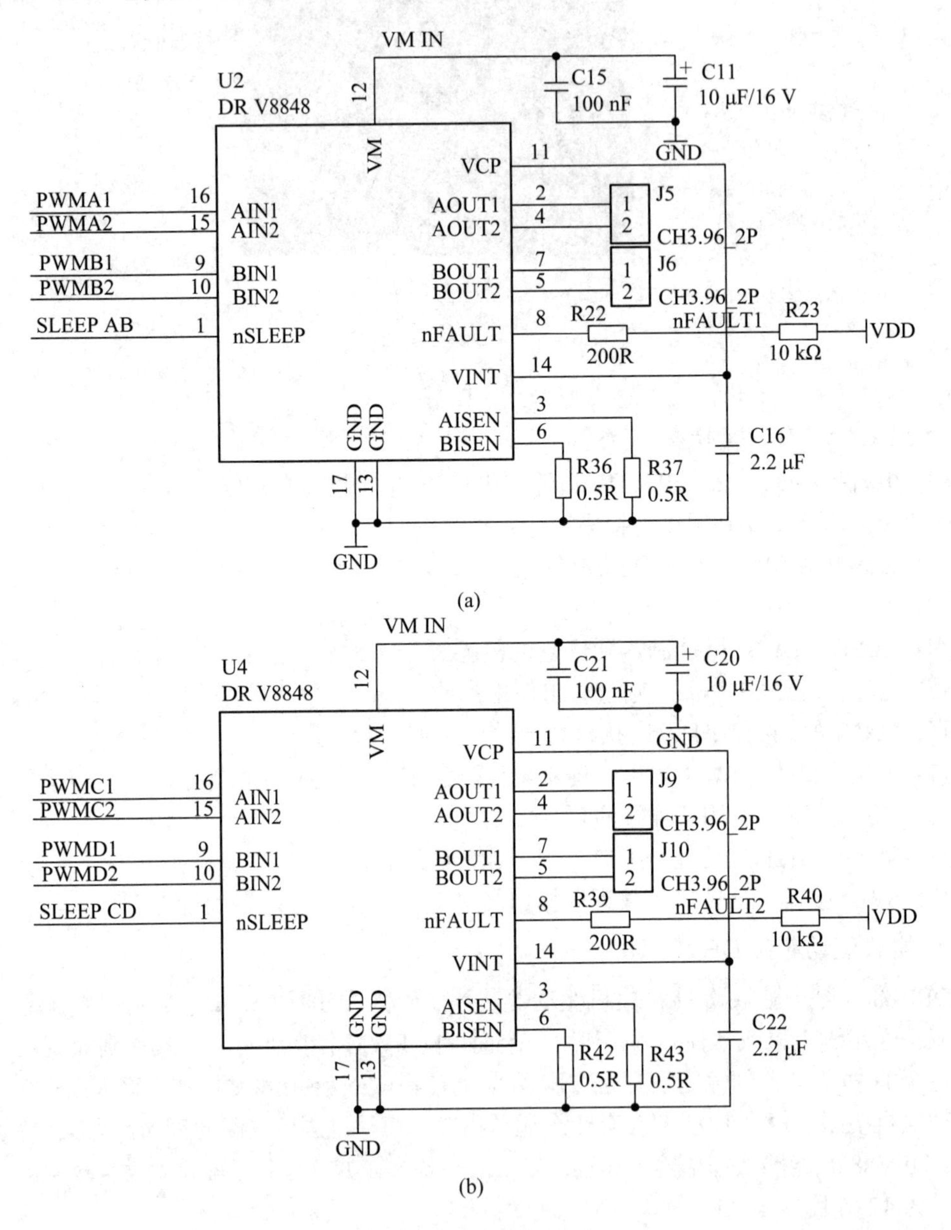

图 12-3　电机驱动电路

在图 12-3 中，PWMA1 和 PWMA2 两路脉宽调制信号用于控制电机接口 J5 的直流电机，PWMB1 和 PWMB2 两路的脉宽调制信号用于控制电机接口 J6 的直流电机，PWMC1 和 PWMC2 两路脉宽调制信号用于控制电机接口 J9 的直流电机，PWMD1 和 PWMD2 两路脉宽调制信号用于控制电机接口 J10 的直流电机，SLEEP AB 和 SLEEP CD 为逻辑高电平时使能器件，其余引脚功能见表 12-1。

表 12-1　DRV8848 引脚功能

引　脚		类型	说　　明	
名称	序号			
AIN1	16	I	桥接 A 输入 1	控制 AOUT1；三级输入
AIN2	15	I	桥接 A 输入 2	控制 AOUT2；三级输入
AISEN	3	O	缠绕感	连接至桥 A 的电流检测电阻器或不需要电流调节的 GND
AOUT1	2	O	绕组 A 输出	
AOUT2	4			
BIN1	9	I	桥 B 输入 1	控制 BOUT1；内部下拉
BIN2	10	I	桥 B 输入 1	控制 BOUT2；内部下拉
BISEN	6	O	绕组 B 感	连接至桥 A 的电流检测电阻器或不需要电流调节的 GND
BOUT1	7	O	绕组 B 输出	
BOUT2	5			
GND	13	PWR	设备接地	GND 引脚和设备 PowerPAD 都必须接地
	PPAD			
nFAULT	8	OD	故障指示引脚	在故障条件下拉低逻辑；开漏输出需要外部上拉
nSLEEP	1	I	睡眠模式输入	逻辑高电平使能器件；逻辑低电平进入低功耗睡眠模式；内部下拉
VINT	14	—	内部调节器	内部电源电压；通过 2 μF，6.3 V 电容器旁路至 GND
VM	12	PWR	电源供应	连接电动机电源；用 0.1 和 10 μF(最小)的陶瓷电容器旁路到 GND
VREF	11	I	满量程电流参考输入	该引脚上的电压设置满量程斩波电流；如果不提供外部参考电压，则与 VINT 短路

4. 码盘控制电路

电机驱动板上的码盘控制电路如图 12-4 所示。

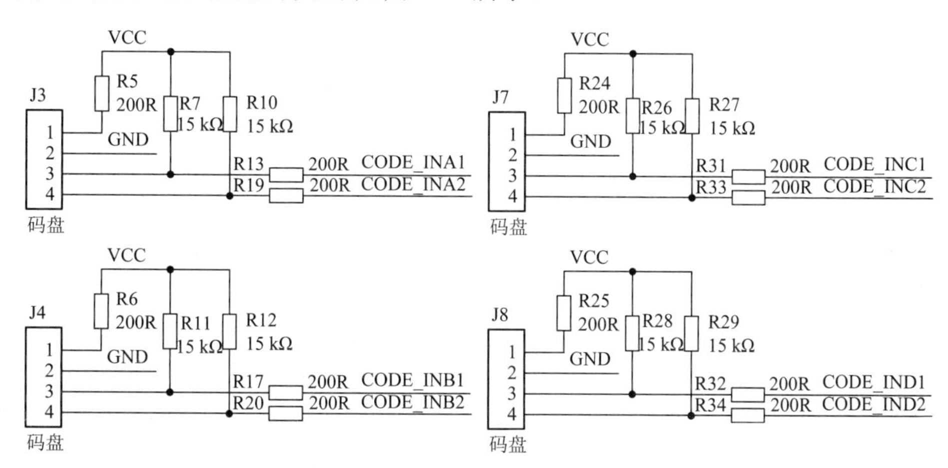

图 12-4　码盘控制电路

在图 12-4 中，CODE INA1 和 CODE INA2 端口可获取 J3 码盘的脉冲信号，CODE INB1 和 CODE INB2 端口可获取 J4 码盘的脉冲信号，CODE INC1 和 CODE INC2 端口可获取 J7 码盘的脉冲信号，CODE IND1 和 CODE IND2 端口可获取 J8 码盘的脉冲信号。

5. 微控制器电路

电机驱动板上有独立的微控制器，其型号为 STM32F103RCT6，如图 12-5 所示。

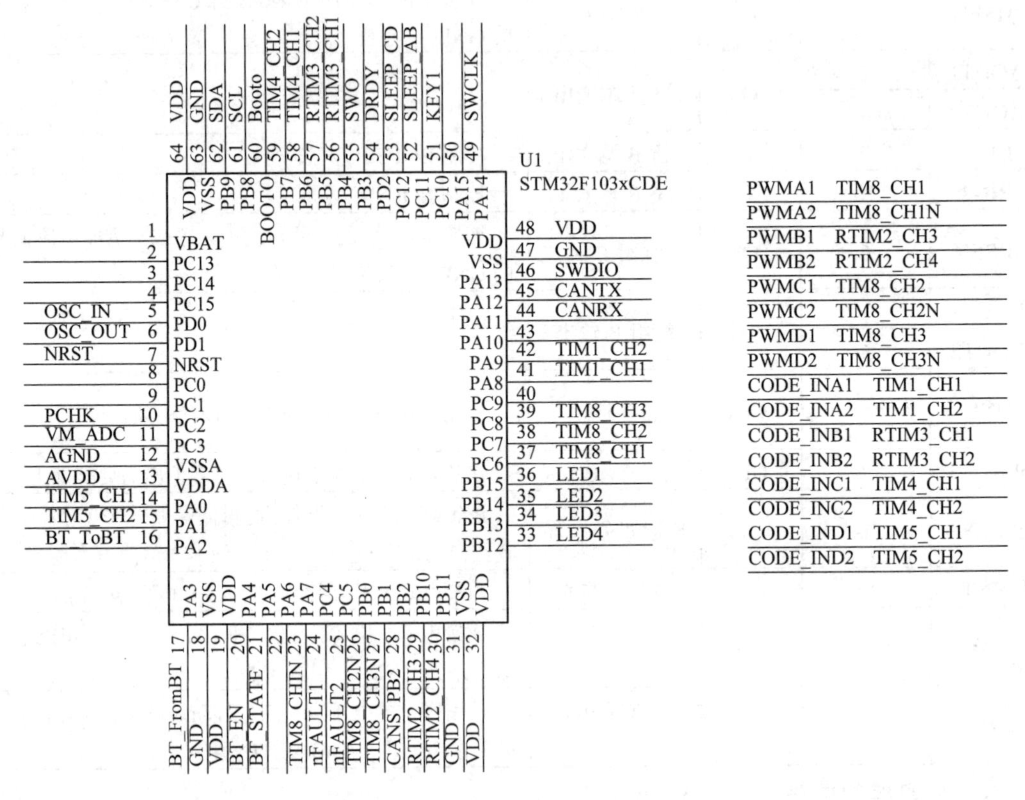

图 12-5　STM32F103RCT6 引脚分布图

在图 12-5 中，电机控制端口和码盘输出端口与电机驱动板上的微控制器引脚一一对应。PWMA1 和 PWMA2 两路的脉宽调制信号接于 TIM8 的 CH1 和 CH1N 通道，PWMB1 和 PWMB2 两路的脉宽调制信号接于 TIM2 的 CH3 和 CH4 通道，PWMC1 和 PWMC2 两路的脉宽调制信号接于 TIM8 的 CH2 和 CH2N 通道，PWMD1 和 PWMD2 两路的脉宽调制信号接于 TIM8 的 CH3 和 CH3N 通道，SLEEP AB 和 SLEEP CD 端口分别接于 PC11 和 PC12 引脚。

CODE INA1 和 CODE INA2 端口接于 TIM1 的 CH1 和 CH2 通道，CODE INB1 和 CODE INB2 端口接于 TIM3 的 CH1 和 CH2 通道，CODE INC1 和 CODE INC2 端口接于 TIM4 的 CH1 和 CH2 通道，CODE IND1 和 CODE IND2 端口接于 TIM5 的 CH1 和 CH2 通道。

按照上述内容，即可根据需要配置微控制器。可以将 TIM8 的 CH1 和 CH1N 通道、TIM2 的 CH3 和 CH4 通道、TIM8 的 CH2 和 CH2N 通道、TIM8 的 CH3 和 CH3N 通道配置为 PWM 输出模式；将 PC12 和 PD2 引脚配置为推挽输出模式；将 TIM1 的 CH1 和 CH2 通道、TIM3 的 CH1 和 CH2 通道、TIM4 的 CH1 和 CH2 通道、TIM5 的 CH1 和 CH2 通道配置为硬件编码器模式。通过上述配置即可完成电机的驱动和码盘的获取任务。

在现场所提供的资料中，电机驱动板上微控制器的程序已封装完成并以 Hex 文件提供，可自行下载测试。

目前，主车核心板上的微控制器可通过 CAN 总线的通信方式来获取电机驱动板上的码盘数据和控制直流电机。

12.2.2 循迹数据获取与状态控制

1. 循迹板结构

循迹板上有独立的微控制器 STM32F103C8T6 和两排 15 组红外对管，红外对管的分布为前 7 组、后 8 组，利用微控制器可以进行数据的采集、处理、传输，其结构如图 12-6 所示。

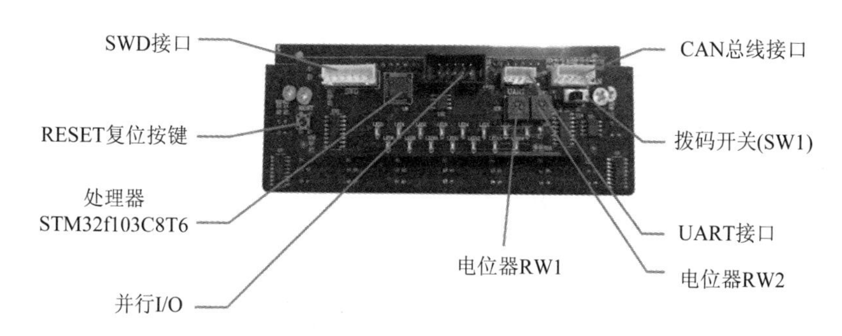

图 12-6　循迹板结构

循迹板接口功能如下：

(1) SWD 接口：用于处理器程序下载接口。

(2) RESET 按键：微处理器硬件复位按键。

(3) 处理器：使用 STM32F103C8T6 型号。

(4) 并行 I/O：用于并行输出循迹数据。

(5) CAN 总线接口：通过 CAN 总线传输循迹数据。

(6) 拨码开关：用于选择设置循迹板为前置循迹板或后置循迹板(F 为前置，B 为后置)。

(7) UART 接口：处理器硬件串口(暂未使用)。

(8) RW2 电位器：暂未使用。

(9) RW1 电位器：调节红外发送管发送功率。

2. 循迹板功能

在白底黑线(黑线宽度为 3 cm)的跑道上，循迹板主要起到循迹作用。当红外对管照在黑白跑道上时，会输出不同的电平，通常表现为高、低电平。红外对管照在黑线上时，输出低电平；照在白线上时，输出高电平。这样就可以实现识别跑道上的黑色路线，达到循迹的功能。

在循迹板上，设有 15 个指示灯，分别对应 15 组红外对管，当红外对管在黑线上时，对应的指示灯熄灭；当红外对管在白线外面时，对应的指示灯点亮。

1) 发光二极管电路

发光二极管电路如图 12-7 所示。

在图 12-7 中，发光二极管的选择采用 74HC138 译码器进行控制。74HC138 为 3—8 线译码器，其工作原理如下：

当一个选通端(G1)为高电平，另两个选通端($\overline{G2A}$和$\overline{G2B}$)为低电平时，可将地址端(A、B、C)的二进制编码在一个对应的输出端(Y0～Y7)以低电平译出。利用 G1、$\overline{G2A}$和$\overline{G2B}$可级联扩展成 24 线译码器；若外接一个反相器还可级联扩展成 32 线译码器。若将选通端中的一个作为数据输入端，则 74HC138 还可作数据分配器。在本任务中，只作为 8 线的译码器，通过表 12-2 真值表即可实现 3—8 线的译码功能。

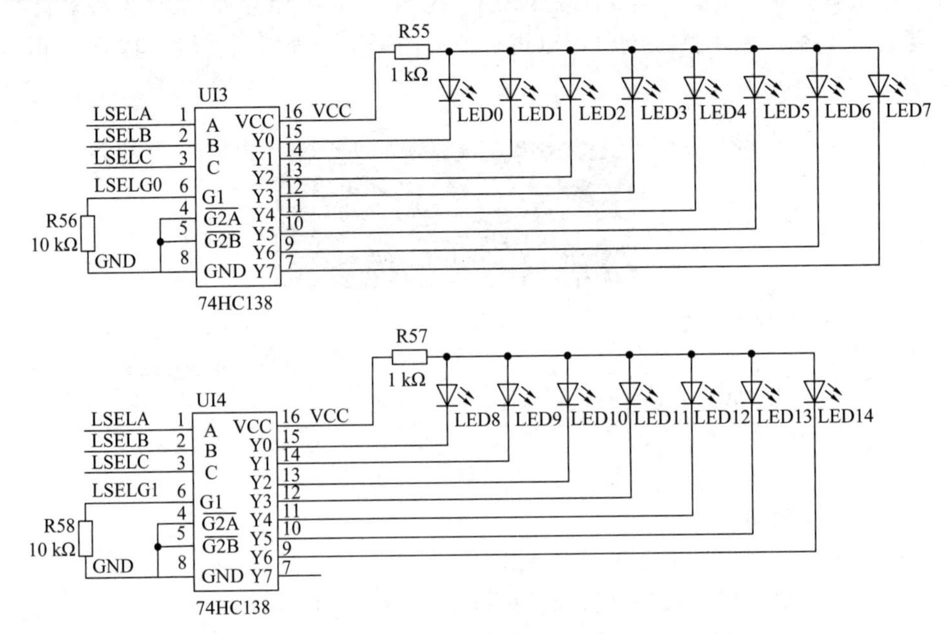

图 12-7　发光二极管电路

表 12-2　74HC138 真值表

输　入			输　入							
S_1	$\overline{S2}+\overline{S3}$	A2　A1　A0	$\overline{Y0}$	$\overline{Y1}$	$\overline{Y2}$	$\overline{Y3}$	$\overline{Y4}$	$\overline{Y5}$	$\overline{Y6}$	$\overline{Y7}$
0	×	×　×　×	1	1	1	1	1	1	1	1
×	1	×　×　×	1	1	1	1	1	1	1	1
1	0	0　0　0	0	1	1	1	1	1	1	1
1	0	0　0　1	1	0	1	1	1	1	1	1
1	0	0　1　0	1	1	0	1	1	1	1	1
1	0	0　1　1	1	1	1	0	1	1	1	1
1	0	1　0　0	1	1	1	1	0	1	1	1
1	0	1　0　1	1	1	1	1	1	0	1	1
1	0	1　1　0	1	1	1	1	1	1	0	1
1	0	1　1　1	1	1	1	1	1	1	1	0

在这个真值表中，S1 代表图 12-7 中的 G1 引脚，$\overline{S2}+\overline{S3}$ 代表 $\overline{G2A}$ 与 $\overline{G2B}$ 引脚的或运算，A0、A1、A2 分别代表 A、B、C，$\overline{Y0}$ ～ $\overline{Y7}$ 对应的是 Y0～Y7。由此可以看出，当一个 G1 为高电平，G2A 和 G2B 为低电平时，可将地址端(A、B、C)的二进制编码在对应的输出端(Y0～Y7)以低电平译出。

2) 红外发射电路

红外发射电路如图 12-8 所示。

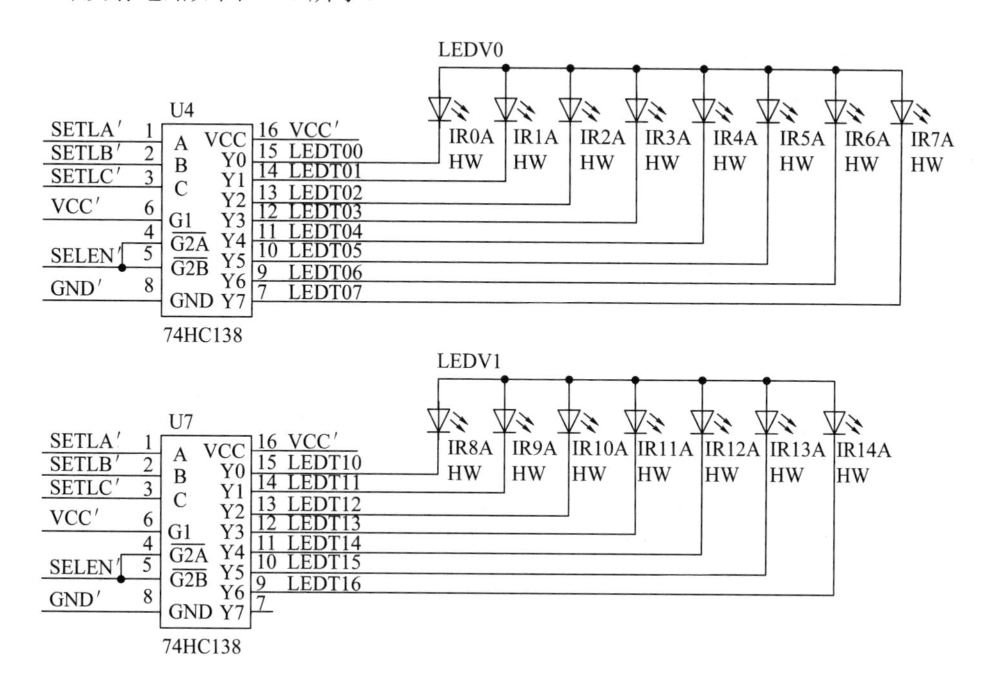

图 12-8　红外发射电路

在图 12-8 中可以看出，红外发射管是采用 74HC138 译码器进行控制发射的。

3) 红外接收电路

红外接收电路如图 12-9 所示。

在图 12-9 中，红外接收管控制采用的是 CD4051 器件。CD4051 是单端 8 通道多路开关，它有 3 个通道选择输入端 C、B、A 和一个禁止输入端 INH。C、B、A 用来选择通道号，INH 用来控制 CD4051 是否有效。INH=“1”，即 INH=$V_{\rm p}$ 时，所有通道均断开，禁止模拟量输入；当 INH=“0”，即 INH=$V_{\rm ss}$ 时，通道接通，允许模拟量输入。输入数字信号的范围是 $V_{\rm op}-V_{\rm ss}$(3 V～15 V)，输入模拟信号的范围是 LYm(−15 V～15 V)。

CD4051 由逻辑电平转换电路、8 选 1 译码电路和 8 个 CMOS 开关单元三部分组成，其中 A、B、C 是 3 位二进制地址输入端，3 位二进制的 8 种组合可用于选择 8 路通道；INH 是地址输入禁止端，其为高电平时，地址输入端无效，即无通道被选通。A、B、C 及 INH 的输入电平与 TTL 兼容。CD4051 有 8 个输入/输出端、1 个输出/输入端，数字电路供电+E 和-E1，模拟电路供电+E 和-E2。逻辑电平转换电路的主要作用是把地址输入端 A、B、C 和地址输入禁止端 INH 输入的 TTL 逻辑电平转换成 CMOS 电平，使开关单元能用 TTL 电平控制。8 选 1 地址译码电路的主要作用是把来自逻辑电平转换电路的地址输入信号转换成相应的开关单元选通信号，并把相应开关单元接通。

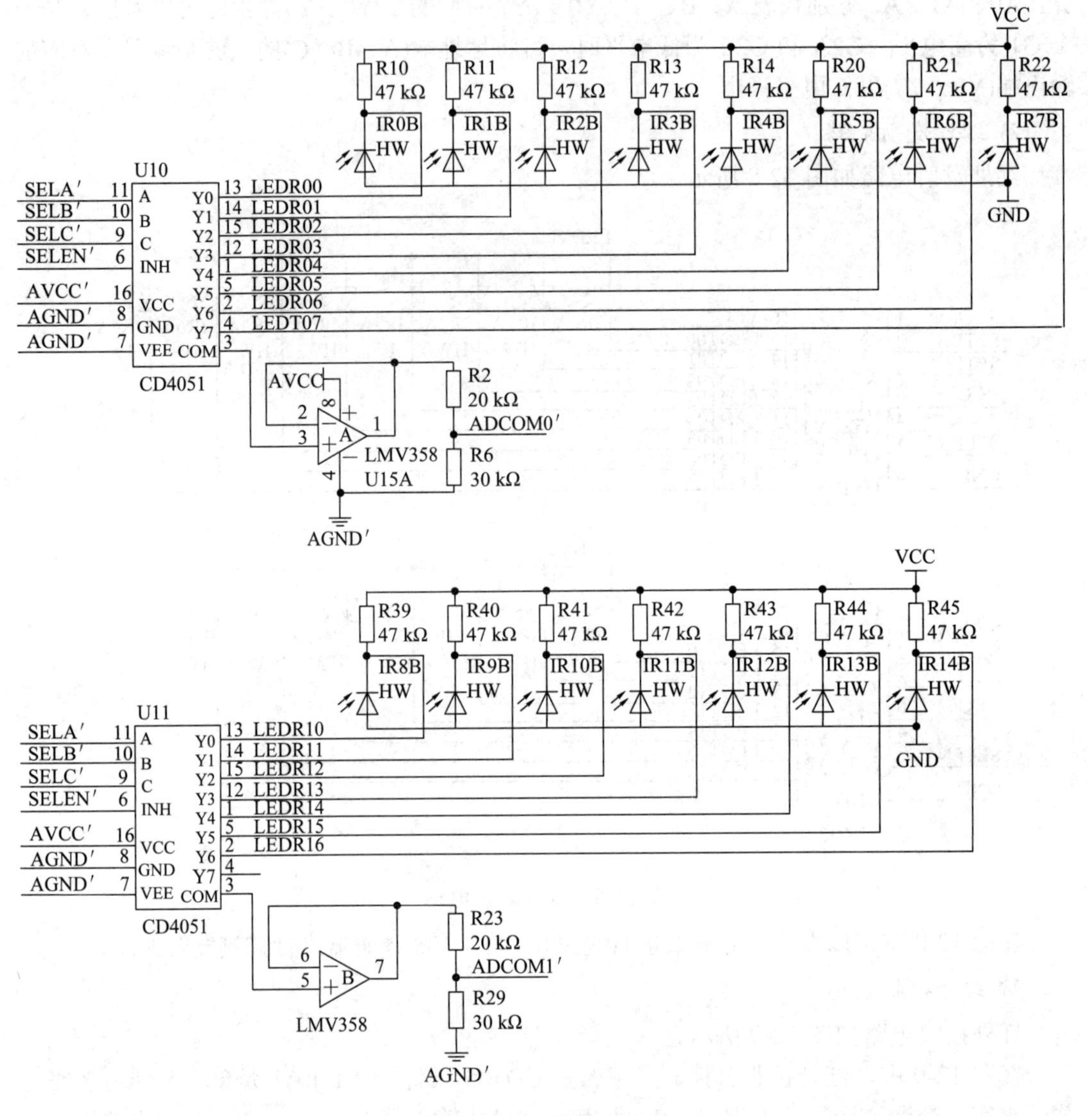

图 12-9　红外接收电路

4) 微控制器电路

电机驱动板上有独立的微控制器，其型号为 STM32F103C8T6，引脚如图 12-10 所示。

在图 12-10 中，发光二极管控制端口和红外对管电路端口与循迹板上的微控制器引脚一一对应，通过对引脚的简单配置即可完成红外对管的数据采集和发光二极管的控制任务。

在现场所提供的资料中，循迹板上微控制器的程序已封装完成并以 Hex 文件提供，可自行下载测试。

目前，主车核心板上的微控制器可通过 CAN 总线的通信方式来采集循迹板上红外对管的数据。

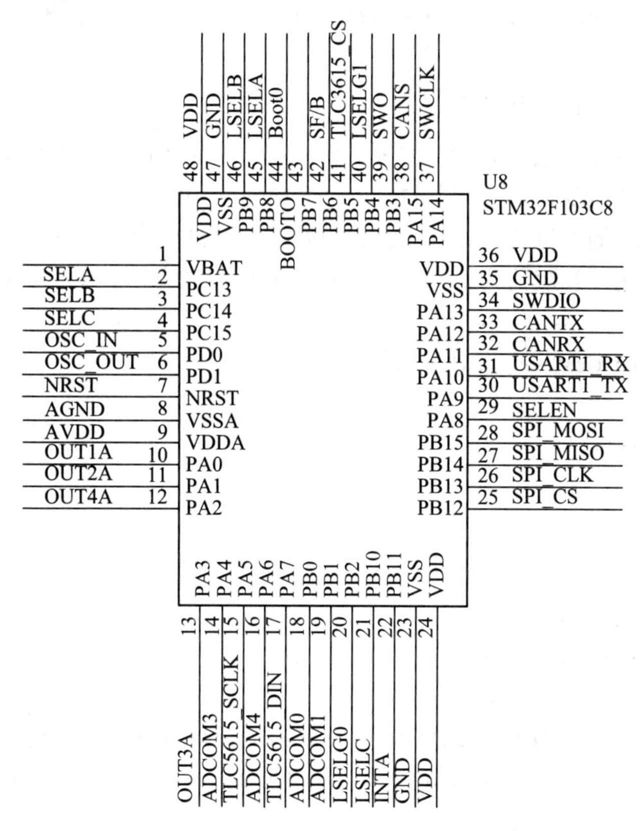

图 12-10　STM32F103C8T6 引脚分布图

任务 21　主车路径自动识别

一、任务描述

在规定的路段上完成主车的前进、后退、左转、右转和循迹，同时完成路径的自动规划和自动行驶。

二、任务分析

要完成主车的前进、后退、左转、右转和循迹任务，必须熟练掌握电机、红外对管的控制和状态获取方法，同时再按该方法完成对路径的自动规划和自动行驶任务。

三、实现方法

要实现主车路径的自动识别，可利用主车核心板上的微控制器通过 CAN 总线的通信方式来获取电机驱动板上的码盘数据和控制直流电机，以及采集循迹板上红外对管的数据。

在综合示例程序 2018Car_V2.3 中，已给出 CAN 总线的初始化函数 Hard_Can_ Init()，

可直接进行主车控制的程序设计。(CAN 总线的配置方法可见上篇中有关 CAN 总线配置的章节)

1. 停止、前进和后退程序设计

要熟悉主车的停止、前进和后退程序设计，首先熟悉一下几个常用函数的使用方法。

(1) 通过 CanP_HostCom.c 文件中的 Send_UpMotor(int x1, int x2)函数设置电机转速。其第一个参数 x1 为左侧电机速度，且赋值为负数时，电机会向相反的方向转动；第二个参数 x2 为右侧电机转速，且赋值为负数时，电机会向相反的方向转动。函数封装如下：

```
1.  void Send_UpMotor( int x1, int x2)
2.  {
3.    u8 txbuf[4];
4.    txbuf[0] = x1;
5.    txbuf[1] = x1;
6.    txbuf[2] = x2;
7.    txbuf[3] = x2;
8.     if(CanDrv_TxEmptyCheck())
9.     {
10.      CanDrv_TxData(txbuf,4,CAN_SID_HL(ID_MOTOR,0),0,_NULL);
11.      CanP_Cmd_Write(CANP_CMD_ID_MOTO,txbuf,0,CAN_SID_HL(ID_MOTOR,0),0);
12.     }
13.     else
14.       CanP_Cmd_Write(CANP_CMD_ID_MOTO,txbuf,4,CAN_SID_HL(ID_MOTOR,0),0);
15. }
```

在赋值时通常会做一定限制，所以在实际运用中通常调用 roadway_check.c 文件中的 Control(int L_Spend,int R_Spend)函数，其参数含义和 Send_UpMotor()函数一致。函数封装如下：

```
1.  void Control(int L_Spend,int R_Spend)
2.  {
3.    if(L_Spend>=0)
4.    {
5.            if(L_Spend>100)L_Spend=100;if(L_Spend<5)L_Spend=5;    //限制速度参数
6.        }
7.    else
8.    {
9.          if(L_Spend<-100)L_Spend= -100;if(L_Spend>-5)L_Spend= -5; //限制速度参数
10.   }
```

```
11.     if(R_Spend>=0)
12.             {
13.                 if(R_Spend>100)R_Spend=100;if(R_Spend<5)R_Spend=5;      //限制速度参数
14.     }
15.     else
16.     {
17.                 if(R_Spend<-100)R_Spend= -100;if(R_Spend>-5)R_Spend= -5; //限制速度参数
18.     }
19.             Send_UpMotor(L_Spend ,R_Spend);
20. }
```

(2) 通过 roadway_check.c 文件中的 Roadway_mp_syn(void)函数进行码盘同步，其目的在于获取当前码盘值，便于在 roadway_check.c 文件中使用。函数封装如下：

```
1.  void Roadway_mp_syn(void)
2.  {
3.          Roadway_cmp = CanHost_Mp;
4.  }
```

其中 CanHost_Mp 在 CanP_HostCom.c 文件的 CanP_Host_Main()函数中进行刷新，在需要使用码盘值时，需要先调用 Roadway_mp_syn(void)函数来刷新 Roadway_cmp 的码盘值。

(3) 通过 roadway_check.c 文件中的 uint16_t Roadway_mp_Get(void)函数来获取相对码盘，返回的是 uint16_t 类型的相对码盘值。函数封装如下：

```
1.  uint16_t Roadway_mp_Get(void)
2.  {
3.          uint32_t ct;
4.          if(CanHost_Mp > Roadway_cmp)
5.                  ct = CanHost_Mp - Roadway_cmp;
6.          else
7.                  ct = Roadway_cmp - CanHost_Mp;
8.          if(ct > 0x8000)
9.                  ct = 0xffff - ct;
10.         return ct;
11. }
```

Roadway_mp_syn(void)函数和 uint16_t Roadway_mp_Get(void)函数是配合使用的。通过 Roadway_mp_syn(void)函数进行码盘同步，使 Roadway_cmp 变量的值为当前码盘值，此

时，通过 Send_UpMotor(int x1, int x2)函数让电机转动起来。当电机转动后，码盘的值将会增加，也就是 CanHost_Mp 变量的值会增加，这时可以利用 uint16_t Roadway_mp_Get(void)函数对 Roadway_cmp 变量和 CanHost_Mp 变量进行做差，这两个变量的差即为相对码盘值，也就是 uint16_t Roadway_mp_Get(void)函数的返回值。

通过上面的函数介绍，即可设计出“停止”“前进”和“后退”3 个动作指令。“停止”可调用 Control(int L_Spend,int R_Spend)函数，两个参数赋值为“0”，即可实现停止，如 Control(0,0)；“前进”同样是调用 Control(int L_Spend,int R_Spend)函数，两个参数赋值为正整数即可，如 Control(80,80)；“后退”也是调用 Control(int L_Spend,int R_Spend)函数，两个参数赋值为负整数即可，如 Control(-80,-80)。当然，在前进和后退需要指定距离时，可通过上述介绍的 Roadway _mp_syn(void)函数和 uint16_t Roadway_mp_Get(void)函数来获取码盘，通过比较相对码盘，进行停止即可完成规定距离的前进和后退。

2. 循迹、左转和右转程序设计

1) 循迹功能函数设计

循迹的目的是在黑色跑道上能按照指定的路线进行循迹行驶，如图 12-11 所示。

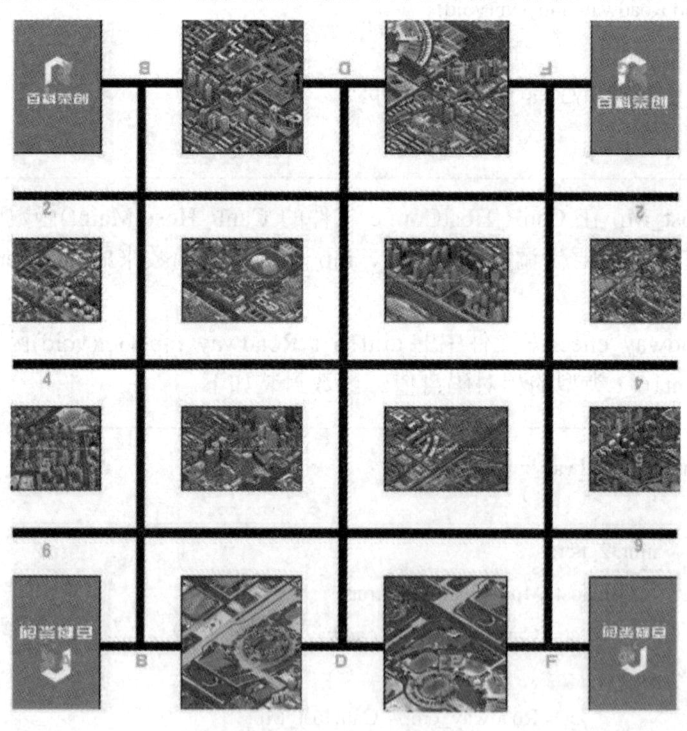

图 12-11　竞赛地图

在本章 12.2.2 节中介绍了循迹板上有 15 组红外对管，前面 7 组，后面 8 组。红外对管照在黑线上时，没有光反射回来，该组红外对管反馈为低电平“0”，对应的发光二极管会熄灭；红外对管未照到黑线时，有光反射回来，该组输出高电平，对应的发光二极管点亮。

此处以后 8 组为例，当车在十字路口上时，红外对管反馈的数据与车位置的关系如表 12-3 所示。

表 12-3　红外对管数据与车位置的关系

情况	第 1 组	第 2 组	第 3 组	第 4 组	第 5 组	第 6 组	第 7 组	第 8 组	车位置
1	1(亮)	1(亮)	1(亮)	0(灭)	0(灭)	1(亮)	1(亮)	1(亮)	居中
	黑线外	黑线外	黑线外	黑线内	黑线内	黑线外	黑线外	黑线外	
2	1(亮)	0(灭)	0(灭)	1(亮)	1(亮)	1(亮)	1(亮)	1(亮)	偏右
	黑线外	黑线内	黑线内	黑线外	黑线外	黑线外	黑线外	黑线外	
3	1(亮)	1(亮)	1(亮)	1(亮)	1(亮)	0(灭)	0(灭)	1(亮)	偏左
	黑线外	黑线外	黑线外	黑线外	黑线外	黑线内	黑线内	黑线外	

可以看出，当反馈的数据是第 1 种情况时，车位置是居中的；当反馈的数据是第 2 种情况时，车位置是偏右的；当反馈的数据是第 3 种情况时，车位置是偏左的。通过这三种情况，即可完成循迹任务。在循迹任务中，若车位置是居中的，也就是反馈的数据是第 1 种情况时，可以全速前进，即 Control(80,80)。

若车位置是偏右的，也就是反馈的数据是第 2 种情况时，需要调节车身，如 Control(60,80)，左边速度低一点，右边速度高一点即可，将车身调至居中位置后，再全速前进。

若车位置是偏左的，也就是反馈的数据是第 3 种情况时，需要进行调节车身，如 Control(80,60)，左边速度高一点，右边速度低一点即可，将车身调至居中位置后，再全速前进。

上述功能封装可参考综合示例程序 2018Car_V2.3 中 roadway_check.c 文件的 Track_Correct(uint8_t gd)函数，gd 为循迹板数据。函数封装如下：

```
1.  void Track_Correct(uint8_t gd)
2.  {
3.          if(gd == 0x00)   //循迹灯全灭 停止
4.          {
5.                  Track_Flag = 0;
6.                  Stop_Flag = 1;
7.                  Send_UpMotor(0,0);
8.              }
9.          else
10.         {
11.                 Stop_Flag=0;
12.                 if(gd==0XE7 || gd==0XF7||gd==0XEF)//中间 3/4 传感器检测到黑线，全速运行
13.                 {
14.                     LSpeed=Car_Spend;
15.                     RSpeed=Car_Spend;
16.                 }
17.                 if(Line_Flag != 2)
```

```
18.             {
19.                 if(gd==0XF3||gd==0XFB)   //中间 4、3 传感器检测到黑线，微右拐
20.                 {
21.                     LSpeed=Car_Spend+30;
22.                     RSpeed=Car_Spend-30;
23.                     Line_Flag=0;
24.                 }
25.                 else if(gd==0XF9||gd==0XFD) //中间 3、2 传感器检测到黑线，再微右拐
26.                 {
27.                      LSpeed=Car_Spend+40;
28.                      RSpeed=Car_Spend-60;
29.                      Line_Flag=0;
30.                 }
31.                 else if(gd==0XFC)          //中间 2、1 传感器检测到黑线，强右拐
32.                 {
33.                     LSpeed = Car_Spend+50;
34.                     RSpeed = Car_Spend-90;
35.                      Line_Flag=0;
36.                 }
37.                 else if(gd==0XFE)     //最右边 1 传感器检测到黑线，再强右拐
38.                 {
39.                      LSpeed = Car_Spend+60;
40.                      RSpeed = Car_Spend-120;
41.                      Line_Flag=1;
42.                 }
43.             }
44.             if(Line_Flag != 1)
45.             {
46.                 if(gd==0XCF)          //中间 6、5 传感器检测到黑线，微左拐
47.                 {
48.                      RSpeed = Car_Spend+30;
49.                      LSpeed = Car_Spend-30;
50.                      Line_Flag=0;
51.                 }
52.                 else if(gd==0X9F||gd==0XDF)    //中间 7、6 传感器检测到黑线，再微左拐
53.                 {
54.                      RSpeed = Car_Spend+40;
55.                      LSpeed = Car_Spend-60;
56.                      Line_Flag=0;
```

```
57.                 }
58.                 else if(gd==0X3F||gd==0XBF)     //中间 8、7 传感器检测到黑线，强左拐
59.                 {
60.                         RSpeed = Car_Spend+50;
61.                         LSpeed = Car_Spend-90;
62.                         Line_Flag=0;
63.                 }
64.                 else if(gd==0X7F)     //最左 8 传感器检测到黑线，再强左拐
65.                 {
66.                         RSpeed = Car_Spend+60;
67.                         LSpeed = Car_Spend-120;
68.                         Line_Flag=2;
69.                 }
70.         }
71.         if(gd==0xFF)                  //循迹灯全亮
72.         {
73.                 if(count > 1000)
74.                 {
75.                         count=0;
76.                         Send_UpMotor(0,0);
77.                         Track_Flag=0;
78.                         if(Line_Flag ==0)
79.                                 Stop_Flag=4;
80.                 }
81.                 else
82.                         count++;
83.         }
84.         else
85.                 count=0;
86.     }
87.     if(Track_Flag != 0)
88.     {
89.         Control(LSpeed,RSpeed);
90.     }
91. }
```

上述函数需要提供的循迹数据，可以通过 CanP_HostCom.c 文件中 uint16_t Get_Host_UpTrack(u8 mode)函数来获取，其函数返回为 uint16_t 类型的循迹数据。参数 mode 为 TRACK_ALL 时，获取所有数据；参数 mode 为 TRACK_Q7 时，获取前面 7 位循迹数据；

参数 mode 为 TRACK_H8 时，获取后面 8 位循迹数据(TRACK_ALL 值为“0”，TRACK_Q7 值为“7”，TRACK_H8 值为“8”)。函数封装如下：

```
1.  uint16_t  Get_Host_UpTrack( u8 mode)        //获取循迹数据
2.  {
3.    uint16_t Rt = 0;
4.    switch(mode)
5.    {
6.    case TRACK_ALL:
7.      Rt = (uint16_t)((Track_buf[0] <<8)+ Track_buf[1] );
8.      break;
9.    case TRACK_Q7:
10.     Rt = Track_buf[1] ;
11.     break;
12.   case TRACK_H8:
13.     Rt = Track_buf[0];
14.     break;
15.   }
16.   return Rt;
17. }
```

通过上述介绍，即可完成循迹功能函数的封装。同时，需要注意的是，当循迹板全在黑线上时，反馈的数据是“0000 0000”，通常该状态用于该循迹功能函数的停止判断，这样小车即可行驶到下一个十字路口了。

2) *左转功能函数设计*

左转的目的是使小车在一个十字路口上左转 90°，到达另一个黑线上。通过前面的介绍，可以利用 Control(int L_Spend,int R_Spend)函数进行左转，如 Control(-80,80)。左侧车轮给予向后的速度，右侧车轮给予向前的速度，即可实现左转动作，当再次发现黑线时停止，即可完成左转。

通过判断循迹板上的红外对管，当再次出现第 1 种情况(车位置在另一条黑线上居中)时，停止即可完成左转。

3) *右转功能函数设计*

右转的目的是使小车在一个十字路口上右转 90°，到达另一个黑线上。利用 Control(int L_Spend,int R_Spend)函数进行右转，如 Control(80,-80)。左侧车轮给予向前的速度，右侧车轮给予向后的速度，即可实现右转动作，当再次发现黑线时停止，即可完成右转。

通过判断循迹板上的红外对管，当再次出现第 1 种情况(车位置在另一条黑线上居中)时，停止即可完成左转。

3. 自动规划和自动行驶程序设计

通过基础功能函数的设计，可以实现指定路段的行驶。自动规划和自动行驶的目的是给定起点和终点，从起点自行选择路线，到达终点即可。其实现方法不限，可以通过画“二叉树”的方法，把所有的路径画出来再写入程序逻辑中；也可以利用字母的先后顺序找出规律完成此设计。

4. 任务实施

编写程序逻辑并使主车顺利通过指定路段，完成路径的自动规划和自动行驶。

传感器应用与红外通信技术

13.1 超声波测距原理

超声波测距与红外测距、激光测距的原理相似，它是通过超声波装置发射超声波与接收超声波的时间差来获得距离信息的。超声波测距法也称为时间差测距法。

利用超声波进行测距时，超声波发射器向某一方向发射超声波，在发射的同时开始计时，超声波在空气中传播，途中碰到障碍物则立即返回。在超声波接收装置接收到反射波的同时停止计时，通过这个时间差来获得距离信息。假如超声波在空气中的传播速度为 v，计时器记录测出发射和接收回波的时间差 Δt，这样就可以计算出发射点到障碍物的距离 S，计算公式如下：

$$S = \frac{v\Delta t}{2} \tag{13-1}$$

由于超声波也是一种声波，其在空气中的声速 v 与环境温度有关。声速与温度关系如表 13-1 所示。

表 13-1　声速与温度关系

温度/℃	−30	−20	−10	0	10	20	30	100
声速/(m/s)	313	319	325	332	338	344	349	386

表 13-1 中列出了几种不同温度下的声速。在常温下超声波的传播速度通常取 340 m/s，如果温度变化不大，则可以认为声速是基本不变的。

超声波的传播速度 v 易受到空气中温度、湿度、压强等因素的影响，其中受温度的影响较大。温度每升高 1℃，声速就增加约 0.6 m/s。如果测距精度要求很高，则应通过温度补偿的方法加以校正。若已知现场环境温度 T 时，超声波传播速度 v 的计算公式为

$$v = 331.45 + 0.607 \times T \tag{13-2}$$

当传播速度确定后，若可以测得超声波往返的时间，即可求得被测量的距离。

任务22　超声波测距与避障

一、任务描述

按照赛题要求，当智能车在规定运行轨迹上行进到某一位置处，利用STM32微控制器控制超声波发射电路发送超声波信号，并通过GPIO口获取超声波接收电路的信号，通过时间差计算出超声波传感器与前方障碍物的距离。

二、任务分析

要完成超声波测距与避障任务，必须掌握超声波发射电路和接收电路的电路原理，并熟悉STM32微控制器GPIO、外部中断和定时器的配置及应用方法，最后利用定时器记录时间差，计算出超声波传感器与前方障碍物的距离。

1. 超声波发射电路

任务板上的超声波发射电路如图13-1所示。

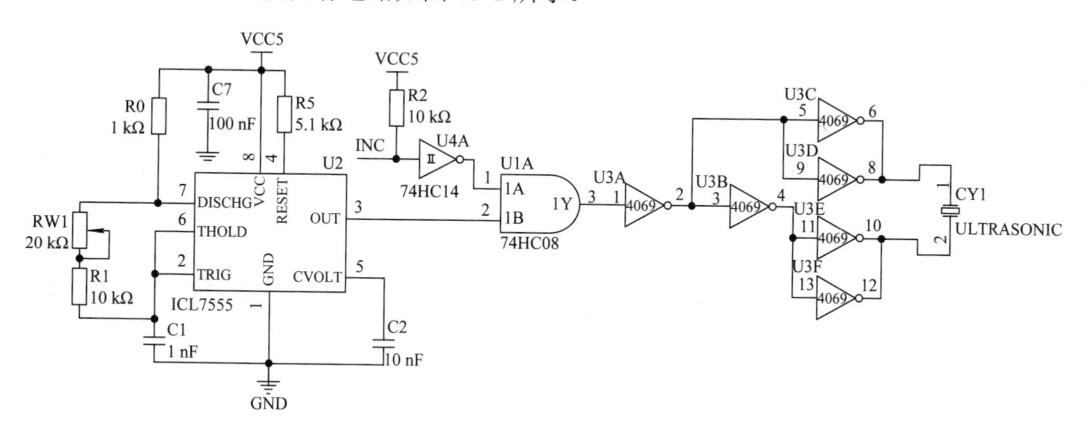

图13-1　超声波发射电路

从图13-1中可以看出，该电路由555定时器、74HC08(与门)、74HC14(非门)、CD4069反相器和CY1超声波发射装置组成。通过调节电位器RW1可以调节555定时器的输出频率。而超声波实际的输出频率，需要根据超声波传感器的测量误差来进行调节，通常调节在40 kHz左右；当控制引脚INC(PA15引脚)为低电平时，超声波信号即可发射出去。

2. 超声波接收电路

竞赛任务板上的超声波接收电路如图13-2所示。

CX20106是一种专用的超声波接收集成电路，它可以实现对超声波探头接收到的信号放大、滤波等作用，其总放大增益为80 dB。通过调节电位器RW3，来改变前置放大器的增益和频率特性，当有信号输入时，会将INT0拉低(PB4引脚)。

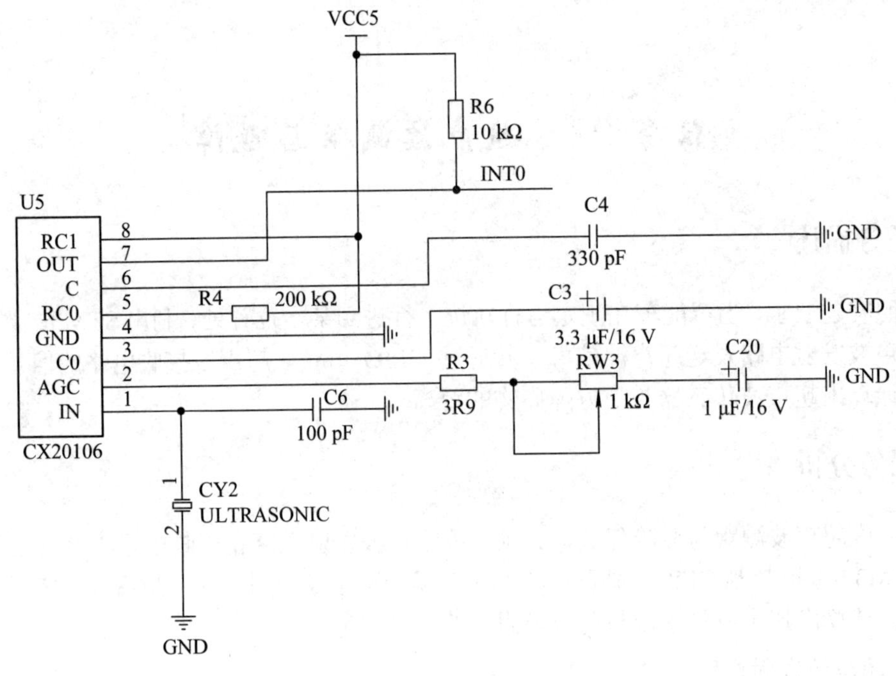

图 13-2　超声波接收电路

三、实现方法

首先调节 555 定时器的输出频率为 40 kHz 左右，然后配置两个端口 PA15 和 PB4，其中的 PA15 为超声波信号发射的控制引脚，即将 PA15 配置为推挽输出模式，初始电平为高电平；将 PB4 配置为超声波信的接收引脚，即 PB4 配置为输入模式，同时开启外部中断。

当端口配置后，还需配置一个定时器来记录时间差，利用时间差和超声波在空气中传输的速度来计算出距离。

当 STM32 的 GPIO、外部中断、定时器配置完成后，编写程序逻辑并完成超声波测距任务。同时可以利用超声波数据实现自动避障功能。

13.2　光强度测量原理

光照强度是一种物理术语，指单位面积上所接收可见光的光通量，简称照度，单位是勒克斯(Lux 或 lx)。光照强度是一种用于指示光照的强弱和物体表面积被照明程度的量。

利用基于光电效应的光敏器件，例如光敏电阻、光敏晶体管、光电池等都可以制作成光照强度测量传感器。光照强度传感器的输出电压与光照强度存在一定的函数关系。

光敏电阻是一种光敏传感器，它的电阻值会随受到光照强度的变化而变化(光照强度越大，电阻值越小)。若将光敏电阻接入电路中，不同光照强度将会导致光敏电阻值变化，于是光敏电阻上的电压发生变化，导致电路的输出电压也相应变化。根据电压—光照度函数关系，由电压计算得到光照强度值，然后以可视化界面形式输出，供用户查看结果。

BH1750FVI 是 16 位数字输出型环境光强度传感器集成电路，这种集成电路可以根据收集到的光线强度数据来调整液晶或键盘背景灯的亮度。同时，也可以利用它的高分辨率来探测较大范围的光强度变化。在本竞赛任务中该传感器用于调整智能路灯标志物的光照挡位。

BH1750FVI 的主要特点是支持 I^2C 总线接口、支持 1.8 V 逻辑输入和输出对应亮度的传感器件。图 13-3 为该传感器的内部电路结构框图。

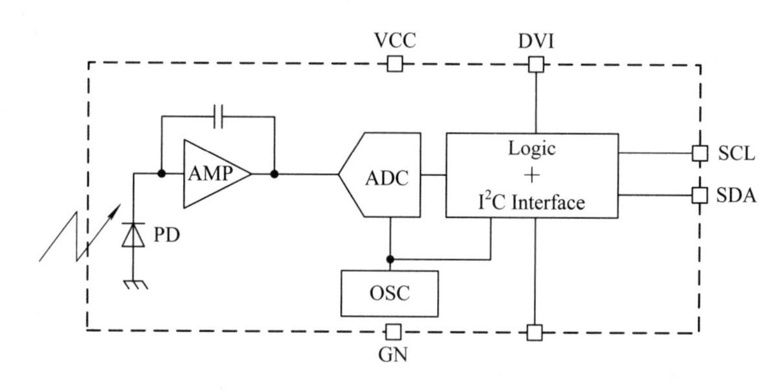

图 13-3　BH1750FVI 内部电路结构框图

BH1750FVI 是由光敏二极管(PD)、集成运算放大器(AMP)、模/数转换器(16 位 ADC)、逻辑 +IC 界面(Logic + IC Interface)和内部振荡器(320K 的 OSC)组成。采用 I^2C 总线进行数据交互，其测量程序流程如图 13-4 所示。

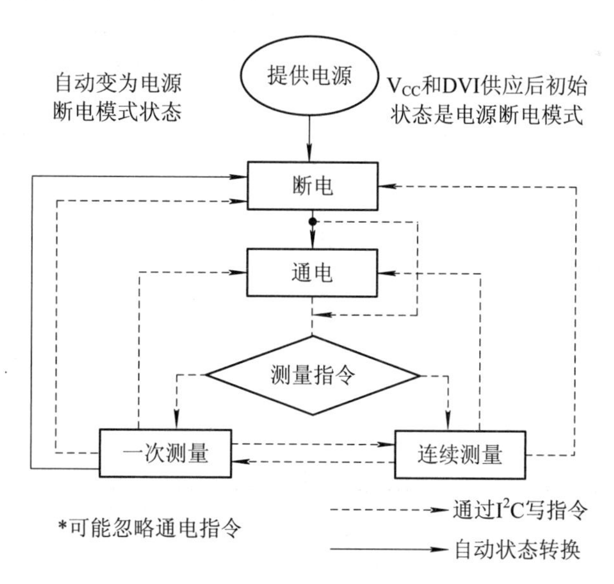

图 13-4　BH1750FVI 测量程序流程图

通过图 13-4 所示的流程图可以看出，在提供电源后的初始状态为电源断电模式，此时需要发送通电指令将器件激活，在激活后发送测量指令即可进行一次测量或连续测量。表 13-2 为 BH1750FVI 的指令集合。

表 13-2　BH1750FVI 指令集

指　令	功能代码	注　释
断电	0000 0000	无激活状态
通电	0000 0001	等待测量指令
重置	0000 0111	重置数字寄存器值，重置指令在断电模式下不起作用
连续 H 分辨率模式	0001 0000	在 1 lx 分辨率下开始测量。测量时间一般为 120 ms
连续 H 分辨率模式 2	0001 0001	在 0.5 lx 分辨率下开始测量。测量时间一般为 120 ms
连续 L 分辨率模式	0001 0011	在 41 lx 分辨率下开始测量。测量时间一般为 16 ms
一次 H 分辨率模式	0010 0000	在 1 lx 分辨率下开始测量。测量时间一般为 120 ms。测量后自动设置为断电模式
一次 H 分辨率模式 2	0010 0000	在 0.5 lx 分辨率下开始测量。测量时间一般为 120 ms。测量后自动设置为断电模式
一次 L 分辨率模式	0010 0011	在 41 lx 分辨率下开始测量。测量时间一般为 16 ms。测量后自动设置为断电模式
改变测量时间(高位)	01000 MT[7，6，5]	改变测量时间，请参考 BH1750FVI 数据手册 P11
改变测量时间(低位)	011 MT[4，3，2，1，0]	改变测量时间，请参考 BH1750FVI 数据手册 P11

*请勿输入其他功能码。

通过表 13-2 中的指令集，可以初步确定“通电”指令为 0x01，若要进行“连续 H 分辨率模式”则还需要发送“0x10”。在 BH1750FVI 的数据手册中给出了一个实例，如图 13-5 所示。

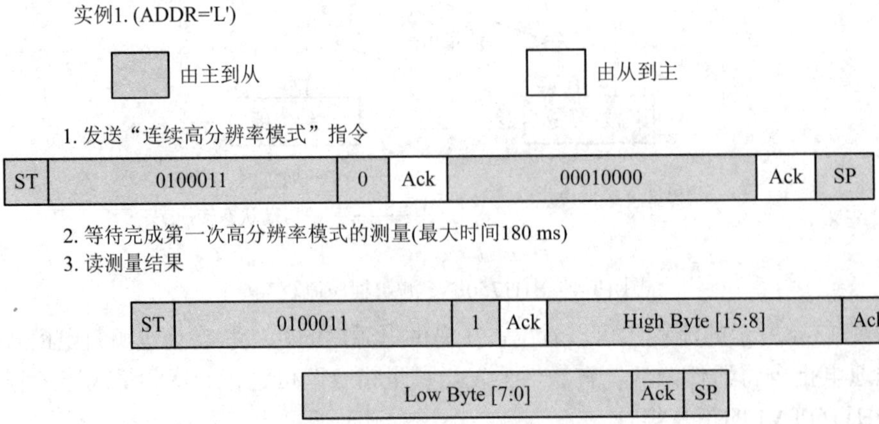

实例1. (ADDR='L')

由主到从　　由从到主

1. 发送“连续高分辨率模式”指令

ST	0100011	0	Ack	00010000	Ack	SP

2. 等待完成第一次高分辨率模式的测量(最大时间180 ms)

3. 读测量结果

ST	0100011	1	Ack	High Byte [15:8]	Ack

Low Byte [7:0]	$\overline{\text{Ack}}$	SP

图 13-5　ADDR=“L”的时序图

在实例中可以看到，当 ADDR 为低电平时，通信的时序如图 13-5 所示。这里的 ADDR 是 BH1750FVI 的一个引脚，在下面的内容中会进行介绍。该时序为执行“连续高分辨率模式”。

首先由主机 MCU 发送一个起始信号，紧跟着发送字节“0x46”，该字节包含了器件地址和写指令。发送后，需要 BH1750FVI(从机)反馈一个 Ack 应答信号，当 MCU 接收到应答信号后，再次发送字节“0x10”，该字节为指令集中的“连续 H 分辨率模式”指令。发送后，BH1750FVI(从机)反馈一个 Ack 应答信号，主机 MCU 发送停止信号，停止本次传输。停止需等待 120 ms～180 ms，传感器将进行高分辨率模式下的测量和转化，在等待结束后，再次通过 I^2C 总线协议去读出测量结果。

读出测量结果的步骤为：先由主机 MCU 发送一个起始信号，紧接着再发送字节“0x47”，该字节包含了器件地址和读指令。发送后，从机反馈一个 Ack 应答信号，当主机 MCU 接收到应答信号后，紧接着接收测量结果的高八位，接收完成后，由主机 MCU 发送一个应答信号，当 BH1750FVI(从机)收到应答信号后，再次发送测量结果的低八位，接收完成后，由主机 MCU 返回一个非应答信号和停止信号，停止本次通信。在接收完成测量结果的高八位和低八位后，需要将数据进行整合，整合方式如下：

当数据高字节为“10000011”，低字节为“10010000”时，整合结果为

$$\frac{2^{15}+2^{9}+2^{8}+2^{7}+2^{4}}{1.2}=88\,067\ \text{lx}$$

任务 23　光照强度测量与控制

一、任务描述

利用 STM32 微控制器通过 I^2C 总线协议与光强度传感器(BH1750FVI)进行数据交互；通过光强度传感器获取智能路灯标志物的光照值，同时计算出当前挡位。

二、任务分析

本任务主要包括两部分：一是在掌握光照传感器 BH1750FVI 通信时序基础上，通过 MCU 获取传感器数据；二是了解控制智能路灯挡位的方法，并利用冒泡排序，计算出当前挡位。

三、实现方法

1. 光照传感器与 MCU 接口电路

光照传感器 BH1750FVI 引脚功能与外围电路原理如图 13-6 所示。

通过图 13-6 可以看出，BH1750FVI 传感器与 MCU 的连接需要三个引脚，分别是“ADDR”“SCL”和“SDA”(其余引脚说明可参考 BH1750FVI 的数据手册)。

ADDR 为 I^2C 地址端口，ADDR=“H”(ADDR≥0.7Vcc)时，地址为“1011100”；ADDR=“L”(ADDR≤0.3Vcc)时，地址为“0100011”。

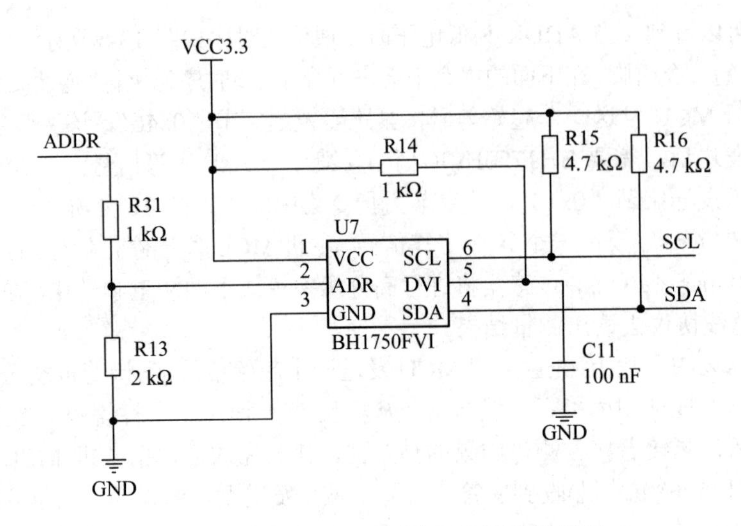

图 13-6 BH1750FVI 引脚与外围电路原理

SCL 为 I^2C 接口的时钟端口，SDA 为 I^2C 接口的数据端口。通过这 3 个引脚，再结合上面的数据交互过程，即可写出 BH1750FVI 的驱动程序，从而获得当前环境的光照值。

2. 红外控制智能路灯的加挡或减挡

通过 MCU 获取到光照度传感器的数据后，还需要将该数据运用到实际场景中，并要求利用固定的红外指令来控制智能路灯的加挡或减挡。

在提供的综合示例程序中，Infrared_Send(uint8_t *s,int n)函数为红外发送函数，H_1[4]={0x00,0xFF,0x0C,～(0x0C)}数组值为光源挡位加 1 的指令。

调用 Infrared_Send(H_1,4)即可控制智能路灯加 1 挡。

要计算出智能路灯标志物的当前挡位，首先需要将第一次获取到的光照值保存下来(用 A1 表示)。智能路灯一共有 4 个挡位，在保存 A1 之后，将智能路灯加 1 挡，然后再次测量光照值并保存用 A2 表示，依次再加 2 次，分别记为 A3 和 A4。将 A1、A2、A3、A4 进行冒泡排序，若排序后满足 A2 < A3 < A4 < A1，则说明当前挡位为第 4 挡，以此类推，即可确定当前挡位。

3. 智能路灯光强照度的测量步骤

要完成智能路灯的光强测量，须遵循以下步骤：

(1) 编写 BH1750FVI 的驱动程序，并获取当前光照值。

(2) 编写冒泡函数，辨别出当前挡位。

13.3 红外通信控制

红外通信技术的实质是利用红外线来传输数据，其最显著优点是成本低。此外，红外通信技术不用线缆联系的特征也使该通信方式的保密性加强，所以在短距离的无线传输工作中有着广泛的应用。

红外通信实质上就是对二进制数字信号进行调制和解调，并且传输数据。通常所说的红外通信调制器就是红外通信的接口，即利用 950 nm 的近红外波段红外线来传输各种信息。

在发送端能将基带处的二进制信号调制成所需的脉冲串信号，利用红外发射管发射出各种红外信号。在接收端把传输过来的光脉冲转变为电信号，待完成放大、滤波等工作后再传送到解调电路实施解调，变成原来的二进制数字信号输出。常用的脉冲调制方法有 PWM(脉冲宽度调制)和 PPM(脉冲位置调制)两大类。

任务 24　控制智能路灯标志物

一、任务描述

编写模拟红外通信时序，通过配置 STM32 的 GPIO 口来控制红外发射电路发送红外信号，从而对智能路灯的挡位进行控制。

二、任务分析

利用红外发射电路发出红外信号，按照红外通信时序编写模拟时序，实现对智能路灯挡位的调节。

三、实现方法

1. 红外发射电路

任务板上的红外发射电路如图 13-7 所示。

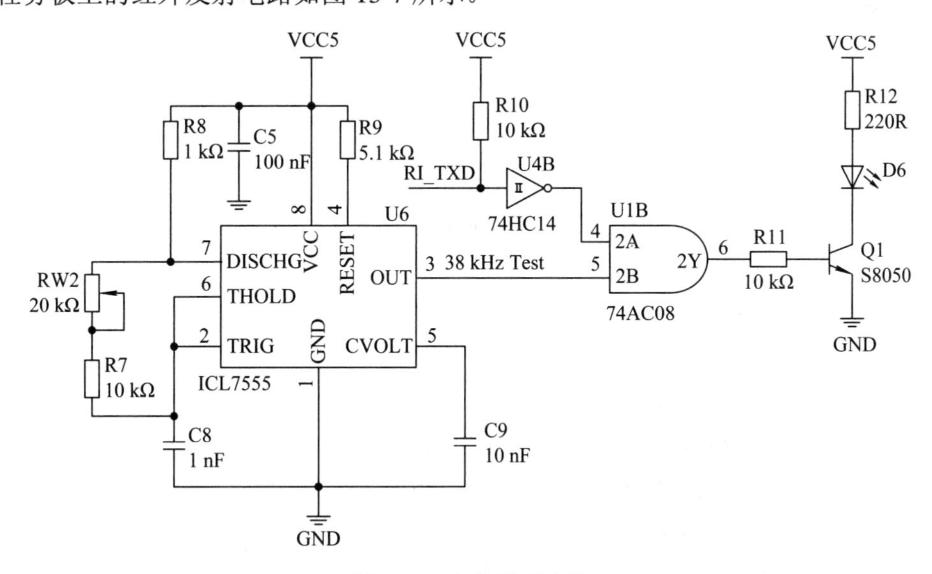

图 13-7　红外发射电路

从图 13-7 中可以看出，ICL7555 定时器用于产生 38 kHz 红外发射载波，通过 RW2 可以调节发射频率；通过红外发射二极管 D6 发射红外信号。该电路由 RI_TXD 引脚(PF11 引脚)控制输出。

2．红外通信时序

红外通信时序采用的是 NEC 码位。NEC 码位的定义为：一个脉冲对应 560 μs 的连续载波，一个逻辑 1 传输需要 2.25 ms(560 μs 脉冲 + 1680 μs 低电平)，一个逻辑 0 的传输需要 1.125 ms(560 μs 脉冲 + 560 μs 低电平)。

通过 NEC 码位的定义即可写出红外时序，参考代码如下：

```
1.  void Transmition(u8 *s,int n)
2.  {
3.    u8 i,j,temp;
4.  
5.    RI_TXD=0;
6.    delay_ms(9);
7.    RI_TXD=1;
8.    delay_ms(4);
9.  
10.   for(i=0;i<n;i++)
11.   {
12.     for(j=0;j<8;j++)
13.     {
14.        temp=(s[i]>>j)&0x01;
15.        if(temp==0)              //发射 0
16.        {
17.            RI_TXD=0;
18.            delay_us(560);       //延时 0.56 ms
19.            RI_TXD=1;
20.            delay_us(560);       //延时 0.56 ms
21.        }
22.        if(temp==1)              //发射 1
23.        {
24.            RI_TXD=0;
25.            delay_us(560);       //延时 0.56 ms
26.            RI_TXD=1;
27.            delay_ms(1);
28.            delay_us(680);       //延时 1.68 ms
29.        }
30.     }
```

```
31.     }
32.     RI_TXD=0;                    //结束
33.     delay_us(560);               //延时 0.56 ms
34.     RI_TXD=1;                    //关闭红外发射
35. }
```

3. 红外发射智能路灯的光挡程序设计

光照挡位加 1、加 2 和加 3 挡的红外发射控制数组是在主文件中有所定义，其代码如下：

```
1.  u8 H_1[4]={0x00,0xFF,0x0C,~(0x0C)};          //光源挡位加 1
2.  u8 H_2[4]={0x00,0xFF,0x18,~(0x18)};          //光源挡位加 2
3.  u8 H_3[4]={0x00,0xFF,0x5E,~(0x5E)};          //光源挡位加 3
```

上面定义的红外发射控制数组有光挡加 1、光档加 2 和光挡加 3，智能路灯光挡控制函数 Light_Gear()，代码如下：

```
1.  void Light_Gear(u8 temp)   //temp=1，即光挡加 1；temp=2，即光挡加 2；temp=3，即光挡
加 3
2.  {
3.      if(temp==1)
4.      {
5.          Transmition(H_1,4);  //H_1 是光挡加 1 的红外发射控制数组，4 个字节
6.      }
7.      else if(temp==2)
8.      {
9.          Transmition(H_2,4);  //H_2 是光挡加 2 的红外发射控制数组，4 个字节
10.     }
11.     else if(temp==3)
12.     {
13.         Transmition(H_3,4);  //H_3 是光挡加 3 的红外发射控制数组，4 个字节
14.     }
15.     delay_ms(1000);
16. }
```

4. 任务实施

控制智能路灯标志物的具体操作步骤如下：

(1) 调节电位器RW2，使ICL7555定时器的载波频率为38 kHz。

(2) 配置红外输出控制引脚PF11，并编写红外时序逻辑，发送指定控制命令帧。

(3) 智能路灯标志物接收到红外命令后，通过比对确认是挡位+1还是挡位+2或挡位+3命令，从而调整标志物灯光亮度。

任务25　控制报警器标志物

一、任务描述

编写模拟红外通信时序并通过配置STM32微控制器的GPIO口，来控制红外发射电路发送红外信号，从而对报警器进行控制。

二、任务分析

利用红外发射电路发出红外信号，按照红外通信时序编写模拟时序，实现对报警器的开启。

三、实现方法

1. 红外发射电路与红外通信时序设计

任务板上的红外发射电路与红外通信时序设计可参考任务24中的描述。

2. 红外发射报警器的控制程序设计

报警器打开函数Alarm_Open()，代码如下：

```
1.   static u8 HW_K[6]={0x03,0x05,0x14,0x45,0xDE,0x92}; //报警器打开
2.   static u8 HW_G[6]={0x67,0x34,0x78,0xA2,0xFD,0x27}; //报警器关闭
3.
4.   void Alarm_Open(void)
5.   {
6.     Transmition(HW_K,6);   //HW_K 是打开烽火台报警的红外发射控制数组
7.     delay_ms(200);
8.   }
```

3. 任务实施

控制报警器标志物开启的具体操作步骤如下：

(1) 调节电位器RW2，使ICL7555定时器的载波频率为38 kHz。

(2) 程序逻辑并开启报警器。

任务26　控制立体显示器标志物

一、任务描述

编写模拟红外通信时序，并通过配置STM32微控制器的GPIO口，来控制红外发射电路，从而对立体显示标志物进行控制。

二、任务分析

利用红外发射电路发出红外信号，按照红外通信时序编写模拟时序，在掌握立体显示标志物的通信协议基础上实现对立体显示标志物的控制功能。

三、实现方法

1. 红外发射电路与红外通信时序

任务板上的红外发射电路与红外通信时序设计可参考任务24中的描述。

2. 立体显示标志物的控制程序设计

在红外控制的标志物中，只有立体显示标志物与主车有通信协议。根据固定的通信协议，完成立体显示标志物显示车牌号信息的程序设计。显示其他的信息，可以参考显示车牌号的程序来完成。

1) 主车向立体显示标志物发送命令的数据结构

主车向立体显示标志物发送命令的数据结构，其命令的数据结构共有6个字节，如表13-3所示。

表13-3　主车向立体显示标志物发送命令的数据结构

0xFF	0xXX	0xXX	0xXX	0xXX	0xXX
起始位	模式	数据[1]	数据[2]	数据[3]	数据[4]

数据结构由6个字节组成：第一个字节为起始位(0xFF)，固定不变；第二个字节为模式编号；第三个字节至第六个字节为可变数据。

(1) 立体显示标志物的模式。立体显示标志物的模式编号如表13-4所示。

表13-4　立体显示标志物模式编号

模式编号	模 式 说 明
0x20	接收前四位车牌信息模式
0x10	接收后两位车牌信息与两位坐标信息模式并显示
0x11	显示距离模式
0x12	显示图形模式
0x13	显示颜色模式
0x14	显示路况模式
0x15	显示默认模式

(2) 车牌显示模式的数据。车牌显示模式的数据说明如表 13-5 所示。

表 13-5　车牌显示模式的数据说明

模式	数据[1]	数据[2]	数据[3]	数据[4]
0x20	车牌[1]	车牌[2]	车牌[3]	车牌[4]
0x10	车牌[5]	车牌[6]	横坐标	纵坐标

说明：在车牌显示模式下，车牌信息包括 6 个车牌字符和在地图上某个位置的坐标，共 8 个字符(注意：车牌信息格式为字符串格式)。

(3) 距离显示模式的数据。距离显示模式的数据说明如表 13-6 所示。

表 13-6　距离显示模式的数据说明

模式	数据[1]	数据[2]	数据[3]	数据[4]
0x11	距离十位	距离个位	0x00	0x00

说明：在距离显示模式下，数据[1]和数据[2]为需要显示的距离信息(注意：距离显示格式为十进制)。其余位为 0x00，保留不用。

2) 显示车牌号信息的程序设计

立体显示标志物显示车牌号信息函数 Stereo_Display()，代码如下：

```
1.  void Stereo_Display(u8 *spin)     //车牌信息格式为字符串格式，spin 是指针变量
2.  {
3.    u8 temp[6];
4.    temp[0]=0xff;      //起始位 0xff，固定不变
5.    temp[1]=0x20;      //模式为 0x20，接收车牌号的前 4 位
6.    temp[2]=spin[0];   //数据[1]
7.    temp[3]=spin[1];   //数据[2]
8.    temp[4]=spin[2];   //数据[3]
9.    temp[5]=spin[3];   //数据[4]
10.   Transmition(temp,6); //红外发射 1 发送以上 6 个字节数据到立体显示标志物
11.   delay_ms(1000);
12.   temp[1]=0x10;      //模式为 0x10，接收车牌号的后 2 位、2 位坐标、并显示
13.   temp[2]=spin[4];   //数据[5]
14.   temp[3]=spin[5];   //数据[6]
15.   temp[4]=spin[6];   //横坐标
16.   temp[5]=spin[7];   //纵坐标
17.   Transmition(temp,6); //红外发射 2，发送以上 6 个字节数据到立体显示标志物
18.   delay_ms(1000);
19. }
```

假设，发送给立体显示标志物显示的车牌信息是 BJ2089F4，其中车牌号是 BJ2089、坐标是 F4。完成显示车牌号信息的代码如下：

```
1.    u8 STRING[]="BJ2089F4";          //车牌号是 BJ2089、坐标是 F4
2.    Stereo_Display(STRING);          //把车牌号信息发射给立体显示标志物
```

3. 任务实施

控制立体显示标志物的具体操作步骤如下：

(1) 调节电位器 RW2，使 555 定时器的载波频率为 38 kHz。

(2) 写程序逻辑并控制立体显示标志物显示指定信息。

任务 27　控制 LCD 显示器标志物

一、任务描述

按照模拟红外通信时序，通过配置 STM32 微控制器的 GPIO 口，控制红外发射电路，从而对 LCD 显示标志物进行控制。

二、任务分析

利用红外发射电路发出红外信号，按照红外通信时序编写模拟时序，在掌握 LCD 显示标志物的通信协议基础上实现对 LCD 显示标志物的控制功能。

三、实现方法

1. 红外发射电路与红外通信时序

任务板上的红外发射电路与红外通信时序设计可参考任务 24 中的描述。

2. LCD 相册上翻程序设计

LCD 相册上翻函数 LCD_Upturn()，代码如下：

```
1.    static u8 H_S[4]={0x80,0x7F,0x05,~(0x05)};  //照片上翻
2.
3.    void LCD_Upturn(void)
4.    {
5.      Transmition(H_S,6);     //H_S 是 LCD 相册上翻的红外发射控制数组
6.      delay_ms(1000);
7.    }
```

3. LCD 相册下翻程序设计

LCD 相册下翻函数 LCD_Downturn()，代码如下：

```
1.  static u8 H_X[4]={0x80,0x7F,0x1B,～(0x1B)};     //照片下翻
2.
3.  void LCD_Downturn(void)                          //相册下翻
4.  {
5.      Transmition(H_X,6);                          //H_X 是 LCD 相册下翻的红外发射控制数组
6.      delay_ms(1000);
7.  }
```

4. 任务实施

控制 LCD 显示标志物的具体操作步骤如下：

(1) 调节电位器 RW2，使 555 定时器的载波频率为 38 kHz。

(2) 编写程序逻辑并控制 LCD 显示标志物进行上下翻页。

当智能车按照任务书要求行进到某固定位置时，执行对 LCD 显示标志物的操作。

RFID 技术应用

14.1 RFID 技术

14.1.1 RFID 技术概述

射频识别即 RFID(Radio Frequency Identification)技术，又称电子标签、无线射频识别，是一种通信技术，可通过无线电信号识别特定目标并读写相关数据，而无需识别系统与特定目标之间建立机械或光学接触。

RFID 技术的基本工作原理并不复杂。当标签进入磁场后，接收解读器发出的射频信号，凭借感应电流所获得的能量发送出存储在芯片中的产品信息(Passive Tag，无源标签或被动标签)，或者由标签主动发送某一频率的信号(Active Tag，有源标签或主动标签)，解读器读取信息并解码后，送至中央信息系统进行有关数据处理。

一套完整的 RFID 系统，是由阅读器(Reader)、电子标签(TAG)——应答器(Transponder)及应用软件系统三个部分组成的，其工作原理是 Reader 发射一特定频率的无线电波能量给 Transponder，用以驱动 Transponder 电路将内部的数据送出，此时 Reader 便依序接收解读数据，送给应用程序做相应的处理。以 RFID 卡片阅读器及电子标签之间的通信及能量感应方式来看大致上可以分成感应耦合(Inductive Coupling)及后向散射耦合(Backscatter Coupling)两种。一般低频的 RFID 大都采用第一种，而较高频大多采用第二种。阅读器根据使用的结构和技术不同可以是读或读/写装置，是 RFID 系统信息控制和处理中心。阅读器通常由耦合模块、收发模块、控制模块和接口单元组成。阅读器和应答器之间一般采用半双工通信方式进行信息交换，同时阅读器通过耦合给无源应答器提供能量和时序。在实际应用中，可进一步通过 Ethernet 或 WLAN 等实现对物体识别信息的采集、处理及远程传送等管理功能。应答器是 RFID 系统的信息载体，目前应答器大多是由耦合原件(线圈、微带天线等)和微芯片组成无源单元。

14.1.2 RFID 卡容量与存储结构

本项目使用的是 Mifare S50 RFID 卡，其容量为 8 kb，共 16 个扇区，每个扇区为 4

个数据块(块 0、块 1、块 2、块 3)组成，每个数据块 16 个字节，以块为存取单位(通常也将 16 个扇区的 64 个块按绝对地址编号为 0～63，存储结构如表 14-1 所示。每个扇区有独立的一组密码及访问控制；每张卡有唯一序列号，为 32 位；具有防冲突机制，支持多卡操作；无电源，自带天线，内含加密控制逻辑和通信逻辑电路；数据保存期为 10 年，可改写 10 万次，读无限次；工作温度为–20℃～50℃(湿度为 90%)；工作频率为 13.56 MHz；读写距离为 10 cm 以内(与读写器有关)。

表 14-1 IC 卡存储结构

扇区 0	块 0		数据块	0
	块 1		数据块	1
	块 2		数据块	2
	块 3	密码 A 存取控制 密码 B	控制块	3
扇区 1	块 0		数据块	4
	块 1		数据块	5
	块 2		数据块	6
	块 3	密码 A 存取控制 密码 B	控制块	7
…	…	…	…	…
扇区 15	0		数据块	60
	1		数据块	61
	2		数据块	62
	3	密码 A 存取控制 密码 B	控制块	63

第 0 扇区的块 0(即绝对地址 0 块)，它用于存放厂商等代码，已经固化，不可更改。每个扇区的块 0、块 1、块 2 为数据块，可用于存储数据。数据块可作两种应用：

(1) 用作一般的数据保存，可以进行读、写操作。

(2) 用作数据值，可以进行初始化值、加值、减值、读值操作。

每个扇区的块 3 为控制块，包括了密码 A、存取控制、密码 B。具体结构如表 14-2 所示。

表 14-2 RFID 控制块内容

A0 A1 A2 A3 A4 A5	FF 07 80 69	B0 B1 B2 B3 B4 B5
密码 A(6 字节)	存取控制(4 字节)	密码 B(6 字节)

14.2 非接触式 IC 卡与 MFRC522 读卡器

14.2.1 非接触 IC 卡的组成与分类

非接触式 IC 卡又称射频卡，由 IC 芯片、感应天线组成，封装在一个标准的 PVC 卡片内，它成功地将射频识别技术和 IC 卡技术结合起来，是电子器件领域的一大突破。卡片在一定距离范围(通常为 5 cm～10 cm)靠近读写器表面，通过无线电波的传递来完成数据的读写操作。

非接触式 IC 卡又可分为射频加密式 IC 卡、射频储存 IC 卡与射频 CPU 卡三大类。

(1) 射频加密式 IC 卡(RF ID)：又称为 ID 卡，射频卡的信息存取是通过无线电波来完成的。主机和射频之间没有机械接触点，例如 HID、INDARA、TI、EM 等。

(2) 射频储存卡(RF IC)：通常称为非接触 IC 卡，射频储存卡也是通过无线电来存取信息。它是在存储卡基础上增加了射频收发电路，例如 MIFARE ONE。

(3) 射频 CPU 卡(RF CPU)：通常称为有源卡，是在 CPU 卡的基础上增加了射频收发电路。CPU 卡拥有自己的操作系统 COS，才称得上是真正的智能卡。

14.2.2 非接触 IC 卡的原理

射频读写器向 IC 卡发一组固定频率的电磁波，卡片内有一个 LC 串联谐振电路，其频率与读写器发射的频率相同，这样在电磁波的激励下，LC 谐振电路产生共振，从而使电容内有了电荷；在这个电荷的另一端，接有一个单向导通的电子泵，将电容内的电荷送到另一个电容内存储，当所积累的电荷达到 2 V 时，此电容可作为电源为其他电路提供工作电压，将卡内数据发射出去或接受读写器的数据。

发射原理：非接触性 IC 卡与读卡器之间通过无线电波来完成读写操作。二者之间的通信频率为 13.56 MHz。非接触 IC 卡本身是无源卡，当读写器对卡进行读写操作时，读写器发出的信号由两部分叠加组成：一部分是电源信号，该信号由卡接收后，与本身的 L/C 产生一个瞬间能量来供给芯片工作；另一部分则是指令和数据信号，指挥芯片完成数据的读取、修改、储存等，并返回信号给读写器，完成一次读写操作。读写器则一般由单片机、专用智能模块和天线组成，并配有与 PC 的通信接口、打印口、I/O 口等，以便应用于不同的领域。

由于非接触 IC 卡在通信时，其读写器是通过无线电射频来传输数据，所以其双方必须要遵守完全相同的通信协议标准才能达到正常的通信要求。国内常用的非接触 IC 卡标准协议为 ISO14443A、ISO14443B、ISO15693 等。

14.2.3 MFRC522 读卡器

MFRC522 是应用于 13.56 MHz 非接触式通信中高集成度读写卡系列芯片中的一员，是 NXP 公司针对“三表”应用推出的一款低电压、低成本、体积小的非接触式读写卡芯片。

MFRC522 利用了先进的调制和解调概念，完全集成了在 13.56 MHz 下所有类型的被动非接触式通信方式和协议，支持 ISO14443A 的多层应用。其内部发送器部分可驱动读写器天线与 ISO 14443A/MIFARE 卡和应答机的通信，无需其他的电路。接收器部分提供一个坚固而有效的解调和解码电路，用于处理 ISO14443A 兼容的应答器信号，数字部分处理 ISO14443A 帧和错误检测(奇偶&CRC)。此外，它还支持快速 CRYPTO1 加密算法，用于验证 MIFARE 系列产品。

MFRC522 支持可直接相连的各种微控制器接口类型，如 SPI、I^2C 和串行 UART。MFRC522 可复位其接口，并可对执行了上电或硬复位的当前微控制器接口的类型进行自动检测。它通过复位阶段后控制管脚上的逻辑电平来识别微控制器接口，每种接口有固定管脚的连接组合。

MFRC522 读卡器在默认情况下传输速率为 9.6 kb/s，若需要修改传输速率，可参考 MFRC522 的数据手册重新配置 SerialSpeedReg 寄存器。在通信时，UART 的帧格式为：1 位起始位、8 位数据位(先发 LSB 位)、无奇偶校验位、1 位停止位。

在读 MFRC522 地址的数据时，通过图 14-1 所示时序读出。

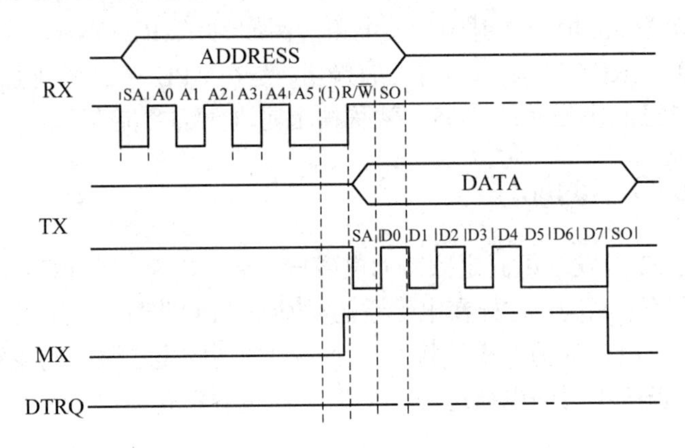

图 14-1　读数据示意图

通过 MCU 对 MFRC522 读卡器写入一个地址，然后 MFRC522 读卡器接收到以后，会回复一个字节(地址数据)，且 MFRC522 读卡器在回复字节时，会将 MX 的电平拉高(MX 引脚对于 MFRC522 而言是一个输出端口)，此时完成一次数据传输。

在写 MFRC522 地址的数据时，通过图 14-2 时序写入。

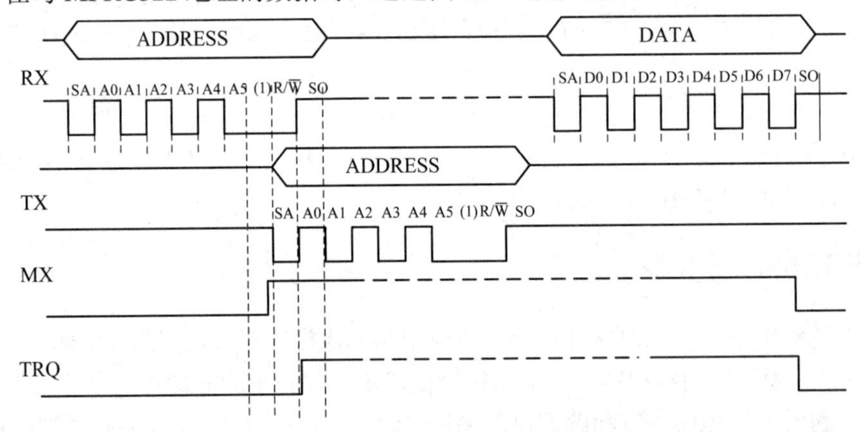

图 14-2　写数据示意图

通过 MCU 对 MFRC522 读卡器写入一个地址，然后 MFRC522 读卡器会回复一个同样的字节(和发送的地址数据一致)，且 MFRC522 读卡器在回复字节时，会将 MX 的电平拉高，并在拉高的同时，在下一个位时，MCU 会将 DTRQ 端口电平拉高，保持接收状态。接收完成后，MCU 再发送需要写入的值(一个字节)，此时完成一次数据传输。

当 MCU 与 MFRC522 的通信搭建好之后，接下来需要做的是发送具体的参数进行配置 MFRC522 读卡器，这个配置过程较为简单，NXP 公司也提供了初始化例程，简单移植即可，在此不再赘述。详细的配置含义可参考数据手册进行分析学习。

在写入、读出时，还需要经过寻卡、防冲撞、选定卡片、验证卡片密码等步骤才能实现读卡和写卡功能。

(1) 寻卡：第一种是寻感应区内所有符合 14443A 标准的卡，也可以说成寻天线区内的全部的卡；第二种是寻未进入休眠状态的卡。

(2) 防冲撞：在多张 IC 卡中选出唯一的一张卡片进行读写操作。

(3) 选定卡片：确认卡片，检测 IC 卡是否还在感应区。

(4) 验证卡片密码：通常验证 A 密钥，A 密钥是供用户读写操作的，利用 A 密钥可对除 0 区外的其他所有扇区块进行读写操作；B 密钥通常是不可操作的，用于逻辑加密、算法加密，同时密钥也是不可见的。

通过完成上述步骤，即可进行对卡片的读取和写入。

任务 28　RFID 卡读写操作

一、任务描述

利用 RFID 读卡器的驱动程序，利用 MCU 的串口通信与 RC522 进行数据交互，实现对 13.56 MHz 的 IC 卡进行读写操作。

二、任务分析

要完成 RFID 卡读写操作任务，必须了解 RFID 射频识别技术，掌握 RFID 的存储结构以及 RC522 的读写原理。

三、实现方法

1. RFID 程序说明

在综合例程中，Readcard_daivce_Init()函数为 RFID 初始化函数，如下所示：

```
1.   void Readcard_daivce_Init(void)
2.   {
3.     RC522_Uart_init(9600);          //串口初始化为 9600
4.     delay_ms(500);
5.     InitRc522();                    //读卡器初始化
6.   }
```

RFID 初始化函数主要包含 RC522_Uart_init()和 InitRc522()两个函数。InitRc522()函数为 RFID 的初始化函数，主要是对 RC522 读卡芯片的设置，由厂家提供，同时也有详细的说明文档，在此不再阐述。RC522_Uart_init()函数如下：

```
1.   void RC522_Uart_init(u32 baudrate)
```

```
2.    {
3.      GPIO_InitTypeDef  GPIO_TypeDefStructure;
4.      USART_InitTypeDef USART_TypeDefStructure;
5.
6.      RCC_AHB1PeriphClockCmd(RCC_AHB1Periph_GPIOA,ENABLE);
7.      RCC_APB2PeriphClockCmd(RCC_APB2Periph_USART1,ENABLE);
8.
9.      GPIO_PinAFConfig(GPIOA,GPIO_PinSource9,GPIO_AF_USART1);
10.     GPIO_PinAFConfig(GPIOA,GPIO_PinSource10,GPIO_AF_USART1);
11.
12.      //PA9-Tx
13.     GPIO_TypeDefStructure.GPIO_Pin = GPIO_Pin_9|GPIO_Pin_10;
14.     GPIO_TypeDefStructure.GPIO_Mode = GPIO_Mode_AF;          //复用功能
15.     GPIO_TypeDefStructure.GPIO_OType = GPIO_OType_PP;        //推挽输出
16.     GPIO_TypeDefStructure.GPIO_PuPd = GPIO_PuPd_UP;          //上拉
17.     GPIO_TypeDefStructure.GPIO_Speed = GPIO_Speed_100MHz;
18.     GPIO_Init(GPIOA,&GPIO_TypeDefStructure);
19.
20.    USART_TypeDefStructure.USART_BaudRate = baudrate;         //波特率
21.     USART_TypeDefStructure.USART_HardwareFlowControl =
22.                         USART_HardwareFlowControl_None;       //无硬件控制流
23.     USART_TypeDefStructure.USART_Mode = USART_Mode_Tx|USART_Mode_Rx;
                                                                  //接收发送模式
24.
25.     USART_TypeDefStructure.USART_Parity= USART_Parity_No;               //无校验位
26.      USART_TypeDefStructure.USART_StopBits=USART_StopBits_1;            //停止位 1
27.     USART_TypeDefStructure.USART_WordLength = USART_WordLength_8b; //数据位 8
28.     USART_Init(USART1,&USART_TypeDefStructure);
29.
30.    USART_Cmd(USART1, ENABLE);                                //使能串口
31.
32.     Rc522_LinkFlag = 0;
33.   }
```

可以看出，MCU 与 RC522 读卡器连接的端口初始化，使用的串口 1 通信，未开启中断。在数据发送、接收中是通过查询法实现的，具体如下：

```
1.    short WriteRawRC_HDL(unsigned char Address, unsigned char value)
2.    {
3.      unsigned char EchoByte;
```

```
4.      short status;
5.      uint8_t e = 3;
6.
7.      Address &= 0x3f;                    //起始地址字节
8.      for(e = 0; e<3; e++)
9.      {
10.         Send_data(Address);
11.         status = Rece_data(&EchoByte, 10000);
12.         if(status == STATUS_SUCCESS)
13.         {
14.             if(Address == EchoByte)
15.             {
16.                 Send_data(value);
17.                 break;
18.             }
19.             else
20.             {
21.                 status = STARUS_ADDR_RERR;
22.             }
23.         }
24.     }
25.     return status;
26. }
```

Rece_data()为串口接收函数，代码如下：

```
1.  short Rece_data(unsigned char *ch, unsigned int WaitTime)
2.  {
3.      uint32_t tt;
4.      tt = gt_get() + WaitTime/2000;
5.      while(gt_get_sub(tt))
6.      {
7.          if(USART1->SR & USART_FLAG_RXNE)
8.          {
9.              *ch = (uint8_t)USART_ReceiveData(USART1);
10.             return STATUS_SUCCESS;
11.         }
12.     }
13.     Rc522_LinkFlag = 0;
14.     return STATUS_IO_TIMEOUT;
```

```
15.  }
```

Send_data()为串口发送函数，示例如下：

```
1.   void Send_data(unsigned char ch)
2.   {
3.     USART1->SR;
4.     while((USART1->SR & USART_FLAG_TXE) == SET)
5.     { ; }
6.     USART_SendData(USART1,ch);
7.     while(USART_GetFlagStatus(USART1,USART_FLAG_TC) != SET)
8.     { ; }
9.   }
```

在主函数中增加初始化成功与否的判断：

```
1.   if(gt_get_sub(RFID_Init_Check_times) == 0)     //RFID 初始化检测
2.   {
3.     RFID_Init_Check_times =  gt_get() + 200;
4.     if(Rc522_GetLinkFlag() == 0)
5.     {
6.       Readcard_daivce_Init();
7.       MP_SPK = !MP_SPK;
8.     } else {
9.       Rc522_LinkTest();
10.    }
11.  }
```

若 RFID 硬件连接故障或上电未能成功初始化，则在上述函数中不可实现监测功能。

2. 任务实施

RFID 卡读写的具体读写操作步骤如下：

(1) 编写 RC522 的驱动程序。

(2) 配置 MCU 的片上串口。

任务 29　小车自动检测与识别 RFID 卡

一、任务描述

在赛道上指定的路段放入 RIFD 卡片，且卡片的位置会在该路段的任意位置，通过主车下方的 RFID 读卡器在指定路段进行 RFID 的寻卡任务，并对 RFID 卡片的内容进行读操作。

二、任务分析

要完成小车自动检测与识别 RFID 卡片的任务，必须熟悉 RFID 卡的读写操作方法，再按照主车行进的控制方法，完成自动寻卡读卡任务。

三、实现方法

1. 寻卡

当主车行驶在指定路段上时，调用寻卡函数 PcdRequest()即可。当该函数返回“0”时，说明已经寻到卡，对应的主车停止行进即可。

寻卡时需注意，当停止行进后，需要判断此时主车所停留的位置，如图 14-3 所示。若规定路段为 AC，则 RFID 卡片可以出现在 A 点、B 点、C 点、AB 之间和 BC 之间。

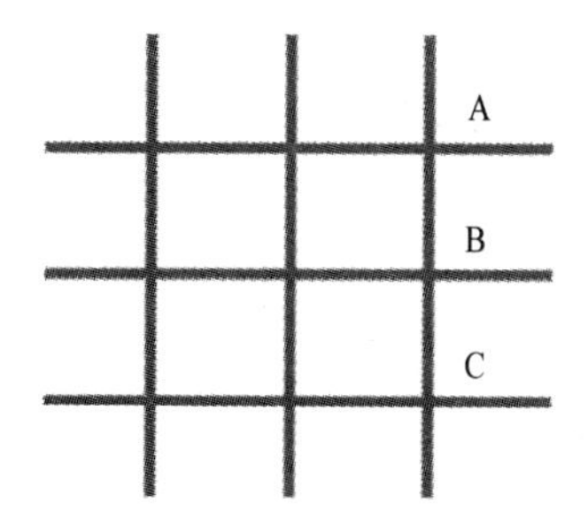

图 14-3　RFID 卡片的位置图

由于白卡放在路段上时，会遮挡住原有的黑色循迹线，当主车行驶在 A 点、B 点、C 点、AB 之间和 BC 之间时，白卡都会影响主车对路况的判断，此时需要在路况判断条件中添加对应的状态监测，来避免主车路况判断出错的情况。

添加路况判断后，即可完成寻卡任务。

2. 读卡

当主车行驶在指定路段上时，寻到卡后，再进行防冲撞、选定卡片、验证卡片密码，即可进行读卡操作。

(1) 防冲撞：在多张 IC 卡中选出唯一的一张卡片进行读写操作。

(2) 选定卡片：确认卡片，检测 IC 卡是否还在感应区。

(3) 验证卡片密码：通常验证 A 密钥，A 密钥是供用户读写操作的，利用 A 密钥可对除 0 区外的其他所有扇区块进行读写操作；B 密钥通常是不可操作的，用于逻辑加密、算法加密，同时密钥通常也是不可见的。

3. 任务实施

编写程序逻辑并在规定的路段进行 RFID 的读写操作。

ZigBee 无线通信与控制

15.1 ZigBee 无线通信模块工作原理

15.1.1 ZigBee 无线通信模块

ZigBee 是一种基于标准的远程监控、控制和传感器网络应用技术。围绕 ZigBee 芯片技术推出的外围电路，称之为“ZigBee 模块”，为满足人们对支持低速率、低功耗、安全性、可靠性、经济高效的标准型无线网络解决方案的需求，ZigBee 标准应运而生。常见的 ZigBee 模块都是遵循 IEEE 802.15.4 的国际标准，并且运行在 2.4 GHz 的频段上。另外，欧洲的标准是 868 MHz、北美是 915 MHz。ZigBee 模块的核心市场是消费类电子产品、能源管理和效率、医疗保健、家庭自动化、电信服务、楼宇自动化以及工业自动化。

15.1.2 ZigBee 工作原理

ZigBee 无线通信模块上有独立的控制器，其型号为 CC2530。CC2530 结合了领先的 RF 收发器的优良性能，采用业界标准的增强型 8051 CPU、系统内可编程闪存和 8 KB RAM，保证了其拥有许多强大的功能。其引脚分布及其说明如图 15-1 和表 15-1 所示。

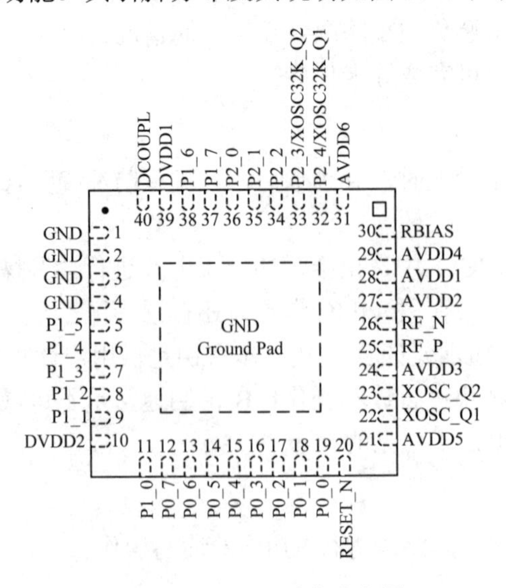

图 15-1 CC2530 引脚分布图

表 15-1　CC2530 引脚说明

引脚名称	引脚	引脚类型	描　　述
AVDD1	28	电源(模拟)	2 V～3.6 V 模拟电源连接
AVDD2	27	电源(模拟)	2 V～3.6 V 模拟电源连接
AVDD3	24	电源(模拟)	2 V～3.6 V 模拟电源连接
AVDD4	29	电源(模拟)	2 V～3.6 V 模拟电源连接
AVDD5	21	电源(模拟)	2 V～3.6 V 模拟电源连接
AVDD6	31	电源(模拟)	2 V～3.6 V 模拟电源连接
DCOUPL	40	电源(数字)	1.8 V 数字电源去耦。不使用外部电路供应
DVDD1	39	电源(数字)	2 V～5 V 数字电源连接
DVDD2	10	电源(数字)	2 V～5 V 数字电源连接
GND	—	接地	接地衬垫必须连接到一个坚固的接地面
GND	—	1，2，3，4	未使用的引脚连接到 GND
P0_0	19	数字 I/O	端口 0.0
P0_1	18	数字 I/O	端口 0.1
P0_2	17	数字 I/O	端口 0.2
P0_3	16	数字 I/O	端口 0.3
P0_4	15	数字 I/O	端口 0.4
P0_5	14	数字 I/O	端口 0.5
P0_6	13	数字 I/O	端口 0.6
P0_7	12	数字 I/O	端口 0.7
P1_0	11	数字 I/O	端口 1.0
P1_1	9	数字 I/O	端口 1.1
P1_2	8	数字 I/O	端口 1.2
P1_3	7	数字 I/O	端口 1.3
P1_4	6	数字 I/O	端口 1.4
P1_5	5	数字 I/O	端口 1.5
P1_6	38	数字 I/O	端口 1.6
P1_7	37	数字 I/O	端口 1.7
P2_0	36	数字 I/O	端口 2.0
P2_1	35	数字 I/O	端口 2.1
P2_2	34	数字 I/O	端口 2.2
P2_3	33	数字 I/O	模拟端口 2.3/32.768 kHz XOSC
P2_4	32	数字 I/O	模拟端口 2.4/32.768 kHz XOSC
RBIAS	30	模拟 I/O	参考电流的外部精密偏置电阻
RESET_N	20	数字输入	复位，低电平有效
RF_N	26	RF I/O	RX 期间负 RF 输入信号到 LNA
RF_P	25	RF I/O	RX 期间正 RF 输入信号到 LNA
XOSC_Q1	22	模拟 I/O	32 MHz 晶振引脚 1 或外部时钟输入
XOSC_Q2	23	模拟 I/O	32 MHz 晶振引脚 2

CC253x 芯片系列中使用的 8051 CPU 内核是一个单周期的 8051 兼容内核。它有 3 种不同的内存访问总线(SFR、DATA 和 CODE/XDATA)，单周期访问 SFR、DATA 和主 SRAM。它还包括一个调试接口和一个 18 输入扩展中断单元。

中断控制器总共提供了 18 个中断源，分为 6 个中断组，每个与 4 个中断优先级之一相关。当设备从活动模式回到空闲模式时，任一中断服务请求就被激发。一些中断还可以从睡眠模式(供电模式 1～3)唤醒设备。

此外，USART 0 和 USART 1 若被配置为一个 SPI 主/从或一个 UART，该系统将会为 RX 和 TX 提供双缓冲以及硬件流控制，因此非常适合于高吞吐量的全双工应用，并且每个都有自己的高精度波特率发生器。

CC2530 具有一个 IEEE 802.15.4 兼容无线收发器，RF 内核控制模拟无线模块。只需通过对 RF 收发器的配置，即可建立起 ZigBee 局域无线网络，实现 ZigBee 通信。

在提供的资料中，ZigBee 无线通信模块上的微控制器程序已封装完成并以不同节点的 Hex 文件提供，可自行下载测试。

在使用过程中，ZigBee 无线通信模块是安放在通信显示板上的，而通信显示板上也有独立的微控制器(其型号为 STM32F103VCT6)。通信显示板如图 15-2 所示。

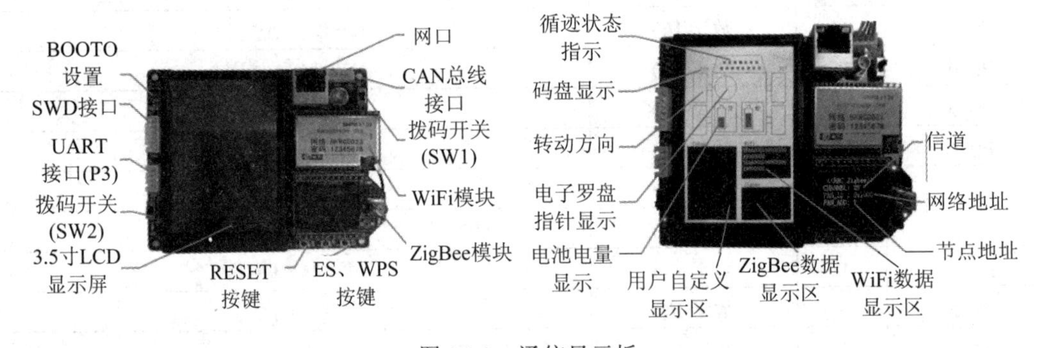

图 15-2　通信显示板

ZigBee 无线通信模块上的 CC2530 与通信显示板上微控制器的通信方式为串口通信，如图 15-3 所示，通过 CC2530 的 P0.2 和 P0.3 引脚与微控制器的 PD5 和 PD6 引脚相连，实现了串口通信。

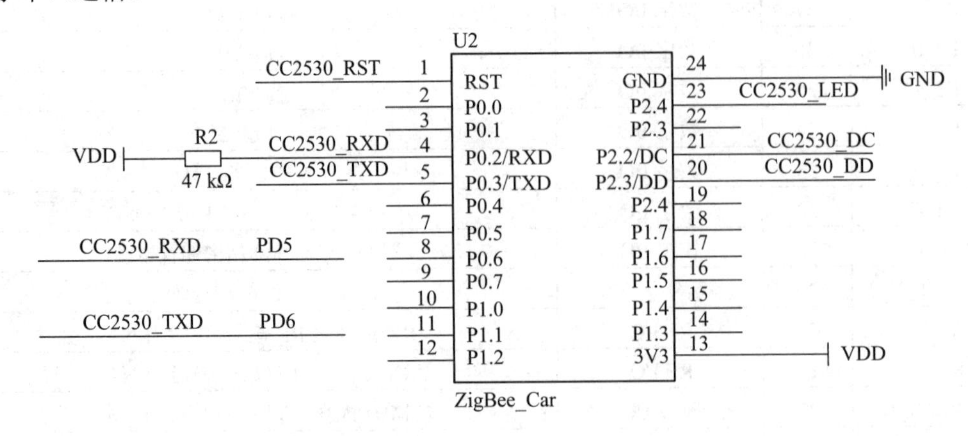

图 15-3　通信显示板原理图

目前，主车核心板上的微控制器可通过 CAN 总线的通信方式与通信显示板进行数据交互，间接与 ZigBee 无线通信模块进行数据交互，完成 ZigBee 无线通信。

15.2 ZigBee 无线通信模块发送与接收数据

15.2.1 ZigBee 数据发送原理

利用主车核心板上的微控制器 STM32F407IGT6 通过 CAN 总线的通信方式与通信显示板上的微控制器 STM32F103VCT6 进行数据交互，再由通信显示板上的微控制器将核心板传递的数据通过串口通信转发给 ZigBee 无线通信模块上的 CC2530，完成 ZigBee 的数据发送。

在提供的资料中，通信显示板和 ZigBee 无线通信模块上的微控制器程序已封装完成并以 Hex 文件提供，下载即可。

主车核心板需要通过 CAN 总线的通信方式完成 ZigBee 无线通信。在综合示例程序 2018Car_V2.3 中，已给出 CAN 总线的初始化函数 Hard_Can_Init()，可直接对 ZigBee 的数据进行处理(CAN 总线的配置方法可见上篇有关 CAN 总线配置的章节)。

在综合示例程序 2018Car_V2.3 的 CanP_HostCom.c 文件中，调用 void Send_ZigBeeData_To_Fifo(u8 *p, u8 len)函数即可发送 ZigBee 数据，*p 为需要发送的数据，len 为发送的长度。其函数如下：

```
1.   void Send_ZigBeeData_To_Fifo( u8 *p ,u8 len)
2.   {
3.           FifoDrv_BufWrite( &Fifo_ZigbTx , p , len);
4.   }
```

同时该函数又调用了 FifoDrv_BufWrite()函数，该函数如下：

```
1.   uint32_t FifoDrv_BufWrite(Fifo_Drv_Struct *p,uint8_t *buf,uint32_t l)
2.   {
3.           uint32_t Rt = 0;
4.           while(l--)
5.           {
6.                   if(FifoDrv_WriteOne(p,buf[Rt]) == 0)
7.                           break;
8.                   Rt++;
9.           }
10.          return Rt;
```

```
11. }
```

紧接着调用了 FifoDrv_WriteOne()函数，该函数如下：

```
1.  uint8_t FifoDrv_WriteOne(Fifo_Drv_Struct *p,uint8_t d)
2.  {
3.      uint8_t Rt = 0;
4.      if(FifoDrv_CheckWriteEn(p))
5.      {
6.              p->buf[p->wp++] = d;
7.              if(p->wp >= p->ml)
8.                  p->wp = 0;
9.              Rt = 1;
10.     }
11.         return Rt;
12. }
```

通过上述的 FifoDrv_BufWrite()函数和 FifoDrv_WriteOne()函数可以看出，最终将 Send_ZigBeeData_To_Fifo(u8 *p ,u8 len)函数的*p 数值经过处理赋值给了 Fifo_ZigbTx 数组。

Fifo_ZigbTx 数组最终是通过 CanP_CanTx_Check()函数中调用 CanDrv_TxData()函数才将数据发送出去。CanP_CanTx_Check()函数如下：

```
1.  void CanP_CanTx_Check(void)
2.  {
3.          uint8_t tmbox,i,f = 1;
4.          while(f)
5.          {
6.                  f = 0;
7.                  i = FifoDrv_BufRead(&Fifo_Info,ctbuf,8);           //调试信息
8.                  if(i)
9.                  {
10.                   CanDrv_WhaitTxEmpty();
11.                   CanDrv_TxData(ctbuf,i,CAN_SID_HL(ID_DISP,0),0,&tmbox);
12.                   f = 1;
13.                 }
14.                 i = FifoDrv_BufRead(&Fifo_WifiTx,ctbuf,8);         //WiFi 信息
15.                 if(i)
16.                 {
```

```
17.                     CanDrv_WhaitTxEmpty();
18.                     CanDrv_TxData(ctbuf,i,CAN_SID_HL(ID_WIFI,0),0,&tmbox);
19.                     f = 1;
20.                 }
21.
22.         i = FifoDrv_BufRead(&Fifo_ZigbTx,ctbuf,8);              //ZigBee 信息
23.             if(i)
24.             {
25.                 CanDrv_WhaitTxEmpty();
26.                 CanDrv_TxData(ctbuf,i,CAN_SID_HL(ID_ZIGBEE,0),0,&tmbox);
27.                 f = 1;
28.             }
29.     }
30. }
```

15.2.2 ZigBee 数据接收原理

ZigBee 无线通信模块上的 CC2530 接收到数据后，通过串口通信转发给通信显示板上的微控制器 STM32F103VCT6，然后，通信显示板上的微控制器 STM32F103VCT6 通过 CAN 总线的通信方式，将数据传递给主车核心板上的微控制器 STM32F407IGT6，完成 ZigBee 数据接收。

同样的，通信显示板和 ZigBee 无线通信模块上的微控制器程序已封装完成并以 Hex 文件提供，接收和发送为同一 Hex 文件，无需重复下载。

主车核心板需要通过 CAN 总线的通信方式完成 ZigBee 无线通信。在综合示例程序 2018Car_V2.3 中，已给出 CAN 总线的初始化函数，可直接对 ZigBee 的数据进行处理。

在综合示例程序 2018Car_V2.3 的 CanP_HostCom.c 文件中，调用 CAN 总线接收检测函数 CanP_CanRx_Check(void)，该函数如下：

```
1.  void CanP_CanRx_Check(void)
2.  {
3.      while(CanDrv_RxCheck())  //检测接收挂起邮箱不为空
4.      {
5.          CanP_CanRx_Irq(); //从挂起邮箱中获取消息，并向指定自定义 Fifo 中写入消息
6.      }
7.  }
```

从中调用了获取挂起邮箱中消息的函数 CanP_CanRx_Irq(void)，该函数如下：

```
1.  void CanP_CanRx_Irq(void)
2.  {
3.          CanDrv_RxGetMeesage(&crm);                          //获取挂起邮箱中消息
4.          switch(crm.FMI)                                     //判断消息邮箱索引
5.          {
6.          case 0:             //disp
7.            FifoDrv_BufWrite(&Fifo_Info,crm.Data,crm.DLC); //向 Fifo_Info 中写入消息
8.            break;
9.          case 1:             //wifi rx
10.           FifoDrv_BufWrite(&Fifo_WifiRx,crm.Data,crm.DLC); //向 Fifo_WifiRx 中写入
11.           break;
12.         case 2:             //ZigBee rx
13.           FifoDrv_BufWrite(&Fifo_ZigbRx,crm.Data,crm.DLC); //向 Fifo_ZigbRx 中写入
14.           break;
15.        default:
16.           if((crm.FMI >= 3)&&(crm.FMI <= 6))              //判断邮箱索引
17.                memcpy(crbuf[crm.FMI-3],crm.Data,8);       //向 crbuf 二维数组中写入数据
18.           break;
19.       }
20.       if(crm.FMI <= 6)
21.           CanP_RxFMI_Flag |= bit_tab[crm.FMI];            //统计邮箱索引号
22. }
```

可以看出，调用 CAN 总线接收检测函数 CanP_CanRx_Check(void)之后，是通过调用 CanP_CanRx_Irq(void)函数来获取 ZigBee 数据的，最终将获取的数据存入了 Fifo _ZigbRx 数组中。

任务 30　控制 LED 显示标志物

一、任务描述

通过 CAN 总线完成 STM32 与通信显示板上的 MCU 进行数据交互，同时利用通信显示板上的 MCU 控制 ZigBee 发送和接收通信指令，完成 LED 显示标志物的计时和显示功能。

二、任务分析

完成本任务时，需要了解 CAN 总线的通信协议与配置方法，并掌握 STM32 与通信显

示板 MCU 通过 CAN 总线进行数据交互的方法，利用通信显示板上的 MCU 控制 ZigBee 发送和接收通信指令，完成 LED 显示标志物的计时和显示功能。

CAN 总线通过接收固定的 ID(标识符)即可获取来自通信显示板上的数据，通信显示板 MCU 的数据包含了 ZigBee 的数据回传、WiFi 的数据回传等，同时也可以通过固定的协议控制 ZigBee 发送指令。

三、实现方法

本任务主要通过固定指令来控制 LED 显示标志物进行计时和显示固定字符。

1．通过 CAN 总线向 LED 显示标志物发送命令

通过 CAN 总线向 LED 显示标志物发送命令的数据结构如表 15-2 所示。

表 15-2　CAN 总线向 LED 显示标志物发送命令的数据结构

0X55	0X04	0Xxx	0Xxx	0Xxx	0Xxx	0Xxx	0XBB
包头		主指令	副指令			校验和	包尾

说明：本组数据由八个字节构成，包括两字节固定包头、一字节主指令、三字节副指令、一字节校验和及一字节包尾。

2．控制 LED 显示标志物主指令

控制 LED 显示标志物主指令说明如表 15-3 所示。

表 15-3　控制 LED 显示标志物主指令

主　指　令	指 令 说 明
0X01	数据写入第一排数码管
0X02	数据写入第二排数码管
0X03	LED 显示标志物进入计时模式
0X04	LED 显示标志物第二排显示距离

3．控制 LED 显示标志物主指令对应副指令

控制 LED 显示标志物主指令对应的副指令如表 15-4 所示。

表 15-4　控制 LED 显示标志物主指令对应的副指令

主指令	副　指　令		
0X01	数据[1]、数据[2]	数据[3]、数据[4]	数据[5]、数据[6]
0X02	数据[1]、数据[2]	数据[3]、数据[4]	数据[5]、数据[6]
0X03	0X00/0X01/0X02 (关闭/打开/清零)	0X00	0X00
0X04	0X00	0X0X	0XXX

说明：LED 显示标志物在第二排显示距离时，第二位和第三位副指令中的“X”代表要显示的距离值(注意：距离显示格式为十进制)。

通过上面的通信协议即可完成LED显示标志物的计时和显示，将数据封装成数组，调用 Send_ZigBeeData_To_Fifo()函数即可。Send_ZigBeeData_To_Fifo()函数如下：

```
1.  void Send_ZigBeeData_To_Fifo( u8 *p ,u8 len)
2.  {
3.          FifoDrv_BufWrite( &Fifo_ZigbTx , p , len);
4.  }
```

可以看出调用了 FifoDrv_BufWrite()函数，该函数如下：

```
1.  uint32_t FifoDrv_BufWrite(Fifo_Drv_Struct *p,uint8_t *buf,uint32_t l)
2.  {
3.      uint32_t Rt = 0;
4.      while(l--)
5.      {
6.          if(FifoDrv_WriteOne(p,buf[Rt]) == 0)
7.          break;
8.          Rt++;
9.      }
10.     return Rt;
11. }
```

紧接着调用了 FifoDrv_WriteOne()函数，该函数如下：

```
1.  uint8_t FifoDrv_WriteOne(Fifo_Drv_Struct *p,uint8_t d)
2.  {
3.      uint8_t Rt = 0;
4.      if(FifoDrv_CheckWriteEn(p))
5.      {
6.          p->buf[p->wp++] = d;
7.          if(p->wp >= p->ml)
8.              p->wp = 0;
9.          Rt = 1;
10.     }
11.     return Rt;
12. }
```

通过上述的 FifoDrv_BufWrite()函数和 FifoDrv_WriteOne()函数可以看出，最终将

Send_ZigBeeData_To_Fifo(u8 *p ,u8 len) 函数的 *p 数值经过处理赋值给了 Fifo_ZigbTx 数组。最后，通过 CanP_CanTx_Check()函数中调用 CanDrv_TxData()函数将数据发送出去。CanP_CanTx_Check()函数如下：

```
1.  void CanP_CanTx_Check(void)
2.  {
3.      uint8_t tmbox,i,f = 1;
4.      while(f)
5.      {
6.          f = 0;
7.          i = FifoDrv_BufRead(&Fifo_Info,ctbuf,8);          //调试信息
8.          if(i)
9.          {
10.             CanDrv_WhaitTxEmpty();
11.             CanDrv_TxData(ctbuf,i,CAN_SID_HL(ID_DISP,0),0,&tmbox);
12.             f = 1;
13.         }
14.         i = FifoDrv_BufRead(&Fifo_WifiTx,ctbuf,8);        //WiFi 信息
15.         if(i)
16.         {
17.             CanDrv_WhaitTxEmpty();
18.             CanDrv_TxData(ctbuf,i,CAN_SID_HL(ID_WIFI,0),0,&tmbox);
19.             f = 1;
20.         }
21.
22.         i = FifoDrv_BufRead(&Fifo_ZigbTx,ctbuf,8);        //ZigBee 信息
23.         if(i)
24.         {
25.             CanDrv_WhaitTxEmpty();
26.             CanDrv_TxData(ctbuf,i,CAN_SID_HL(ID_ZigBee,0),0,&tmbox);
27.             f = 1;
28.         }
29.     }
30. }
```

4．任务实施

编写程序逻辑并完成 LED 显示标志物显示计时功能和显示指定字符功能。

任务31　控制道闸标志物

一、任务描述

通过 CAN 总线完成 STM32 与通信显示板上的 MCU 进行数据交互，同时利用通信显示板上的 MCU 控制 ZigBee 发送和接收通信指令，完成道闸标志物的控制。

二、任务分析

要完成本任务，需要了解 CAN 总线的通信协议与配置方法，熟悉 STM32 与通信显示板 MCU 通过 CAN 总线进行数据交互的方法，并利用通信显示板上的 MCU 控制 ZigBee 发送和接收通信指令，完成道闸标志物的控制。

三、实现方法

CAN 总线通过接收固定的 ID(标识符)即可获取来自通信显示板上的数据，通信显示板 MCU 的数据包含了 ZigBee 的数据回传、WiFi 的数据回传等，同时，也可以通过固定的协议控制 ZigBee 发送指令。

本任务主要通过固定指令来控制道闸标志物的开启、关闭和显示车牌。

1．道闸标志物控制的数据结构

主车向道闸标志物发送命令的数据结构如表 15-5 所示。

表 15-5　主车向道闸标志物发送控制指令数据结构

包　头		主指令	副指令			效验和	包尾
0x55	0x03	0xXX	0xXX	0xXX	0xXX	0xXX	0xBB

说明：本组数据由八个字节构成，包括两字节固定包头、一字节主指令、三字节副指令、一字节校验和和一字节包尾。

主指令的数据结构如表 15-6 所示。

表 15-6　主指令数据结构说明

主指令	副指令[1]	副指令[2]	副指令[3]	说　明
0x01	0X01/0X02 (打开/关闭)	0X00	0X00	道闸闸门开关控制
0x10	0XXX	0XXX	0XXX	车牌前三位数据(ASCII)
0x11	0XXX	0XXX	0XXX	车牌后三位数据(ASCII)
0x20	0X01	0X00	0X00	道闸状态回传

说明：道闸控制可发送固定开启指令控制，同时当发送正确指令时也可开启。道闸状态需发送请求返回指令得到(不会自动回传)。

2．道闸标志物回传数据结构

道闸标志物向主车回传的数据结构如表 15-7 所示。

表 15-7　道闸标志物向主车回传数据结构

包　头		主指令	副　指　令			效验和	包尾
0X55	0X03	0X01	0X00	0XXX (闸门状态)	0X00	0XXX	0XBB

说明：道闸标志物回传的副指令结构中，副指令第二位为道闸门开关状态。

道闸标志物回传数据副指令的第二位说明如表 15-8 所示。

表 15-8　道闸标志物回传数据副指令第二位说明

副指令[1]	状 态 说 明
0X05	闸门已开启

通过上面的通信协议即可完成道闸标志物的控制，而将数据发送至 ZigBee 模块的函数是 Send_ZigBeeData_To_Fifo()函数，Send_ZigBeeData_To_Fifo()函数的定义和使用方法在前面任务中有详细的说明，在此不再赘述。

3．任务实施

编写程序逻辑完成打开、关闭道闸和显示车牌功能。

任务 32　控制无线充电标志物

一、任务描述

通过 CAN 总线完成 STM32 与通信显示板上的 MCU 进行数据交互，同时利用通信显示板上的 MCU 控制 ZigBee 发送和接收通信指令，完成无线充电标志物的控制。

二、任务分析

要完成本任务，需要了解 CAN 总线的通信协议与配置方法，熟悉 STM32 与通信显示板 MCU 通过 CAN 总线进行数据交互的方法，并利用通信显示板上的 MCU 控制 ZigBee 发送和接收通信指令，完成无线充电标志物的控制。

三、实现方法

本任务主要通过固定指令来控制无线充电标志物的开启和关闭。

1．主车向无线充电标志物发送命令数据结构

主车向无线充电标志物发送命令的数据结构如表 15-9 所示。

表 15-9　主车向无线充电标志物发送命令数据结构

0X55	0X0a	0X01	0X01/0X00 (打开/关闭)	0X00	0X00	0XXX	0XBB
包头		主指令	副指令			校验和	包尾

说明：本组数据由八个字节构成，包括两字节固定包头、一字节主指令、三字节副指令、一字节校验和及一字节包尾。主指令 0X01 代表控制无线充电标志物指令，第一位副指令 0X01 控制无线充电标志物打开，0X02 控制无线充电标志物关闭，后两位副指令保留不用。需要注意的是，该标志物瞬间启动电流比较大，所以这里只开放了开启命令，10 s 之后系统自动关闭。

通过上面的通信协议即可完成无线充电标志物的控制，而将数据发送至 ZigBee 模块的函数是 Send_ZigbeeData_To_Fifo()函数。Send_ZigbeeData_To_Fifo()函数的定义和使用方法在前面任务中有详细说明，在此不再赘述。

15-4　控制无线充电标志物训练

2．任务实施

编写程序逻辑并完成无线充电标志物的开启。

在程序设计过程中，可扫描二维码 15-4 进行参考和学习。

任务 33　控制语音播报标志物

一、任务描述

通过 CAN 总线完成 STM32 与通信显示板上的 MCU 进行数据交互，同时利用通信显示板上的 MCU 控制 ZigBee 发送和接收通信指令，完成无线充电标志物的播报控制。

二、任务分析

要完成本任务，需要了解 CAN 总线的通信协议与配置方法，熟悉 STM32 与通信显示板 MCU 通过 CAN 总线进行数据交互的方法，并利用通信显示板上的 MCU 控制 ZigBee 发送和接收通信指令，完成语音播报标志物的控制。

三、实现方法

本任务通过固定指令来控制语音播报标志物进行语音播报。

1．语音数据帧结构

语音数据帧结构如表 15-10 所示。

表 15-10 语音数据帧结构

帧头	数据区长度	数据区
0XFD	0XXX，0XXX	data

说明：所有语音控制命令都需要用“帧”的方式进行封装后传输。帧结构由帧头标志、数据区长度和数据区三部分组成。在本协议中为保证无线通信质量，规定每帧数据长度不超过 200 字节(包含帧头、数据区长度和数据)。

2．状态查询命令数据帧

状态查询命令数据帧如表 15-11 所示。

表 15-11 状态查询命令数据帧

帧头	数据区长度		数据区
0XFD	高字节	低字节	命令字
	0X00	0X01	0X21

说明：通过该命令获取相应参数，来判断 TTS 语音芯片是否处在合成状态，返回“0X4E”表明芯片仍在合成中，返回“0X4F”表明芯片处于空闲状态。

3．语音合成命令数据帧

语音合成命令数据帧如表 15-12 所示。

表 15-12 语音合成命令数据帧

帧头	数据区长度		数据区		
0XFD	高字节	低字节	命令字	文本编码格式	待合成文本
	0XHH	0XLL	0X01	0X00～0X03	…

文本编码格式如表 15-13 所示。

表 15-13 文本编码格式说明

文本编码格式说明		
1 B 表示文本的编码格式，取值为 0～3	取值参数	文本编码格式
	0X00	GB2312
	0X01	GBK
	0X02	BIG5
	0X03	UNICODE

特别说明：当语音芯片正在合成文本时，如果又接收到一帧有效的合成命令帧，芯片会立即停止当前正在合成的文本，转而合成新收到的文本。

4．停止合成语音命令数据帧

停止合成语音命令数据帧如表 15-14 所示。

表 15-14 停止合成语音命令数据帧

帧头	数据区长度		数据区
0XFD	高字节	低字节	命令字
	0X00	0X01	0X02

说明：命令字“0X02”为停止合成语音命令。

5．暂停合成语音命令数据帧

暂停合成语音命令数据帧如表 15-15 所示。

表 15-15　暂停合成语音命令数据帧

帧头	数据区长度		数据区
0XFD	高字节	低字节	命令字
	0X00	0X01	0X03

说明：命令字“0X03”为暂停合成语音命令。

6．恢复合成语音命令数据帧

恢复合成语音命令数据帧如表 15-16 所示。

表 15-16　恢复合成语音命令数据帧

帧头	数据区长度		数据区
0XFD	高字节	低字节	命令字
	0X00	0X01	0X04

说明：命令字“0X04”为恢复合成语音命令。

7．状态回传

语音芯片在上电初始化成功时会向上位机发送一个字节的“初始化成功”回传，初始化不成功时不发送此回传；在收到一个命令帧后会判断此命令帧正确与否，如果命令帧正确则返回“收到正确命令帧”回传，如果命令帧错误则返回“收到错误命令帧”回传；在收到状态查询命令时，如果芯片正处于合成状态则返回“芯片忙碌”回传，如果芯片处于空闲状态则返回“芯片空闲”回传。在一帧数据合成完毕后，会自动返回一次“芯片空闲”的回传。语音状态回传表如表 15-17 所示。

表 15-17　语音状态回传表

回传数据类型	回传数据	触 发 条 件
初始化成功	0X4A	芯片初始化成功
收到正确命令帧	0X41	收到正确的命令帧
收到错误命令帧	0X45	收到错误的命令帧
芯片忙碌	0X4E	收到“状态查询命令”，芯片处于合成文本状态回传 0X4E
芯片空闲	0X4F	当一帧数据合成完以后，芯片进入空闲状态回传 0X4F；当芯片收到“状态查询命令”，芯片处于空闲状态回传 0X4F

8．语音控制指令

语音控制指令如表 15-18 所示。

表 15-18　语音控制指令

0X55	0X06	0XXX	0XXX	0XXX	0XXX	0XXX	0XBB
包头		主指令	副指令			校验和	包尾

语音控制命令主指令如表 15-19 所示。

表 15-19　语音控制命令主指令说明

主指令	说　明
0X10	特定语音命令
0X20	随机语音命令

在主指令 0X10 下，第一副指令为特定语音命令编号，第二、三副指令保留为 0X00；在主指令 0X20 下，第一副指令为 0X01，表示开启随机语音命令，第二、三副指令保留为 0X00，如表 15-20 所示。

表 15-20　语音控制命令主指令对应副指令说明

主指令	副指令[1]	副指令[2]、[3]
0X10	0X01：语音唤醒词，如语音驾驶等，可修改	0X00
	0X02：语音控制命令→向右转弯	0X00
	0X03：语音控制命令→禁止右转	0X00
	0X04：语音控制命令→左侧行驶	0X00
	0X05：语音控制命令→左行被禁	0X00
	0X06：语音控制命令→原地掉头	0X00
0X20	0X01：随机语音命令，随机出现特定语音命令 2～6	0X00

通过上面的通信协议即可完成语音播报标志物的播报控制，而将数据发送至 ZigBee 模块的函数是 Send_ZigBeeData_To_Fifo()函数，Send_ ZigBeeData_To_Fifo()函数的定义和使用方法在前面任务中有详细说明，在此不再赘述。

9. 任务实施

编写程序逻辑并完成语音播报标志物的播报功能。

任务 34　控制 TFT 显示器标志物

一、任务描述

通过 CAN 总线完成 STM32 与通信显示板上的 MCU 进行数据交互，同时利用通信显示板上的 MCU 控制 ZigBee 发送和接收通信指令，完成 TFT 显示标志物的控制。

二、任务分析

要完成本任务，需要了解 CAN 总线的通信协议与配置方法，熟悉 STM32 与通信显示板 MCU 通过 CAN 总线进行数据交互的方法，并利用通信显示板上的 MCU 控制 ZigBee 发送和接收通信指令，完成 TFT 显示标志物的翻页和显示控制。

三、实现方法

本任务通过固定指令来完成 TFT 显示标志物显示车牌、距离和翻页等。

1. MCU 向智能 TFT 显示器标志物发送命令数据结构

MCU 向智能 TFT 显示器标志物发送命令的数据结构如表 15-21 所示。

表 15-21　MCU 向智能 TFT 显示器标志物发送命令的数据结构

0X55	0X0b	0XXX	0XXX	0XXX	0XXX	0XXX	0XBB
包头		主指令	副指令			校验和	包尾

说明：本组数据由八个字节构成，包括两字节固定包头、一字节主指令、三字节副指令、一字节校验和及一字节包尾。

2. 智能 TFT 显示器标志物控制主指令

智能 TFT 显示器标志物控制主指令如表 15-22 所示。

表 15-22　智能 TFT 显示器标志物控制主指令说明

主指令	说　明
0X10	图片显示模式
0X20	车牌显示模式数据 A(ASCII)
0X21	车牌显示模式数据 B(ASCII)
0X30	计时模式
0X40	HEX 显示模块
0X50	距离显示模式(十进制)

3. 智能 TFT 显示器标志物控制副指令

智能 TFT 显示器标志物控制副指令如表 15-23 所示。

表 15-23　副指令说明

主指令	副指令[1]	副指令[2]	副指令[3]	说　明
0X10	0X00	0X01 ～ 0X20	0X00	由第二副指令指定显示那张图片
	0X01	0X00	0X00	图片向上翻页
	0X02	0X00	0X00	图片向下翻页
	0X03	0X00	0X00	图片自动向下翻页显示，间隔时间为 10 s
0X20	0XXX	0XXX	0XXX	车牌前三位数据(ASCII)
0X21	0XXX	0XXX	0XXX	车牌后三位数据(ASCII)
0X30	0X00	0X00	0X00	计时模式关闭
	0X01	0X00	0X00	计时模式打开
	0X02	0X00	0X00	计时模式清零
0X40	0XXX	0XXX	0XXX	六位显示数据(HEX 格式)
0X50	0X00	0X0X	0XXX	距离显示模式(十进制)

通过上面的通信协议即可完成 TFT 显示标志物的翻页和显示控制，而将数据发送至 ZigBee 模块的函数是 Send_ZigBeeData_To_Fifo()函数。Send_ZigBeeData_To_Fifo()函数的定义和使用方法在前面任务中有详细说明，在此不再赘述。

4. 任务实施

编写程序逻辑并完成TFT显示标志物的翻页和显示控制。

任务35 控制智能交通灯标志物

一、任务描述

通过CAN总线完成STM32与通信显示板上的MCU进行数据交互，同时利用通信显示板上的MCU控制ZigBee发送和接收通信指令，完成智能交通灯标志物的控制。

二、任务分析

要完成本任务，需要了解CAN总线的通信协议与配置方法，熟悉STM32与通信显示板MCU通过CAN总线进行数据交互的方法，并利用通信显示板上的MCU控制ZigBee发送和接收通信指令，完成智能交通灯标志物的翻页和显示控制。

三、实现方法

本任务需要通过固定指令来完成智能交通灯标志物进入识别状态和识别结果确认。

1. 智能交通灯标志物控制数据结构

主车向智能交通灯标志物发送数据结构如表15-24所示。

表15-24 主车向智能交通灯标志物发送数据结构

包头		主指令	副指令			校验和	包尾
0X55	0X0E	0XXX	0XXX	0XXX	0XXX	0XXX	0XBB

关于主指令的说明如表15-25所示。

表15-25 主指令说明

主指令	说　明
0X01	进入识别模式
0X02	请求确认识别结果

关于主副指令的说明如表15-26所示。

表15-26 主副指令说明

主指令	副指令[1]	副指令[2]	副指令[3]	说　明
0X01	0X00	0X00	0X00	进入识别模式
0X02	0X01(红灯)	0X00	0X00	识别结果为红色请求确认
	0X02(绿灯)	0X00	0X00	识别结果为绿色请求确认
	0X03(黄灯)	0X00	0X00	识别结果为黄色请求确认

2．智能交通灯标志物回传数据结构

智能交通灯标志物向主车回传数据结构如表 15-27 所示。

表 15-27　智能交通灯标志物向主车回传数据结构

包头		主指令	副指令			校验和	包尾
0X55	0X0E	0X01	0X01	0XXX	0X00	0XXX	0XBB

关于副指令的说明如表 15-28 所示。

表 15-28　副指令说明

副指令 2	说　明
0X07	进入识别模式
0X08	未能进入识别模式

通过上面的通信协议即可完成 TFT 显示标志物的翻页和显示控制，而将数据发送至 ZigBee 模块的函数是 Send_ZigBeeData_To_Fifo()函数。Send_ ZigBeeData_To_Fifo()函数的定义和使用方法在前面任务中有详细说明，在此不再赘述。

3．任务实施

编写程序逻辑并完成智能交通灯标志物进入识别状态和识别结果确认。

任务 36　控 制 从 车

一、任务描述

通过 CAN 总线完成 STM32 与通信显示板上的 MCU 进行数据交互，同时利用通信显示板上的 MCU 控制 ZigBee 发送和接收通信指令，完成 AGV 智能运输机器人的控制。

二、任务分析

要完成本任务，需要了解 CAN 总线的通信协议与配置方法，熟悉 STM32 与通信显示板 MCU 通过 CAN 总线进行数据交互的方法，并利用通信显示板上的 MCU 控制 ZigBee 发送和接收通信指令，完成 AGV 智能运输机器人的行驶控制和数据获取。

三、实现方法

本任务通过固定指令来完成 AGV 智能运输机器人的行驶控制和数据获取。

1．主车控制 AGV 智能运输机器人指令结构

主车向 AGV 智能运输机器人发送指令的数据结构如表 15-29 所示。

表 15-29　主车向 AGV 智能运输机器人发送命令的数据结构

0X55	0X02	0XXX	0XXX	0XXX	0XXX	0XXX	0XBB
包头		主指令	副指令			校验和	包尾

数据由八位字节组成，前两位字节为数据包头固定不变，第三位字节为主指令，第四位字节至第六位字节为副指令，第七位为主指令和三位副指令的直接求和并对 0XFF 取余得到校验值(以下校验和均是这样定义)，第八位为数据包尾固定不变。

注意：在本协议中数据格式若无特殊说明，一般默认格式为十六进制。

2. 主指令序号表

主指令的序号表如表 15-30 所示。

表 15-30　主指令序号表

主　指　令	主指令说明
0X01	从车停止
0X02	从车前进
0X03	主车后退
0X04	从车左转(循迹状态)
0X05	从车右转(循迹状态)
0X06	从车循迹
0X07	码盘清零
0X08	指定角度，从车暂不支持
0X09	指定角度，从车暂不支持
0X10	前三字节红外数据
0X11	后三字节红外数据
0X12	发射六字节红外数据
0X20	指示灯
0X30	蜂鸣器
0X40	保留
0X50	相框照片上翻
0X51	相框照片下翻
0X61	光源挡位加 1
0X62	光源挡位加 2
0X63	光源挡位加 3
0X80	主车上传从车数据
0X90	语音识别控制命令

注：表中从车代表 AGV 智能运输机器人。

3. 主指令对应副指令说明表

主指令对应副指令的说明如表 15-31 所示。

表 15-31　主指令对应副指令表

主　指　令	副　指　令		
0X01	0X00	0X00	0X00
0X02	速度值	码盘低八位	码盘高八位
0X03	速度值	码盘低八位	码盘高八位
0X04	速度值	0X00	0X00
0X05	速度值	0X00	0X00
0X06	速度值	0X00	0X00
0X07	0X00	0X00	0X00
0X08	速度值	角度低八位	角度高八位
0X09	速度值	角度低八位	角度高八位
0X10	红外数据[1]	红外数据[2]	红外数据[3]
0X11	红外数据[4]	红外数据[5]	红外数据[6]
0X12	0X00	0X00	0X00
0X20	0X01/0X00(开/关)左灯	0X01/0X00(开/关)右灯	0X00
0X30	0X01/0X00(开/关)	0X00	0X00
0X40	保留	保留	保留
0X50	0X00	0X00	0X00
0X51	0X00	0X00	0X00
0X60	0X00	0X00	0X00
0X61	0X00	0X00	0X00
0X62	0X00	0X00	0X00
0X63	0X00	0X00	0X00
0X80	0X01/0X00(允许/禁止)	0X00	0X00
0X90	0X01/0X00(开启/关闭)	0X00	0X00

速度值：取值范围为 0～100。

码盘值：取值范围为 0～65 635。

4．AGV 智能运输机器人回传数据到主车指令

AGV 智能运输机器人回传数据到主车指令如表 15-32 所示。

表 15-32　AGV 智能运输机器人回传数据到主车指令

0X55	0X02	0X80	0X00/0X01 (关闭/打开)	0X00	0X00	0XXX	0XBB
包头		主指令	副指令			校验和	包尾

说明：AGV 智能运输机器人返回的数据包含运行状态、光敏状态、超声波数据、光照数据和码盘值。

通过上面的通信协议即可完成 AGV 智能运输机器人的行驶控制和数据获取，而将数据发送至ZigBee模块的函数是Send_ZigBeeData_To_Fifo()函数。Send_ZigBeeData_ To_Fifo()函数的定义和使用方法在前面任务中有详细说明，在此不再赘述。

5．任务实施

编写程序逻辑并完成 AGV 智能运输机器人的行驶控制和数据获取。

任务 37　控制立体车库标志物

一、任务描述

通过 CAN 总线完成 STM32 与通信显示板上的 MCU 进行数据交互，同时利用通信显示板上的 MCU 控制 ZigBee 发送和接收通信指令，完成立体车库标志物的控制。

二、任务分析

要完成本任务，需要了解 CAN 总线的通信协议与配置方法，熟悉 STM32 与通信显示板 MCU 通过 CAN 总线进行数据交互的方法，并利用通信显示板上的 MCU 控制 ZigBee 发送和接收通信指令，完成立体车库的控制。

三、 实现方法

本任务需要通过固定指令来完成立体车库的控制。

1．立体车库控制指令数据结构

利用平板电脑向立体车库标志物发送命令的数据结构如表 15-33 所示。

表 15-33　平板电脑向立体车库标志物发送命令的数据结构

0X55	0X0D	0XXX	0XXX	0XXX	0X00	0XXX	0XBB
包头		主指令	副指令			校验和	包尾

关于主指令的说明如表 15-34 所示。

表 15-34　主指令说明

主指令	说　明
0X01	控制指令
0X02	请求返回指令

关于副指令的说明如表 15-35 所示。

表 15-35 副指令说明

主指令	副指令[1]	副指令[2]	副指令[3]	说明
0X01	0X01	0X00	0X00	到达第一层
	0X02	0X00	0X00	到达第二层
	0X03	0X00	0X00	到达第三层
	0X04	0X00	0X00	到达第四层
0X02	0X01	0X00	0X00	请求返回车库位于第几层
	0X02	0X00	0X00	请求返回前后侧红外状态

立体车库标志物向主车返回命令的数据结构如表 15-36 所示。

表 15-36 立体车库标志物向主车返回命令的数据结构

0X55	0X0D	0X03	0XXX	0XXX	0X00	0XXX	0XBB
包头		主指令	副指令			校验和	包尾

关于主副指令的说明如表 15-37 所示。

表 15-37 主副指令说明

主指令	副指令[1]	副指令[2]	副指令[3]	说明
0X03	0X01	0X01	0X00	返回车库位于第一层
		0X02	0X00	返回车库位于第二层
		0X03	0X00	返回车库位于第三层
		0X04	0X00	返回车库位于第四层
	0X02	前侧 0X01(触发) 0X02(未触发)	后侧 0X01(触发) 0X02(未触发)	返回前后侧红外状态

通过上面的通信协议即可完成对立体车库的控制，而将数据发送至 ZigBee 模块的函数是 Send_ ZigBeeData_To_Fifo()函数。Send_ZigBeeData_To_Fifo()函数的定义和使用方法在前面任务中有详细说明，在此不再赘述。

2. 任务实施

编写程序逻辑并完成对立体车库的控制。

任务 38 回收 ETC 系统标志物数据

一、任务描述

通过 CAN 总线完成 STM32 与通信显示板上的 MCU 进行数据交互，同时利用通信显示板上的 MCU 控制 ZigBee 接收通信指令，完成回收 ETC 系统标志物数据。

二、任务分析

要完成本任务，需要了解 CAN 总线的通信协议与配置方法，熟悉 STM32 与通信显示板 MCU 通过 CAN 总线进行数据交互的方法，并利用通信显示板上的 MCU 控制 ZigBee 发送和接收通信指令，完成回收 ETC 系统标志物数据。

三、实现方法

在主车的任务板上携带了 900 MB 的 RFID 标签，当主车在 ETC 系统标志物的正前方时会被感应到，此时 ETC 系统闸门打开，同时将打开的信息通过 ZigBee 反馈给主车。

1. ETC 标志物回传数据结构

ETC 标志物回传数据结构如表 15-38 所示。

表 15-38　ETC 标志物回传数据结构

0X55	0X0C	0X01	0X01	0X06	0XXX	0X08	0XBB
包头		主指令	副指令			校验和	包尾

说明：本组回传数据由八个字节构成，包括两字节固定包头、一字节主指令、三字节副指令、一字节校验和(固定为 0X08)及一字节包尾。当副指令第二位为 0X06 时，表示 ETC 开启成功并返回的状态。

通过上面的通信协议即可判断 ETC 是否开启。

2. 任务实施

编写程序逻辑并完成对 ETC 系统回传的数据进行判断。

语音识别及控制

16.1 语音合成SYN7318芯片

SYN7318智能语音交互模块集成了语音识别、语音合成和语音唤醒功能等，系统结构如图16-1所示。其中语音识别方面，支持10 000条词条的语音识别，可实现语义理解，并支持识别词条的分类反馈能力。通过UART接口通信方式接收命令帧，如控制命令帧、待合成的文本数据，实现文本到语音、语音到文本的转换以及语音唤醒功能。

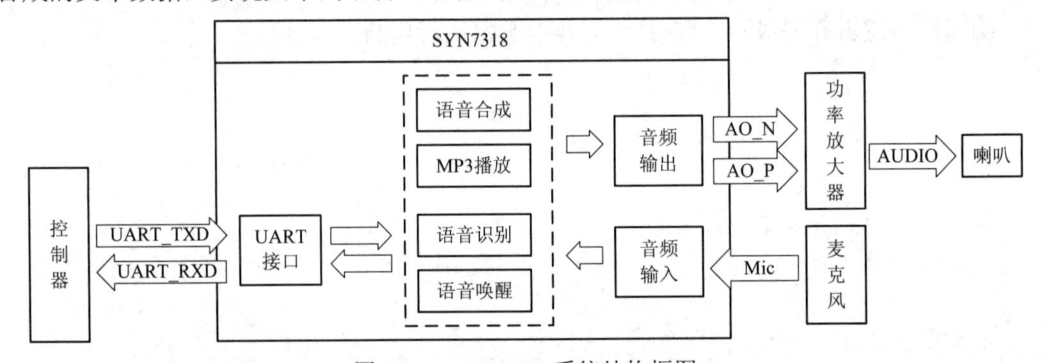

图16-1 SYN7318系统结构框图

在语音合成方面，SYN7318具有清晰、自然、准确的中文语音合成效果。模块支持任意中文文本的合成，可以采用GB2312、GBK、BIG5和Unicode大头或Unicode小头四类五种编码方式；支持多种有趣的唤醒名字，并且为了适应用户的个性化需求支持自定义唤醒名功能；所有的命令帧都是通过UART接口通信方式，可以很好地满足大多数场景。

16.2 通信协议与控制方式

16.2.1 通信传输字节与波特率配置

1. 通信传输字节及波特率设置

通信标准为UART串口通信，波特率最高可为115 200 b/s，包括1个起始位、8个数据位和 1 个停止位，无校验位。UART 接口通信传输字节格式如图 16-2 所示。

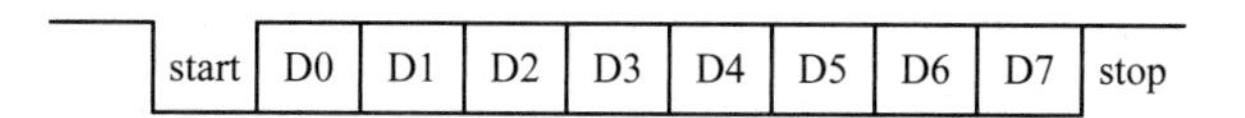

图 16-2　UART 接口通信传输字节格式

2. 波特率配置方法

SYN7318 模块的 UART 通信接口支持 4 种通信波特率，分别是 4800 b/s、9600 b/s、57 600 b/s、115 200 b/s。

硬件配置方法：通过配置 SYN7318 模块的两个管脚 BAUD0(11 引脚)、BAUD1(12 引脚)上的电平来改变波特率，波特率配置表如表 16-1 所示。

表 16-1　波特率配置表

波特率/(b/s)	BAUD0	BAUD1
4800	0	0
9600	0	1
57 600	1	0
115 200	1	1

16.2.2　命令帧格式与控制命令

1. 命令帧格式及说明

模块支持命令帧格式：帧头 FD + 数据区长度 + 数据区。上位机发送给 SYN7318 模块的所有命令和数据都需要用“帧”的方式进行封装后传输。命令帧格式如表 16-2 所示。

表 16-2 命令帧格式表

帧结构	帧头 (1 B)	数据区长度 (2 B)	数据区(≤4 KB+2 B)		
			命令字 (1 B)	命令参数 (N B)	待发送文本 ≤4 KB
数据	0XFD	0XXX　0XXX	0XXX	0XXX···	0XXX···
说明	定义为十六进制“0XFD”	高字节在前 低字节在后	总字节数必须和前面的“数据区长度”一致		

同一帧数据中，每个字节之间的发送间隔不能超过 15 ms；帧与帧之间的发送间隔必须超过 15 ms(为保证通信质量，建议至少留 2 ms 的余量，即大于 17 ms)。

当 SYN7318 模块正在合成文本时，如果又接收到一帧有效的合成命令帧，模块会立即停止当前正在合成的文本，转而合成新收到的文本。

待发送命令帧长度必须小于等于 4096 B。实际发送的长度大于 4096 时，模块会报接收失败。

用户在连续播放文本内容时，在收到前一帧数据播放完毕的“模块空闲”字节(即 0X4F)后，最好延时 1 ms 左右再发送下一帧数据。

2. 模块支持的控制命令汇总

上位机以命令帧的格式向 SYN7318 模块发送命令。SYN7318 模块根据命令帧进行相应操作，并向上位机返回命令操作结果。SYN7318 模块提供了多种控制命令，如表 16-3 所示。

表 16-3 常用命令汇总表

模块	命令字	功 能	说 明
语音合成播放	0X01	语音合成播放命令	合成并播放本次发送的文本
	0X31	语音合成缓存存储命令	向缓存中发送文本数据
	0X32	语音合成缓存播放命令	合成并播放缓存中的文本数据
MP3 播放	0X61	MP3 播放命令	播放 MP3 音频文件
播放控制	0X02	停止播放命令	停止正在进行的播放
	0X03	暂停播放命令	暂停正在进行的播放
	0X04	恢复播放命令	继续暂停的播放
	0X05	播放音量设置命令	设置播放音量的大小
语音识别	0X10	开始语音识别命令	启动语音识别功能
	0X11	停止语音识别命令	停止当前已经启动的语音识别
	0X12	识别词条缓存存储命令	将长度超过 4 KB 的识别词条进行分块缓存
	0X13	识别词条缓存更新命令	更新模块中缓存的识别词条
	0X15	三合一识别命令	开启语音唤醒，唤醒后播放提示音，播完后开启语音识别； 三合一流畅进行，上位机只需发一个命令
	0X16	停止三合一识别命令	停止三合一识别命令
	0X1E	设置语音识别参数命令	设置语音识别参数：匹配度下限，用户静音上限，用户语音上限，拒识级别
	0X1F	识别词条更新命令	更新模块内的命令词条
语音唤醒	0X51	开始语音唤醒命令	开启模块的语音唤醒功能
	0X52	停止语音唤醒命令	关闭模块的语音唤醒功能
综合命令	0X21	状态查询命令	查询当前模块的工作状态
	0X23	指示灯设置命令	设置录音灯等指示灯的开关

注：其他指令详查《SYN7318 使用说明书》。

任务 39 语音识别及行进控制

一、任务描述

编写 SYN7318 离线语音识别模块的驱动程序，并通过配置 STM32 微控制器的串口外设与语音识别进行数据交互，实现利用 SYN7318 离线语音识别模块进行语音识别的任务。

二、任务分析

要利用 SYN7318 离线语音识别模块进行语音识别，必须了解 SYN7318 离线语音识别模块的驱动原理，熟悉识别指令的添加和处理的方法，利用 SYN7318 离线语音识别模块进行语音识别并进行处理。

三、实现方法

1. 程序分析

在提供的参考例程中，SYN7318_Init()函数为 SYN7318 的初始化函数，如下所示：

```
1.  void SYN7318_Init(void)
2.  {
3.      USART6_Init(115200);
4.  
5.      GPIO_InitTypeDef   GPIO_TypeDefStructure;
6.      RCC_AHB1PeriphClockCmd(RCC_AHB1Periph_GPIOB, ENABLE);
7.      //PB9   SYN7318_RESET
8.      GPIO_TypeDefStructure.GPIO_Pin = GPIO_Pin_9;
9.      GPIO_TypeDefStructure.GPIO_Mode = GPIO_Mode_OUT;          //复用功能
10.     GPIO_TypeDefStructure.GPIO_OType = GPIO_OType_PP;         //推挽输出
11.     GPIO_TypeDefStructure.GPIO_PuPd = GPIO_PuPd_UP;           //上拉
12.     GPIO_TypeDefStructure.GPIO_Speed = GPIO_Speed_100MHz;
13.     GPIO_Init(GPIOB, &GPIO_TypeDefStructure);
14. 
15.     GPIO_SetBits(GPIOB, GPIO_Pin_9);                          //默认为高电平
16. }
```

通过 SYN7318_Init()函数可以看出，利用 STM32 的 USART6 和语音交互模块建立通信，波特率为 115 200 b/s，PB9 为 SYN7318 的复位引脚。

在综合参考例程中，语音识别测试函数为 SYN7318_Test()函数，其代码如下：

```
1.  void SYN7318_Test( void)                          //开启语音测试
2.  {
3.      Ysn7813_flag = 1;
4.      SYN_TTS("语音识别测试，请发语音唤醒词，语音驾驶");
5.      LED1 = 1;
6.      Status_Query();                               //查询模块当前的工作状态
```

```
7.      if(S[3] == 0x4F)                                        //模块空闲即开启唤醒
8.      {
9.          LED2 = 1;
10.         delay_ms(1);
11.         SYN7318_Put_String(Wake_Up, 5);                     //发送唤醒指令
12.         SYN7318_Get_String(Back, 4);                        //接收反馈信息
13.         if(Back[3] == 0x41)                                 //接收成功
14.         {
15.             LED3 = 1;
16.             SYN7318_Get_String(Back, 3);                    //接收前三位回传数据
17.             if(Back[0] == 0xfc)                             //帧头判断
18.             {
19.                 LED4 = 1;
20.                 SYN7318_Get_String(ASR, Back[2]);           //接收回传数据
21.                 if(ASR[0] == 0x21)                          //唤醒成功
22.                 {
23.                     SYN7318_Put_String(Play_MP3, 33);       //播放“我在这”
24.                     SYN7318_Get_String(Back, 4);
25.                     SYN7318_Get_String(Back, 4);
26.                     while(!(Back[3] == 0x4f))               //等待空闲
27.                     {
28.                         LED2 = ~LED2;
29.                         delay_ms(500);
30.                     }
31.                     while(Ysn7813_flag)                     //开始语音识别
32.                     {
33.                         SYN7318_Put_String(Start_ASR_Buf, 5);   //发语音识别命令
34.                         SYN7318_Get_String(Back, 4);        //接收反馈信息
35.                         if(Back[3] == 0x41)                 //接收成功
36.                         {
37.                             LED1 = ~LED1;                   //LED1 反转
38.                             SYN7318_Get_String(Back, 3);    //回传结果
39.                             if(Back[0] == 0xfc)             //帧头判断
40.                             {
41.                                 LED2 = ~LED2;
42.                                 SYN7318_Get_String(ASR, Back[2]);   //接收回传
43.                                 Yu_Yin_Asr();
44.                             }
45.                         }
```

```
46.                                 }
47.                                 SYN7318_Put_String(Stop_Wake_Up, 4);   //发送停止唤醒指令
48.                             }
49.                             else                                           //唤醒内部错误
50.                             {
51.                             }
52.                     }
53.             }
54.         }
55.  }
```

通过 SYN7318_Test()函数可以看出，在启动识别之前需要查询模块是否空闲，调用 Status_Query()函数，即可查询模块当前的工作状态，查询后的结果储存在 S 数组里面。当 S 数组的第 4 位为 0X4F 时，说明此时的模块处于空闲状态。

SYN7318_Test()函数还调用了 SYN7318_Put_String()函数和 SYN7318_Get_String()函数，这两个函数的代码见参考例程，其作用分别是 MCU 向 SYN7318 模块进行发送数据和获取数据。

在确定模块空闲状态后，MCU 发送唤醒指令 SYN7318_Put_String(Wake_Up,5)，模块接收到以后，进入待唤醒状态，并反馈接收成功的信息。此时 MCU 通过 SYN7318_Get_String(Back,4)来接收反馈信息，数据存入 Back 数组。同时，程序等待用户唤醒。

当用户口中说出唤醒词后，语音模块会返回唤醒结果，当唤醒成功后，扬声器会播放“我在这”，同时 MCU 发送，识别词条指令，让模块进入识别指令状态。同时，程序等待用户发出指令。

最后，当用户口中发出控制指令后，语音模块会返回识别结果，此时，MCU 收到识别结果会调用 Yu_Yin_Asr()函数，Yu_Yin_Asr()函数是识别结果的处理函数，其函数示例代码见综合例程，在此不做过多阐述。

2．任务实施

通过修改 SYN7318 的驱动程序和测试程序，编写程序逻辑并完成识别指令的添加和处理。

特殊地形行进

17.1 通过特殊地形编程方法

在前面的章节已经详细地讲述了主车在赛道上行驶的方法，这里重点介绍主车在行驶过程中如何顺利通过特殊路段。

在通常情况下，赛道上会在指定的路段放入特殊地形标志物，且特殊地形标志物的位置会在该路段的3个位置，如图17-1所示。若规定路段为AC，则特殊地形的位置可以出现在B点、AB之间和BC之间。

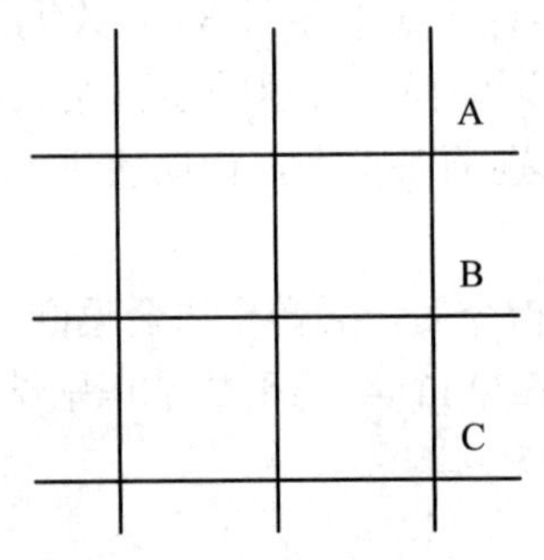

图17-1 赛道示意图

由于特殊地形标志物放在路段上时会遮挡住原有的黑色循迹线，当主车行驶到B点、AB之间和BC之间时，特殊地形标志物都会影响主车对路况的判断，此时需要在路况判断条件中添加对应的状态监测，来避免主车路况判断出错的情况。

添加路况判断时，可以参考以下方法：

在循迹函数中添加循迹灯遇到全白的情况，当遇到全白时，停下来。若主车需要从A点行驶到C点，那么正常情况下从A点出发，循迹到B点，再前进一点距离到达B点正中间，再循迹到达C点。

若此时特殊地形标志物在AB之间，当从A点出发未到达B点时，会遇到白边(特殊地形标志物的白边)，主车会停下来，停下来以后再给一个前进指令，刚好过特殊地形标志物的另外一个白边，主车停下来，然后循迹到B点，再前进一点到达B点正中间，再次循迹即可到达C点。

若此时特殊地形标志物在 B 点，当从 A 点出发未到达 B 点时，会遇到白边(特殊地形标志物的白边)，主车会停下来，停下来以后，再给一个前进指令，刚好过特殊地形标志物的另外一个白边，再次循迹即可到达 C 点。

若此时特殊地形标志物在 BC 之间，从 A 点循迹到 B 点，再前进一点到达 B 点正中间，此时，循迹会遇到白边(特殊地形标志物的白边)，主车会停下来，停下来以后，继续给一个前进指令，刚好过特殊地形标志物的另外一个白边，主车停下来，然后再次循迹到 C 点。

假设特殊地形标志物在这 AC 路段上没有具体的位置，那么选手应该如何区分和规划路径呢？

首先简单地列出路径：

在 AB 之间时，路径为：循迹—前进(过特殊地形)—循迹—前进—循迹；

在 B 点时，路径为：循迹—前进(过特殊地形)—循迹；

在 BC 之间时，路径为：循迹—前进—循迹—前进(过特殊地形)—循迹。

此时，在电池电量相同其他条件不变的情况下，测量出三种情况的第一个循迹行驶时间，理论上 $t_{AB} < t_B < t_{BC}$，而实际测量时会有误差，此时，测量 5 次 t_{AB}、t_B 和 t_{BC}，取 t_B 的最大值和最小值(可根据 t_{AB} 和 t_{BC} 的数据适当增加和减小)，将这个区间作为阈值，在行驶时，第一个循迹的时间若远小于这个区间，那么，此时的特殊地形标志物就在 AB 之间；第一个循迹的时间若在这个区间，那么，此时的特殊地形标志物就在 B 点；第一个循迹的时间若远大于这个区间，那么，此时的特殊地形标志物就在 BC 之间；通过判断阈值即可完成后面的路径规划。

添加路况判断后，即可完成任务。

17.2 通过特殊地形编程案例

在竞赛要求中，通过特殊地形的编程任务主要包括主车通过特殊地形与从车通过特殊地形两大类。

任务 40 主车通过特殊地形

一、任务描述

在规定的路段上放入特殊地形标志物，主车通过特殊地形标志物时不能撞击特殊地形标志物，需顺利通过路段，并且后面路段按规定路径正常行驶。

二、任务分析

要完成本任务，必须首先掌握主车行进的控制方法，然后再结合主车在赛道上行驶的过程，完成顺利通过特殊路段的任务。

三、实现方法

编写程序逻辑并使主车顺利通过特殊路段。

任务41　从车通过特殊地形

一、任务描述

在规定的路段上放入特殊地形标志物，从车通过特殊地形标志物时不能撞击特殊地形标志物，需顺利通过路段，并且后面路段按规定路径正常行驶。

二、任务分析

要完成本任务，必须首先掌握从车行进的控制方法，然后再结合从车在赛道上行驶的过程，完成顺利通过特殊路段的任务。

三、实现方法

编写程序逻辑并使从车顺利通过特殊路段。进行实验时需要安装 Arduino 开发环境。

第18章 Android 程序设计

18.1 系统背景及功能概述

18.1.1 系统背景简介

竞赛平台综合应用控制系统，由 Java 语言在 Android 平台上开发而成。本章中各任务所用的开发终端是以 RK3399 为内核的开源硬件(简称 A72)，并在出厂时配置成 Google 官方 Android 系统，与手机原理一致。

之所以使用开源硬件烧写 Android 系统，是因为使用 Android 开发板具有如下优点：

(1) 纯净安卓：在现市场上的手机都是由手机厂商在 Android 系统上进行系统再设计而成的，这类系统上开发的 App 往往体积巨大还占用了系统很多的资源。使用 Android 开发板，只要正确配置就可以轻松拥有纯净的安卓体验。

(2) 驱动开发：能够开发底层驱动，如果要面向核心库开发必须使用开发板。在本系统中就涉及了串口通信即 USB 转串口驱动开发(CP2102)。

本系统选取 RK3399 作为 CPU 内核，主要是因为 RK3399 作为瑞芯微旗舰级新品，强大的兼容性与扩展性成为其最强的核心竞争力，具体体现在如下几个方面：

(1) 独特的板型设计，黄金比例，仅有 120 mm × 72 mm × 11.9 mm 大小，可与金属外壳组合，成为口袋便携式的 PC，如图 18-1 所示。

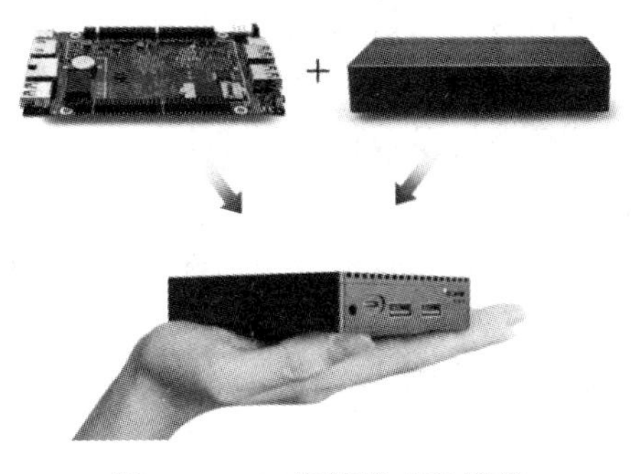

图 18-1 口袋便携式计算机

(2) 采用“服务器级”双核 Cortex-72+四核 Cortex-A53 的大小核构架，主频高达 1.8 GHz，配置 4 GB LPDDR4 双通道 64 位 RAM 高性能内存，全面提升主板性能，如图 18-2 所示。

图 18-2 CPU 架构示意图

(3) 支持 Android、Ubuntu、Debian9、Linux+QT 多操作系统，支持 xserver 和 wayland 显示框架。板载 SPI flash，支持 TF 卡、EMMC、SSD、U 盘启动，让系统启动更方便快捷。

(4) 应用场景广泛，除平板电脑、VR、TV-BOX、笔记本、车机和通信领域外，RK3399 以丰富的扩展性还可应用于涵盖工业及消费领域各类终端，包括智能家电、广告机/一体机、金融 POS 机、车载控制终端、瘦客户机、VOIP 视频会议、安防/监控/警务及 IoT 物联网领域。RK3399 典型应用领域如图 18-3 所示。

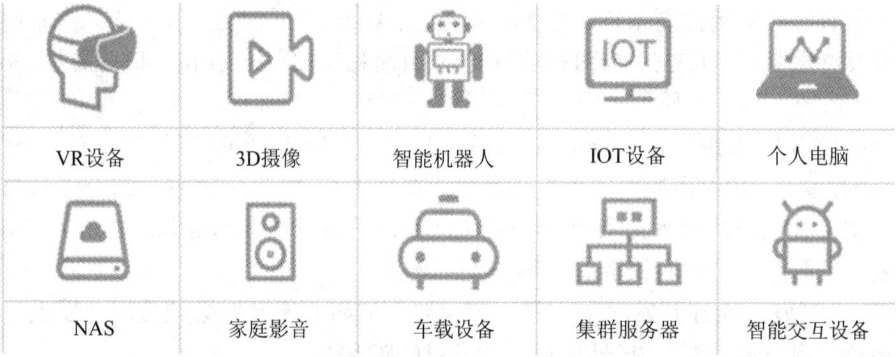

VR设备	3D摄像	智能机器人	IOT设备	个人电脑
NAS	家庭影音	车载设备	集群服务器	智能交互设备

图 18-3 RK3399 应用领域示意图

18.1.2 功能概述

竞赛平台综合应用控制系统的移动端开发，主要涉及竞赛平台(主车)或 AGV 智能运输机器人(从车)控制、Socket 和串口通信、控制标志物以及摄像头控制。其主要功能概述如下：

(1) 与竞赛平台通信：可通过串口通信或 WiFi 通信，与竞赛平台建立上行数据通信，此外竞赛平台通过 ZigBee 通信模块转发数据将 A72 与 AGV 智能运输机器人建立起通信关系，具体信息如下：

① 移动端开发与竞赛平台通信，可以获取竞赛平台或 AGV 智能运输机器人的运行状态、光敏状态、超声波数据、光照强度数据、当前码盘值和电子罗盘角度值；

② A72 控制竞赛平台或 AGV 智能运输机器人基本动作(包括前进、后退、循迹、双闪、蜂鸣器等)。

(2) 与摄像头通信：可通过 Http 通信，获取图像回传数据，并且可以进行云台控制。

① 与红外控制类标志物通信：A72 通过竞赛平台转发红外数据，达到控制标志物的目的。

② 与 ZigBee 控制类标志物通信：A72 通过竞赛平台转发 ZigBee 数据，达到控制和获取数据的目的。

18.1.3 开发环境和目标平台

本书采用的 Android 开发环境为 Android Studio 3.1.3。

注意：如果不是第一次安装 Android Studio，应先卸载之前的 Android Studio，再按照下述步骤进行安装。

18.2 开发前的准备工作

18.2.1 数据分析与设计

按照方式、对象通信可以分成 7 种情况：

(1) 平板电脑向竞赛平台发送命令；

(2) 竞赛平台向平板电脑上传数据；

(3) 竞赛平台控制 AGV 智能运输机器人；

(4) AGV 智能运输机器人回传数据；

(5) 竞赛平台通过红外控制标志物；

(6) 竞赛平台通过 ZigBee 控制标志物；

(7) 标志物通过 ZigBee 向竞赛平台上传数据。

上述每种情况都对应不同的协议，以(1)为例，设计数据八位，如图 18-4 所示，前两个字节为数据包头固定不变，第三个字节为主指令，第四个字节至第六个字节为副指令，第七个字节是主指令和三位副指令的直接求和并对 256(十进制)取余得到校验值，第八个字节是数据包尾，固定不变。

0X55	0XAA	0XXX	0XXX	0XXX	0XXX	0XXX	0XBB
包头		主指令	副指令			校验和	包尾

图 18-4　平板电脑向竞赛平台发送命令数据结构

18.2.2 图片资源的搜集和制作

在 Android 开发中，往往需要加入图片增加 UI 的美感。增加的图片一般可以分为静态加载与动态加载两种方式。静态加载很好理解，就是什么样的图片，加载之后就是什么样的，不过切记一定要放对位置。Android Studio 中选择切换工程目录结构选项，将原先的 Android 模式切换成 Project 模式，如图 18-5 所示。

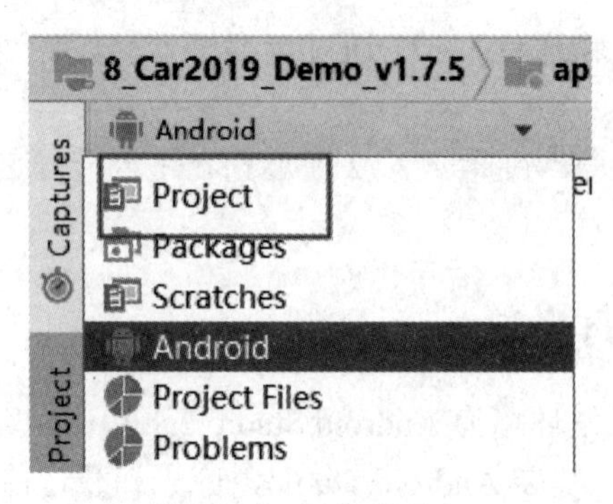

图 18-5　切换选项卡

打开 app→src→main→res 文件夹，可以看到如图 18-6 所示的目录，可将图片资源文件放入 drawable 或 mipmap 文件夹中，一般放入 drawable 即可。mipmap 文件夹内是放置一式多份的图片资源文件，在一般的商业项目中，需要考虑不同 Android 手机屏幕的兼容性，所以需要作出不同比例的图片，这时就需要将图片放入 mipmap 文件夹中，在 App 启动后，系统会自动根据当前屏幕的分辨率，调用相关尺寸下的图片，以下列出手机调用图片尺寸的相关原则：

xhdpi: 2.0

hdpi: 1.5

mdpi: 1.0 (baseline)

ldpi: 0.75

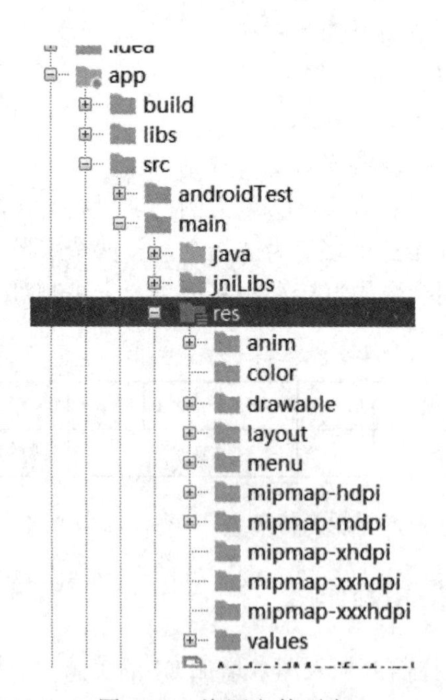

图 18-6　资源文件列表

可以看到，静态加载图片的方式非常简单，因为编译器会自动识别对应文件夹下的图片，只需在引用时加入@drawable/文件名或@mipmap/文件名即可。mdpi 为图标原始大小，其余尺寸根据相关比例缩放即可。以加载停止按钮为例，代码如下：

```
<item android:state_pressed="false"
    android:drawable="@mipmap/stop_button"/>
```

在日常开发中，时常需要动态加载图片，比如点击特效，默认是一种图片，按下又是一种图片，这就需要我们动态切换图片。还是以停止按钮为例，需要在 drawable 文件夹内创建文件 stopbutton_img.xml，代码如下：

```
1. <?xml version="1.0" encoding="utf-8"?>
2.  <selector xmlns:android="http://schemas.android.com/apk/res/android">
3.        <item android:state_pressed="true"
4.              android:drawable="@mipmap/stop_button_g"/>
5.        <item android:state_pressed="false"
6.              android:drawable="@mipmap/stop_button"/>
7.  </selector>
```

在布局文件中引用该文件，可在 right_fragment1.xml 文件中找到具体代码，相关代码如下：

```
<ImageButton
    android:id="@+id/stop_button"
    android:layout_width="wrap_content"
    android:layout_height="wrap_content"
    android:layout_below="@id/up_button"
    android:layout_centerHorizontal="true"
    android:layout_marginTop="30dp"
    android:background="@drawable/stopbutton_img" />
```

同理可实现其他四个按键，具体实现效果如图 18-7 所示。

图 18-7　停止键点击前/后

18.3 系统功能预览

18.3.1 串口通信配置

对系统的串口通信功能配置有以下几个步骤：

(1) 连线：用网线将摄像头与 A72 的网口相连，用 3P 的串口线将 A72 的串口 5 与核心板的 UART 相连。

备注：3P 的排线是 4P 的小白座，这里不用担心插错。用左侧电池给电机驱动板供电，右侧的电池接一转二的电源线，一头接核心板，一头接 A72。

(2) 打开 App，找到“car2019”，进入登录界面，如图 18-8 所示。

图 18-8　登录界面

(3) 选择“使用 usb 转 uart”，如图 18-9 所示。

图 18-9　选择串口通信

(4) 点击“连接”，等待配置 usb 串口，界面如图 18-10 所示。

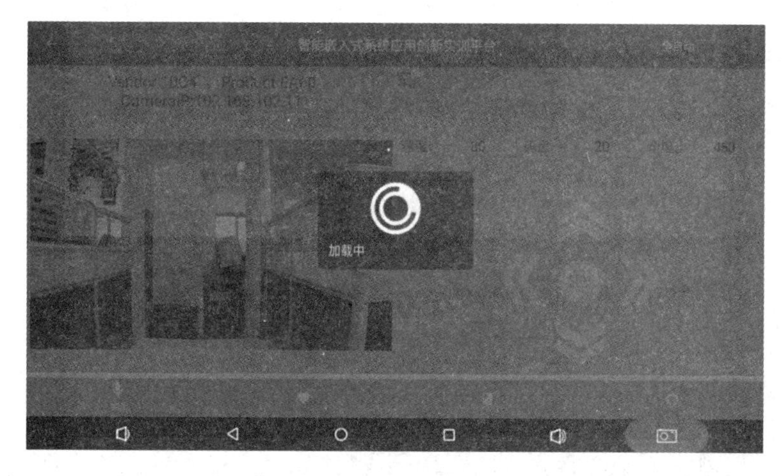

图 18-10　等待配置的主界面

在等待配置的过程中会弹出对话提示框，点击“确定”即可，如图 18-11 所示。

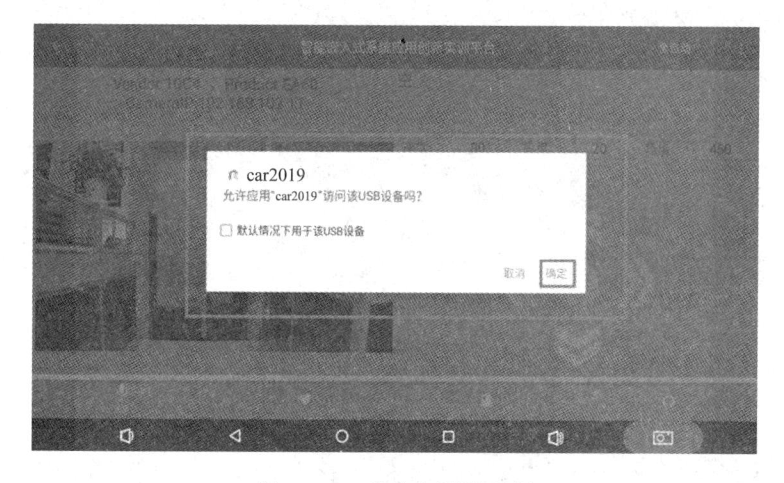

图 18-11　弹出权限提示框

(5) 连接完成后，可看到如图 18-12 所示界面。

图 18-12　配置完成的主界面

18.3.2 Socket 通信

对系统的 Socket 通信功能配置参考以下几个步骤：

(1) 连线：用 45 cm 的网线或者短一点的网线将摄像头与通信显示板的网口相连，不能再与 A72 开发板的网口相连。用左侧电池给电机驱动板供电，右侧的电池接一转二的电源线，一头接核心板，一头接 A72。

(2) 首次连接 WiFi：点击 WiFi 图标，打开 WiFi，长按 WiFi 图标，打开 WiFi 选择界面，等待搜索 WiFi，或者进入“设置”界面进行 WiFi 配置，界面如图 18-13 所示。

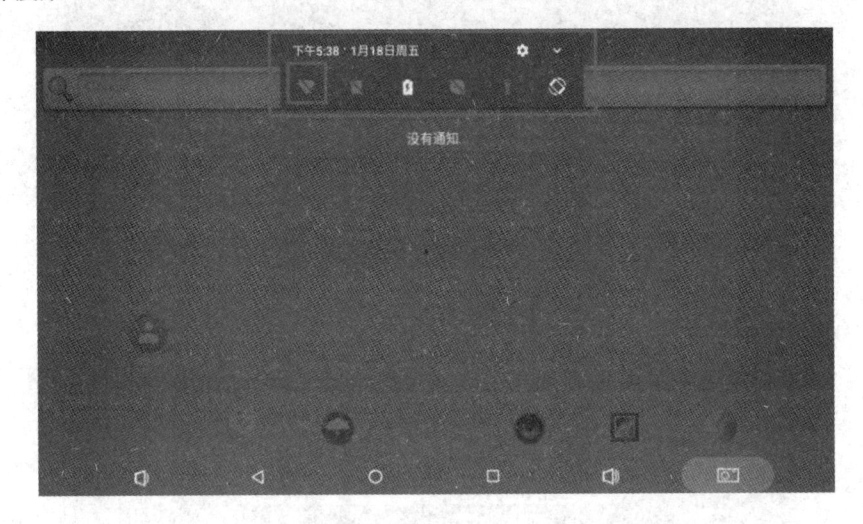

图 18-13　打开 WiFi 设置

也可直接长按 WiFi 图标，打开 WiFi 选择界面，点击打开 WiFi，等待搜索 WiFi，如图 18-14 所示。

图 18-14　搜索 WiFi 界面

根据小车 WiFi 模块上贴着的网络账号(每台设备的 WiFi 的账号不一样)，输入 WiFi 模块上面的密码，如图 18-15 所示。

图 18-15　输入 WiFi 账号密码界面

点击“连接”或点击对钩图标，等待连接，搜索完成后的界面如图 18-16 所示。

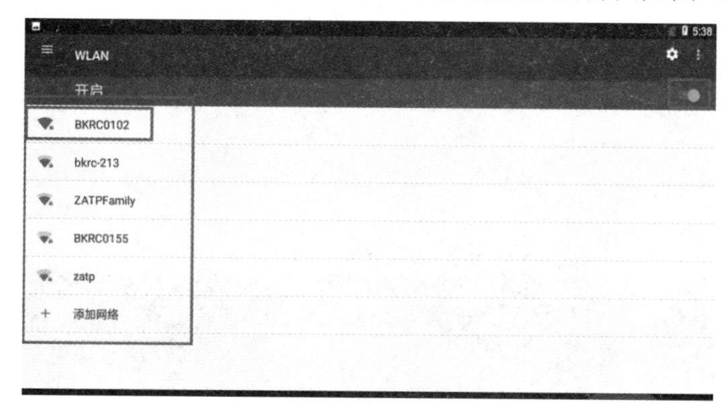

图 18-16　搜索完成界面

若非首次连接 WiFi，应点击 WiFi 图标，打开 WiFi，或长按 WiFi 图标，点击打开 WiFi 选择界面，点击打开 WiFi，会自动连接相对应的 WiFi。

(3) 打开 App，找到“car2019”，进入登录界面，如图 18-17 所示。默认使用 Socket 通信，点击“连接”即可。

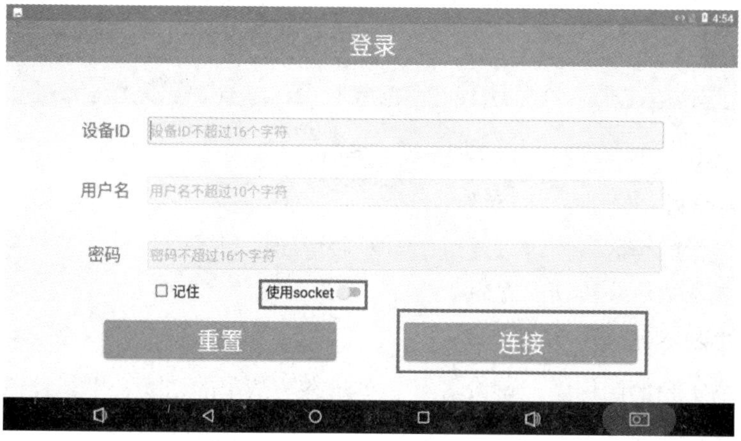

图 18-17　登录界面

(4) Socket 通信不需要等待配置，进入就可以看到如图 18-18 所示的主界面。

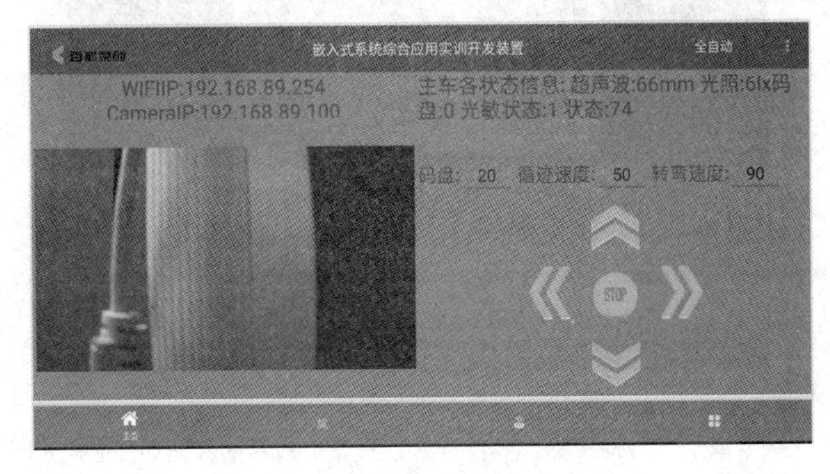

图 18-18　主界面

18.3.3　系统综合应用

1．主界面功能

主界面功能如图 18-19 所示。

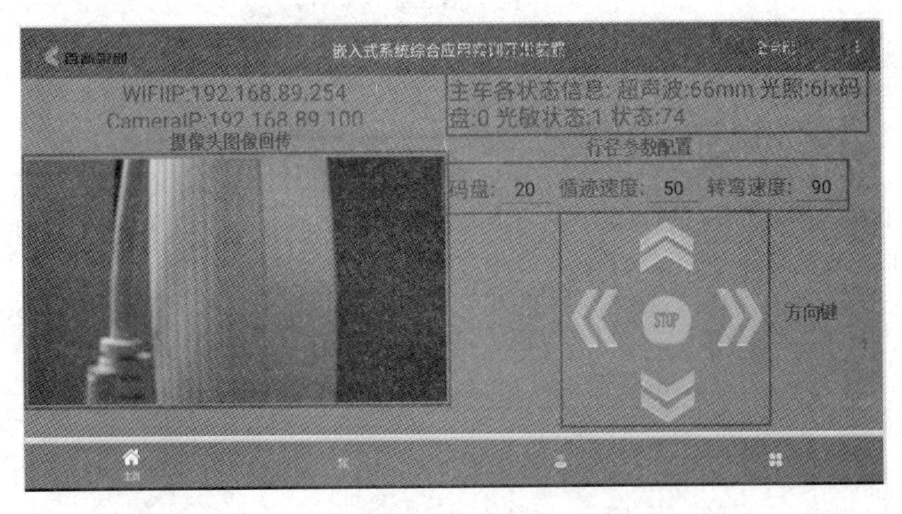

图 18-19　主界面功能

2．摄像头控制

在摄像头图像回传区域内可以通过上下左右滑动控制摄像头上、下、左、右转动。在滑动过程中会显示摄像头转动的方向。

3．主/从车状态转换

在程序的右上角的图标中，可以进行主车状态与从车的切换、主车控制与从车控制的切换、清除码盘。图 18-20 显示的是“从车状态”，表示目前是主车状态，点击“从车状态”可以切换到从车状态。

图 18-20　菜单栏界面

4. 状态信息

超声波、光照、码盘、光敏状态、状态，显示数值表示相应的状态。

备注：状态表示竞赛平台或 AGV 智能运输机器人运行状态。

5. 小车控制信息

速度、码盘(距离)、角度等控制信息都可以输入数值，点击数字部分，弹出数值输入键盘，输入想要数值，点击对钩确定，如图 18-21 所示。

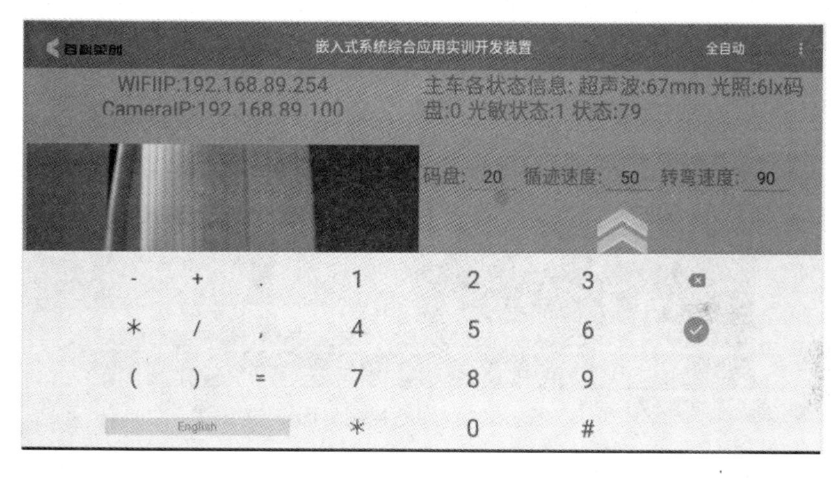

图 18-21　行径参数配置示意图

6. 小车控制按键

点击向上的图标，表示小车以设定的速度前进设定的距离；长按向上的图标，表示小车以设定的速度循迹；点击向下的图标，表示小车以设定的速度后退设定的距离；点击向右的图标，表示小车右转；点击向左的图标，表示小车左转；点击中间的“STOP”图标，表示让小车停止运行。

7. 翻页控制界面

在 A72 开发板的屏幕的右半侧左右滑动可以翻页，页面有 ZigBee 控制界面、红外控制界面和其他控制界面，各个界面可以通过向下滑动查看。

8. ZigBee 控制界面

ZigBee 控制界面有道闸、数码管、语音播报、无线充电、TFT 显示器、智能交通灯、立体车库的相应图标及文字注释等，控制界面如图 18-22 所示。这些标志物都是使用 ZigBee 进行控制的。

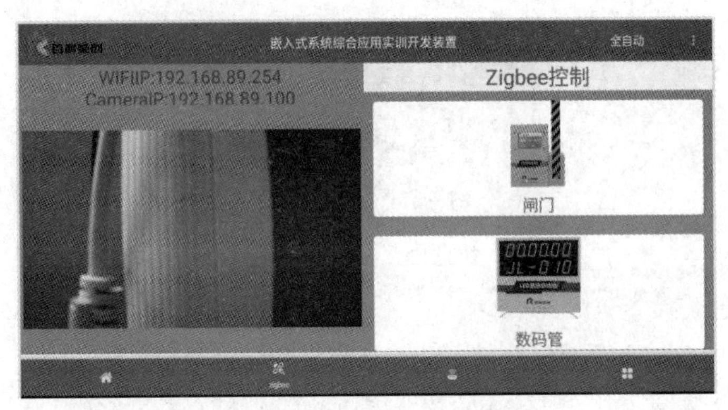

图 18-22　ZigBee 控制界面

9．红外控制界面

红外控制界面有报警器、灯光挡位器、立体显示、数码相框的图标及注释，如图 18-23 所示。这些标志物都是使用红外控制的。

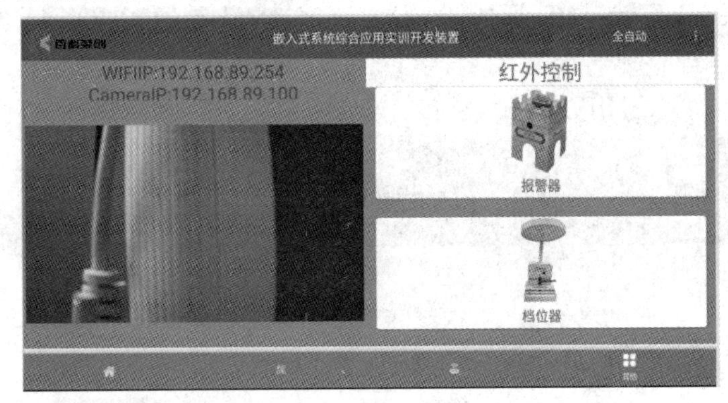

图 18-23　红外控制界面

10．其他控制界面

其他控制界面有摄像头预设位、二维码、蜂鸣器、指示灯的图标及注释，如图 18-24 所示。其他控制界面表示这些不是通过红外以及 ZigBee 控制的。

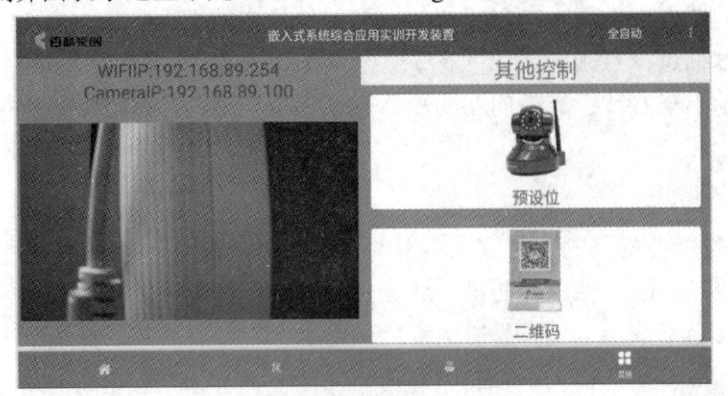

图 18-24　其他控制界面

11．　标志物控制

点击标志物图标，会弹出控制该标志的对话框，可选择控制标志物的动作。具体内容会在下一节介绍。

18.3.4 标志物控制示例

1．控制道闸

点击道闸图标，弹出闸门控制对话框。点击“开”，即可打开闸门，如图 18-25 所示。

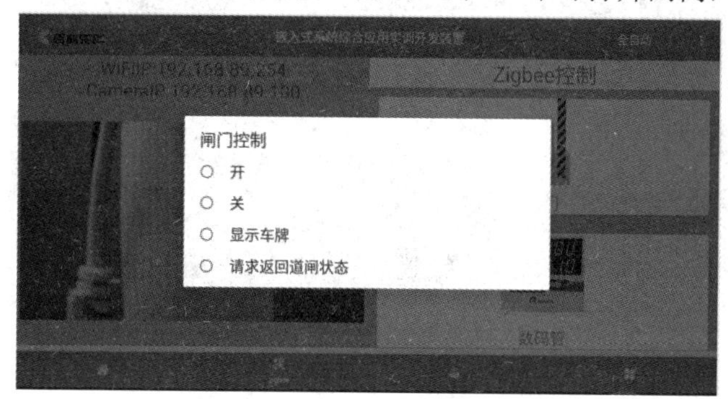

图 18-25 闸门控制对话框

2．控制数码管

点击数码管图标，弹出数码管控制对话框，如图 18-26 所示。

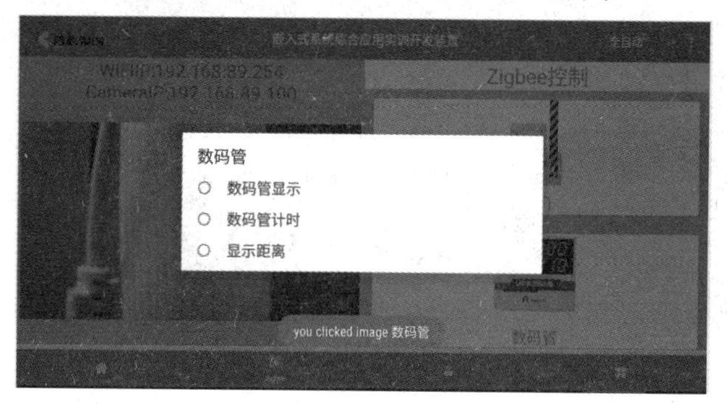

图 18-26 数码管控制对话框

点击“数码管显示”，弹出数码管显示对话框。按顺序输入“1”“2”“3”，点击“确定”即可在数码管第 1 排显示 010203，如图 18-27 所示。

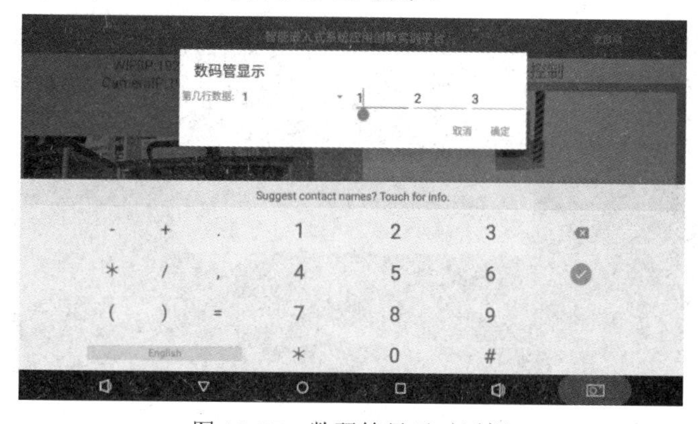

图 18-27 数码管显示对话框

点击“数码管计时”，弹出数码管计时对话框。点击“计时开始”，LED 显示标志物即可开始计时；点击“计时结束”，LED 显示标志物即可停止计时；点击“计时清零”，LED 显示标志物即可计时清零。该功能界面如图 18-28 所示。

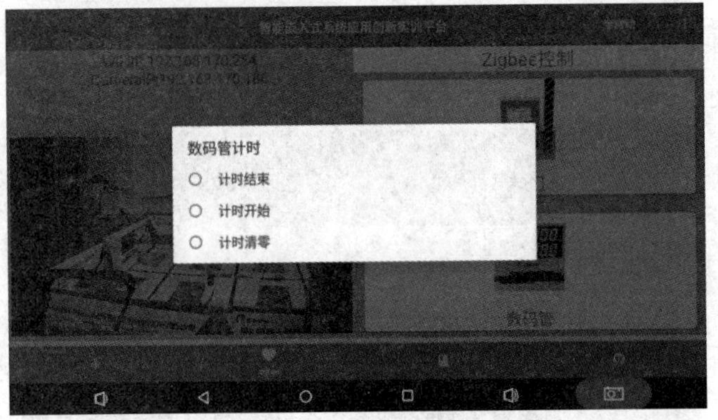

图 18-28　数码管计时对话框

点击“显示距离”，弹出显示距离对话框。点击“10cm”，LED 显示标志物即可显示“JL—010”，界面显示如图 18-29 所示。

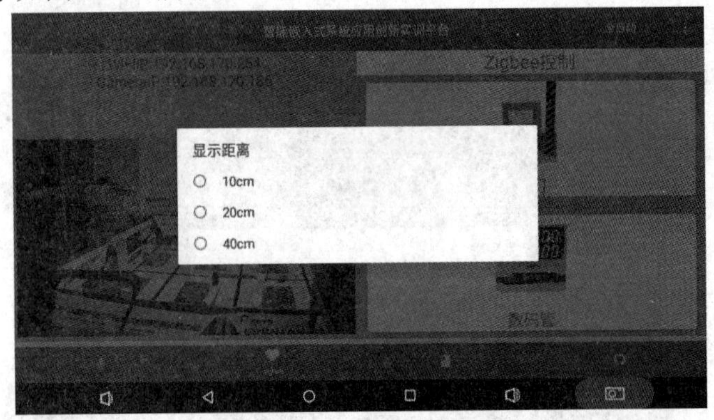

图 18-29　显示距离对话框

3．控制语音播报

点击“语音播报”图标，弹出语音播报对话框。按照协议可以选择固定文本或随机指令两种方式播报，如图 18-30 所示。

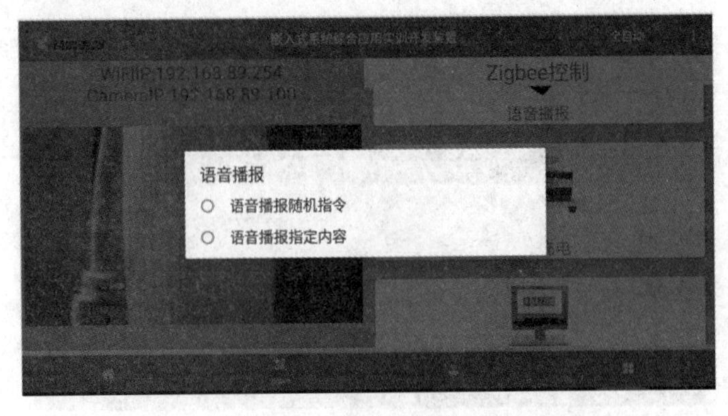

图 18-30　语音播报对话框

4. 控制无线充电

点击“无线充电”图标，弹出无线充电对话框。通过“开”“关”即可控制无线充电标志物的打开和关闭。

5. 控制 TFT 显示器

点击“TFT 显示器”图标，弹出 TFT 显示器对话框，如图 18-31 所示。

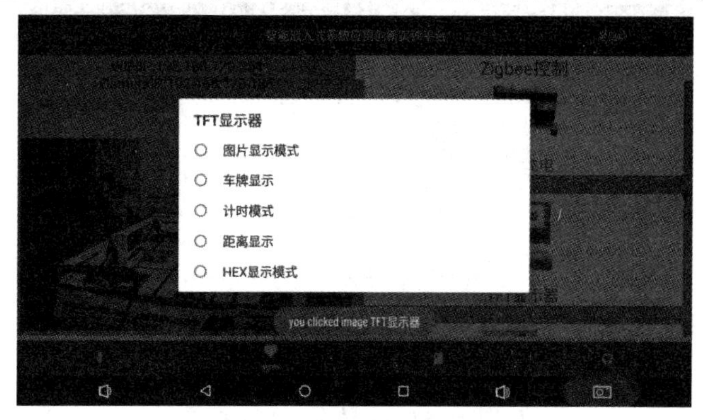

图 18-31　TFT 显示器对话框

一般沙盘会摆放两个 TFT 显示器，所以需要选择 A/B，具体标签可在 TFT 显示器上找到。TFT 显示器主要功能有：

(1) 图片显示模式：主要控制 TFT 显示器翻页及指定显示图片等功能。

(2) 车牌显示模式：在 TFT 显示器上显示指定的车牌。

(3) 计时模式：可以控制 TFT 显示器开始、关闭、停止计时。

(4) 距离显示：在 TFT 显示器上显示指定的距离。

(5) HEX 显示模式：在 TFT 显示器上显示指定的 HEX 数据。

6. 控制智能交通灯

点击“智能交通灯”，弹出智能交通灯对话框，如图 18-32 所示。这里同样也需要先选择 A/B 标签。

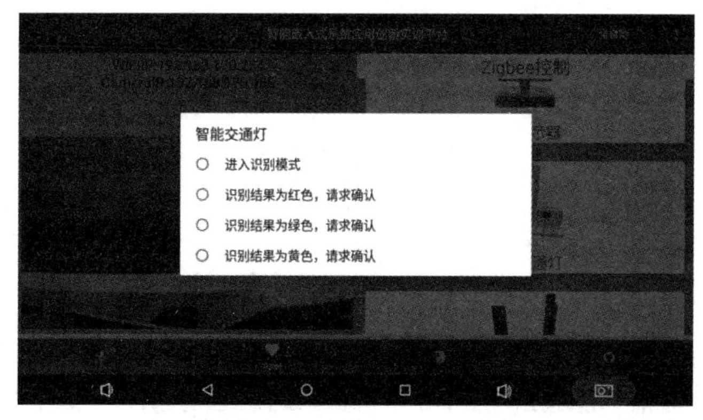

图 18-32　智能交通灯对话框

首先点击“进入识别模式”，交通灯会随机点亮一盏灯，开始 10 秒倒计时。如果在 10 秒内根据交通灯的颜色点击对应的按键，那么交通灯倒计时停止，说明识别正确；如果在 10 秒之内没有点击，或者点击的颜色与当前交通灯的颜色不符，交通灯就会全部点亮，说明识别失败(需复位交通灯才能进行下一次的指令接收)。

7. 控制立体车库

点击“立体车库”，弹出立体车库控制对话框，如图 18-33 所示。这里同样也需要选择 A/B 标签。可以通过前 4 个按键控制立体车库的升降，后两个指令返回对应结果。

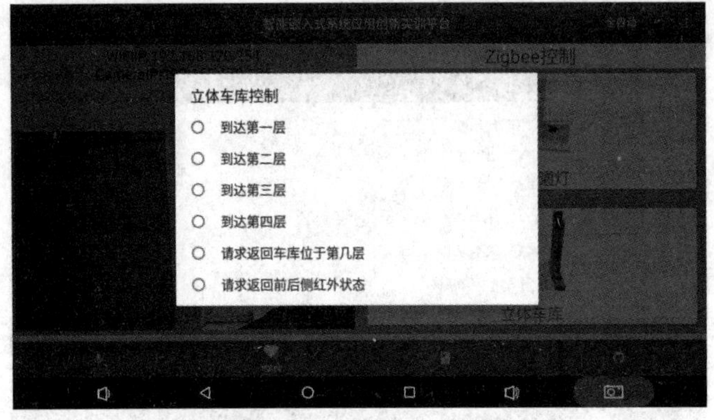

图 18-33　立体车库对话框

18.4　界面主类 LCCX Activity

基于竞赛平台的特殊性，竞赛平台涉及前述的串口通信和 Socket 通信。处于开发者的角度来看，最便捷的通信方式就是 Socket 通信，因此本节介绍使用 Socket 通信进行范例程序开发，搭建一个智能小车 APP 框架，使得进入 App 后的结果如图 18-34 所示。

图 18-34　移动端连接智能小车后的状态

WiFi 是建立连接、进行通信的手段，通过自己的通信协议，保证让两个节点能互相传输数据。而 Socket 通信也能够与 WiFi 连接上，因此在这里选择通过智能小车的 WiFi 模块让移动端和智能小车建立 Socket 连接。

1. 设备需求

完成此任务所需要的设备包括：

- Windows 7 及以上。
- JDK1.7+及以上。
- Android Studio 3.1.3。
- Android4.0+ 手机/平板/A72。
- camerautil.jar 包：摄像头图像回传和控制工具。
- WaitProgressDialog-debug.aar 包：自定义 Dialog 弹窗支撑包。

2．实施步骤

具体实现过程如下：

(1) 要准备 camerautil.jar 包及其下面的测试版、发行版 Dialog 的“.aar”文件，一起拷贝进新建的工程(Express_Edition)项目模式目录下的 app/libs 中。

注意：jar 包需要右键添加后，在 app 下的 build.gradle 中添加依赖才能正常使用，否则导入后不能被调用，“.aar”文件则只需要在 app 模式的 build.gradle 中添加依赖，添加依赖后需要点击同步即可引入相关的包。后续的开发中，导包方式与此类似。

(2) 建立项目后找到工作结构区的位置，依次点击 Android→Project→app，将“.jar”和“.aar”文件拷贝进 libs 资源文件夹，拷贝进去后鼠标右击 camerautil.jar 包，选择 add as library 等待添加文件完成。最后在 build.gradle 文件中添加依赖，代码如下：

```
1. android {
2. ...
3. }
4. dependencies {
5. ...
6. implementation(name: 'WaitProgressDialog-debug', ext: 'aar')
7. implementation files('libs/camerautil.jar')
8. }
```

代码详解：

经过前面的开发准备工作，在创建好 Project 后首先要规划 UI 部分。本案例 App 布局采用的是线性布局和相对布局嵌套使用，比较简单，开发者可以根据自己喜好来修改布局，以下针对案例 App 的 UI 代码做介绍。

注意：命名和引用控件 ID 资源时需要将控件 ID 规范化、合理化。

18.5　辅助界面相关类

18.5.1　欢迎界面 WelcomeView 类

随着移动互联网的兴起，各种 App 也跟着走进人们的世界，并与之密切相关，大家都知道，App 一打开，启动应用程序后，进入主功能界面前会有一张图片或一段动画效果，停留数秒钟后消失。这张图片或这段动画效果称为应用的启动画面。启动画面在每次打开应用时都会出现。

纯色、简单直接的启动界面，与主界面框架形式的启动画面类似，能够让用户有“快”的感觉。由于色彩单调不适宜长时展示，所以此类启动画面多使用于工具型并且程序启动较为快速的应用中。下面介绍如何制作一个简单的 App 启动欢迎界面，显示效果如图 18-35 所示。

图 18-35　App 启动页预览

(1) 在 layout 目录中添加一个 activity_welcome.xml 页面，页面中涉及的图片可以根据用户的需要来自己定制后添加到 mipmap 中。UI 代码展示：

```
1. <RelativeLayout xmlns:android="http://schemas.android.com/apk/res/android"
2.      android:layout_width="match_parent"
3.      android:layout_height="match_parent"
4.      android:background="#2b93d6"
5.      android:orientation="vertical" >
6.      <TextView
7.          android:id="@+id/tv_TianChong"
8.          android:layout_width="match_parent"
9.          android:layout_height="20dp" />
10.     <ImageView
11.         android:id="@+id/iv"
12.         android:layout_width="match_parent"
```

```
13.            android:layout_height="wrap_content"
14.            android:layout_below="@+id/tv_TianChong"
15.            android:layout_alignParentStart="true"
16.            android:adjustViewBounds="true"
17.            android:src="@mipmap/bg_2" />
18.        <RelativeLayout
19.            android:layout_below="@id/iv"
20.            android:layout_width="match_parent"
21.            android:layout_height="match_parent"
22.            android:background="#ffffff">
23.            <ImageView
24.                android:layout_width="70dp"
25.                android:layout_height="70dp"
26.                android:layout_centerInParent="true"
27.                android:layout_gravity="center"
28.                android:layout_weight="1"
29.                android:src="@mipmap/ic_bkrc_large" />
30.
31.            <Button
32.                android:id="@+id/btn_jump"
33.                android:layout_width="wrap_content"
34.                android:layout_height="wrap_content"
35.                android:layout_alignParentEnd="true"
36.                android:layout_alignParentTop="true"
37.                android:layout_marginEnd="18dp"
38.                android:background="#00000000"
39.                android:clickable="true"
40.                android:text="跳过(3)"
41.                android:textColor="#000000"
42.                android:textSize="15dp" />
43.        </RelativeLayout>
44.    </RelativeLayout>
```

(2) 在 Java 的包下新建一个 WelcomeView 类，因为要连接到刚刚创建的 activity_welcome 页面，所以需要在这个类中添加 onCreate 方法，在 onCreate 中设置启动页为 activity_welcome；添加 Handler 消息等待的方法来实现倒计时显示；设置按钮监听，通过点击按钮中断倒计时。那么在进入欢迎页面时等待倒计时结束或直接点击跳过等待按钮都可以进入 MainActivity 界面，最后在 onDestroy 销毁本页面 Handler 的消息。代码如下：

```
1. public class WelcomeView extends AppCompatActivity {
2.      private TextView tv_Jump;
3.      @Override
4.      protected void onCreate(Bundle savedInstanceState) {
5.           super.onCreate(savedInstanceState);
6.           setContentView(R.layout.activity_welcome);
7.           // 透明状态栏
8.   getWindow().addFlags(WindowManager.LayoutParams.FLAG_TRANSLUCENT_STATUS);
9.           // 透明导航栏
10.          getWindow().addFlags(WindowManager.LayoutParams.FLAG_TRANSLUCENT_
                                   NAVIGATION);
11.           tv_Jump=(TextView)findViewById(R.id.tv_Jump);
12.           InitEvent();
13.           tv_Jump.setOnClickListener(v -> handler.sendEmptyMessage(10));
14.      }
15.      @SuppressLint("HandlerLeak")
16.      private Handler handler = new Handler(){
17.           @Override
18.           public void handleMessage(Message msg) {
19.                super.handleMessage(msg);
20.                if (msg.what == 2){
21.                     tv_Jump.setText("跳过(2)");
22.                     handler.sendEmptyMessageDelayed(1,1000);
23.                } else if (msg.what == 1){
24.                     tv_Jump.setText("跳过(1)");
25.                     handler.sendEmptyMessageDelayed(0,1000);
26.                } else if (msg.what == 0){
27.                     tv_Jump.setText("跳过(0)");
28.                     handler.sendEmptyMessageDelayed(10,500);
29.                } else if (msg.what == 10){
30.                     Intent intent = new Intent(WelcomeView.this,
31.                               MainActivity.class);
32.                     startActivity(intent);
33.                     finish();
34.                }
35.           }
36.      };
37.      private void InitEvent() {
```

```
38.            handler.sendEmptyMessageDelayed(2,1000);
39.        }
40.        @Override
41.        public void onRequestPermissionsResult(int requestCode, String[] permissions, int[]
                                                   grantResults) {
42.            InitEvent();
43.        }
44.        @Override
45.        protected void onDestroy() {
46.            super.onDestroy();
47.            handler.removeMessages(2);
48.            handler.removeMessages(1);
49.            handler.removeMessages(0);
50.        }
51. }
```

(3) 在 AndroidManifest 中修改启动页面为 WelcomeView，并添加 MainActivity 的进入权限，代码如下：

```
1. <activity android:name=".WelcomeView">
2.        …
3. </activity>
4. <activity android:name=".MainActivity"
5. …/>
```

这样在程序运行后就得到了前面演示的效果。

18.5.2 设置界面

随着实际开发中涉及的内容越来越多，又加之单独页面非上下滑动页面，它已经不能承担起众多控件的呈现，那么就需要进行对页面的修改，让其能够分类显示这些控件。

下面介绍如何开发实现新功能——滑动设置界面，其实现的功能是下发数据，利用智能小车的红外发射器和 ZigBee 模块分别控制红外和 ZigBee 标志物，效果如图 18-36 所示。

本节内容基于前面 18.5.1 内容基础上，需要用到 TabLayout 来做滑屏操作的滚动头布局，用 v4 包中的 ViewPager 做滑动显示区域，因此需要在 app 下的 build.gradle 中添加 TabLayout 和 ViewPager 的依赖。添加的依赖如下：

```
1. android {...}
2. dependencies {
```

```
3. ...
4.         implementation 'com.android.support:support-v4:28.0.0'
5.         implementation 'com.android.support:design:28.0.0'
6.         ...
7. }
```

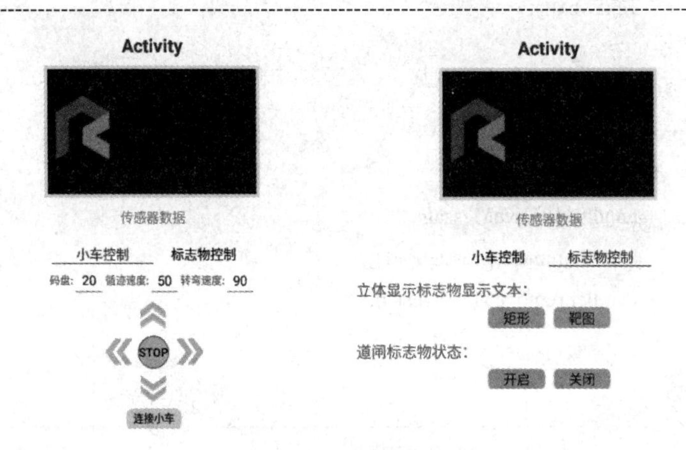

图 18-36　小车控制和标志物控制页面

Android 应用开发

19.1 二维码扫描及处理

本节主要介绍如何调用 Google Zxing 包识别二维码内的内容，并将二维码转化成字符串结果输出，效果如图 19-1 所示。

图 19-1　二维码识别结果展示

1. 设备需求

完成本任务所需要的设备包括：

- Windows7 及以上。
- JDK1.7＋及以上。
- Android Studio 3.1.3。
- Android4.0＋手机/平板/A72。
- core.jar(Zxing)包：Google 的二维码识别工具。
- camerautil.jar 包：摄像头图像回传和控制工具(该工具将在任务 42 主车摄像头扫描二维码及处理中详细介绍)。

2. 代码详解

(1) UI 部分。UI 部分布局采用的是线性布局，比较简单，学习者可以根据自己爱好来修改布局，这里就不再展开 UI 部分代码讲解。

(2) 添加依赖。例程中需要 core.jar 和 camerautil.jar 包，将两个 jar 包复制在 lib 文件夹中，并在 build.gradle 文件中添加依赖，代码如下：

```
1. apply plugin: 'com.android.application'
2.
3. android {
4.     ...
5. }
6. dependencies {
7.     ...
8.     implementation files('libs/core.jar')
9.     implementation files('libs/camerautil.jar')
10. }
```

(3) 通过 wifiInit 函数获取小车 IP 地址，在前文已经描述过，不再赘述。

(4) 在 wifiInit 函数中添加启动广播用于通信，并启动服务开启摄像头搜索 IP，在搜索服务成功获取 IP 地址后，通过广播回传 IP 结果，再调用 camerautil 包下的 httpForImage 函数获取 Bitmap 图像用于显示。该过程将在任务 42 中会展开描述，此处就不展开代码讲解。

(5) 当成功获取回传图像后，需要调用 QRCodeReader 的 decode()方法，decode()共有两个参数：BinaryBitmap 和 Map<DecodeHintType, ?>。前者创建对象需要创建 LuminanceSource 传入 byte[]对象，因为获取的是 Bitmap 对象，所以需要继承 LuminanceSource 改写传入规则，创建 RGBLuminanceSource 类继承 LuminanceSource，具体代码如下：

```
1. public class RGBLuminanceSource extends LuminanceSource {
2.
```

```
3.    private final byte[] luminances;
4.
5.    public RGBLuminanceSource(Bitmap bitmap) {
6.          super(bitmap.getWidth(), bitmap.getHeight());
7.          int width = bitmap.getWidth();
8.          int height = bitmap.getHeight();
9.          int[] pixels = new int[width * height];
10.         bitmap.getPixels(pixels, 0, width, 0, 0, width, height);
11.         luminances = new byte[width * height];
12.         for (int y = 0; y < height; y++) {
13.               int offset = y * width;
14.               for (int x = 0; x < width; x++) {
15.                     int pixel = pixels[offset + x];
16.                     int r = (pixel >> 16) & 0xff;
17.                     int g = (pixel >> 8) & 0xff;
18.                     int b = pixel & 0xff;
19.                     if (r == g && g == b) {
20.                           //Image is already greyscale, so pick any channel.
21.                           luminances[offset + x] = (byte) r;
22.                     } else {
23.                           //Calculate luminance cheaply, favoring green.
24.                           luminances[offset + x] = (byte) ((r + g + g + b) >> 2);
25.                     }
26.               }
27.         }
28.   }
29.   @Override
30.   public byte[] getMatrix() {
31.         return luminances;
32.   }
33.
34.   @Override
35.   public byte[] getRow(int arg0, byte[] arg1) {
36 .        if (arg0 < 0 || arg0 >= getHeight()) {
37.               throw new IllegalArgumentException(
38.                           "Requested row is outside the image: " + arg0);
39.         }
40.         int width = getWidth();
41.         if (arg1 == null || arg1.length < width) {
```

```
42.                 arg1 = new byte[width];
43.             }
44.             System.arraycopy(luminances, arg0 * width, arg1, 0, width);
45.             return arg1;
46.     }
47. }
```

后者的参数是固定搭配，在 Google 文档中可查阅相关写法。此外，因为二维码识别是耗时工作，所以需要将二维码识别放入子线程中运行。在案例内，可将识别放入定时器当中，周期为 500 ms，当识别到结果返回结果并显示。若超过 4 s，将关闭定时器，表示无法识别到结果。抽取相关代码如下：

```
1. public class MainActivity extends Activity {
2.
3.     ...
4.
5.     public void onClick(View v) {
6.         if (v.getId() == R.id.start_qr_button) {
7.             if ((IPCar != null) && (cameraIP != null) && (!cameraIP.equals(""))) {
8.                 if (bitmap != null) {
9.                     qrRecognition();
10.                } else {
11.                    Toast.makeText(MainActivity.this, "无摄像头"图片 + "/n" + "请重启
摄像头"图片, Toast.LENGTH_LONG).show();
12.                }
13.            } else {
14.                Toast.makeText(MainActivity.this, "未连接网络",Toast.LENGTH_LONG).
show();
15.            }
16.        }
17.    }
18.
19.    private Timer timer;
20.    private String result_qr;
21.    private int qr_flag = 0;
22.
23.    private void qrRecognition() {
24.        new Thread(new Runnable() {
25.            @Override
```

```
26.                 public void run() {
27.                     //TODO Auto-generated method stub
28.                     timer = new Timer();
29.                     timer.schedule(new TimerTask() {
30.                         @Override
31.                         public void run() {
32.                             Result result = null;
33.                             RGBLuminanceSource rSource = new RGBLuminanceSource(
34.                                     bitmap);
35.                             try {
36.                                 BinaryBitmap binaryBitmap = new BinaryBitmap(
37.                                         new HybridBinarizer(rSource));
38.                                             Map<DecodeHintType, String> hint = new
HashMap<DecodeHintType, String>();
39.                                 hint.put(DecodeHintType.CHARACTER_SET, "utf-8");
40.                                 QRCodeReader reader = new QRCodeReader();
41.                                 result = reader.decode(binaryBitmap, hint);
42.                                 result_qr = result.toString();
43.                             } catch (Exception e) {
44.                                 e.printStackTrace();
45.                             }
46.                             if (result_qr != null) {
47.                                 qrHandler.sendEmptyMessage(20);
48.                                 timer.cancel();
49.                             } else {
50.                                 qr_flag++;
51.                                 qrHandler.sendEmptyMessage(15);
52.                                 if (qr_flag >= 8) {
53.                                     timer.cancel();
54.                                     qrHandler.sendEmptyMessage(25);
55.                                 }
56.                             }
57.                         }
58.                     }, 0, 500);
59.                 }

60.             }).start();
61.     }
62.
```

```
63.      //二维码、车牌处理
64.      Handler qrHandler = new Handler() {
65.           public void handleMessage(Message msg) {
66.                if (msg.what == 15)
67.                     show_News.setText("正在进行第" + qr_flag + "次识别");
68.                else if (msg.what == 20) {
69.                     show_News.setText("识别结果:" + "\n" + result_qr);
70.                     result_qr = null;
71.                } else if (msg.what == 25) {
72.                     show_News.setText("未能识别成功");
73.                     qr_flag = 0;
74.                }
75.           };
76.      };
77. }
```

(6) 效果演示。执行程序后就可得到前文演示的效果。

任务42　主车摄像头扫描二维码及处理

一、任务描述

本次任务目的是通过 WiFi 连接上摄像头，然后控制摄像头拍取二维码图片并将结果显示至界面。

二、任务准备

- Windows 7 及以上。
- JDK1.7 + 及以上。
- Android Studio 3.1.3。
- Android4.0 + 手机/平板/A72。
- core.jar(Zxing)包：Google 的二维码识别工具。
- camerautil.jar 包：摄像头图像回传和控制工具。

三、任务实施

1. 连接小车 WiFi

确保小车已正确启动，并成功将移动端连上小车的 WiFi。

2. 选择工程包

导入 SDK 测试工程，在工程目录下找到名为 42_Car_Qr_Code_Demo 的工程包，如图 19-2 所示。

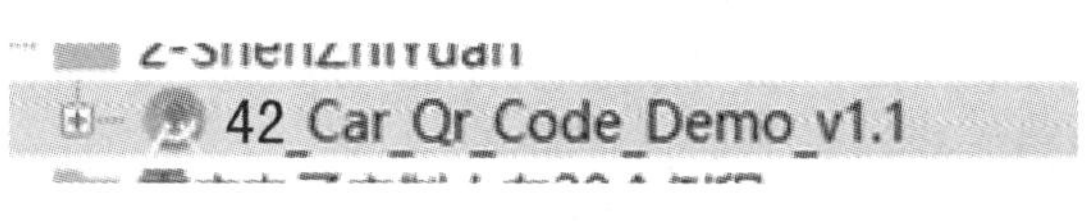

图 19-2　选择工程包名

3. APP 安装

在 Android Studio 中，点击标题栏下方的运行按钮，进行 App 安装，如图 19-3 所示。(如果设备是 A72，一定要打开 USB 调试。)

图 19-3　选择运行

4. 二维码识别

App 安装完成开始运行后进入 Android 设备的界面，如果成功连上 WiFi，那么就能收到摄像头数据，点击“开始识别”，出现识别结果，如图 19-4 和图 19-5 所示。

图 19-4　启动时搜索摄像头

图 19-5　结果展示

5. 修改 UI 布局

在案例代码的基础上，学习者可以根据自己的实际情况，修改设备操作或 UI 布局，重新编译运行查看设备变化。

四、代码详解

这里只重点介绍获取摄像头图像的流程，其余部分可参考 19.1 节。

(1) 在 wifiInit 函数中注册广播用于服务与活动间的通信，并调用 search()函数启动 SearchService 服务开启摄像头搜索 IP，代码如下：

```
1. private void wifiInit() {
    ...
        //注册广播
        IntentFilter intentFilter = new IntentFilter();
        intentFilter.addAction(A_S);
        registerReceiver(myBroadcastReceiver, intentFilter);
        cameraCommandUtil = new CameraCommandUtil();
        search();
    ...
}
2. //搜索摄像 cameraIP 进度条
private void search() {
    progressDialog = new ProgressDialog(this);
    progressDialog.setProgressStyle(ProgressDialog.STYLE_SPINNER);
    progressDialog.setMessage("正在搜索摄像头");
    progressDialog.show();
    Intent intent = new Intent();
    intent.setClass(MainActivity.this, SearchService.class);
    startService(intent);
}
```

(2) 创建 SearchService 服务。在服务中调用 camera.jar 中的 SearchCameraUtil 摄像头工具类 send()方法，该方法返回一个字符串，可能有值，也可能为空或为“”。因此需要使用 while()循环判断 send()方法的返回值，直至有数据为止，因为网络传输有延迟，设置 1 s 的重复频率。当成功获取到 IP 地址时，退出 while()循环，通过广播发送数据至 MainActivity。具体代码如下：

```
1. public class SearchService extends Service {
2.     //搜索摄像头 IP 类
3.     private SearchCameraUtil searchCameraUtil = null;
4.     //摄像头 IP
5.     private String IP = null;          //赋值
6.     @Override
```

```
7.      public IBinder onBind(Intent arg0) { return null; }
8.      @Override
9.      public void onCreate() {
10.         super.onCreate();
11.         thread.start();
12.     }
13.     private Thread thread = new Thread(new Runnable() {
14.
15.         public void run() {
16.             while (IP == null || IP.equals("")) {
17.                 searchCameraUtil = new SearchCameraUtil();
18.                 IP = searchCameraUtil.send();
19.                 try {
20.                     Thread.sleep(1000);
21.                 } catch (InterruptedException e) {
22.                     e.printStackTrace();
23.                 }
24.             }
25.             handler.sendEmptyMessage(10);
26.         }
27.     });
28.     private Handler handler = new Handler() {
29.         public void handleMessage(Message msg) {
30.             if (msg.what == 10) {
31.                 Intent intent = new Intent(MainActivity.A_S);
32.                 intent.putExtra("IP", IP + ":81");
33.                 sendBroadcast(intent);
34.                 SearchService.this.stopSelf();
35.             }
36.         };
37.     };
38. }
```

注意，服务需要在 AndroidManifest.xml 文件内注册，具体代码如下：

```
1. <?xml version="1.0" encoding="utf-8"?>
<manifest ...>
2. ...
    <application ...>
        ...
```

```
        <service android:name="com.bkrc.car2019.car_qr_code_demo.SearchService"/>
    </application>
</manifest>
```

(3) 在 MainActivity 内接受广播数据，获取到摄像头 IP 地址后启动图像回传线程，通过 SearchCameraUtil 的 httpForImage()方法获取 Bitmap 图像，因为要一直获取图像，所以用 while(true)方法进行死循环。最后，通过调用 View.setImageBitmap()方法将图像显示出来，MainActivity 相关代码如下：

```
1. public class MainActivity extends Activity {
2.
3.     ...
4.     private CameraCommandUtil cameraCommandUtil;
5.      //广播名称
6.      public static final String A_S = "com.a_s";
7.      //广播接收器
8.      private BroadcastReceiver myBroadcastReceiver = new BroadcastReceiver() {
9.          public void onReceive(Context arg0, Intent arg1) {
10.             cameraIP = arg1.getStringExtra("IP");
11.             progressDialog.dismiss();
12.             phThread.start();
13.             phHandler.sendEmptyMessage(30);
14.         }
15.     };
16.
17.
18. private void wifiInit() {
    ...
        //注册广播
        IntentFilter intentFilter = new IntentFilter();
        intentFilter.addAction(A_S);
        registerReceiver(myBroadcastReceiver, intentFilter);
        cameraCommandUtil = new CameraCommandUtil();
        search();
    ...
    }
19.     //搜索进度
20.     private ProgressDialog progressDialog = null;
21.
```

```
22.     //搜索摄像 cameraIP 进度条
23.     private void search() {
24.         progressDialog = new ProgressDialog(this);
25.         progressDialog.setProgressStyle(ProgressDialog.STYLE_SPINNER);
26.         progressDialog.setMessage("正在搜索摄像头");
27.         progressDialog.show();
28.         Intent intent = new Intent();
29.         intent.setClass(MainActivity.this, SearchService.class);
30.         startService(intent);
31.     }
32.
33.     //开启线程接受摄像头当前图片
34.     private Thread phThread = new Thread(new Runnable() {
35.         public void run() {
36.             Looper.prepare();
37.             while (true) {
38.                 if (flag) {
39.                     bitmap = cameraCommandUtil.httpForImage(cameraIP);
40.                     phHandler.sendEmptyMessage(10);
41.                 }
42.             }
43.         }
44.     });
45.
46.     //显示图片
47.     public Handler phHandler = new Handler() {
48.         public void handleMessage(Message msg) {
49.             if (msg.what == 10) {
50.                 image_Show.setImageBitmap(bitmap);
51.             }
52.             if (msg.what == 20) {
53                 wifi_IP.setText(IPCar);
54.             }
55.             if (msg.what == 30) {
56.                 camera_IP.setText(cameraIP);
57.             }
58.         }
59.     };
```

五、结果演示

点击“开始识别”，通过调用 camerautil 和 Google Zxing 包可完成获取图像和二维码识别功能，二维码识别结果如图 19-6 所示。

图 19-6　二维码识别结果展示

任务 43　从车摄像头扫描二维码及处理

一、任务描述

本任务目的是如何通过 AGV 智能运输机器人获取二维码识别结果。

二、任务准备

- Windows 7 及以上。
- Arduino IDE。
- Arduino 例程。

- Arduino Library。
- 机器视觉模组摄像头例程。

三、任务实施

1．环境搭建

Arduino 环境搭建，安装包在参考资料内(若是出厂默认程序可从第 5 步直接看效果)。

2．配置库，烧录 Arduino 程序

从示例程序中找到 Arduino 程序，解压后如图 19-7 所示。

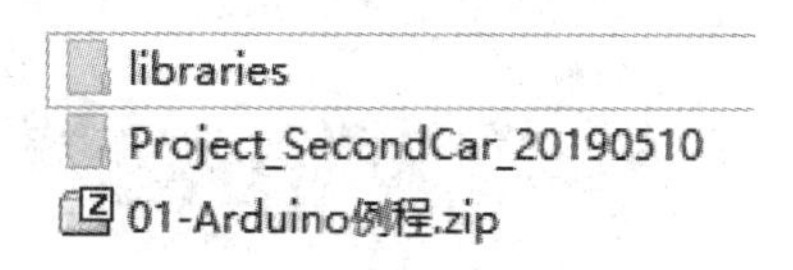

图 19-7　解压后程序

解压后分别有两个文件夹，其中 libraries 内存放库文件，Project_XXX 内存放例程。首先配置库文件，可参阅 http://www.arduino.cc/en/Guide/Libraries 进行配置。

双击“.ino”文件打开例程，分别配置开发板、处理器和端口，然后点击上传(别忘记接线)，有关配置如图 19-8 所示。

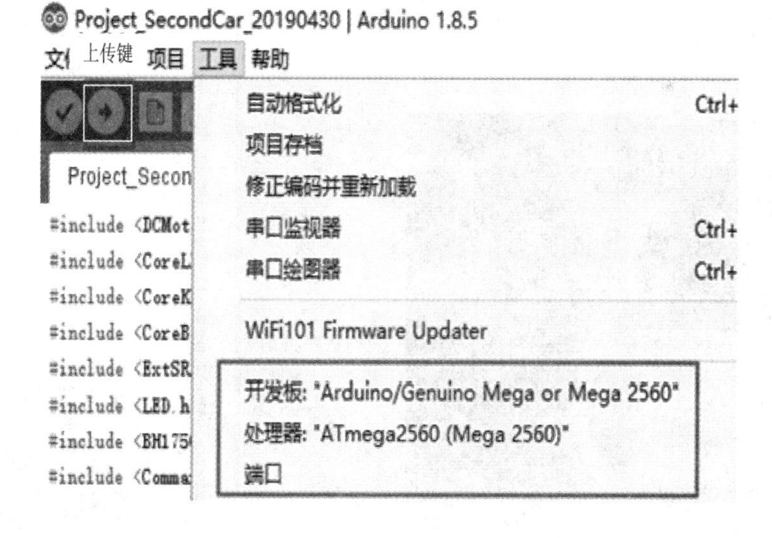

图 19-8　开发板与处理器配置

3．机器视觉模组环境搭建

机器视觉模组环境搭建安装包在参考资料内提供，可参考任务 47 中的任务步骤。

4．机器视觉模组案例运行

机器视觉模组案例可在机器视觉模组摄像头例程内解压中获得。打开开关，若摄像头标题显示 qr_CodeV1.0 字样则为运行成功，如图 19-9 所示。

图 19-9　机器视觉模组案例运行界面

5. 二维码识别控制

运行成功后，按下 K1 按键即可开启二维码识别，按下 K2 按键即停止二维码识别，界面如图 19-10 所示。

注意，二维码中间不能出现 Logo 否则将无法识别，若识别成功，液晶屏上会出现一串返回结果，界面如图 19-11 所示。具体协议可参考通信协议 OpenMV 向 Arduino 返回数据结构一栏。

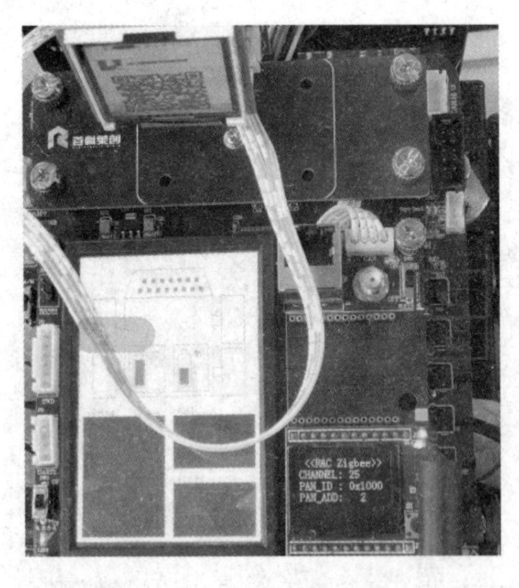

图 19-10　二维码识别控制开关

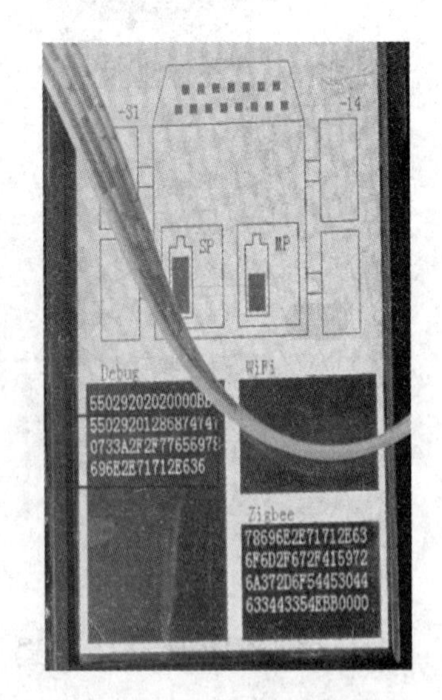

图 19-11　二维码识别标志

四、代码详解

有关 Arduino 的按键检测、开启二维码、关闭二维码的相关代码如下：

```
1. ...
2. //给 OpenMV 发送识别二维码
3. uint8_t qrdi_buf[8] = {0x55,0x02,0x92,0x00,0x00,0x00,0x00,0xBB};
4. //OpenMV 识别二维码启动函数
5. void OpenMVQr_Disc_StartUp(void)
6. {
7.         qrdi_buf[3] = 0x01;                     //开始识别
8.         Command.Judgment(qrdi_buf);             //计算校验和
9.         ExtSRAMInterface.ExMem_Write_Bytes(0x6008, qrdi_buf, 8);
10. }
11. //关闭 OpenMV 识别二维码函数
12. void OpenMVQr_Disc_CloseUp(void)
13. {
14.         qrdi_buf[3] = 0x02;                     //关闭识别
15.         Command.Judgment(qrdi_buf);             //计算校验和
16.         ExtSRAMInterface.ExMem_Write_Bytes(0x6008, qrdi_buf, 8);
17. }
18. ...
19. void KEY_Handler(uint8_t k_value)
20. {
21.     switch(k_value)
22.     {
23.         case 1:
24.             BEEP.TurnOn();
25.             delay(50);
26.             OpenMVQr_Disc_StartUp();        //识别二维码
27.             BEEP.TurnOff();
28.             break;
29.         case 2:
30.             BEEP.TurnOn();
31.             delay(50);
32.             OpenMVQr_Disc_CloseUp();        //关闭识别二维码
33.             BEEP.TurnOff();
34.             break;
35.         ...
36.     }
37. }
```

五、结果演示

选择一张没有 Logo 的二维码，选择 K1 即可进入识别获得如图 19-12 所示的结果。

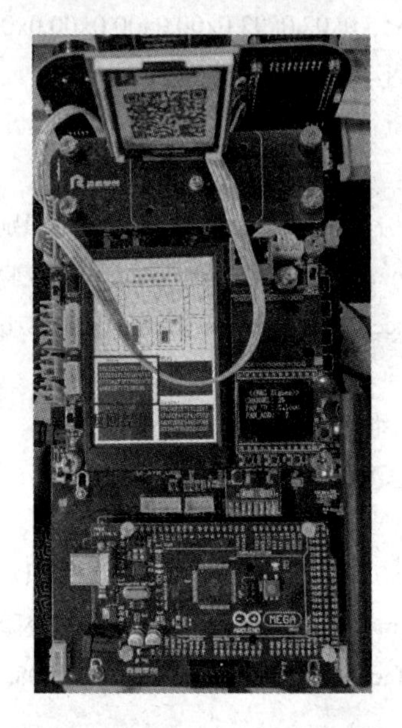

图 19-12　二维码识别结果

19.2　机器视觉与图像处理

机器视觉是人工智能正在快速发展的一个分支。简单来说，机器视觉就是用机器代替人眼来做测量和判断。机器视觉系统是通过机器视觉产品(即图像摄取装置，分 CMOS 和 CCD 两种)将被摄取目标转换成图像信号，传送给专用的图像处理系统，得到被摄目标的形态信息，根据像素分布和亮度、颜色等信息，转变成数字化信号；图像系统对这些信号进行各种运算来抽取目标的特征，进而根据判别的结果来控制现场的设备动作。

任务 44　主车识别图形

一、任务描述

本任务通过随机读取图片进行形状识别，并将识别结果显示至界面。

二、任务分析

在本任务中，对图形识别的原理主要应考虑如下几个方面的问题：

(1) Java 中的坐标系参考与日常坐标系的坐标原点是不同的，具体区别如图 19-13 所示。

(2) 去除背景。通过对图片所有像素点扫描，例如选择白色，则将白色像素点全部留下，其他像素点全部改变为黑色，效果图如图 19-14 所示。

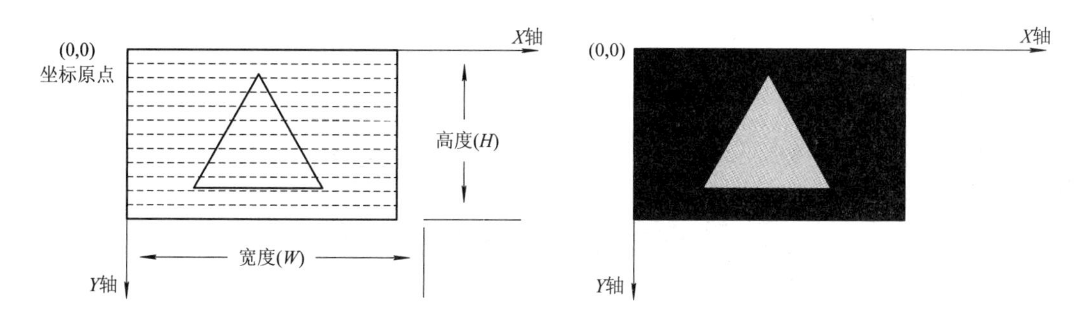

图 19-13　Java 坐标参考系　　　　　图 19-14　去除背景效果图

(3) 得到形状高度。若第一个白色像素点 A 点坐标为(X_1，Y_1)，最后一个白色像素点 B 点坐标为(X_2，Y_2)，那么就可以通过这两点的坐标得到如图 19-15 所示三角形的高度 H，即

$$H = Y_2 - Y_1$$

在这里仅以三角形为例，针对其他形状均可通过此原理得到形状的高度，得到高度后来获取形状的特征值。

(4) 获取形状的特征值。以图 19-16 所示三角形、圆形、矩形为例进行分析。

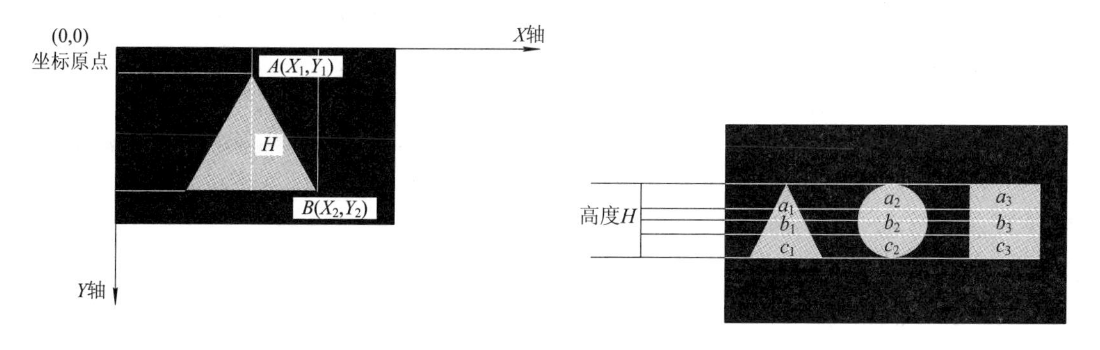

图 19-15　高度提取示意图　　　　　图 19-16　特征比较图

从形状的高度 H 的 1/3 横向扫描可以得到：① 白色三角形像素个数 a_1；② 白色圆形像素个数 a_2；③ 白色矩形像素个数 a_3。

从形状高度 H 的 1/2 横向扫描可以得到：① 白色三角形像素个数 b_1；② 白色圆形像素个数 b_2；③ 白色矩形像素个数 b_3。

从形状高度 H 的 2/3 横向扫描可以得到：① 白色三角形像素个数 c_1；② 白色圆形像素个数 $c2$；③ 白色矩形像素个数 $c3$。

综上所述可得：三角形特征为 $a_1 < b_1 < c_1$；圆形特征为 $a_2 < b_2$ && $c_2 < b_2$；矩形特征为 $a_3 = b_3 = c_3$。根据特征值比较即可判断出形状。

三、任务准备

- Windows 7 及以上。
- JDK1.7 + 及以上。

- Android Studio 3.1.3。
- Android4.0 + 手机/平板/A72。

四、任务实施

(1) 导入 SDK 测试工程，在工程目录下，找到名为 44_Car_Shape_Demo 的工程包，如图 19-17 所示。

42_Car_Qr_Code_Demo_v1.1

44_Car_Shape_Demo

图 19-17　导入 SDK 测试工程

(2) 在 Android Studio 中，点击标题栏下方的“运行”按钮，进行 App 安装，界面如图 19-18 所示(如果设备是 A72，一定要打开 USB 调试)。

图 19-18　选择运行

(3) App 安装完成开始运行后进入 Android 设备的界面，首先点击“随机选择”按钮，程序会从例程的 assets 目录随机读取一张图片，每张图片的颜色和形状都不相同，获取后点击“开始识别”，识别结果会在界面上显示。具体效果可参考结果演示。

五、代码详解

1．UI 部分

UI 部分布局采用的是线性布局，比较简单，学习者可以根据自己爱好来修改布局，这里就不展开 UI 部分代码讲解。

2．加载随机图片

图片是从 assets 随机获取的，所以需要 Random 类生成随机数，然后将图片加载至界面，在 MainActivity 中相关代码如下：

```
1. public class MainActivity extends Activity implements View.OnClickListener {

    private ImageView diapView;
    private Button btnRandom;

    private Bitmap bitmaps;

    @Override
    public void onClick(View v) {
        if (v == btnRandom) {
            Random random = new Random();
            int i = random.nextInt(5) + 1;
```

```
                setShapeImage( i + ".png");
            }
2.          ...
3.      }

    private void setShapeImage(String filename) {
        try {
            bitmaps = BitmapFactory.decodeStream(getAssets().open(filename));
            diapView.setImageBitmap(bitmaps);
        } catch (IOException e) {
            e.printStackTrace();
        }
        diapView.setImageBitmap(bitmaps);
4.      }
}
```

3. 开始识别

识别图形采用的是特征提取方法，在任务分析中已进行详细说明。

4. 创建 Coordinates 像素点类

因为像素点的坐标值分 X 坐标和 Y 坐标，因此创建一个 Coordinates 像素点类方便存放像素点坐标。Coordinates 代码如下：

```
public class Coordinates {
    private int x;
    private int y;

    public Coordinates(int x, int y) {
        super();
        this.x = x;
        this.y = y;
    }
    public int getX() { return x; }
    public void setX(int x) { this.x = x; }
    public int getY() { return y; }
    public void setY(int y) { this.y = y; }
}
```

六、结果演示

点击“随机选择”，程序会调取一张图片，再点击“开始识别”，会出现形状识别的结果，如图 19-19 所示。

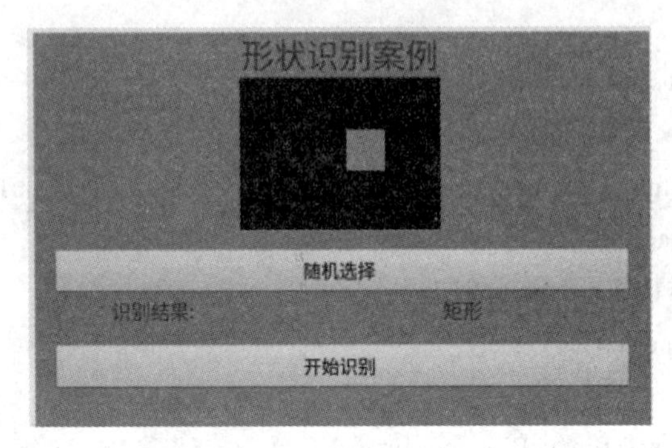

图 19-19 识别结果

任务 45 主车识别车牌

一、任务描述

本次任务是通过 Google 的文字识别库提取车牌中的字母。

二、任务分析

实现文字识别的方法有很多，Google 提供的 tess-two 在文本检测上具有较高的性能，大致思路如图 19-20 所示。

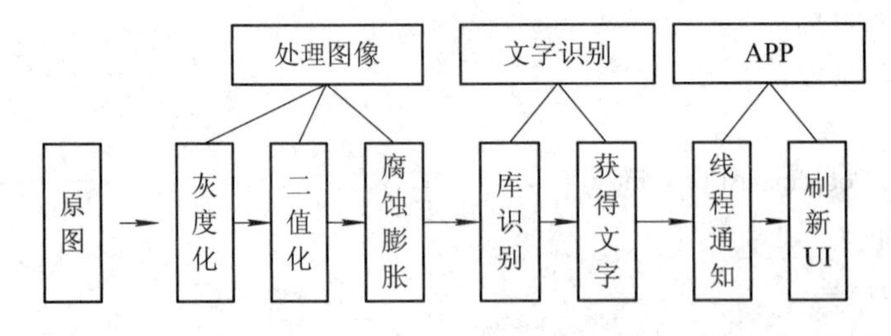

图 19-20 文字识别流程图

tess-two 模块包含用于编译 Tesseract 和 Leptonica 库以在 Android 平台上使用的工具。它提供了 Java API，用于访问本地编译的 Tesseract 和 Leptonica API。

eyes-two 模块包括文本检测、模糊检测、光流检测和阈值处理的本机功能。使用 Tesseract 或 Leptonica API 不需要双目视觉。

三、任务准备

- Windows 7 及以上。

- JDK1.7 + 及以上。
- Android Studio 3.1.3。
- Android4.0 + 手机/平板/A72。
- eng.traineddata：字库，存放可以识别的字母。
- tess-two 包：远程依赖，文本检测工具。

四、任务实施

1. 选择工程包名

导入 SDK 测试工程，在工程目录下，找到名为 45_PlateCar_Demo 的工程包，如图 19-21 所示。

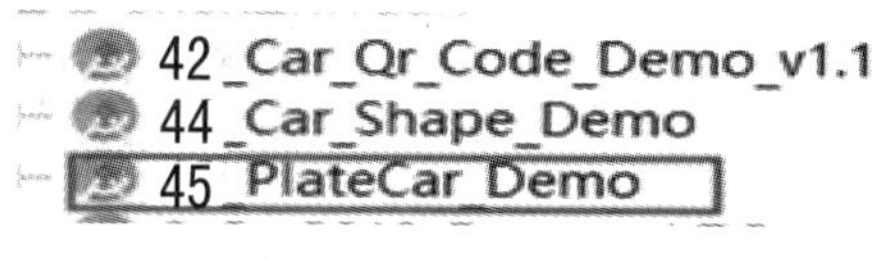

图 19-21　选择工程包名

2. APP 安装

在 Android Studio 中，点击标题栏下方的“运行”按钮，进行 App 安装，如图 19-22 所示(如果设备是 A72，一定要打开 USB 调试)。

图 19-22　选择运行

3. 开通权限

第一次运行需要手动提供应用存储权限。在启动时会自动跳转到应用信息界面，进入权限界面，开启所有权限即可，如图 19-23 所示。

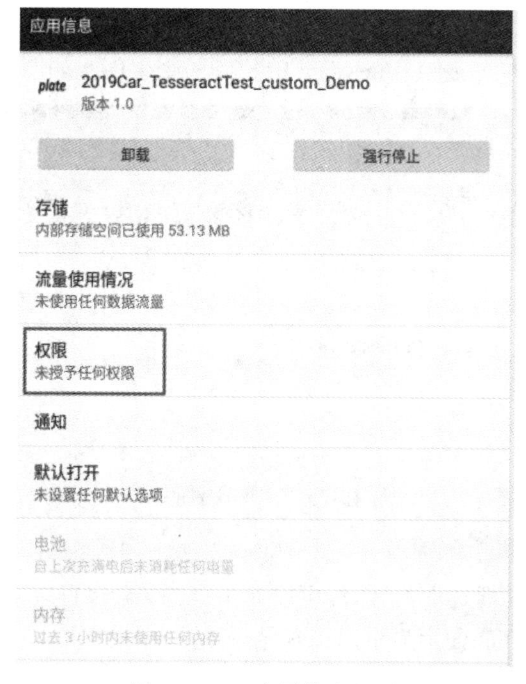

图 19-23　应用信息界面

4．导入词库

重新进入 App 后，程序会提示“字库不存在，请点击导入字库”，默认导入中英两种字库，点击“一键导入字库”后等待片刻。操作如图 19-24 所示。

图 19-24　应用主界面

5．寻找字库文件

导入成功后，可在本地文件夹/tessdata 中找到两个字库，如图 19-25 所示。

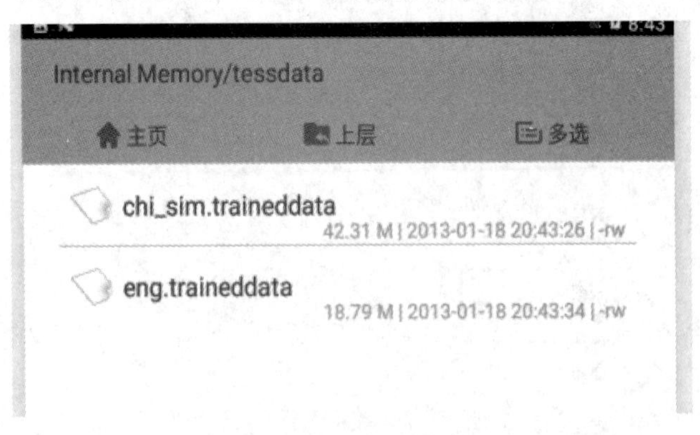

图 19-25　字库文件目录

6．寻找图片

进入工程，点击“相册选取”。图片可以在工程的 assets 目录下找到，然后将图片导入 A72 中。选择完成后，在界面上显示出识别结果。

五、代码讲解

1. UI 部分

UI 部分布局采用的是相对布局中再嵌套一个相对布局，比较简单，学习者可以根据自己的爱好来修改布局，这里就不展开 UI 部分代码讲解。

2. 添加依赖

例程中需要远程依赖 tess-two 包，直接在 build.gradle 文件中添加依赖，代码如下：

```
1. apply plugin: 'com.android.application'
2.
3. android {
4.        ...
5. }
6. dependencies {
7.        ...
8.        implementation 'com.rmtheis:tess-two:+'
9. }
```

3. 权限申请

字库需要存放在应用本地，所以需要读取和写入权限，因为 A72 的 Android 系统版本大于 23 所以需要动态设置权限，相关代码如下：

```
1. //要申请的权限
private String[] permissions = {Manifest.permission.WRITE_EXTERNAL_STORAGE};
2. @Override
protected void onCreate(Bundle savedInstanceState) {
    super.onCreate(savedInstanceState);
    setContentView(R.layout.activity_main);
    checkReadSd();
3. ...
4. }
5. private void checkReadSd() {
    //版本判断。当手机系统大于 23 时，才有必要去判断权限是否获取
    if (Build.VERSION.SDK_INT >= Build.VERSION_CODES.M) {
        //检查该权限是否已经获取
        int i = ContextCompat.checkSelfPermission(this, permissions[0]);
        //权限是否已经 授权 GRANTED---授权  DINIED---拒绝
        if (i != PackageManager.PERMISSION_GRANTED) {
```

```
                //如果没有授予该权限，就去提示用户请求
                ActivityCompat.requestPermissions(this, permissions, 1);
                //直接跳转到权限设置界面
                Toast.makeText(this, "打开存储权限后才能进行识别", Toast.LENGTH_LONG).show();
                goToAppSetting();
            }
        }
    }
6. //跳转到当前应用的设置界面
    private void goToAppSetting() {
        Intent intent = new Intent();
        intent.setAction(Settings.ACTION_APPLICATION_DETAILS_SETTINGS);
        Uri uri = Uri.fromParts("package", getPackageName(), null);
        intent.setData(uri);
        startActivityForResult(intent, 1);
    }
7. //对获取权限处理的结果
    @Override
    public void onRequestPermissionsResult(int requestCode, String[] permissions, int[] grantResults) {
        switch (requestCode) {
            case 1:
                if (grantResults[0] == PackageManager.PERMISSION_GRANTED) {
        //检验是否获取权限，如果获取权限，则外部存储处于开放状态，会弹出一个toast提示获
         得授权
                    String sdCard = Environment.getExternalStorageState();
                    if (sdCard.equals(Environment.MEDIA_MOUNTED)) {
                        Toast.makeText(this, "获得授权", Toast.LENGTH_LONG).show();
                    }
                } else {
                    runOnUiThread(new Runnable() {
                        @Override
                        public void run() {
                            Toast.makeText(MainActivity.this, "授权失败,无法使用车牌识别",
Toast.LENGTH_SHORT).show();
                        }
                    });
                }
                break;
        }
```

```
        super.onRequestPermissionsResult(requestCode, permissions, grantResults);
    }
```

---

4. 字库导入

因为 tess 工具需要字库辅助，并且必须从“/tessdata 目录”下获取，将 assets 目录的中英文两个字库导入到本地，将文件目存放在“根目录/tessdata”下，相关代码如下：

```
1. @Override
2. protected void onResume() {
        super.onResume();
        if (!new File(ZIKU_PATH).exists())
            Toast.makeText(this, "字库不存在，请点击导入字库", Toast.LENGTH_SHORT).show();
    }
3. private void CopyAssets( final String dir) {
        final String[] files;
        try {
            //获得 Assets 一共有多少文件，无二级目录即填写""
            files = this.getResources().getAssets().list("");
        } catch (IOException e1) {
            return;
        }
        final File mWorkingPath = new File(dir);
        //如果文件路径不存在
        if (!mWorkingPath.exists()) {
            //创建文件夹
            if (!mWorkingPath.mkdirs()) {
                //文件夹创建不成功时调用
                Toast.makeText(this, "字库文件夹创建失败！请检查文件夹是否创建", Toast.
LENGTH_SHORT).show();
            }
        }
4. new Thread(new Runnable() {
            @Override
            public void run() {
                for (int i = 0; i < files.length; i++) {
                    try {
                        //获得每个文件的名字
                        String fileName = files[i];
```

```
                    if (fileName.contains(".traineddata"))
                    {
                        File outFile = new File(mWorkingPath, fileName);
                        if (outFile.exists())
                            outFile.delete();
                        InputStream in = null;
                        in = getAssets().open(fileName);        //读取字库

                        OutputStream out = new FileOutputStream(outFile);
                        //Transfer bytes from in to out
                        byte[] buf = new byte[1024];
                        int len;
                        while ((len = in.read(buf)) > 0) {
                            out.write(buf, 0, len);              //开始写入
                        }
                        out.flush();
                        in.close();
                        out.close();
                    }
                } catch (FileNotFoundException e) {
                    e.printStackTrace();
                } catch (IOException e) {
                    e.printStackTrace();
                }
            }
        }
    }).start();
}
//一键导入字库
5. public void importTraineddata(View view) {
    CopyAssets( ZIKU_PATH);
}
6. /**
    * 获取 sd 卡的路径
    * @return 路径的字符串
    */
7. public static String getSDPath() {
    File sdDir = null;
    boolean sdCardExist = Environment.getExternalStorageState().equals(
```

```
            android.os.Environment.MEDIA_MOUNTED);          //判断 sd 卡是否存在
    if (sdCardExist) {
        sdDir = Environment.getExternalStorageDirectory();          //获取外存目录
        Log.e(TAG, "getSDPath: " + sdDir);
    }
    return sdDir.toString();
}
```

---

5. 通过相册获取图片

以带回调结果的方式启动相册选取界面，当有照片返回时，在 onActivityResult 内获取图片。获取图片成功后启动新线程进行长时间的识别工作，在识别前需要对图像预处理降低颜色通道，根据选项判断是二值化还是灰度化，二值化效率高但准确率低，灰度化效率低但准确率高，推荐使用二值化做预处理，因为大部分的应用场景都需要高速处理。

6. 结果输出

可以看到，在预处理完成后，可调用 doOcr()方法进行识别，该方法有 tess 包提供的 TessBaseAPI 对象完成结果输出，如图 19-26 所示。

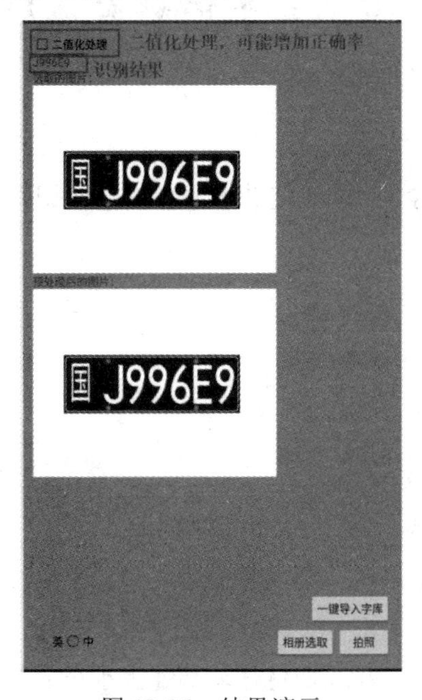

图 19-26　结果演示

相关代码如下：

```
8. /**
        * 进行图片识别
        * @param bitmap    待识别图片
        * @param language  识别语言
```

```
    * @return  识别结果字符串
    */
9. public String doOcr(Bitmap bitmap, String language) {
        TessBaseAPI baseApi = new TessBaseAPI();
        //必须加此行，tess-two 要求 BMP 必须为此配置
        baseApi.init(getSDPath(), language);
        System.gc();
        bitmap = bitmap.copy(Bitmap.Config.ARGB_8888, true);
        baseApi.setImage(bitmap);
        String text = baseApi.getUTF8Text();
        baseApi.clear();
        baseApi.end();
        return text;
    }
```

任务 46　主车识别交通灯信息

一、任务描述

本次任务是通过操作像素点 RGB 值获取颜色信息并识别交通灯的颜色。

二、任务准备

- Windows 7 及以上。
- JDK1.7+及以上。
- Android Studio 3.1.3。
- Android4.0+手机/平板/A72。
- camerautil.jar 包：摄像头图像回传和控制工具。

三、任务实施

(1) 确保小车已正确启动，并成功将移动端连上小车的 WiFi。

(2) 导入 SDK 测试工程，在工程目录下，找到名为 46_TrafficCar_Demo 的工程包，如图 19-27 所示。

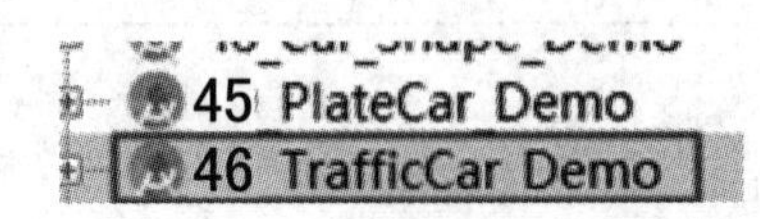

图 19-27　选择工程包名

(3) 在 Android Studio 中，点击标题栏下方的“运行”按钮，进行 APP 安装，如图 19-28 所示(如果设备是 A72，一定要打开 USB 调试)。

图 19-28　选择运行

(4) 打开交通灯标志物，按键 1/2/3 可以切换交通灯颜色，放置在主车前边，如图 19-29 所示，使摄像头略微抬头。

图 19-29　标志物摆放位置示意图

(5) 点击“开始识别”，即可获得演示结果。若将交通灯切换成红色信号或者黄色信号，步骤同上。

四、代码详解

1．UI 部分

UI 部分布局采用的是线性布局嵌套表格布局(阈值上限和阈值下限暂时固定在程序，不做调节)，比较简单，学习者可以根据自己的爱好来修改布局，这里就不展开 UI 部分代码讲解。

2．添加依赖、WiFi 通信及摄像头回传

添加依赖、WiFi 通信及摄像头回传的相关步骤可以参考“19.1 二维码扫描及处理”的代码讲解部分，这里不再赘述。本次任务重点讲解如何识别交通灯信号。

3．预处理

去掉低频亮度(定义低频亮度为低于 128 的像素点，亮度的取值范围为 0～256)干扰，通过亮度 Y=0.299*R+0.587*G+0.114*B 公式获得亮度，RGB 的值由像素点位移运算而得，相关代码如下：

```
1. public static Bitmap convertToLight(Bitmap bip) {
2.            int width = bip.getWidth();
3.            int height = bip.getHeight();
```

```
4.          int[] pixels = new int[width * height];
5.          bip.getPixels(pixels, 0, width, 0, 0, width, height);
6.          int[] pl = new int[bip.getWidth() * bip.getHeight()];
7.          for (int y = 0; y < height; y++) {
8.              int offset = y * width;
9.              for (int x = 0; x < width; x++) {
10.                 int pixel = pixels[offset + x];
11.                 int r = (pixel >> 16) & 0xff;
12.                 int g = (pixel >> 8) & 0xff;
13.                 int b = pixel & 0xff;
14.                 int bright = (int) (0.229 * r + 0.587 * g + 0.114 * b);
15.                 if (bright < 256/2)
16.                     pl[offset + x] = 0xff000000;
17.                  else if (bright < 256/5*4)
18.                     pl[offset + x] = pixel;
19.                 else
20.                     pl[offset + x] = pixel;
21.             }
22.         }
23.         Bitmap result = Bitmap.createBitmap(width, height,
24.                 Bitmap.Config.ARGB_8888);
25.         //把颜色值重新赋给新建的图片，图片的宽高为以前图片的值
26.         result.setPixels(pl, 0, width, 0, 0, width, height);
27.         return result;
28. }
```

4. 分类交通灯信号

预处理后，获取像素值，根据假定的红色、绿色、黄色三种颜色阈值对交通灯信号分类。红色：r > 240 && b < 220 && g < 220；绿色：r < 220 && b < 220 && g > 240；黄色：r > 240 && g > 240 && b < 220。相关代码如下：

```
1. public static Bitmap convertToBlack(Bitmap bip) {
    int width = bip.getWidth();
    int height = bip.getHeight();
    int[] pixels = new int[width * height];
    bip.getPixels(pixels, 0, width, 0, 0, width, height);
    int[] pl = new int[bip.getWidth() * bip.getHeight()];
    for (int y = 0; y < height; y++) {
```

```
            int offset = y * width;
            for (int x = 0; x < width; x++) {
                int pixel = pixels[offset + x];
                int r = (pixel >> 16) & 0xff;
                int g = (pixel >> 8) & 0xff;
                int b = pixel & 0xff;

                pl[offset + x] = pixel;
                if (r > 240 && b < 220 && g < 220)
                    colorNum[0]++;                  //红色
                else if (r < 220 && b < 220 && g > 240)
                    colorNum[1]++;                  //绿色
                if (r > 240 && g > 240 && b < 220){
                    colorNum[2]++;                  //黄色
                }
            }
        }
2.      Bitmap result = Bitmap.createBitmap(width, height,
                Bitmap.Config.ARGB_8888);
3.      //把颜色值重新赋给新建的图片，图片的宽高为以前图片的值
4.      result.setPixels(pl, 0, width, 0, 0, width, height);
5.      return result;
6. }
```

---

5. 识别

可以看到，分类之后只需对 colorNum 数组内的红黄绿数组进行判断就可以求出具体的交通灯信号，将识别封装成工具类。完整代码如下：

```
1.  public class TrafficUtil {
2.      public static int colorNum[] = new int[3];
3.      //第一步
4.      public static Bitmap convertToLight(Bitmap bip) {
5.          ...
6.      }
7.      //第二步
8.      public static Bitmap convertToBlack(Bitmap bip) {
9.          ...
10.     }
```

```
11.
12.     /**
13.      * 排序
14.      */
15.     public static String sort() {
16.     Log.e("TAG", "colorNum[0]" + colorNum[0] + "colorNum[1]" + colorNum[1] +
            "colorNum[2]" + colorNum[2]);
17.     String result = (colorNum[0] > colorNum[1] && colorNum[0] > colorNum[2]) ? "红色" :
18.         (colorNum[1] > colorNum[0] && colorNum[1] > colorNum[2]) ? "绿色" : "黄色";
19.         for (int i = 0; i < 3; i++) {
20.             colorNum[i] = 0;
21.         }
22.         return result;
23.     }
24. }
```

在 MainActivity 中，按照上述顺序调用工具类即可，相关代码如下：

```
1. public class MainActivity extends Activity implements View.OnClickListener {
2.     ...
3.     @Override
4.     public void onClick(View v) {
5.         if ( v == btnStartRec ) {
6.             ...
7.                 new Thread(new Runnable() {
8.                     @Override
9.                     public void run() {
10.                        if (bitmap != null) {
11.                            Bitmap mbmp = TrafficUtil.convertToLight(bitmap);
12.                            bitmap = TrafficUtil.convertToBlack(mbmp);
13.                            phHandler.sendEmptyMessage(40);
14.                        }
15.                    }
16.                }).start();
17.            }
18.        }
19. }
20. ...
21. }
```

五、结果演示

进入程序，点击“开始识别”即可识别结果，如图 19-30 所示，识别结果为绿色。

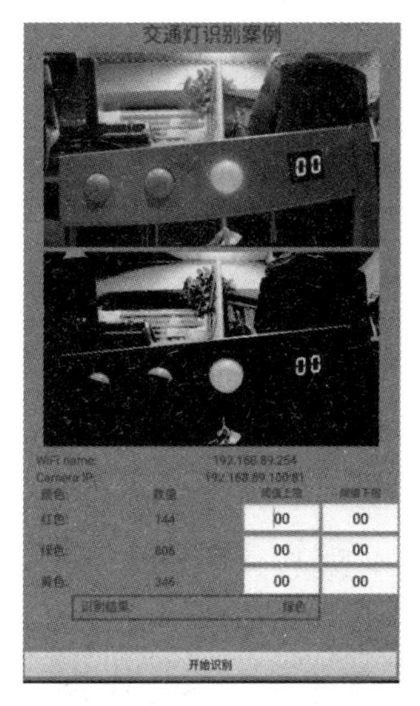

图 19-30　演示结果

任务 47　从车识别图形

一、任务描述

本次任务是从车 OpenMV 如何识别形状。

二、任务准备

- Windows 7 及以上。
- Arduino IDE。
- Arduino 例程。
- Arduino Library。
- OpenMV IDE。
- 机器视觉模组形状识别例程。

三、任务实施

1. 机器视觉模组环境搭建

打开目录“环境搭建/机器视觉模组环境搭建/”，解压 openvisionIDE.7z，然后打开解压文件的目录“/openvisionIDE/bin/”，找到“openvisionide.exe”文件，双击打开。最终目录如图 19-31 所示。

料 › 005-开发环境搭建 › 005-开发环境搭建 › 06-机器视觉模组环境搭建 › openvisionIDE › bin ›

名称	修改日期	类型	大小
plugins	2018/11/20 22:40	文件夹	
Aggregation.dll	2018/11/20 12:09	应用程序扩展	26 KB
d3dcompiler_47.dll	2018/11/20 14:40	应用程序扩展	3,386 KB
ExtensionSystem.dll	2018/11/20 12:10	应用程序扩展	241 KB
libEGL.dll	2018/11/20 14:40	应用程序扩展	22 KB
libgcc_s_dw2-1.dll	2018/11/20 14:40	应用程序扩展	118 KB
libGLESv2.dll	2018/11/20 14:40	应用程序扩展	2,742 KB
libstdc++-6.dll	2018/11/20 14:40	应用程序扩展	1,505 KB
libwinpthread-1.dll	2018/11/20 14:40	应用程序扩展	78 KB
opengl32sw.dll	2018/11/20 14:40	应用程序扩展	15,621 KB
openvisionide.exe	2018/11/20 12:10	应用程序	742 KB

图 19-31　机器视觉模组环境搭建

2．接线

从车的 OpenMV 模块可以单独调试程序，将其从从车拔下连接 Micro USB，将 Micro USB 数据线接入电脑即可调试程序，连接如图 19-32 所示。

图 19-32　模块连接示意图

3．打开工程

在机器视觉模组例程集内找到 OpenMV_Shape_Code 例程，可以将其解压至桌面，打开文件夹将 shape_disc.py 直接拖入 OpenVision IDE 中，如图 19-33 所示。

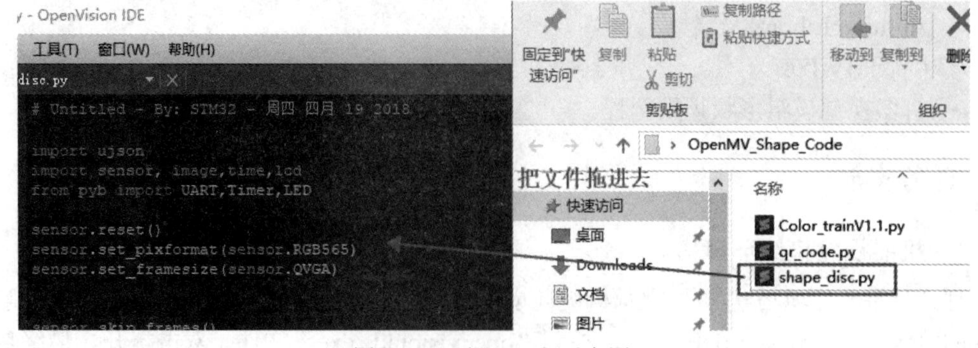

图 19-33　打开工程示意图

4. 运行案例

在 IDE 左下角找到“连接”和“运行”图标，依次点击，即可运行，如图 19-34 所示。

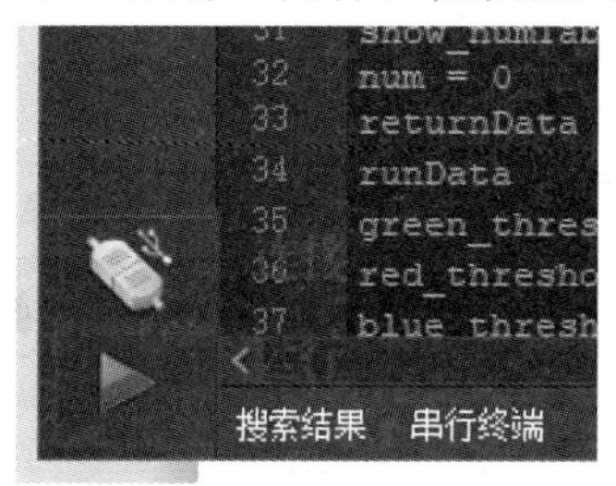

图 19-34　案例运行示意图

5. 结果展示

选择一张形状照片(阈值调成黑色了，在案例内有提供)进行识别，可得到演示结果，如图 19-35 所示。

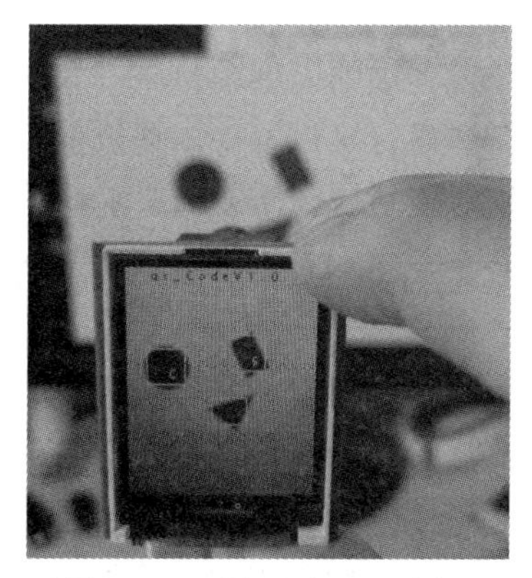

图 19-35　结果演示示意图

打开 OpenMV 即可在屏幕中自动框出可识别的形状，具体形状在方框内标出。

第20章 算法编码与应用

20.1 算法编码思路

近年来在嵌入式技术应用开发赛项的国赛项目中，算法编码的命题占比越来越大。所谓算法编码就是针对竞赛平台在沙盘行进过程中，通过前置任务所获得的数据信息按照指定的规则进行计算得出结果，从而得到后置任务的要求，过程如图20-1所示。

图20-1 算法编码流程图

算法编码的考核重点也逐渐从之前的简单数学计算发展到近两年的应用典型传统编码算法，难度在不断增加。算法编码模块的设置不仅考查选手在短时间内阅读理解算法描述的能力，同时也考查选手的程序编码能力和模块集成能力。通常这个模块选手完成的时间大约为半小时。目前算法编码解码模块主要在Android平台上运行，由Java语言实现。

常见的编码算法主要有CRC校验码、RSA加密算法、棋盘码、循环码、栅栏码、交织码、仿射码等。

(1) CRC校验码：CRC校验码的英文全称为Cyclic Redundancy Check(Code)，中文名称为循环冗余校验(码)。它是一类重要的线性分组码，编码和解码方法简单，检错和纠错能力强，在通信领域广泛地用于实现差错控制。

(2) RSA加密算法：RSA加密算法是一种非对称加密算法，是第一个既能用于数据加密也能用于数字签名的算法。所谓非对称，就是指该算法需要一对密钥，使用其中一个加密，则需要用另一个才能解密。它易于理解和操作，也很流行。

(3) 棋盘码：利用波利比奥斯方阵(Polybius Square)进行加密的密码方式，产生于公元前两世纪的希腊，相传是世界上最早的一种密码。简单地说就是把字母排列好，用坐标的形式表现出来。字母是密文，明文便是字母的坐标。

(4) 循环码：线性分组码中的一类重要的编码方式。这种码的编码和解码设备都不太复杂，而且检错和纠错的能力都较强。循环码除了具有线性码的一般性质外，还具有循环性，即任一码组循环一位后仍然是该编码中的一个码组。

(5) 栅栏码：把要加密的明文分成 N 个一组，然后把每组的第1个字连起来，形成一段无规律的话。不过栅栏密码本身有一个潜规则，就是组成栅栏的字母一般不会太多。一般比较常见的是 2 栏的栅栏密码。

(6) 交织码：把一个较长的突发差错离散成随机差错，再用纠正随机差错的编码(FEC)技术消除随机差错。交织深度越大，则离散度越大，抗突发差错能力也就越强。利用交织编码技术可改善移动通信的传输特性。

(7) 仿射码：是单表加密的一种，字母系统中所有字母都由一简单数学方程加密，对应至数值，或转回字母。其仍有所有替代密码之弱处。所有字母皆由方程(ax + b) mod (26)加密，b 为移动大小。

20.2 常用算法编码原理

20.2.1 CRC 校验算法

20-1 CRC 校验算法及应用

1. CRC 校验算法原理

CRC 是一种常用的适用于通信差错控制的校验算法。CRC 的编码和解码方法相对其他的校验算法来说比较简单，检错和纠错能力强也较容易实现。目前 CRC 校验码在通信领域被广泛地应用于实现传输差错控制。

CRC 校验算法的原理是数据的发送端和接收端先约定一个预定除数(Poly)，这个除法可以是一个指定的二进制串，也可以用一个多项式表示(最终还是要转换为二进制串)。假设原始数据帧为 k 位，Poly 为 m 位，根据 CRC 的算法原理利用模 2 除法得到一个 $m-1$ 位的 CRC 校验码，将 CRC 校验码附加到原始数据帧的后面，形成一个 n 位的新数据帧($n = k + m - 1$)发送给接收端。接收端收到 n 位数据帧后将其和约定除数 Poly 以模 2 除法相除，如果余数为 0 则表示数据传输无差错，接收端去除数据帧的后 $m-1$ 位校验码即得到原始 k 位的原始数据帧。如果有余数，则表明该帧在传输过程中出现了差错。

CRC 校验码的计算是采用了一种叫模 2 除法的计算方式，模 2 除法运算的基本规则和常规的二进制除法相似，只是没有进位和借位。运算规则为：$1-1=0$，$1-0=1$，$0-1=1$，$0-0=0$。其中 0–1 不产生借位，读者观察其运算规则就会发现相当于异或(XOR)运算。数据帧和约定除数做模 2 除法来计算 CRC 校验码，接收端也是通过模 2 除法来检验数据帧。因为在发送端发送数据帧之前就已通过在原始数据帧后面附加一个数，做了“去余”处理，所以除法运算的结果应该是没有余数。如果有余数，则表明该帧在传输过程中出现了差错，二进制值发生了变化。

CRC 校验码的计算按以下步骤进行：

(1) 数据传输双方先约定一个除数(Ploy)。如果除数以多项式方式表示的话，在进行校验码运算时需要将多项式转换为二进制串，方法是将多项式的每一项系数单独列出。例如 $G(X) = X^5 + X^3 + 1$，其对应的二进制串为 101001。因为将 $G(X)$展开可以得到

$$G(X) = 1 \times X^5 + 0 \times X^4 + 1 \times X^3 + 0 \times X^2 + 0 \times X^1 + 1 \times X^0$$

将每一项系数单独列出即可得到 $G(X)$对应的二进制串 101001。

(2) 按约定除数的二进制串的位数(m 位)，在原始数据帧(k 位)后面加上 $m-1$ 位“0”，然后用新数据帧(已在后面添加了 $m-1$ 位 0，一共是 $m+k-1$ 位)以“模 2 除法”方式除以约定除数，所得到的余数(二进制串)就是该帧的 CRC 校验码，也称之为 FCS(帧校验序列)。读者需要注意的是，余数的位数比约定除数位数少一位，即 CRC 校验码的位数等于 $m-1$。

(3) 把 $m-1$ 位的校验码附加在原数据帧(注意是原始 k 位的数据帧，而不是在计算 CRC 时临时添加 0 的 $m+k-1$ 位的帧)后面，替换掉原来的 $m-1$ 位的 0 组成一个新数据帧发送到接收端。接收端再以模 2 除法方式将这个新数据帧除以约定除数(Poly)，如果余数为 0，则表明该帧在传输过程中没出错，否则出现了差错。

从上面的步骤可以得知 CRC 校验算法中有两个重点：一是要预先确定一个发送端和接收端都用来作为除数的多项式；二是把原始帧与约定除数(Poly)进行模 2 除法运算，计算出 FCS。约定除数(Poly)可以随机选择，也可按国际惯例选择通用多项式(国赛中使用自定义多项式)，但最高位和最低位必须均为“1”，如按 CRC-16 生成多项式

$$g(x)=x^{16}+x^{15}+x^{2}+1\text{(对应二进制位串为 11000000000000101)}$$

2. CRC 校验码计算示例

下面以一个例子来具体说明 CRC 校验码的计算。现假设选择的 CRC 生成多项式为 $g(x)=x^4+x^3+1$，要求出二进制序列 10110011 的 CRC 校验码。具体的计算过程如下：

(1) 把生成多项式转换成二进制数，由 $g(x)=x^4+x^3+1$ 可以知道，它一共是 5 位(总位数等于最高位的幂次加 1，即 $4+1=5$)，然后根据多项式各项的含义(多项式只列出二进制值为 1 的位，也就是这个二进制的第 4 位、第 3 位、第 0 位的二进制均为 1，其他位均为 0)很快就可得到它的二进制比特串为 11001。

(2) 因为生成多项式的位数为 5，根据前面的介绍得知 CRC 校验码的位数为 4(校验码的位数比生成多项式的位数少 1)。因为原数据帧为 10110011，在它后面再加 4 个 0，得到 101100110000，然后把这个数以“模 2 除法”方式除以约定除数，得到的余数，即 CRC 校验码为 0100，如图 20-2 所示。注意参考前面介绍的“模 2 除法”运算法则。

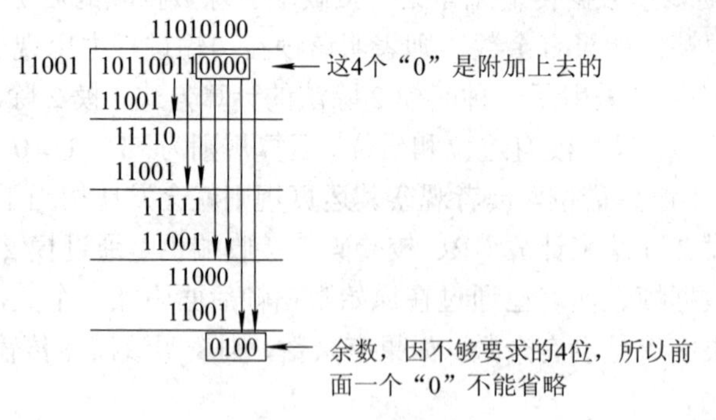

图 20-2　CRC 校验码

(3) 把上步计算得到的 CRC 校验码 0100 替换原始帧 101100110000 后面的 4 个“0”，得到新帧 101100110100。再把这个新帧发送到接收端。

(4) 当以上新帧到达接收端后，接收端会把这个新帧再用上面选定的除数 11001 以“模 2 除法”方式去除，验证余数是否为 0。如果为 0，则证明该帧数据在传输过程中没有出现差错，否则就是出现了差错。

3. CRC 代码实现

代码主要分为有效字节提取部分和 CRC 计算部分。

(1) 有效字节提取。

```
1.  //SrcString 为二维码里获取的字符串
2.  //获取前两个明文字符
3.          for (i = 0; i < SrcString.length(); i++)
4.          {
5.                  s = SrcString.charAt(i);
6.                  if((s>= 'a' && s<= 'z'&&s!='x') || (s>='A' && s<= 'Z'&&s!='X'))
7.                  {
8.                          buf[temp] = s;
9.                          temp++;
10.                         if(temp>=2) break;
11.                 }
12.         }
13.         //获取后两个明文字符
14.         temp = 0;
15.         for (i = (SrcString.length()-1); i>=0; i--)
16.         {
17.                 s = SrcString.charAt(i);
18.                 if((s>= 'a' && s<= 'z'&&s!='x') || (s>='A' && s<= 'Z'&&s!='X'))
19.                 {
20.                         buf[3-temp] = s;
21.                         temp++;
22.                         if(temp>=2) break;
23.                 }
24.         }
25.         //提取多项式码
26.         for (i = 0; i < SrcString.length(); i++)
27.         {
28.                 s1 = SrcString.charAt(i);
29.                 if(s1=='x')
30.                 {
31.                         //s1 = SrcString.GetAt(i);
32.                         s2 = SrcString.charAt(i+1);
33.                         s3 = SrcString.charAt(i+2);
34.                         if(j<3)
35.                         {
```

```
36.                             if((s1=='x')&&(s2>= '0' && s2<= '9')&&(s3<'0'||s3>'9'))
37.                             {
38.                                 Num[j] = (char)(s2-'0');
39.                                 j++;
40.                             }
41.                             else if((s1=='x')&&(s2>= '0' && s2<= '9')&&(s3>= '0' && s3<= '9'))
42.                             {
43.                                 Num[j] = (char)((s2-'0')*10+s3-'0');
44.                                 if(Num[j]>9&&Num[j]<16)
45.                                 {
46.                                     j++;
47.                                 }
48.                             }
49.                         }
50.                     }
51.             }
52. PolyCode = (char)( 0x0001+(0x0001<<(Num[0]))+(0x0001<<(Num[1]))+(0x0001<<(Num[2])));
```

(2) CRC 计算。

```
1.  public static String getCRC(String str) {
2.          byte[] bytes = toBytes(str);
3.          int CRC = 0x0000ffff;
4.          int POLYNOMIAL = 0x0000a001;            //更换为提取出的多项式码
5.  
6.          int i, j;
7.          for (i = 0; i < bytes.length; i++) {
8.              CRC ^= ((int) bytes[i] & 0x000000ff);
9.              for (j = 0; j < 8; j++) {
10.                 if ((CRC & 0x00000001) != 0) {
11.                     CRC >>= 1;
12.                     CRC ^= POLYNOMIAL;
13.                 } else {
14.                     CRC >>= 1;
15.                 }
16.             }
17.         }
18.     }
```

下面通过 2018 年“嵌入式技术应用开发”赛项考查的 CRC 校验算法讲解算法编程的具体实现。

任务 48　CRC 校验算法应用(2018 年原题)

一、任务描述

竞赛平台扫描二维码，读取二维码中的数据信息，将其按要求提取有效字节。然后将有效字节通过 CRC 校验算法计算后得到 6 字节的红外报警灯控制码。原题如下：

4	任务 4：扫码识别 主车达到坐标 B2 处，识别 A2 处静态标志物中的二维码，并获取其文本信息，通过现场下发的数据处理方法处理之后，得到烽火台标志物开启码	二维码信息格式为字符串，例如：<Aa12x16,Fg.5tx15/x2+\1/hgBb>。 烽火台标志物开启码的获取过程见现场发放的数据处理算法

二、任务分析

CRC 编码要求生成 6 字节红外控制码应遵循以下几个步骤：

(1) 从二维码的中依次顺序提取前 2 个英文字母、最后 2 个英文字母(X、x 除外)，取英文字母 ASCII 值为原始数据，并从中提取出多项式(x)(多项式的最高位为 x^{16}，最低为 1)。

(2) 预置 1 个 16 位的寄存器为十六进制 FFFF(即全为 1)，称此寄存器为 CRC 寄存器。

(3) 把第一个 8 位二进制数据(既原始数据的第一个字节)与 16 位的 CRC 寄存器的低 8 位相异或，把结果放于 CRC 寄存器，高 8 位数据不变。

(4) CRC 寄存器向右移一位，MSB(最高位)补零，并检查右移后的移出位 LSB(最低位)。

(5) 如果 LSB 为 0，重复第(4)步；若 LSB 为 1，则 CRC 寄存器与多项式码相异或。

(6) 重复第(4)与第(5)步直到 8 次移位全部完成。此时一个 8 bit 数据处理完毕。

(7) 重复第(3)至第(5)步直到将剩下 3 个原始数据全部处理完成。

(8) 最终 CRC 寄存器的内容即为 CRC 值。

(9) 取 CRC 的得高 8 位作为红外控制码的第一字节，按顺序取原始数据为红外控制码的 2、3、4、5 字节，取 CRC 值的低 8 位为红外控制码的第 6 字节。

三、任务实施

从二维码中提取的字符串数据为<Aa12x16,Fg.5tx15/x2+\1/hgBb>，则提取出的 4 个英文字符为 AaBb，多项式 $g(x) = x^{16} + x^{15} + x^2 + 1$；提取原始数据为 0x41、0x61、0x42、0x62，多项式码为 0xA001(由于多项式忽略了最高位的“1”，得到生成项是 0x8005，其中 0xA001 为 0x8005 按位颠倒之后的结果)；计算得到的 CR 码值为 0x8FF4。所得 6 字节红外控制码为 0x8f 0x41 0x61 0x42 0x62 0xf4。

20.2.2 RSA算法

20-2 RSA算法及应用

1. RSA算法原理

1976 年，两位美国计算机学家 Whitfield Diffie 和 Martin Hellman 提出了一种崭新构思，可以在不直接传递密钥的情况下完成解密。这被称为“Diffie-Hellman 密钥交换算法”。这个算法启发了其他科学家，人们认识到，加密和解密可以使用不同的规则，只要这两种规则之间存在某种对应关系即可，这样就避免了直接传递密钥。这种新的加密模式被称为“非对称加密算法”。1977 年，三位数学家 Rivest、Shamir 和 Adleman 设计了一种算法，可以实现非对称加密。这种算法用他们三个人的名字命名，叫做 RSA 算法。从那时直到现在，RSA 算法一直是最广为使用的“非对称加密算法”。

RSA 算法通常是先生成一对 RSA 密钥，其中之一是保密密钥，由用户保存(称为私钥)；另一个为公开密钥，可对外公开，甚至可在网络服务器中注册(称为公钥)。为提高保密强度，RSA 密钥至少大于 512 位，一般推荐使用 1024 位。这就使加密的计算量很大。为减少计算量，在传送信息时，常采用传统加密方法与公开密钥加密方法相结合的方式，即信息采用改进的 DES 或 IDEA 密钥加密，然后使用 RSA 密钥加密对话密钥和信息摘要。对方收到信息后，用不同的密钥解密并可核对信息摘要。

RSA 算法是第一个能同时用于加密和数字签名的算法，也易于理解和操作。RSA 是被研究得最广泛的公钥算法，从提出到现今的三十多年里，经历了各种攻击的考验，逐渐为人们接受，截至 2017 年被普遍认为是最优秀的公钥方案之一。

SET(Secure Electronic Transaction)协议中要求 CA 采用 2048 bit 长的密钥，其他实体使用 1024 bit 的密钥。RSA 密钥长度随着保密级别提高，增加很快。

RSA 的算法涉及三个参数：n、e1、e2。其中，n 是两个大质数 p、q 的积，n 的二进制表示时所占用的位数，就是所谓的密钥长度。e1 和 e2 是一对相关的值，e1 可以任意取。

2. RSA算法计算示例

RSA 算法的可靠性由极大整数因数分解的难度决定。对一极大整数做因数分解愈困难，RSA 算法愈可靠。理论上应采用两个极大的因数进行加密解密，在比赛中一般为了简化过程采用两个较小的数进行计算。下面以两个质数 $p = 3$，$q = 17$ 为例介绍 RAS 算法的计算过程。

(1) 计算 p 和 q 的乘积 n，即 $n = p * q$；$n = 3 * 17 = 51$。

(2) 计算 n 的欧拉函数 $\phi(n)=\phi(p)\phi(q)=(p-1)(q-1)=32$。

(3) 找出一个公钥 e，e 为整数且满足 $1<e<\phi(n)$，且使 e 和 $\phi(n)$互质。如有多个数满足条件则取最小的那个。故满足条件的 e 为 3。3 是和 32 互质的最小的数。

(4) 根据 $e*d$ 除以 $\phi(n)$余数为 1，找到私钥 d。如有多个数符合条件则取最小的那个数。故满足条件的 $d = 11$。

(5) 封装公钥为(n,e)，私钥为(n,d)，即公钥为(32,3)，私钥为(32,11)。公钥可以用来加密，私钥可以用来解密。

(6) 解密可以使用公式 $c^d = m(\mathrm{mod}\ n)$进行计算。将公式转换为

$$m = c^d \% n$$

式中，c 为密文，m 为解密后的原文。例如密文为数字 3，则把 3 代入公式可得到结果为 311 % 51 = 177147 % 51 = 24 = 0x18。

(7) 其余密文字节都按上述步骤进行解密，得到六字节原文用于下一步任务。

3. 代码实现

```
19.  //判断质数方法
20.  public boolean judgePrime(int num) {
21.              boolean flag = true;
22.              if(num == 1 || (num %2 == 0 && num !=2)) flag = false;
23.              else for(int j = 3; j <= Math.sqrt(num); j+=2) {
24.                     if(num % j == 0)
25.  flag = false;
26.              }
27.              return flag;
28.        }
29.  //判断两数互质可使用辗转相除法
30.  if(a < b) {
31.       int tmp = a;
32.       a = b;
33.       b = tmp;
34.  }
35.  int c;
36.  while((c = a % b) != 0) {
37.       a = b;
38.       b = c;
39.  }
40.  //以上功能模块结合循环结构可以通过 p、q 计算得出 n、e、d。
41.  m = Math.pow(c,d) % n;
43.  //可通过以上代码计算得出原文字节 m，结合循环结构对密文 6 字节依次进行计算，得出
6 字节红外控制指令原文。
```

任务 49　RSA 加密算法(2017 年原题)

一、任务描述

竞赛平台扫描二维码，读取二维码中的数据信息，将其按要求提取有效字节。有效字

节包括密文区和参数区，参数区可计算密钥。然后将密文区 6 字节通过 RSA 算法计算后得到 6 字节的红外报警灯控制码。原题如下：

3	任务 3：二维码识别，数据处理 竞赛平台行进到位置 C2 处，识别静态标志物中的二维码，获得文本信息(信息代码：M01)。移动终端对竞赛平台从二维码中获取的信息 M01 进行数据处理，得到红外控制码(信息代码：M14)。注意：若竞赛平台前往 C2 过程中若发现 RFID 卡片，则优先执行任务 4	信息代码 M01 格式为字符串，例如(<3,4,5,7,8,9,11>/<1,2,3,4,5,6>)，(仅限于示例中所出现的符号)；其中<3,4,5,7,8,911>为参数区，<1,2,3,4,5,6>为密文区；二维码中数字用“.”符号隔开：M14 由 M01 密文区中顺序提取出 6 个数字，再进行 RAS 算法解密得到的 6 字节的红外控制码，RSA 算法解密过程请参考现场发放的数据处理算法。K16 的红外控制码从 M14 中获得

二、任务分析

要完成 RSA 的解密过程，必须遵循以下几个步骤：

(1) 从二维码中的参数区中，选出两个不相等且最大的质数 p 和 q(例如 3,4,5,7,8,9,11 中，p=11,q=7)。

(2) 计算 p 和 q 的乘积 n。

(3) 计算 n 的欧拉函数 $\phi(n)$(其中 $\phi(n) = (p-1)(q-1)$)。

(4) 选择一个整数 e，条件是 $1<e<\phi(n)$，且 e 与 $\phi(n)$互质(选择符合条件最小的那个正整数)。

(5) 计算 e 对于 $\phi(n)$的模反元素 d(“模反元素”是指有一个整数 d，可以使得 e*d 被 $\phi(n)$除的余数为 1，即 $e*d \equiv 1 \pmod{\phi(n)}$，等价于 $e*d - 1 = k*\phi(n)$，在这里我们规定 d 为 e 的模反元素集合中最小的正整数，且不大于 65 536)。

(6) 将 n 和 e 封装成公钥，n 和 d 封装成私钥。

(7) 从二维码数据区中提取 6 个待解密数据密文，利用公式 $c^d = m(\mathrm{mod})\ n$ 对每个数据进行解密(其中 c 为待解密的密文，m 为解密后得到明文数字，公式亦等价于：$m = c^d\%n$)。

(8) 将解密所得的结果转成十六进制数据，若大于 255，则取低 8 位，按顺序排列构成 6 字节红外控制码。

三、任务实施

RSA 算法加密过程：

(1) 若 p=11，q=7，则 n=77，$\phi(n)$=60。

(2) 选择符合条件最小的正整数 e=7，那么 d=43。

(3) 所得公钥(77,7)，私钥(77,43)。

(4) 若对密文信息 1,2,3,4,5,6 进行解密，所得结果为：1, 30, 38, 53, 26, 62。

(5) 加密所得的 6 字节红外控制码为：0x01 0x1e 0x26 0x35 0x1a 0x3e。

附录1　2018年全国职业院校技能大赛“嵌入式技术应用开发”赛项赛题

2018年全国职业院校技能大赛(高职组)

GZ-2018109嵌入式技术应用开发赛项比赛技术方案

I-标志物摆放位置参数表

序号	设备名称	坐标点	说　明
1	静态标志物1	A2	标志物以A2为中心，将前后偏移，用于测距，但不会超出白色边沿
2	静态标志物2	C5	标志物以C5为中心，二维码内容指向B5
3	LED显示标志物	G6	标志物以G6为中心
4	烽火台标志物	E5	标志物以E5为中心，接收孔指向F5
5	智能照明系统标志物	A4	标志物以A4为中心，将适当靠近外边沿
6	立体车库标志物	D7	标志物以D7为中心
7	道闸标志物	C7	标志物以C7为中心，抬杆指向C6
8	智能交通灯标志物	C1	标志物以C1为中心
9	立体显示标志物	E3	标志物以E3为中心
10	语音播报标志物	G4	标志物以G4为中心，将适当靠近外边沿
11	智能TFT显示标志物	E1	标志物以E1为中心，内容将斜指向F2
12	无线充电标志物	E7	标志物以E7为中心
13	ETC系统标志物	E6	标志物以E6为中心
14	地形标志物	指定路线	标志物将位于路线B4→D4→F4上的D4、C4与D4的1/2、D4与E4的1/2；后两个中间点将覆盖十字路口
15	RFID	指定路线	D2→B2→B4，RFID卡片横向(长边)将与主车前进方向循迹线垂直，其中心将适当地向左侧偏移，但不会露出循迹线
16	主车	F1	主车从F1处出发，车头方向有选手决定
17	从车	D5	从车放置在D5处，车头朝向由RFID卡内信息决定

Ⅱ-任务流程表

序号	任务要求	说　明
1	任务 1：启动控制 主车在开始运动之前需启动 LED 显示标志物的计时器；完成入库后停止 LED 显示标志物的计时器，并开启蜂鸣器与左右双闪灯 注意：功能任务板上的数码管不做显示要求	计时器在主车开始移动之后开启、或在入库之前停止、或中途暂停、或未启动，均按 5 分钟计时 主车完成入库任务之后，须开启蜂鸣器与左右双闪灯并保持 主车需按以下路径行进：F1→F2→D2→B2→B4→D4→F4→F6→D6→D7 从车需按以下路径行进：D5→D6→B6→B4→车库
2	任务 2：图片识别 主车在 F2 处，主车识别智能 TFT 显示器中的图形，获得形状与颜色信息，并按照指定格式指令发送到立体显示标志物上显示；主车识别智能 TFT 显示器中车牌图片，获得车牌信息，并按照指定格式发送到智能 TFT 显示器上显示	智能 TFT 显示器复位后默认为图片自动播放模式，选手需要自行通过翻页控制图片显示 立体显示标志物上显示格式为：AaBbCcEe(使用车牌显示协议)；其中，A 代表矩形，a 为矩形的数量(0～9)；B 代表圆形，b 为圆形的数量(0～9)；C 代表三角形，c 为三角形的数量(0～9)；E 代表五角星，e 为五角星数量(0～9)；在这里规定正方形只归属于矩形，不归属于菱形，菱形数量 0～9 TFT 显示标志物显示车牌格式为："国 XYYYXY"。其中"国"固定不变，后面 6 位号码，X 代表 A～Z 中任意一个字母，Y 代表 0～9 中任意一个数字
3	任务 3：交通灯信号识别 主车到达坐标 D2 处，启动智能交通灯标志物，并在规定的时间内识别出当前停留信号灯的颜色，按照指定格式发给智能交通灯标志物进行比对确认	主车需在规定的时间内识别出交通信号的颜色，超时结果无效 主车识别后只需将结果发回给交通灯标志物即可，无需执行相应操作
4	任务 4：扫码识别 主车达到坐标 B2 处，识别 A2 处静态标志物中的二维码，并获取其文本信息，通过现场下发的数据处理方法处理之后，得到烽火台标志物开启码	二维码信息格式为字符串，例如：<Aa12x16，Fg.5tx15/x2+\1/hgBb> 烽火台标志物开启码的获取过程见现场发放的数据处理算法
5	任务 5：超声波距离探测 主车在坐标 B2 处，使用超声波传感器进行距离测量，获得距离信息，并按照指定格式将距离信息发送到 LED 显示标志物上显示	距离测量起始点为 B2 处十字路口外边沿(靠近 A2) 距离测量终点为静态标志物平面

续表一

<table>
<tr><th>序号</th><th>任务要求</th><th>说　明</th></tr>
<tr><td>6</td><td>任务6：光照挡位探测
主车在坐标B4处，通过光照度传感器获取智能路灯当前挡位，并按照指定计算方式处理之后，得到从车入库坐标信息</td><td>指定计算方式为：(((X*3-1)*Y)%4)+1=N；其中X为获取的智能路灯当前挡位信息；Y为从RFID中提取的某位特征数据，具体见任务7说明；N为计算结果，N与从车入库坐标对应关系将在后续任务中给出</td></tr>
<tr><td>7</td><td>任务7：RFID数据获取
主车在从D2->B2->B4路线行进过程中，寻找到RFID卡，并读取其指定地址数据块内容
注意：若在执行3～任务6的过程中发现RFID卡，可优先执行任务7</td><td>RFID数据块地址由TFT显示标志物中的图形与颜色信息来决定，按照以下规则获取数据块地址：红色图形的数量(超过15，则对15取余)决定RFID卡内数据的扇区编号，菱形的数量(超过3，则对3取余)决定该扇区内的块编号。示例：如有3个红色图形，2个菱形，则RFID中的数据位于第3扇区内的第2数据块中
RFID内容格式：<-&Y&,/;[D→Rr]>，其中：Y为1～2位十进制数；Rr为从车车头朝向，仅限于C5、E5、D4、D6四种；示例：<&11&,/[D->D6]></td></tr>
<tr><td>8</td><td>任务8：经过特殊地形
主车从B4->D4->F4路线行进过程中，顺利通过带有特殊地形的路面(地形标志物)</td><td>比赛测试时裁判将指定地形标志物摆放位置，地形从四张中选择一张，所有决赛赛道地形标志物和地形标志物摆放位置一致
主车在通过地形标志物时，不能和地形标志物两侧护栏发生碰撞，否则认定任务失败</td></tr>
<tr><td>9</td><td>任务9：从车控制
主车停在F4处，启动从车，使其按照指定路线行进到B4处，期间在通过C6时，主车需为从车打开道闸标志物；从车需在B5处识别静态标志物中的二维码得到其文本信息，获得需要设定的智能路灯标志物最终挡位，从车在B4处将智能路灯标志物调整到该挡位。从车根据入库坐标信息，自动规划行驶路线，最终停在该坐标位置，车头方向自行决定，之后主车继续启动完成剩下任务</td><td>道闸标志物开启车牌为：国C678G1；
二维码格式为：<a,V.|Set=W|>；其中|Set=W|为有效信息，W(1～4)即为智能路灯标志物最终挡位，其中可能包含其他干扰字符。示例：<a,V.|Set=2|>，则智能路灯标志物最终挡位为2档
从车入库坐标与任务6中计算结果N之间对应结果如下：
N=1→从车入库坐标：B1
N=2→从车入库坐标：D1
N=3→从车入库坐标：F1
N=4→从车入库坐标：G2</td></tr>
<tr><td>10</td><td>任务10：语音识别交互
主车在位置F4处，主车启动语音识别功能，控制语音播报标志物播放语音命令，识别语音播报标志物播放的语音命令，并把识别的语音命令编号按照指定格式发给评分终端</td><td>语音播报标志物通信协议与预设语音命令编号、主车与智能评分终端的数据格式见现场下发(U盘附件)的通信协议</td></tr>
</table>

续表二

序号	任务要求	说　明
11	任务 11：开启烽火台报警 主车在位置 F5 处，通过红外发送开启码，将烽火台标志物开启	开启码由主车在任务 4 中扫描二维码内容通过数据处理算法处理之后得到 数据处理过程请参考数据处理算法文件
12	任务 12：通过 ETC 系统 主车在指定路线 F6->E6->D6 上行进，在 F6 附近使 ETC 系统感应到主车上携带的电子标签，打开抬杆，主车顺利通过 ETC 系统	主车需在不接触 ETC 抬杆(抬杆时间保持时间约为 10 秒)的情况下通过 ETC 系统 选手应计算好通过时间，避免抬杆下落触碰主车，若因此导致主车失控，则视为选手控制不当
13	任务 13：返回入库，无线充电 主车在位置 D6 处，通过指定格式指令控制立体车库标志物复位，并采用倒车入库方式进入立体车库标志物，控制其上升到指定层数。主车控制无线充电标志物开启，LED 显示系统标志物计数结束，开启蜂鸣器与左右双闪灯	在倒车进入立体车库后，选手应当控制主车停在合适的位置，若在车库在上升过程中，主车跌落，则视为选手操作不当，自行承担相应责任与损失。 立体车库指定层数为 2 层

III-数据处理算法：CRC 编码

一、CRC 编码简介

CRC 的英文全称为 Cyclic Redundancy Check(Code)，中文名称为循环冗余校验(码)。它是一类重要的线性分组码，编码和解码方法简单，检错和纠错能力强，在通信领域广泛地用于实现差错控制。

二、CRC 编码过程

以下步骤将描述 6 字节红外控制码生成过程：

(1) 从二维码的中依次顺序提取前 2 个英文字母、最后 2 个英文字母(X、x 除外，取英文字母 ASCII 值为原始数据)，并从中提取出多项式 $g(x)$(多项式的最高位为 x^{16}，最低为 1)。

(2) 预置 1 个 16 位的寄存器为十六进制 FFFF(即全为 1)，称此寄存器为 CRC 寄存器。

(3) 把第一个 8 位二进制数据(既原始数据的第一个字节)与 16 位的 CRC 寄存器的低 8 位相异或，把结果放于 CRC 寄存器，高八位数据不变。

(4) CRC 寄存器向右移一位，MSB(最高位)补零，并检查右移后的移出位 LSB(最低位)。

(5) 如果 LSB 为 0，重复第(4)步；若 LSB 为 1，CRC 寄存器与多项式码相异或。

(6) 重复第(4)与第(5)步直到 8 次移位全部完成。此时一个 8 bit 数据处理完毕。

(7) 重复第(3)至第(5)步直到将剩下 3 个原始数据全部处理完成。

(8) 最终 CRC 寄存器的内容即为 CRC 值。

(9) 取 CRC 的得高八位作为红外控制码的第一字节，按顺序取原始数据为红外控制码的二、三、四、五字节，取 CRC 值的低八位为红外控制码的第六字节。

三、算法示例

从二维码中提取的字符串数据为：<Aa12x16,Fg.5tx15/x2+\1/hgBb>，则提取出的 4 个英文字符为 AaBb，多项式 $g(x)=x^{16}+x^{15}+x^{2}+1$；

提取原始数据为 0x41、0x61、0x42、0x62，多项式码为 0xA001(由多项式忽略了最高位的“1”，得到生成项是 0x8005，其中 0xA001 为 0x8005 按位颠倒之后的结果)。

计算得到的 CRC 码值为 0x8FF4。

所得 6 字节红外控制码为 0x8f 0x41 0x61 0x42 0x62 0xf4。

附录2 2019年全国职业院校技能大赛“嵌入式技术应用开发”赛项赛题

2019年全国职业院校技能大赛(高职组)

GZ-2019021嵌入式技术应用开发赛项比赛技术方案

Ⅰ-标志物摆放位置参数表

序号	设备名称	坐标点	说　明
1	智能TFT显示标志物(A)	A5	朝向B6
2	智能TFT显示标志物(B)	G5	朝向F6
3	道闸标志物	C5	朝向C6
4	静态标志物(直)	A4	朝向B4
5	静态标志物(斜)	E5	方向随机(限D6、D5、F6、F5)
6	智能路灯标志物	D1	朝向D2
7	智能交通灯标志物(A)	E7	朝向E6
8	智能交通灯标志物(B)	C1	朝向C2
9	立体显示标志物	C3	—
10	烽火台报警标志物	E3	朝向F2
11	语音播报标志物	G4	朝向F4
12	LED 显示标志物	F7	朝向F6
13	无线充电标志物	E1	—
14	ETC 系统标志物	E4	朝向F4
15	特殊地形标志物	C2	四张地形任意一张
16	立体车库标志物(A)	B7	朝向B6
17	立体车库标志物(B)	F1	朝向F2
18	RFID卡片(3张)	3张RFID卡片随机分布在：F4、E4、D4、C4、B4、B3、B2这几个位置，卡的中心点和坐标点的中心点重合	

Ⅱ-任务流程表

<table>
<tr><th>序号</th><th>任务要求</th><th>说　明</th></tr>
<tr><td>1</td><td>任务 1：主车启动控制
主车放置在车库 A(一层)上，在裁判示意比赛开始时，选手点击启动按钮，启动 LED 显示标志物的计时器，而后驶出车库 A</td><td>计时器在主车开始移动之后开启、或在入库之前停止、或中途暂停、或未启动，均按 5 分钟计时
主车需按以下路径行进：B7→B6→D6→F6→F4→D4→B4→B2→D2→F2→F1
从车需按以下路径行进：F1→F2→D2→B2→B4→B6→B7
车库上升停靠时，需选手自行注意主车或从车的停放位置(车库的感应开关以比赛现场的为准)，避免主车或从车撞上护栏护杆或意外掉落，否则视为选手控制不当，由此造成的设备损坏结果由选手自行承担</td></tr>
<tr><td>2</td><td>任务 2：车牌识别，开启道闸
主车在 B6 处，主车识别智能 TFT 显示器(A)车牌图片，获得车牌信息，并按照指定格式发送到道闸标志物上显示，并控制其开启</td><td>智能 TFT 显示器复位后显示一张默认图片，选手需要通过执行翻页操作找到需要识别的车牌图片(有效车牌图形为渐变蓝色车牌，其他颜色车牌为干扰车牌，数据无效)。TFT 显示标志物显示车牌格式为："国 XYYYXY"。其中"国"固定不变，后面 6 位号码，X 代表 A～Z 中任意一个字母，Y 代表 0～9 中任意一个数字</td></tr>
<tr><td>3</td><td>任务 3：主车识别交通信号灯
主车在 D6 位置处，启动智能交通灯标志物(A)进入识别模式，并在规定的时间内识别出当前停留信号灯的颜色，按照指定格式发给智能交通灯标志物(A)进行比对确认</td><td>主车应在规定的时间内识别出智能交通灯信号颜色，并将识别结果发送至智能交通灯标志物，超时结果无效
主车识别后只需将结果返回至智能交通灯标志物即可，无需执行相应操作</td></tr>
<tr><td>4</td><td>任务 4：二维码寻找识别
主车从 D6 位置起寻找位于 E5 处未提前告知摆放朝向的二维码标志物，并识别其中二维码，获取其文本信息</td><td>在此任务过程中，允许主车临时经过 D5 坐标点或先执行任务 5、6
二维码文本信息有效信息格式为：<013|B2|C3|D4|E5|F6C><A1B2C3D4>；其中，<013|B2|C3|D4|E5|F6C>使用"|"符号分割出来的前两位字母或数字及其组合构成任务 8 中 RFID 卡 1 的密钥(0x01,0xB2，0xC3,0xD4,0xE5,0xF6)；第二个<A1B2C3D4>为数据处理算法中 ABCD 四种信源(规定信源仅限于 A、B、C、D 四种，其他字母为干扰数据)的概率计算提供必要参数，详情可参见数据处理算法，此外整个二维码内容中除有效信息外，还存有干扰字符</td></tr>
</table>

续表一

序号	任务要求	说　　明
5	任务 5：图片识别 主车在F6处，主车识别智能TFT 显示器(B)中的图形，获得形状与颜色信息，并按照指定格式指令发送到智能TFT 显示器(B)中显示	智能 TFT 显示器复位后显示一张默认图片，选手需要通过执行翻页操作找到需要识别的图形图片 智能 TFT 图形类别统计信息格式：AaBbCcDdEe，其中，A 代表矩形，a 为矩形的数量(0～9)；B 代表圆形，b 为圆形的数量(0～9)；C 代表三角形，c 为三角形的数量(0～9)；D 代表菱形，d 为菱形数量(0～9)；E 代表五角星，e 为五角星数量(0～9)；在这里我们规定正方形只归属于矩形，不归属于菱形。智能TFT 显示器(B)显示图形信息格式(HEX 显示协议)为AaDdEe
6	任务 6：语音识别交互 主车行进到F4处，主车启动语音识别，获取语音播报标志物发出的语音命令编号，要求主车播放该语音并通过ZigBee 将该条语音的编号上传评分终端	随机指令信息编号说明：美好生活　编号 0x02； 秀丽山河　编号 0x03；追逐梦想　编号 0x04； 扬帆启航　编号 0x05；齐头并进　编号 0x06。 竞赛平台上传语音编号命令格式：0xAF, 0x06, 0xXX, 0x02, 0x00, 0x00, 0x01, 0xBF；其中 0xXX 代表被识别的语音编号，其他字符固定不变
7	任务 7：通过 ETC 系统 主车在指定路线 F4→E4→D4 上行进，在F4附近处使ETC系统感应到主车上携带的电子标签，打开抬杆，主车顺利通过ETC系统	主车需在不接触 ETC 抬杆(抬杆时间保持时间约为 10 秒)的情况下通过 ETC 系统 选手应计算好通过时间，避免抬杆下落触碰主车 若因此导致主车失控，则视为选手控制不当
8	任务 8：RFID 数据获取 主车在从 F4→D4→B4→B2 路线行进过程中，寻找到所有 RFID 卡，并读取其指定数据块内容	RFID 卡数量共有 3 张，按照主车行进路线经过卡的先后顺序称为卡 1、卡 2、卡 3，其中读取数据块内容仅需验证 A 密钥即可 卡 1 的 A 密钥从任务 4 中二维码信息中提取，其数据块位于卡 1 的第 1 扇区第 1 数据块，其有效数据格式为：|N/XX-Y||N/XX-Y|，其中 N 代表的是卡的编号(1、2、3)；XX(十进制)代表卡内扇区编号(0～15)，Y 代表扇区内数据块编号(0～3) 卡 2 与卡 3 的密钥均为默认密钥(0xff, 0xff, 0xff, 0xff, 0xff, 0xff) 示例：卡 1 内有效数据格式为：|2/03-2||3/05-1|，则表示信源信号(详细见算法描述)需要从卡 2 的第 3 扇区第 2 数据块提取数据，数据示例：0[AAB/DCA1B/CCB]；同时，还需要从卡 3 的第 5 扇区第 1 数据块提取数据，数据示例：F[ABCD/B3CA/ACG]；需要注意的是：信源信号的有效数据中可能含有数字干扰，在提取有效信息时须将数字去除，字母(只会出现大写字母)除 ABCD 以外均是干扰数据，一样需要去除

续表二

序号	任务要求	说明
9	任务 9：经过特殊地形 主车从 B2→C2→D2 路线行进过程中，顺利通过带有特殊地形的路面(地形标志物)，到达位置 D2	比赛测试时裁判将指定地形标志物摆放位置，地形从四张中选择一张，所有参赛队一致。主车在通过地形标志物时，不能和地形标志物两侧护栏发生碰撞，否则认定任务失败
10	任务 10：主从车交互控制 主车在到达 D2 处后，执行 D2→D4 行进路线进行暂时避让，开启主车功能电路板左右双闪灯与蜂鸣器。而后从车(位于车库 B 一层)启动，从车库 B 中驶出，先在 D2 处启动智能交通灯标志物(B)进入识别模式，并在规定的时间内识别出当前停留信号灯的颜色，按照指定格式发给智能交通灯标志物(B)进行比对确认，然后通过 C2 处的地形标志物，从车到达 B4 处，获取位于 A4 处静态标志物(B)垂直平面到 B4 中心点的距离，并识别 A4 静态标志物上的不同颜色圆形的个数；而后从车继续行驶，到达位置 B6 处，控制智能 TFT 显示标志物(A)翻页，找到其中的二维码图片，并提取其文本信息，最后从车采用倒车入库形式，进入车库 A，并控制车库 A 上升到指定层数。主车关闭左右双闪灯与蜂鸣器后，继续启动，回到 D2 位置	选手自行决定由 D2 路口驶入 D4 方向的距离，若发生主车与从车碰撞情况，后果由选手自行承担 从车经过地形标志物时，应不与地形标志物两侧护栏发生碰撞，如有碰撞，则后果由选手自行承担 从车识别到的圆形统计信息格式为：RrGgBb；其中，R 代表红色，r 代表红色圆形个数(0～4)；G 代表绿色，g 代表绿色圆形个数(0～4)；B 代表蓝色，b 代表蓝色圆形个数(0～4)。从车识别智能 TFT 显示标志物(A)中的二维码文本信息内容为指定计算公式：x1+x2*x3-x4，其中数字仅限于 x1、x2、x3、x4，取值范围 0～99；运算符仅限于+、-、* 将计算结果对 4 取余后加 1 所得最终结果即为车库 A 最终停留层数。示例：智能 TFT 显示标志物(A)中的二维码文本信息为 12+2*3-5，则计算结果为 13，对 4 取余后加 1 得到车库 A 的最终层数为 2 双闪灯左灯和右灯同时关闭，该任务才能得分
11	任务 11：立体显示任务 主车在 D2 处，向位于 C3 处的立体显示标志物发送红外数据，控制立体显示标志物车牌显示模式下显示 RFID 位置信息与任务 10 中从车测得的距离信息	立体显示标志物在车牌显示模式显示 3 张 RFID 位置信息与距离信息，显示顺序为：卡 1 位置卡 2 位置卡 3 位置|距离信息(CM)，示例：F4D4B4|22 竞赛平台应在 D2 处发送红外信息，其他位置发送数据不得分，显示与正确结果无关信息不得分
12	任务 12：路灯光照挡位调整 主车在坐标 D2 处，通过光照度传感器获取智能路灯当前挡位，记为 n，而后通过指定运算得到结果，将挡位调整目标挡位	目标挡位计算方式为：(r+g+b)%4+1 计算后得到，其中 r、g、b 为任务 10 中从车识别到三种颜色圆形的个数

续表三

序号	任务要求	说　明
13	任务13：开启烽火台报警 主车在F2处，通过指定格式开启码，将烽火台标志物开启	烽火台标志物开启码由信息源通过数据处理算法处理之后得到。数据处理过程请参考数据处理算法文件
14	任务14：主车倒车入库任务 主车采用倒车入库方式进入车库 B 中，并控制其上升到指定层数，而后开启无线充电装置，并关闭 LED 显示标志物计时器，最后控制任务板数码管持续显示比赛当天日期	车库 B 的指定层数计算方式为：(n*r)%4+1，其中 n 为任务 12 中获取的初始挡位信息，r 为任务 10 中，从车识别的红色圆形的个数 车库 B 在完全停稳后，主车开启无线充电装置(使用默认指令) 主车任务板显示比赛当天日期的数据格式为十进制，应当使功能电路板上的两位数码管清晰显示 62

Ⅲ-数据处理方法(算术编码)

一、算术编码起源

早在 1948 年，香农就提出将信源符号依其出现的概率降序排序，用符号序列累计概率的二进制值作为对信源的编码，并从理论上论证了它的优越性。1960 年，Peter Elias 发现无需排序，只要编、解码端使用相同的符号顺序即可，提出了算术编码的概念。Elias 没有公布他的发现，因为他知道算术编码在数学上虽然成立，但不可能在实际中实现。1976 年，R. Pasco 和 J. Rissanen 分别用定长的寄存器实现了有限精度的算术编码。1979 年 Rissanen 和 G. G. Langdon 一起将算术编码系统化，并于 1981 年实现了二进制编码。1987 年 Witten 等人发表了一个实用的算术编码程序，即 CACM87(后用于 ITU-T 的 H.263 视频压缩标准)。同期，IBM 公司发表了著名的 Q-编码器(后用于 JPEG 和 JBIG 图像压缩标准)。从此，算术编码迅速得到了广泛的注意。

二、算术编码过程

算术编码的基本原理是将编码的消息表示成实数 0 和 1 之间的一个间隔(Interval)，消息越长，编码表示它的间隔就越小，表示这一间隔所需的二进制位就越多。

编码步骤如下：

(1) 根据二维码中提取的有效文本信息，计算各个信号源出现的频率，将[0, 1)这个区间分成若干段，这样每个信号源就会有自己对应的区间了。

(2) 将[0, 1)这个区间设置为初始间隔。

(3) 从 RFID 中提取出来有效信号，共有 6 组，每组信号长度不等。

(4) 将待处理的信号，一个一个信号源的读入，每读入一个信号，就将该信号源在[0, 1)上的范围等比例的缩小到最新得到的间隔中。

(5) 然后依次迭代，不断重复进行步骤(4)，直到该组中信号源全部被读完为止。

(6) 若通过步骤(5)计算得到的该组信号的概率区间记为$[n_1,n_2)$，则该组信号对应的红外报警器码计算方式为$\frac{\left[(n_1+n_2)*10^x\right]}{2}$%256(其中$x$为各组总的迭代次数，$x$取值范围为1～5)。

(7) 重复步骤(4)、(5)、(6)将6组信号全部处理完成，最终得到红外报警器六字节开启码。

三、算术编码示例

(1) 从二维码中提取的有效信息为：A1B2C3D4，则每个信号源出现的概率分别为A：0.1；B：0.2；C：0.3；D：0.4；

(2) 将[0, 1)这个区间设置为初始间隔，则每个信号源所在的概率区间(在这里我们规定以A、B、C、D的顺序划分概率区间)为：

信号源	A	B	C	D
概率	0.1	0.2	0.3	0.4
概率区间	[0,0.1)	[0.1,0.3)	[0.3,0.6)	[0.6,1)

(3) 从RFID中提取的6组信号(在这里我们规定，按照数据读取的先后顺序进行信号排序)分别为：AAB、DCAB、CCB、ABCD、BCA、AC；

(4) 首先处理第一组信号，将信号源一个一个读入，先读入A，得到概率区间为[0, 0.1)；

(5) 重复步骤(4)，读入还是A，因为A在初始区间内是占整个区间的前10%，因此对应的也是占上一次编码间隔的前10%，所以此时编码区间变为：[0, 0.01)了；再然后我们读入B，B占整个区间的10%～30%，所以读入之后也占上一个编码区间的10%～30%，读入之后得到新的编码操作区间为[0.001, 0.003)；

(6) 通过公式计算得到第一组信号的报警码为0x02(十进制为2)；

(7) 重复步骤4、5、6将6组信号全部处理完成，最终得到红外报警器六字节开启码为：0x02、0x38、0x98、0xD0、0xA3、0x04。

附各组信号编码过程：

序号	信号源	编码区间	间隔	序号	信号源	编码区间	间隔
1	A	[0, 0.1)	0.1	2	D	[0.6, 1)	0.4
	A	[0, 0.01)	0.1×0.1		C	[0.72, 0.84)	0.4×0.3
	B	[0.001, 0.003)	$0.1\times0.1\times0.2$		A	[0.72, 0.732)	$0.4\times0.3\times0.1$
					B	[0.7212, .7236)	$0.4\times0.3\times0.1\times0.2$
3	C	[0.3, 0.6)	0.3	4	A	[0, 0.1)	0.1
	C	[0.39, 0.48)	0.3×0.3		B	[0.01, 0.03)	0.1×0.2
	B	[0.399, 0.417)	$0.3\times0.3\times0.2$		C	[0.016, 0.022)	$0.1\times0.2\times0.3$
					D	[0.0196, 0.022)	$0.1\times0.2\times0.3\times0.4$
5	B	[0.1, 0.3)	0.2	6	A	[0, 0.1)	0.1
	C	[0.16, 0.22)	0.2×0.3		C	[0.03, 0.06)	0.1×0.3
	A	[0.16, 0.166)	$0.2\times0.3\times0.1$				

参 考 文 献

[1] 意法半导体. RM0090_STM32F405/414，STM32F407/415，STM32F407/437，STM32F427/437 and STM32F429/439 单片机参考手册. http://www.stmcu.com.cn，2015.

[2] LABROSSE J. 嵌入式实时操作系统 μC/OS-III[M]. 宫辉，译. 3 版. 北京：北京航空航天大学出版社，2012.

[3] 张勇. ARM 嵌入式系统教程[M]. 北京：机械工业出版社，2011.

[4] 卢有亮. 基于 STM32 的嵌入式系统原理与设计[M]. 北京：机械工业出版社，2010.

[5] 郭志勇. 嵌入式技术与应用开发项目教程(STM32 版)[M]. 北京：人民邮电出版社，2019.

[6] 孙光，肖迎春，曾启明，等. 基于 STM32 的嵌入式系统应用[M]. 北京：人民邮电出版社，2019.

[7] 刘火，杨森. STM32 库开发实战指导：基于 STM32F4[M]. 北京：机械工业出版社，2017.

[8] 张洋，刘军，严汉宇，等. 精通 STM32F4(库函数版)[M]. 2 版. 北京：北京航空航天大学出版社，2019.